普通高等学校建筑安全系列规划教材

建筑结构设计原理

主　编　李凯玲　翟　越

副主编　陈文玲　王景峰

参　编　刘洪佳　王海英　李　艳

北　京

冶　金　工　业　出　版　社

2016

内 容 提 要

全书分为 3 篇，共 12 章。第 1 篇为建筑结构设计原理基础，介绍了建筑结构的组成、类型、设计方法及主要材料的力学性能；第 2 篇为钢筋混凝土结构设计，详细介绍了混凝土结构材料的性能，混凝土构件（受弯构件、受压构件、受拉构件等）、预应力混凝土构件及框架等结构的受力特点、构造要求和承载力计算；第 3 篇为钢结构设计，介绍了建筑钢材的性能、钢结构连接和钢结构构件计算等。

本书为高等院校土木工程、安全工程等专业的教材，也可供相关领域工程技术人员参考。

图书在版编目(CIP)数据

建筑结构设计原理/李凯玲，翟越主编．—北京：冶金工业出版社，2016. 1

普通高等学校建筑安全系列规划教材

ISBN 978-7-5024-7125-5

Ⅰ. ①建…　Ⅱ. ①李…　②翟…　Ⅲ. ①建筑结构—结构设计—高等学校—教材　Ⅳ. ①TU318

中国版本图书馆 CIP 数据核字(2015)第 316556 号

出 版 人　谭学余
地　　址　北京市东城区嵩祝院北巷 39 号　邮编　100009　电话　(010)64027926
网　　址　www. cnmip. com. cn　电子信箱　yjcbs@ cnmip. com. cn
责任编辑　杨　敏　美术编辑　吕欣童　版式设计　孙跃红
责任校对　李　娜　责任印制　牛晓波
ISBN 978-7-5024-7125-5
冶金工业出版社出版发行；各地新华书店经销；三河市双峰印刷装订有限公司印刷
2016 年 1 月第 1 版，2016 年 1 月第 1 次印刷
787mm×1092mm　1/16；19 印张；453 千字；286 页
42. 00 元

冶金工业出版社　投稿电话　(010)64027932　投稿信箱　tougao@cnmip. com. cn
冶金工业出版社营销中心　电话　(010)64044283　传真　(010)64027893
冶金书店　地址　北京市东四西大街 46 号(100010)　电话　(010)65289081(兼传真)
冶金工业出版社天猫旗舰店　yjgycbs. tmall. com

普通高等学校建筑安全系列规划教材
编审委员会

序

人类所有生产、生活都源于生命的存在，而安全是人类生命与健康的基本保障，是人类生存的最重要和最基本的需求。安全生产的目的就是通过人、机、物、环境、方法等的和谐运作，使生产过程中各种潜在的事故风险和伤害因素处于有效控制状态，切实地保护劳动者的生命安全和身体健康。它是企业生存和实施可持续发展战略的重要组成部分和根本要求，是构建和谐社会，全面建设小康社会的有力保障和重要内容。

当前，我国正处在经济建设和城市化加速发展的重要时期，建筑行业规模逐年增加，其从业人员已成为我国最大的行业劳动群体；建筑项目复杂程度越来越高，其安全生产工作的内涵也随之发生了重大变化。总的来看，建筑安全事故防范的重要性越来越大，难度也越来越高。如何保证建筑工程安全生产，避免或减少安全事故的发生，保护从业人员的安全和健康，是我国当前工程建设领域亟待解决的重大课题。

从我国建设工程安全事故发生起因来看，主要涉及人的不安全行为、物的不安全状态、管理缺失及环境影响等几大方面，具体包括设计不符合规范、违章指挥和作业、施工设备存在安全隐患、施工技术措施不当、无安全防范措施或不能落实到位、未作安全技术交底、从业人员素质低、未进行安全技术教育培训、安全生产资金投入不足或被挪用、安全责任不明确、应急救援机制不健全等等，其中，绝大多数事故是从业人员违章作业所致。造成这些问题的根本原因在于建筑行业中从事建筑安全专业的技术和管理人才匮乏，建设工程项目管理人员缺乏系统的建筑安全技术与管理基础理论及安全生产法律法规知识，不能对广大一线工作人员进行系统的安全技术与事故防范基础知识的教育与培训，从业人员安全意识淡薄，缺乏必要的安全防范意识以及应急救援能力。

近年来，为了适应建筑业的快速发展及对安全专业人才的需求，我国一些高等学校开始从事建筑安全方面的教育和人才培养，但是由于安全工程专业设置时间较短，在人才培养方案、教材建设等方面尚不健全。各高等院校安全工程专业在开设建筑安全方向的课程时，还是以采用传统建筑工程专业的教材为主，因这类教材从安全角度阐述建筑工程事故防范与控制的理论较少，并不完全适应建筑安全类人才的培养目标和要求。

随着建筑工程范围的不断拓展，复杂程度不断提高，安全问题更加突出，在建筑工程领域从事安全管理的其他技术人员，也需要更多地补充这方面的专业知识。

为弥补当前此类教材的不足，加快建筑安全类教材的开发及建设，优化建筑安全工程方向大学生的知识结构，在冶金工业出版社的支持下，由长安大学组织，西安建筑科技大学、西安科技大学、中国人民武装警察部队学院、天津城建大学、天津理工大学等兄弟院校共同参与编纂了这套“建筑安全工程系列教材”，包括《建筑工程概论》《建筑结构设计原理》《地下建筑工程》《建筑施工组织》《建筑工程安全管理》《建筑施工安全专项设计》《建筑消防工程》《工程地质学及地质灾害防治》等。这套教材力求结合建筑安全工程的特点，反映建筑安全工程专业人才所应具备的知识结构，从地上到地下，从规划、设计到施工等，给学习者提供全面系统的建筑安全专业知识。

本套系列教材编写出版的基本思路是针对当前我国建设工程安全生产和安全类高等学校教育的现状，在安全学科平台上，运用现代安全管理理论和现代安全技术，结合我国最新的建设工程安全生产法律、法规、标准及规范，系统地论述建设工程安全生产领域的施工安全技术与管理，以及安全生产法律法规等基础理论和知识，结合实际工程案例，将理论与实践很好地联系起来，增强系列教材的理论性、实用性、系统性。相信本套系列教材的编纂出版，将对我国安全工程专业本科教育的发展和高级建筑安全专业人才的培养起到十分积极的推进作用，同时，也将为建筑生产领域的实际工作者提高安全专业理论水平提供有益的学习资料。

祝贺建筑安全系列教材的出版，希望它在我国建筑安全领域人才培养方面发挥重要的作用。

刘伯权

2014年7月于西安

前　言

本书根据我国现行规范《混凝土结构设计规范》(GB 50010—2010）和《钢结构设计规范》(GB 50017—2003）及其局部修订的内容进行编写。本书将高等学校安全工程专业学生所需掌握的建筑结构设计知识进行整合，略去反复的定量计算和繁琐的推导，侧重于定性分析和强调结构设计的可靠性，力求使学生全面了解建筑结构设计的基本原理，掌握建筑结构设计的基本知识。

本书以房屋建筑中的钢筋混凝土结构为主要内容，系统地介绍了建筑结构的分类、设计方法、混凝土结构的基本原理、混凝土结构设计和钢结构主要构件设计等知识，内容信息量大，简明实用。本书叙述时注重循序渐进、深入浅出，并列举了大量例题，便于教学和自学；每章后附有复习思考题，便于学生掌握所学知识。

本书的内容按照60 学时编写。在讲授过程中，任课教师可以根据自己学校的实际情况及专业的需要进行取舍。

本书由长安大学李凯玲、翟越担任主编，陈文玲、王景峰担任副主编。具体编写分工为：王海英编写第1章和第3章，李艳编写第2章，陈文玲编写第4章和第7章，刘洪佳编写第5章和第6章，李凯玲编写第8章和第9章，翟越编写第10章和第12章，王景峰编写第11章。全书由李凯玲统稿。

在编写过程中，参考了大量的文献资料，对这些文献资料的作者表示由衷的谢意。由于编者水平所限，书中存有不当或错误之处，敬请读者批评指正。

编　者

2015 年9月

目　　录

第1篇　建筑结构设计原理基础

第2篇 钢筋混凝土结构设计

第3篇　钢结构设计

第1篇

建筑结构设计原理基础

1 建筑结构组成与类型

1.1 建筑结构的组成

建筑结构是由板、梁、柱、墙、基础等建筑构件形成的具有一定空间功能，并能安全承受建筑物各种正常荷载作用的骨架结构，如图1.1所示。

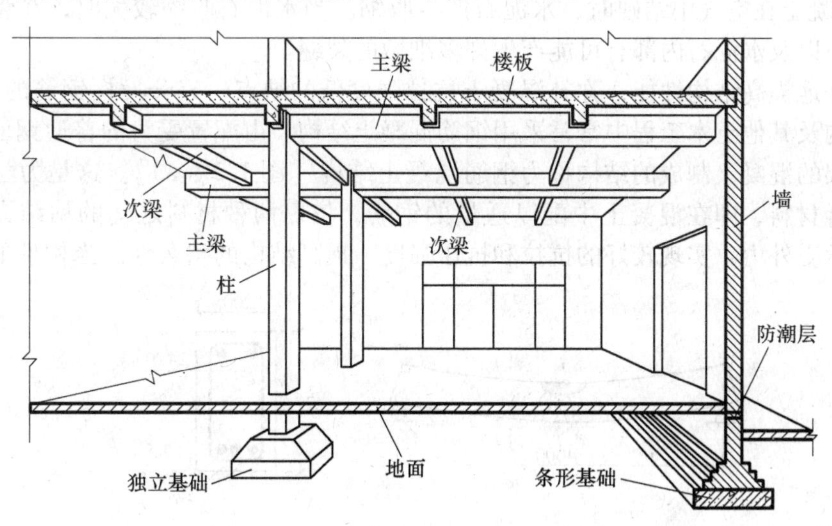

图1.1 建筑结构

板是建筑结构中直接承受荷载的平面型构件，具有较大平面尺寸，但厚度却相对较小，属于受弯构件，通过板将荷载传递到梁或墙上。梁一般指承受垂直于其纵轴方向荷载的线型构件，是板与柱之间的支撑构件，属于受弯构件，承受板传来的荷载并传递到柱上。柱和墙都是建筑结构中的承受轴向压力的承重构件，柱是承受平行于其纵轴方向荷载的线型构件，截面尺寸小于高度，墙主要承受平行于墙体方向荷载的竖向构件，它们都属于受压构件，并将荷载传到基础上，有时也承受弯矩和剪力。基础是地面以下部分的结构构件，将柱及墙等传来的上部结构荷载传递给地基。

1.2　建筑结构的分类

1.2.1　建筑结构按所用材料分类

按照所用材料不同，分为混凝土结构、钢结构、砌体结构和木结构。

（1）混凝土结构（concrete structure）。混凝土结构是以混凝土为主要建筑材料的结构，包括素混凝土结构、钢筋混凝土结构和预应力混凝土结构。

混凝土是当代最主要的土木工程材料之一，由胶凝材料、粗骨料、细骨料和水等按照一定比例混合拌制而成。混凝土具有较高的抗压强度，常被应用于受压为主的结构构件中，如柱墩、基础墙等。混凝土结构作为近百年内新兴的结构，应用于19世纪中期，随着生产的发展，理论的研究以及施工技术的改进，这一结构形式逐步提升及完善，得到了迅速的发展。

混凝土在构造上有下面几个主要特点：

1）水泥水化所需要的水，远小于混凝土施工时和易性所要求的水。因此，拌和在混凝土中的水在混凝土硬化后，一部分和水泥水化，一部分残留在混凝土内，一部分挥发到空气中，使混凝土形成许多微细的孔隙。所以，混凝土是一种多孔隙、不均匀的物体。

2）水泥水化的过程可能要延续几个月、几年或几十年，因此，混凝土的硬结过程也很长，混凝土的许多物理和力学性能需要延续一段较长的时间才能趋于稳定。

3）混凝土在空气中结硬时，水泥石产生收缩。当水泥石收缩较大时，在骨料与水泥石的粘结面以及水泥石内部有可能产生许多细微的裂缝。

为更好地提高结构性能，弥补混凝土抗拉强度低的缺点，充分发挥钢筋的抗拉性能，在建筑结构及其他土木工程中常常采用钢筋混凝土结构。由配置受力的普通钢筋、钢筋网或钢筋骨架的混凝土制成的结构称为钢筋混凝土结构［图1.2（a）］。这是力学性能得以改善的组合材料，即在混凝土中配以适量的钢筋，依靠两种材料之间的粘结力粘结成整体，共同承受外力，实现较好的抗拉和抗压强度，提高结构的耐久性。当构件的配筋率小

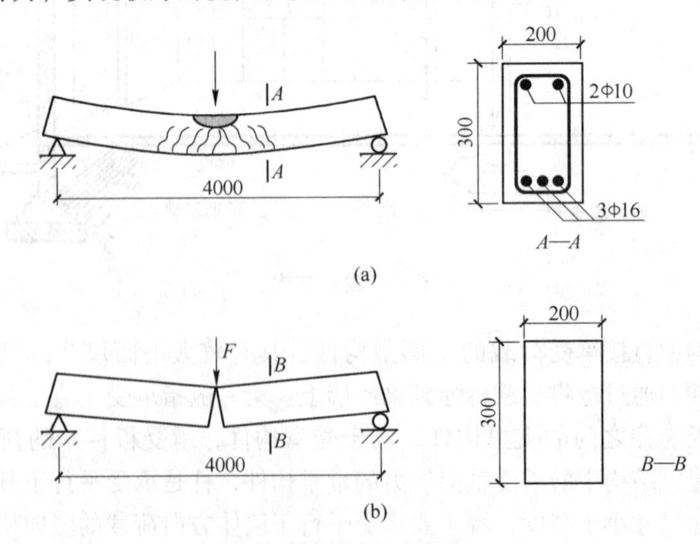

图1.2　钢筋混凝土梁与素混凝土梁比较

于钢筋混凝土中纵向受力钢筋最小配筋百分率时，称为素混凝土结构［图1.2（b）］。

目前，钢筋混凝土结构是我国目前最大量、最常见的建筑结构形式，在高层建筑和多层框架中大多采用钢筋混凝土结构。建筑结构史上的新纪元开始自1872年美国纽约落成的世界第一座钢筋混凝土结构，自此之后，钢筋混凝土结构得到了逐步的推广和应用，目前这种结构形式已经被广泛应用于工业和民用建筑、桥梁、隧道、矿井以及水利、海港等土木工程领域。整体来说，钢筋混凝土结构理论的发展大致经历了四个不同的阶段：第一阶段为钢筋混凝土小构件的应用，设计计算依据弹性理论方法；第二阶段为钢筋混凝土结构与预应力混凝土结构的大量应用，设计计算依据材料的破损阶段方法；第三阶段为工业化生产构件与施工，结构体系应用范围扩大，设计计算按极限状态方法；第四阶段，由于近代钢筋混凝土力学这一新的学科的科学分支逐渐形成，以统计数学为基础的结构可靠性理论已逐渐进入工程实用阶段。

钢筋混凝土结构相比钢、砌体和木结构，在物理力学性能、工程造价等方面有诸多优点：

1）耐久性。密实的混凝土有较高的强度，同时由于钢筋被混凝土包裹，不易锈蚀，维修费用也很少，所以钢筋混凝土结构的耐久性比较好。

2）耐火性。混凝土包裹在钢筋外面，火灾时钢筋不会很快到达软化温度而导致结构整体破坏。

3）整体性。钢筋和混凝土之间的粘结作用，大大提高了结构的整体性。

4）可模性。通过混凝土的后续浇筑，可以根据需要很容易制成各种形状和尺寸的钢筋混凝土结构。

5）合理用材。钢筋混凝土结构合理地发挥了钢筋和混凝土两种材料的性能，与钢结构相比，降低了造价。

由于钢筋混凝土易于产生裂缝，人们开始致力于研究如何更好地提高建筑材料的强度，其中一种方法是在混凝土结构构件使用之前，人工张拉混凝土受拉区内的钢筋，利用钢筋回缩力，使混凝土受拉区间接预先受到压力作用，这就是现在广泛应用的预应力混凝土结构。该预压力能有效抵消部分外荷载产生的拉力，限制混凝土的伸长，延缓或不使裂缝出现。预应力混凝土结构具有以下优点：

1）抗裂性好，刚度大。由于对构件施加预应力，大大推迟了裂缝的出现，在使用荷载作用下，构件可不出现裂缝，或使裂缝推迟出现，所以提高了构件的刚度，增加了结构的耐久性。

2）节省材料，减小自重。其结构由于必须采用高强度材料，因此可减少钢筋用量和构件截面尺寸，节省钢材和混凝土，降低结构自重，对大跨度和重荷载结构有着明显的优越性。

3）可以减小混凝土梁的竖向剪力和主拉应力。预应力混凝土梁的曲线钢筋（束）可以使梁中支座附近的竖向剪力减小；又由于混凝土截面上预应力的存在，使荷载作用下的主拉应力也就减小。这利于减小梁的腹板厚度，使预应力混凝土梁的自重可以进一步减小。

4）提高受压构件的稳定性。当受压构件长细比较大时，在受到一定的压力后便容易被压弯，以致丧失稳定而破坏。如果对钢筋混凝土柱施加预应力，使纵向受力钢筋张拉得很紧，不但预应力钢筋本身不容易压弯，而且可以帮助周围的混凝土提高抵抗压弯的能力。

5）提高构件的耐疲劳性能。因为具有强大预应力的钢筋，在使用阶段因加荷或卸荷所引起的应力变化幅度相对较小，因此可提高抗疲劳强度，这对承受动荷载的结构来说是很有利的。

6）预应力可以作为结构构件连接的手段，促进大跨结构新体系与施工方法的发展。

世界上具有代表性的预应力混凝土结构建筑是加拿大多伦多市中心国家电视塔 CN Tower（图 1.3）。塔高 553.33m，建造于 1976 年，147 层，不仅具有重要的广播和通信功能，而且是多伦多的标志性建筑，每年吸引两百万游客前来参观。

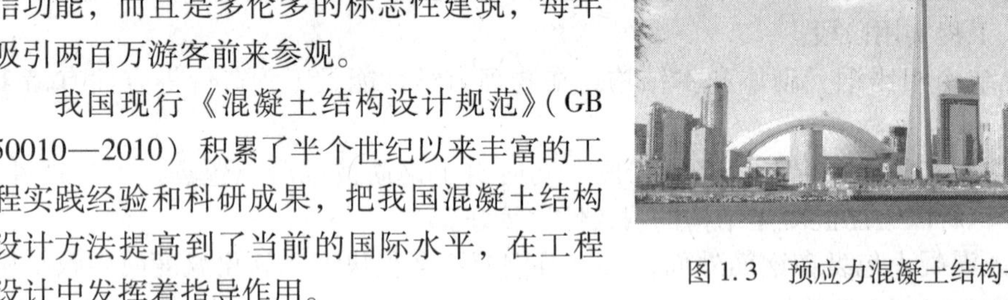

图 1.3 预应力混凝土结构——加拿大多伦多国家电视塔

我国现行《混凝土结构设计规范》(GB 50010—2010) 积累了半个世纪以来丰富的工程实践经验和科研成果，把我国混凝土结构设计方法提高到了当前的国际水平，在工程设计中发挥着指导作用。

（2）钢结构（steel structure）。钢结构是以钢材为主的建筑结构形式。相比其他结构形式，具有如下特点：

1）强度高，自重轻，塑性和韧性好，抗冲击和抗振动能力强。钢结构强度高，对构件尺寸要求相对较低，钢结构建筑物自重约为混凝土结构的三分之一。钢结构塑性变形能力强，具有较强的抗冲击能力和抗振动能力，属于延性破坏结构，能够通过变形预先发现危险。当结构受到地震、台风等荷载作用时，能有效地避免其出现倒塌破坏。

2）材质均匀，质量稳定，可靠度高。钢材材料匀质性和各向同性好，属于理想弹塑性体，其弹性模量和韧性模量都比较大，与工程力学的基本假定最为符合。因此，钢结构的受力计算过程中不确定性较小，计算结果的可靠度高。钢结构构件便于在工厂进行批量制作，施工吊装采用机械化，施工速度快，有效缩短施工周期。

3）耐腐蚀性和耐火性差。钢结构材料中铁属于活泼金属，所以耐腐性差。钢材虽然属于不燃性材料，但对温度非常敏感，温度升高或者降低都会使钢材性能发生变化。钢结构通常在 450～650℃时就会失去承载能力，发生很大的形变，导致构件发生弯曲而强度降低。同时，钢材在高温下强度降低很快，加上钢材本身的热导率较大，所以钢结构在火灾作用下极易短时间破坏。在建筑结构中广泛使用的普通低碳钢，在温度超过 350℃时，强度开始大幅度下降，在 500℃时，强度约为常温时的 1/2，600℃时为常温时的 1/3。

高 452m 的吉隆坡国家石油双塔大厦［图 1.4（a）］号称目前世界上最高的纯钢结构建筑（外层材料为不锈钢和玻璃），用钢量 7500t。双塔大厦在 41 层和 42 层之间还有一座用轻型钢建造的“空中天桥”连接两塔，“桥”长 58m、高 9m，总重 750t。

高 320m 的埃菲尔铁塔［图 1.4（b）］是较早应用钢结构的建筑物，用钢量 7000t，它除了四脚是用钢筋水泥筑成外，其他地方都用钢铁构成。除了 7000t 钢铁外，它还被装上了 1.2 万个金属部件，以及 250 万只铆钉。

(a)

(b)

图 1.4　钢结构

(3) 砌体结构 (masonry structure)。砌体结构是由砌块和砂浆砌筑而成的结构形式，如图 1.5 所示。以砖和石为主的砌块具有取材方便，生产和施工方法简单，造价低等优点，在我国具有悠久的使用历史和辉煌的纪录，并且至今仍属于重要的建筑材料之一。其中，举世闻名的八大奇迹——万里长城，建造于两千多年前，采用“秦砖汉瓦”的砌体结构是当时人类智慧的结晶。世界最早的空腹式石拱桥——河北赵县安济桥，也是世界土木工程行业举足轻重的砌体结构。还有坐落在我国四川的都江堰水利工程，是世界年代最久、唯一留存、以无坝引水为特征的宏大水利工程，采用砌体结构，至今仍起到着重要的灌溉作用。

目前，我国在多层住宅结构中大量应用砌体结构。据不完全统计，从 20 世纪 80 年代初至今，我国主要大中城市建造的砌体结构房屋已达 70 亿～80 亿平方米。随着高层建筑的大量涌现，主体结构采用单纯的砌体结构难以满足结构荷载的要求，主要原因在于砌体结构中砂浆和砖石的粘结力较弱，因此单纯砌体的抗拉、抗弯和抗剪性能都较差，但由于保温隔热性好，较为经济，故主要被应用于墙体结构中。

(4) 木结构 (timber structure)。木结构是以木材为主要材料的结构形式，如图 1.6 所示。木材作为一种永恒的建筑材料，古老而又现代。

木结构结构简单，取材广泛，自然美观，但木材的承载能力有限，抗腐蚀能力差，属于易燃材料。

图 1.5　砌体结构

图 1.6　木结构

1.2.2 建筑结构按结构形式分类

建筑结构针对建筑本身的承重方式，可以划分为不同结构形式的建筑，主要为砖混结构、框架结构、剪力墙结构、框架-剪力墙结构、筒体结构、排架结构和大跨结构等。

（1）砖混结构（masonry-concrete structure）。砖混结构的承重结构是小部分横向承重的钢筋混凝土楼板以及大部分竖向承重的砖墙，属于混合结构体系之一。由于砖墙承重能力和抗震性能有限，所以一般适用于在6、7度地震区，开间进深较小，楼层不超过6层的低层和多层建筑。

砖混结构建筑的墙体既是围护结构又是承重结构。其布置方式如下：

1）横墙承重。用平行于山墙的横墙来支承楼层。常用于平面布局有规律的住宅、宿舍、旅馆、办公楼等小开间的建筑。横墙兼作隔墙和承重墙之用，间距为3～4m。

2）纵墙承重。用檐墙和平行于檐墙的纵墙支承楼层，开间可以灵活布置，但建筑物刚度较差，立面不能开设大面积门窗。

3）纵横墙混合承重。部分用横墙、部分用纵墙支承楼层。多用于平面复杂、内部空间划分多样化的建筑。

4）砖墙和内框架混合承重。内部以梁柱代替墙承重，外围护墙兼起承重作用。这种布置方式可获得较大的内部空间，平面布局灵活，但建筑物的刚度不够。常用于空间较大的大厅。

5）底层为钢筋混凝土框架，上部为砖墙承重结构。常用于沿街底层为商店，或底层为公共活动的大空间，上面为住宅、办公用房或宿舍等建筑。

（2）框架结构（frame structure）。框架结构是指结构中梁、板、柱作为承重主体，通过刚接或铰接的形式相连的结构形式。房屋的框架按跨数分有单跨、多跨；按层数分有单层、多层；按立面构成分有对称、不对称；按所用材料分有钢框架、混凝土框架、胶合木结构框架及钢与钢筋混凝土混合框架等。框架结构中的承重柱空间占据较小，结构整体自重轻，使得结构空间分隔灵活，具有很大的自如性和延展性。此外，框架结构中的钢筋混凝土框架结构，可以通过柱构件的标准化、定型化，大大缩短施工工期，减少开支。

但框架结构中承重柱的侧向刚度小，水平荷载引起的侧向变形较大，所以设计时需要控制房屋的高度和高宽比。

混凝土框架结构广泛用于商场、学校、办公楼等；框架钢结构常用于大跨度的公共建筑、多层工业厂房和一些特殊用途的建筑物中，如剧场、商场、体育馆、火车站、展览厅、造船厂、飞机库、停车场、轻工业车间等。

（3）剪力墙结构（shear wall structure）。剪力墙结构是由钢筋混凝土墙板和楼板构成，分别承担各种荷载引起的竖向作用力和水平作用力的结构，如图1.7所示。剪力墙结构具有与框架结构不同的优点，整体性好，刚度大，能够承受水平风荷载或地震荷载的作用，而仅引起较小弯曲变形，抗震性能好，适用于高层住宅、旅馆等。但由于剪力墙的布置，加大结构自重，并且空间分隔受限，平面布置不灵活，较难获得大的建筑空间，不能满足公共建筑的使用要求。

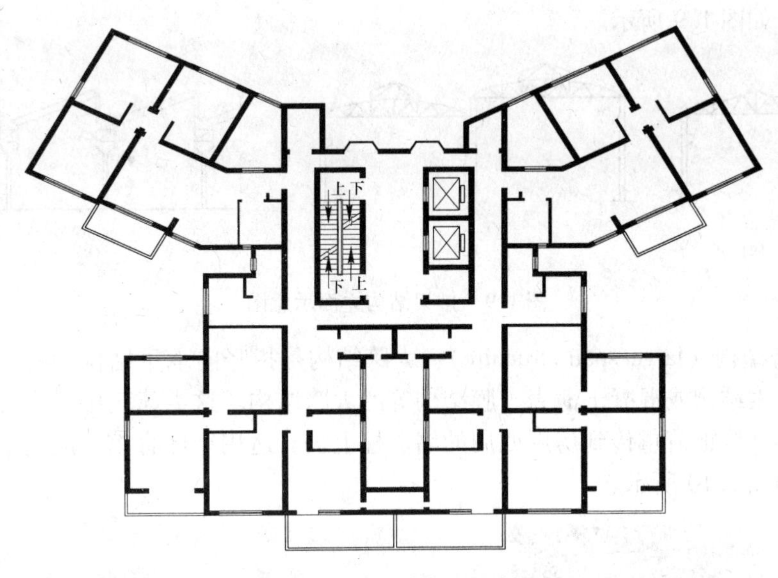

图 1.7 剪力墙结构平面示意图

(4) 框架-剪力墙结构 (frame-shear wall structure)。由框架结构和剪力墙共同承受竖向和水平荷载的结构体系，称为框架-剪力墙结构体系 (图 1.8)。在整个结构体系中，剪力墙负责承担大部分的水平荷载，框架负责承担竖向荷载。

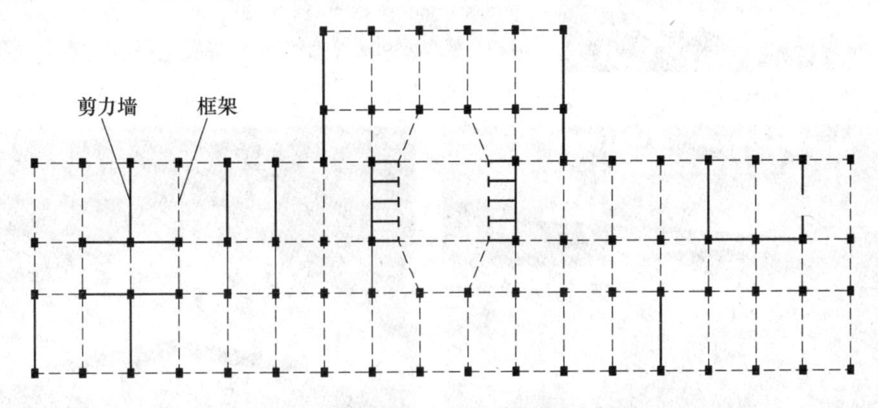

图 1.8 框架-剪力墙结构平面示意图

框架-剪力墙结构兼有框架和剪力墙的优点，两者的相互作用增大了结构的稳定性，与框架结构相比，结构的水平承载力和侧向刚度都有很大提高。同时，与剪力墙结构相比，承重墙体数量减少，结构空间布置灵活。该结构形式多用于 10 ~ 20 层的办公楼、教学楼、医院和宾馆等建筑中。

(5) 筒体结构 (tube structure)。筒体结构是指有一个或几个筒体作为竖向承重结构的高层建筑结构体系。结构采用剪力墙或者密柱集中构成建筑的内部和外围，从而形成空间封闭的筒体形式。通过集中布置的方式进而获得更大结构空间。该结构形式中的筒体整体性较好，能够承担更大的水平荷载，使得整个结构更稳定，多用于高层写字楼建筑中。

(6) 排架结构 (bent frame structure)。排架结构是由基础、排柱、屋面梁、屋面板组合而成的空间连续结构，是单层厂房的基本结构形式，主要用于冶金、机械、化工、纺织等工业厂房，如图1.9所示。

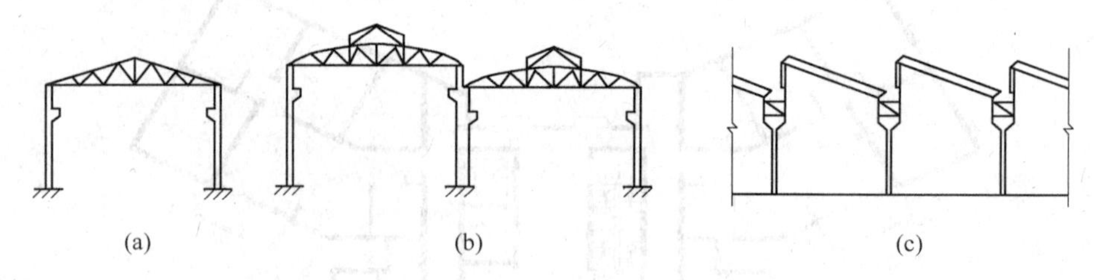

图1.9 排架结构立面示意图

（7）大跨结构（large-span structure）。大跨结构是指竖向承重结构为柱和墙体，屋盖用钢网格、悬索结构或混凝土薄壳、膜结构等的大跨结构。这类建筑中没有柱子，而是通过网架等空间结构把荷重传到房屋四周的墙、柱上去。适用于体育馆、航空港、火车站等公共建筑，如图1.10所示。

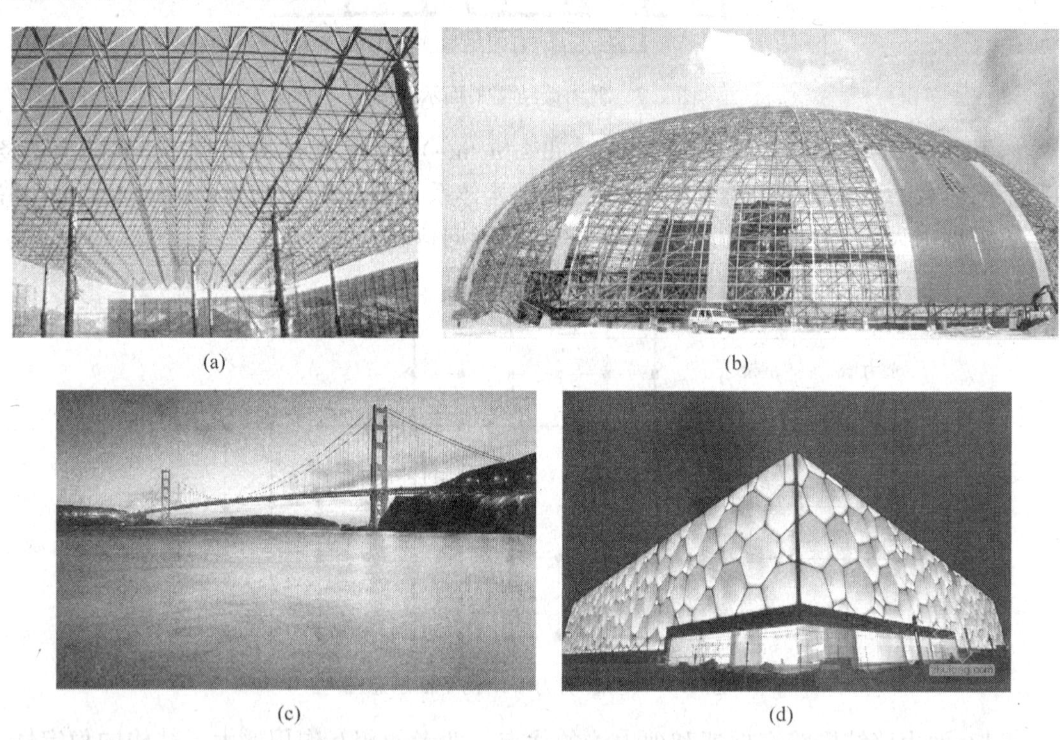

图1.10 大跨结构

（a）网架结构；（b）网壳结构；（c）悬索结构；（d）薄膜结构

1.2.3 建筑结构按施工方式分类

按照施工方式不同分为现浇结构、装配结构和装配整体式结构。

现浇式结构（cast-in-structure）采用现场支模，现场浇筑，现场养护，整体性好，刚度大，抗震性能好。但工期较长，现场作业量大，需要大量模板。

装配式结构（precast structure）采用提前对构件本身预制，然后施工现场进行安装，节省现场模板支撑作业流程，提高劳动生产效率，但整体性和抗震性较差。

装配整体式结构（integrated precast structure）是当预制件吊装就位后，在其上或者其他部位相接处浇筑钢筋混凝土连接成整体。其整体性和抗震性介于现浇式和装配式两者之间。

复习思考题

1-1 建筑结构由哪些基本构件组成？

1-2 建筑结构按所用材料不同分为哪几类，各有什么优缺点？

1-3 按承重结构不同分为哪几类，各有什么特点？

1-4 钢筋混凝土结构具有哪些特点？

1-5 钢结构有哪些优点？

1-6 建筑结构按施工方式不同可以分为哪些类型，各有什么特点？

建筑结构设计方法

2.1 建筑结构设计理论的发展

建筑结构设计的主要目的是要保证结构能够满足安全性、适用性、耐久性等基本功能的要求，其本质是要科学地解决结构物的可靠与经济这对矛盾。一般来说，若多用一些材料，即结构断面大一些，利用材料强度的水平高一些，往往安全度就大一些，但这样就不经济。结构工程师就是要用最经济的手段，设计并建造出安全可靠的结构，使之在预定的使用期间内，满足各种预定功能的要求。

随着科学的发展和技术的进步，结构设计理论经历了从弹性理论到极限状态理论的转变，结构设计方法经历了从定值法到概率法的发展。

容许应力法是最早的混凝土结构构件计算理论。它以弹性理论为基础，主要对构件抵抗破坏的承载力进行计算，即在规定的荷载标准值作用下，按弹性理论计算得到的构件截面应力应小于结构设计规范规定的材料容许应力值。材料的容许应力为材料强度除以安全系数。该方法虽然计算简单，但是未考虑结构材料的塑性性能，不能正确反映构件截面承载能力，且缺乏明确的结构可靠度概念，安全系数的确定主要依靠经验，缺乏科学依据。

20 世纪 40 年代，出现了按破坏阶段的设计方法。该方法考虑了材料塑性性能的影响，按破坏阶段计算构件截面的承载能力，要求构件截面的承载能力（弯矩、轴力、剪力和扭矩等）不小于由外荷载产生的内力乘以安全系数。该方法反映了构件截面的实际工作情况，计算结果比较准确，但由于采用了笼统的总安全系数来估计使用荷载的超载和材料强度的变异性，该方法仍缺乏明确的可靠度概念。此外，该方法只限于构件的承载能力计算。

20 世纪 50 年代，提出了多系数极限状态设计方法。该方法明确规定结构按照承载力极限状态、变形极限状态和裂缝极限状态三种极限状态进行设计。在承载力极限状态中，对材料强度引入各自的均质系数及材料工作条件系数，对不同荷载引入各自的超载系数，对构件还引入工作条件系数；对材料强度均质系数及某些荷载的超载系数，是将材料强度和荷载作为随机变量，用数理统计方法经过调查分析而确定的。极限状态设计方法是建筑结构设计理论的重大发展，但仍然没有给出结构可靠度的定义和计算可靠度的方法。此外，对于保证率的确定、系数取值等方面仍然带有不少主观经验成分。

近年来，国际上在结构构件设计方法方面的趋向是采用基于概率理论的极限状态设计方法，简称概率极限状态设计法。按发展阶段，该方法可分为三个水准：

（1）水准Ⅰ——半概率法。该方法对影响结构可靠度的某些参数，如荷载值和材料强度值等，用数理统计进行分析，并与工程经验相结合，引入某些经验系数。该方法对结构的可靠度未能做出定量的估计。我国《钢筋混凝土结构设计规范》（TJ 10—74）基本属于此法。

（2）水准Ⅱ——近似概率法。该方法将结构抗力和荷载效应作为随机变量，按给定的概率分布估算失效概率或可靠指标，在分析中采用平均值和标准差两个统计参数，且对设计表达式进行线性化处理，也称为“一次二阶矩法”，它实质上是一种实用的近似概率计算方法。该方法在计算时采用分项系数表达的极限状态设计表达式，各分项系数根据可靠度分析确定。我国现行的《混凝土结构设计规范》（GB 50010—2010）（以下简称《规范》）采用的就是近似概率法。

（3）水准Ⅲ——全概率法。全概率法是完全基于概率论的结构整体优化设计方法，这一方法无论在基础数据的统计方面，还是在基于全概率的可靠性定量计算方面均很不成熟，目前还处于研究探索阶段。

本书主要介绍按近似概率理论的极限状态设计法。

2.2 作用、作用效应和抗力

2.2.1 作用

建筑结构在施工和使用期间要承受各种“作用”。为了使设计的结构既可靠又经济，必须进行两方面的研究：一方面研究各种“作用”在结构中产生的各种效应，另一方面研究结构或构件内在的抵抗这些效应的能力。由此可见，结构设计中的首要工作就是确定结构上各种“作用”的类型和大小。

所谓结构上的“作用”是指施加在结构上的集中力或分布力，以及引起结构外加变形或约束变形的原因。

结构上的作用按形式的不同，可分为两类：

（1）以力的形式直接施加在结构上，如结构自重、在结构上的人或设备重量（风压、雪压、土压等），这些称为直接作用，习惯上称为结构上的荷载。

（2）引起外加变形或约束变形的原因，如基础沉降、温度变化、混凝土墙的收缩和徐变、焊接等，这类作用不是直接以力的形式出现，称为间接作用。

结构上的作用按其随时间的变异性和出现的可能性分为以下三类：

（1）永久作用。作用在结构上，其值不随时间变化，或其变化与平均值相比可以忽略不计者称为永久作用，如结构自重、土压力、预加应力、基础沉降、焊接等。其中，结构自重和土压力，习惯上称为永久荷载或恒荷载。

（2）可变作用。作用在结构上，其值随时间而变化，且其变化与平均值相比不可忽略者为可变作用，如桥面或路面上的行车荷载、安装荷载、楼面活荷载、屋面活荷载和积灰荷载、风荷载、雪荷载、吊车荷载、温度变化等。这些荷载（温度变化除外）习惯上称为可变荷载或活荷载。

（3）偶然作用。在设计基准期内不一定出现，但一旦出现其量值就很大且持续时间很短的作用称为偶然作用，如地震、爆炸、撞击等。

2.2.2 作用效应

直接作用和间接作用都将使结构或构件产生内力（如弯矩、剪力、轴向力、扭矩等）和变形（如挠度、转角、拉伸、压缩、裂缝等）。这种由“作用”所产生的内力和变形称为作用效应，用 S 表示。当内力和变形由荷载产生时，称为荷载效应。

2.2.3 结构抗力

结构抗力是指整个结构或结构构件承受作用效应的能力，如构件的承载能力、刚度、抗裂性等均为结构抗力，用 R 表示。

结构抗力是材料性能（强度、弹性模量等）、构件截面几何特征（高度、宽度、面积、惯性矩、抵抗矩等）及计算模式的函数。其中，材料性能是决定结构抗力的主要因素。由于材料性能的不定性、构件截面几何特征的不定性（制作与安装误差等）以及计算模式的不定性（基本假设和计算公式不精确），所以结构构件抗力也是一个随机变量。

2.3 荷载和材料强度取值

2.3.1 荷载代表值

作用在结构上的荷载是随时间而变化的不确定的变量，如风荷载（其大小和方向是变化的）、楼面活荷载（大小和作用位置均随时间而变化）。即使是恒荷载（如结构自重），也随其材料比重的变化以及实际尺寸与设计尺寸的偏差而变异。在设计表达式中如果直接引用反映荷载变异性的各种统计参数，将造成很多困难，也不便于应用。为简化设计表达式，对荷载给予一个规定的量值，称为荷载代表值。荷载可根据不同的设计要求，规定不同的代表值。永久荷载采用标准值作为代表值，可变荷载采用标准值、准永久值、组合值或频遇值为代表值。

（1）荷载标准值。所谓荷载标准值是指在结构使用期间，在正常情况下可能出现的最大荷载值。荷载标准值可由设计基准期最大荷载概率分布的某一分位值确定，若为正态分布，则如图 2.1 中的 P_k。荷载标准值理论上应为结构在使用期间，在正常情况下，可能出现的具有一定保证率的偏大荷载值。例如，若取荷载标准值为

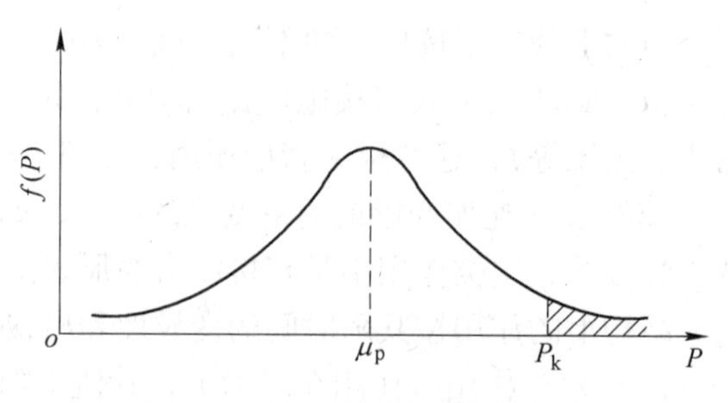

图 2.1 荷载标准值的概率含义

$$P_k = \mu_p + 1.645\sigma_p \tag{2.1}$$

则 P_k 具有 95% 的保证率，亦即在设计基准期内超过此标准值的荷载出现的概率为 5%。式（2.1）中，μ_p 为荷载的统计平均值；σ_p 为荷载的统计标准差。

然而，实际工程中，很多可变荷载并不具备充分的统计资料，难以给出符合实际的概率分布，只能结合工程经验，经分析判断确定。我国《建筑结构荷载规范》(GB 50009—2012) 对各类荷载标准值的取法都做了明确规定，其中，永久荷载的标准值 G_k 是根据结构的设计尺寸、材料和构件的单位自重计算确定的，可变荷载的标准值 Q_k 按《建筑结构荷载规范》(GB 50009—2012) 规定采用。

（2）荷载准永久值。可变荷载准永久值是按正常使用极限状态准永久组合设计时采用的荷载代表值。在正常使用极限状态的计算中，要考虑荷载长期效应的影响。显然，永久荷载是长期作用的，而可变荷载不像永久荷载那样在结构设计基准期内全部以最大值经常作用在结构构件上，它有时作用值大一些，有时作用值小一些，有时作用的持续时间长一

些，有时短一些。但若达到和超过某一值的可变荷载出现次数较多、持续时间较长，以致其累计的总持续时间与整个设计基准期的比值已达到一定值（一般情况下，这一比值可取0.5），它对结构作用的影响类似于永久荷载，则该可变荷载值便成为准永久荷载值。

可变荷载的准永久值记为 $\psi_q Q_k$ ，其中，Q_k 为某种可变荷载的标准值，ψ_q 为准永久值系数。

（3）荷载组合值。当结构上同时作用有两种或两种以上的可变荷载时，它们同时以各自的最大值出现的可能性是极小的，因此，要考虑其组合值问题。所谓荷载组合值是将多种可变荷载中的第一个可变荷载（产生荷载效应为最大的荷载）以外的其他荷载标准值乘以荷载组合值系数 ψ_c（ $\psi_c \leq 1$ ）所得的荷载值。它是承载能力极限状态按作用效应基本组合设计和正常使用极限状态按标准组合设计所采用的荷载代表值。可变荷载组合值记为 $\psi_c Q_k$ 。

（4）荷载的频遇值。对于可变荷载，在设计基准期内，其超越的总时间为规定的较小比率或超越次数为规定次数的荷载值。可变荷载频遇值记为 $\psi_f Q_k$ ，其中，ψ_f 为可变荷载频遇值系数。

《建筑结构荷载规范》（GB 50009—2012）已给出了各种可变荷载的标准值及其组合值、频遇值和准永久值系数及各种材料的自重，设计时可以直接查用。常用材料和构件自重见表2.1，主要民用建筑楼面均布活荷载标准值及组合值系数、频遇值系数和准永久值系数见表2.2，屋面均布活荷载标准值见表2.3。

表2.1 常用材料和构件自重

名 称	自 重	备 注
普通砖	$18kN/m^3$	684（块/m^3）
普通砖	$19kN/m^3$	机器制
灰砂砖	$18kN/m^3$	砂:石灰＝92:8
马赛克	$0.12kN/m^3$	厚5mm
石灰砂浆、混合砂浆	$17kN/m^3$	
水泥砂浆	$20kN/m^3$	
素混凝土	$22\sim24kN/m^3$	振捣或部分振捣
泡沫混凝土	$4\sim6kN/m^3$	
加气混凝土	$5.5\sim7.5kN/m^3$	
钢筋混凝土	$24\sim25kN/m^3$	
浆砌机砖	$19kN/m^3$	
水泥粉刷墙面	$0.36kN/m^2$	20mm厚，水泥粗砂
水刷石墙面	$0.5kN/m^2$	25mm厚，包括打底
石灰粗砂粉刷	$0.34kN/m^2$	20mm厚
木框玻璃窗	$0.2\sim0.3kN/m^2$	
玻璃幕墙	$1.0\sim1.5kN/m^2$	一般可按单位面积玻璃自重增大20%~30%采用
钢框玻璃窗	$0.4\sim0.45kN/m^2$	
油毡防水层	$0.35\sim0.4kN/m^2$	八层做法，三毡四油上铺小石子
三夹板顶棚	$0.18kN/m^2$	吊木在内
铝合金龙骨吊顶	$1\sim0.12kN/m^2$	一层15mm厚矿棉吸声板，无保温层
水磨石地面	$0.65kN/m^2$	10mm面层，20mm水泥砂浆底

表 2.2　主要民用建筑楼面均布活荷载标准值及相关系数

项次	类　别	标准值 /kN·m⁻²	组合值系数 ψ_c	频遇值系数 ψ_f	准永久值系数 ψ_q
1	（1）住宅、宿舍、旅馆、办公楼、医院病房、托儿所、幼儿园	2.0	0.7	0.5	0.4
1	（2）试验室、阅览室、会议室、医院门诊室	2.0	0.7	0.6	0.5
2	教室、食堂、餐厅、一般资料档案室	2.5	0.7	0.6	0.5
3	（1）礼堂、剧场、影院、有固定座位的看台	3.0	0.7	0.5	0.3
3	（2）公共洗衣房	3.0	0.7	0.6	0.5
4	（1）商店、展览厅、车站、港口、机场大厅及其旅客等候车室	3.5	0.7	0.6	0.5
4	（2）无固定座位的看台	3.5	0.7	0.5	0.3
5	（1）健身房、演出舞台	4.0	0.7	0.6	0.5
5	（2）运动场、舞厅	4.0	0.7	0.6	0.3
6	（1）书库、档案库、贮藏室	5.0	0.9	0.9	0.8
6	（2）密集柜书库	12.0	0.9	0.9	0.8
7	通风机房、电梯机房	7.0	0.9	0.9	0.8
8	汽车通道及客车停车库　（1）单向板楼盖（板跨不小于 2m）和双向板楼盖（板跨不小于 3m×3m）　客车	4.0	0.7	0.7	0.6
8	汽车通道及客车停车库　（1）单向板楼盖（板跨不小于 2m）和双向板楼盖（板跨不小于 3m×3m）　消防车	35.0	0.7	0.5	0.0
8	汽车通道及客车停车库　（2）双向板楼盖（板跨不小于 6m×6m）和无梁楼盖（柱网不小于 6m×6m）　客车	2.5	0.7	0.7	0.6
8	汽车通道及客车停车库　（2）双向板楼盖（板跨不小于 6m×6m）和无梁楼盖（柱网不小于 6m×6m）　消防车	20.0	0.7	0.5	0.0
9	厨房　（1）餐厅	4.0	0.7	0.7	0.7
9	厨房　（2）其他	2.0	0.7	0.6	0.5
10	浴室、卫生间、盥洗室	2.5	0.7	0.6	0.5
11	走廊、门厅　（1）宿舍、旅馆、医院病房、托儿所、幼儿园、住宅	2.0	0.7	0.5	0.4
11	走廊、门厅　（2）办公楼、餐厅、医院门诊部	2.5	0.7	0.6	0.5
11	走廊、门厅　（3）教学楼及其他可能出现人员密集的情况	3.5	0.7	0.5	0.3
12	楼梯　（1）多层住宅	2.0	0.7	0.5	0.4
12	楼梯　（2）其他	3.5	0.7	0.5	0.3
13	阳台　（1）可能出现人员密集的情况	3.5	0.7	0.6	0.5
13	阳台　（2）其他	2.5	0.7	0.6	0.5

注：1. 本表所给各项活荷载适用于一般使用条件，当使用荷载较大、情况特殊或有专门要求时，应按实际情况采用；

2. 第6项书库活荷载当书架高度大于2m时，书库活荷载尚应按每书架高度不小于 $2.5kN/m^2$ 确定；

3. 第8项中的客车活荷载只适用于停放载人少于9人的客车；消防车活荷载适用于满载总重为300kN的大型车辆；当不符合本表的要求时，应将车轮的局部荷载按结构效应的等效原则，换算为等效均布荷载；

4. 第8项消防车活荷载，当双向板楼盖板跨介于 3m×3m～6m×6m 之间时，应按跨度线性插值确定；

5. 第12项楼梯活荷载，对预制楼梯踏步平板，尚应按1.5kN集中荷载验算；

6. 本表各项荷载不包括隔墙自重和二次装修荷载；对固定隔墙的自重应按永久荷载考虑，当隔墙位置可灵活自由布置时，非固定隔墙的自重应取不小于1/3的每延米长墙重（kN/m）的作为楼面活荷载的附加值（kN/m^2）计入，且附加值不应小于 $1.0kN/m^2$。

表 2.3 屋面均布活荷载标准值

项次	类 别	标准值/kN·m^{-2}	组合值系数 ψ_c	频遇值系数 ψ_f	准永久值系数 ψ_q
1	不上人的屋面	0.5	0.7	0.5	0
2	上人的屋面	2.0	0.7	0.5	0.4
3	屋顶花园	3.0	0.7	0.6	0.5
4	屋顶运动场	4.0	0.7	0.6	0.4

注：1. 不上人的屋面，当施工或维修荷载较大时，应按实际情况采用；对不同结构应按有关设计规范的规定，将标准值作 0.2kN/m^{2}的增减；
2. 上人的屋面兼作其他用途时，应按相应楼面活荷载采用；
3. 对于因屋面排水不畅、堵塞等引起的积水荷载，应采取构造措施加以防止；必要时，应按积水的可能深度确定屋面活荷载；
4. 屋顶花园活荷载不包括花园土石等材料自重。

2.3.2 材料强度标准值

由于受材质不均匀和施工工艺、加荷条件、所处环境、尺寸大小以及实际结构构件与试件差别等因素的影响，结构构件的材料强度会产生一定的变异。材料强度有强度标准值和强度设计值之分。材料强度标准值是结构设计时采用的材料强度的基本代表值，是设计表达式中材料性能的取值依据，也是控制材料质量的主要依据。

材料强度的标准值是指在正常情况下，可能出现的最小强度值，它是以材料强度概率分布的某一分位值来确定的。当材料强度服从正态分布时，其标准值由下式计算：

$$f_k = \mu_f - \alpha\sigma_f = \mu_f(1 - \alpha\delta_f) \tag{2.2}$$

式中 μ_f，σ_f——材料强度的统计平均值和统计标准差；

δ_f——材料强度的变异系数，$\delta_f = \sigma_f/\mu_f$；

α——材料强度的保证率系数。

各种材料强度标准值的取值原则为：材料强度的标准值由材料强度概率分布的 0.05 分位值来确定，即材料的实际强度小于强度标准值的可能性只有 5%，也就是强度标准值具有 95% 的保证率，对应的保证率系数 α = 1.645，如图 2.2 所示。

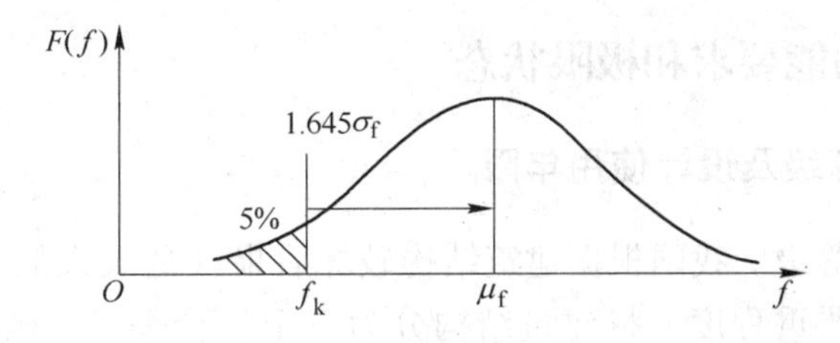

图 2.2 材料强度标准值的确定方法

材料强度标准值 f_k 除以材料分项系数即为材料强度的设计值 f。混凝土和钢筋的强度标准值参见表 3.1、表 3.2。混凝土轴心抗压强度设计值 f_c 和轴心抗拉强度设计值 f_t 按表 2.4 采用；普通钢筋的抗拉强度设计值 f_y 和抗压强度设计值 f'_y 按表 2.5 采用；预应力钢筋的抗拉强度设计值 f_{py} 及抗压强度设计值 f'_{py} 按表 2.6 采用，预应力钢筋的极限强度标准值系根据极限抗拉强度确定，用 f_{ptk} 表示。

表2.4 混凝土轴心抗压及抗拉强度设计值 （N/mm²）

强度种类	混凝土强度等级													
	C15	C20	C25	C30	C35	C40	C45	C50	C55	C60	C65	C70	C75	C80
f_c	7.2	9.6	11.9	14.3	16.7	19.1	21.1	23.1	25.3	27.5	29.7	31.8	33.8	35.9
f_t	0.91	1.10	1.27	1.43	1.57	1.71	1.80	1.89	1.96	2.04	2.09	2.14	2.18	2.22

表2.5 普通钢筋强度设计值 （N/mm²）

种类		f_y	f'_y
热轧钢筋	HPB300	270	270
	HRB335、HRBF335	300	300
	HRB400、HRBF400、RRB400	360	360
	HRB500、HRBF500	435	435

表2.6 预应力钢筋强度设计值 （N/mm²）

钢筋种类	f_{ptk}	f_{py}	f'_{py}
中强度预应力钢丝	800	510	410
	970	650	
	1270	810	
消除应力钢丝	1470	1040	410
	1570	1110	
	1860	1320	
钢绞线	1570	1110	390
	1720	1220	
	1860	1320	
	1960	1390	
预应力螺纹钢筋	980	650	435
	1080	770	
	1230	900	

注：当预应力筋的强度标准值不符合表2.6的规定时，其强度设计值应进行相应的比例换算。

2.4 建筑结构的功能要求和极限状态

2.4.1 结构的安全等级及设计使用年限

（1）结构的安全等级。我国根据建筑结构破坏后果（危及人的生命、造成经济损失、产生社会影响等）的严重程度，将建筑结构分为三个安全等级：破坏后果很严重的为一级，严重的为二级，不严重的为三级，见表2.7。

表2.7 建筑结构的安全等级

安全等级	破坏后果的影响程度	建筑物的类型
一级	很严重	重要的建筑物
二级	严重	一般的建筑物
三级	不严重	次要的建筑物

建筑物中各类结构构件使用阶段的安全等级宜与整个结构的安全等级相同，但允许对部分结构构件根据其重要程度和综合经济效益进行适当调整。例如，提高某一结构构件的安全等级所需额外费用很少，又能减轻整个结构的破坏，从而大大减少人员伤亡和财产损失，则可将该结构构件的安全等级在整个结构的安全等级基础上提高一级。相反，如某一结构构件的破坏并不影响整个结构或其他结构构件的安全性，则可将其安全等级降低一级，但一切构件的安全等级在各个阶段均不得低于三级。

在近似概率论的极限状态设计法中，结构的安全等级是用结构重要性系数 γ_0 来体现的，见2.6节所述。

（2）结构的设计使用年限。结构的设计使用年限是指设计规定的结构或结构构件不需进行大修即可按其预定目的使用的时期。结构的设计使用年限可按《建筑结构可靠度设计统一标准》（GB 50068—2001）确定，如表2.8所示。

表2.8 建筑结构的设计使用年限分类

类别	设计使用年限/年	示　例
1	5	临时性建筑结构
2	25	易于替换的结构构件
3	50	普通房屋和构造物
4	100	标志性建筑和特别重要的建筑结构

此外，业主可提出要求，经主管部门批准，也可按业主的要求确定。各类工程结构的设计使用年限是不应统一的。例如，就总体而言，桥梁应比房屋的设计使用年限长，大坝的设计使用年限更长。

应注意的是，结构的设计使用年限虽与其使用寿命有联系，但不等同。超过设计使用年限的结构并不是不能使用，而是指它的可靠度降低了。

2.4.2 建筑结构的功能要求

设计的结构和结构构件在规定的设计使用年限内，在正常维护条件下，应能保持其使用功能，而不需进行大修加固。根据我国《建筑结构可靠度设计统一标准》（GB 50068—2001），建筑结构应该满足的功能要求有：

（1）安全性。在正常施工和正常使用条件下，结构应能承受可能出现的各种外界作用；在偶然事件（如地震、爆炸等）发生时和发生后保持必需的整体稳定性，不致发生倒塌。所谓外界作用，包括各类外加荷载，此外还包括外加变形或约束变形，如温度变化、支座移动、收缩、徐变等。

（2）适用性。结构在正常使用过程中应具有良好的工作性。例如，不产生影响使用的过大变形或振幅，不发生足以让使用者不安的过宽的裂缝等。

（3）耐久性。结构在正常维护条件下应有足够的耐久性，完好使用到设计规定的年限，即设计使用年限。例如，不发生严重的混凝土碳化和钢筋锈蚀。

一个合理的结构设计，应该是用较少的材料和费用，获得安全、适用和耐久的结构，即结构在满足使用条件的前提下，既安全又经济。

2.4.3　建筑结构的极限状态

整个结构或结构的一部分超过某一特定状态就不能满足设计指定的某一功能要求，这个特定状态称为该功能的极限状态。例如，构件即将开裂、倾覆、滑移、压屈、失稳等。也就是能完成预定的各功能时，结构处于有效状态；反之，则处于失效状态。有效状态和失效状态的分界，称为极限状态，是结构开始失效的标志。

结构的极限状态可分为承载力能力极限状态和正常使用极限状态两类。

（1）承载能力极限状态。结构或结构构件达到最大承载能力或者达到不适于继续承载的变形状态，称为承载能力极限状态。当结构或结构构件出现下列状态之一时，即认为超过了承载能力极限状态：

1）整个结构或结构的一部分作为刚体失去平衡，如倾覆等；

2）结构构件或连接部位因材料强度不够而破坏（包括疲劳破坏）或因过度的塑性变形而不适于继续承载；

3）结构转变为机动体系；

4）结构或结构构件丧失稳定性，如压屈等；

5）地基丧失承载能力而破坏，如失稳等。

承载能力极限状态主要考虑结构的安全性，而结构是否安全关系到生命、财产的安危，因此，应严格控制出现这种极限状态的可能性。

（2）正常使用极限状态。结构或结构构件达到正常使用或耐久性能中某项规定限值的状态称为正常使用极限状态。当结构或结构构件出现下列状态之一时，即认为超过了正常使用极限状态：

1）影响正常使用或外观的变形，如吊车梁变形过大使吊车不能平稳行驶，梁挠度过大影响外观；

2）影响正常使用或耐久性能的局部损坏，如水池开裂漏水不能正常使用，梁的裂缝过宽导致钢筋锈蚀等；

3）影响正常使用的振动，如因机器振动而导致结构的振幅超过按正常使用要求所规定的限值；

4）不宜有的损伤，如腐蚀等；

5）影响正常使用的其他特定状态，如相对沉降量过大等。

建筑结构设计时，应根据两种不同极限状态的要求，分别进行承载能力极限状态和正常使用极限状态的计算。对一切结构或结构构件均应进行承载能力（包括压屈失稳）极限状态的计算。正常使用极限状态的验算则应根据具体使用要求进行。对使用上需要控制变形值的结构构件，应进行变形验算；对使用上要求不出现裂缝的构件，应进行抗裂验算；对使用上要求允许出现裂缝的构件，应进行裂缝宽度验算。

2.5　按近似概率理论的极限状态设计方法

2.5.1　极限状态方程

设 S 表示荷载效应，它代表由各种荷载分别产生的荷载效应的总和，可以用一个随机变量来描述；设 R 表示结构构件抗力，也当做一个随机变量。构件每一个截面满足 $S \leqslant R$ 时，才认为构件是可靠的，否则认为是失效的。

结构的极限状态可以用极限状态函数来表达。承载能力极限状态函数可表示为

$$Z = R - S \tag{2.3}$$

根据 S、R 的取值不同，Z 值可能出现三种情况，如图 2.3 所示，并且容易知道：

当 $Z = R - S > 0$ 时，结构能够完成预定功能，处于可靠状态；

当 $Z = R - S = 0$ 时，结构不能够完成预定功能，处于极限状态；

当 $Z = R - S < 0$ 时，结构处于失效状态。

方程式：

$$Z = g(R,S) = R - S = 0 \tag{2.4}$$

称为极限状态方程。

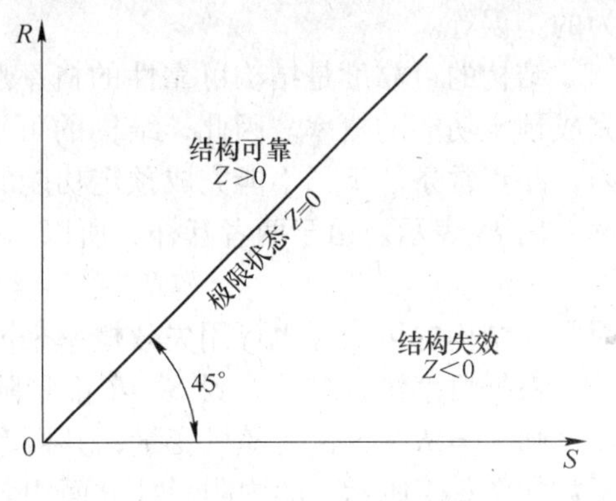

图 2.3　结构的功能函数状态

结构设计中经常考虑的不仅是结构的承载力，多数情况下还需要考虑结构对变形或开裂等的抵抗能力，也是就说要考虑结构的适用性和耐久性的要求。由此，上述极限状态方程可推广为

$$Z = g(x_1, x_2, \cdots, x_n) \tag{2.5}$$

式中，$g(x_1, x_2, \cdots, x_n)$ 是函数记号，在这里称为功能函数。$g(x_1, x_2, \cdots, x_n)$ 由所研究的结构功能而定，可以是承载能力，也可以是变形或裂缝宽度等。$x_1, x_2, \cdots, x_n$ 为影响该结构功能的各种荷载效应以及材料强度、构件的几何尺寸等。结构功能则为上述各变量的函数。

2.5.2　结构的可靠度

先用荷载和结构构件的抗力来说明结构可靠度的概念。

在混凝土结构的早期阶段，人们往往以为只要把结构构件的承载能力或抗力降低某一倍数，即除以一个大于 1 的安全系数，使结构具有一定的安全储备，有足够的能力承受荷载，结构便安全了。例如，用抗力的平均值 μ_R 与荷载效应的平均值 μ_S 表达的单一安全系数 K，定义为

$$K = \frac{\mu_R}{\mu_S} \tag{2.6}$$

其相应的设计表达式为

$$\mu_R \geqslant K\mu_S \tag{2.7}$$

实际上这种概念并不正确，因为这种安全系数没有定量地考虑抗力和荷载效应的随机性，而是要靠经验或工程判断的方法确定，带有主观成分。安全系数定得过低，难免不安全，定得过高，又偏于保守，会造成不必要的浪费。所以，这种安全系数不能反映结构的实际失效情况。

鉴于抗力和荷载效应的随机性，安全可靠应该属于概率的范畴，应当用结构完成其预定功能的可能性（概率）的大小来衡量，而不是用一个定值来衡量。当结构完成其预定功能的概率达到一定程度，或不能完成其预定功能的概率（失效概率）小到某一公认的、大家可以接受的程度，就认为该结构是安全可靠的。这比笼统地用安全系数来衡量结构安全

与否更为科学和合理。

结构在规定的时间内，在规定的条件下，完成预定功能的能力称为结构的可靠性。规定时间是指结构的设计使用年限，所有的统计分析均以该时间区间为准。所谓的规定条件，是指正常设计、正常施工、正常使用和正常维护的条件下，不包括非正常的，例如人为的错误等。

结构的可靠度是结构可靠性的概率度量，即结构在设计使用年限内，在正常条件下，完成预定功能的概率。因此，结构的可靠度用可靠概率 P_s 表示。反之，在设计使用年限内，在正常条件下，不能完成预定功能的概率，即结构处于失效状态的概率，称为失效概率，用 P_f 表示。由于两者互补，所以

$$P_s + P_f = 1 \quad 或 \quad P_f = 1 - P_s \tag{2.8}$$

因此，结构的可靠性也可用失效概率来度量。

根据概率统计理论，设 S、R 都是随机变量，则 $Z = R - S$ 也是随机变量，其概率密度函数如图2.4所示。图中阴影部分面积表示出现 $Z = R - S < 0$ 事件的概率，也就是构件的失效概率 P_f。

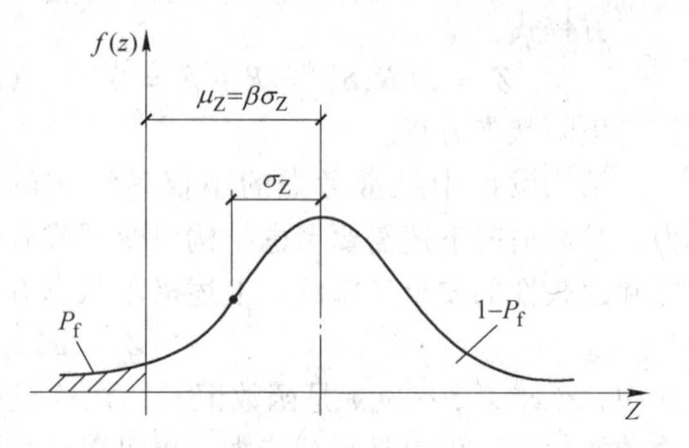

图2.4 可靠概率、失效概率和可靠指标

从概率的角度讲，结构的可靠性是指结构的可靠概率足够大，或者说结构的失效概率足够小，小到可以接受的程度。

从图2.4中可以看出，失效概率 P_f 与结构功能函数 Z 的平均值 μ_Z 有关，令 $\mu_Z = \beta\sigma_Z$（σ_Z 为 Z 的标准差），则 β 值小时 P_f 大，β 值大时 P_f 小。β 与 P_f 存在一一对应关系，所以也可以用 β 度量结构的可靠性，称 β 为结构的可靠指标。

用失效概率 P_f 来度量结构的可靠性有明确的物理意义，但因确定失效概率要通过复杂的数学运算，故《建筑结构可靠度设计统一标准》(GB 50068—2001) 采用可靠指标 β 代替失效概率 P_f 来度量结构的可靠性。在结构设计时，如能满足

$$\beta \geqslant [\beta] \tag{2.9}$$

则结构处于可靠状态。$[\beta]$ 是设计依据的可靠指标，称为目标可靠指标。对于承载能力极限状态的目标可靠指标，根据结构安全等级和结构破坏类型按表2.9采用。

表2.9 不同安全等级的目标可靠指标 $[\beta]$

破坏类型	安全等级		
	一级	二级	三级
延性破坏	3.7	3.2	2.7
脆性破坏	4.2	3.7	3.2

2.6 极限状态实用设计表达式

2.6.1 分项系数

采用概率极限状态方法用可靠指标 β 进行设计，需要大量的统计数据，且当随机变量

不服从正态分布、极限状态方程是非线性时，计算可靠指标β比较复杂。对于一般常见的工程结构，直接采用可靠指标进行设计工作量大，有时会遇到统计资料不足而无法进行的困难。考虑到多年来的设计习惯和实用上的简便，《建筑结构可靠度设计统一标准》(GB 50068—2001）提出了便于实际使用的设计表达式，称为实用设计表达式。

实用设计表达式把荷载、材料、截面尺寸、计算方法等视为随机变量，应用数理统计的概率方法进行分析，采用了以荷载和材料强度的标准值分别与荷载分项系数和材料分项系数相联系的荷载设计值、材料强度设计值来表达的方式。这样，既考虑了结构设计的传统方式，又避免设计时直接进行概率方面的计算。分项系数按照目标可靠指标［β］值(或确定的结构失效概率P_f值)，并考虑工程经验优选确定后，将其隐含在设计表达式中。所以，分项系数已起着考虑目标可靠指标的等价作用。例如，永久荷载和可变荷载组合下的设计表达式为

$$\gamma_R\mu_R \geqslant \gamma_G\mu_G + \gamma_Q\mu_Q \tag{2.10}$$

式中，γ_R为抗力分项系数；γ_G为永久荷载分项系数；γ_Q为可变荷载分项系数；μ_G、μ_Q分别为永久荷载和可变荷载的平均值。

2.6.2 承载能力极限状态设计表达式

令S_d为荷载效应的设计值，令R_d为结构抗力的设计值，考虑到结构安全等级或结构的设计使用年限的差异，其目标可靠指标应作相应的提高或降低，故引入结构重要性系数γ_0:

$$\gamma_0 S_d \leqslant R_d \tag{2.11}$$

上式为极限状态设计简单表达式，式中γ_0为结构构件的重要性系数，与安全等级对应，对安全等级为一级或设计使用年限为100年及以上的结构构件不应小于1.1；对安全等级为二级或设计使用年限为50年的结构构件不应小于1.0；对安全等级为三级或设计使用年限为5年及以下的结构构件不应小于0.9；在抗震设计中，不考虑结构构件的重要性系数。

实际上荷载效应中的荷载有永久荷载和可变荷载，并且可变荷载不止一个，同时可变荷载对结构的影响有大有小，多个可变荷载也不一定会同时发生，例如，高层建筑各楼层可变荷载全部满载且遇到最大风荷载的可能性就不大。为此，考虑到两个或两个以上可变荷载同时出现的可能性较小，引入荷载组合值系数对其标准值折减。

按承载能力极限状态设计时，应考虑作用效应的基本组合，必要时尚应考虑作用效应的偶然组合。《建筑结构荷载规范》(GB 50009—2012）规定：对于基本组合，荷载效应组合的设计值应由可变荷载效应控制的组合和永久荷载效应控制的两组组合中取最不利值确定。

(1) 由可变荷载控制的效应设计值。

$$S_d = \sum_{j=1}^{m}\gamma_{G_j}S_{G_jk} + \gamma_{Q_1}\gamma_{L_1}S_{Q_1k} + \sum_{i=2}^{n}\gamma_{Q_i}\gamma_{L_i}\psi_{c_i}S_{Q_ik} \tag{2.12}$$

(2) 由永久荷载控制的效应设计值。

$$S_d = \sum_{j=1}^{m}\gamma_{G_j}S_{G_jk} + \sum_{i=1}^{n}\gamma_{Q_i}\gamma_{L_i}\psi_{c_i}S_{Q_ik} \tag{2.13}$$

式中 γ_{G_j} ——第j个永久荷载的分项系数。当其效应对结构不利时，对由可变荷载效应

控制的组合，应取1.2，对由永久荷载效应控制的组合，应取1.35；当其效应对结构有利时的组合，不应大于1.0；

γ_{Q_i}——第 i 个可变荷载的分项系数，对标准值大于$4kN/m^2$的工业房屋楼面结构的活荷载，应取1.3；其他情况应取1.4。其中，γ_{Q_1} 为可变荷载 Q_1 的分项系数；

γ_{L_i}——第 i 个可变荷载考虑设计使用年限的调整系数，对于楼面和屋面活荷载应按表2.10采用，对于雪荷载和风荷载，可按《建筑结构荷载规范》（GB 50009—2012）或其他有关规范的规定采用。其中，γ_{L_1} 为可变荷载 Q_1 考虑设计使用年限的调整系数；

S_{G_jk}——按永久荷载标准值 G_{jk} 计算的荷载效应值；

S_{Q_ik}——按可变荷载标准值 Q_{ik} 计算的荷载效应值，其中 S_{Q_1k} 为诸可变荷载效应中起控制作用者；

ψ_{c_i}——可变荷载 Q_i 的组合值系数；

m——参与组合的永久荷载数；

n——参与组合的可变荷载数。

表2.10　楼面和屋面活荷载考虑设计使用年限的调整系数 γ_L

结构设计使用年限/年	5	50	100
γ_L	0.9	1.0	1.1

注：1. 当设计使用年限不为表中数值时，调整系数 γ_L 可按线性内插确定；
2. 对于荷载标准值可控制的活荷载，设计使用年限调整系数 γ_L 取1.0。

需要注意，基本组合中的效应设计值仅适用于荷载与荷载效应为线性的情况；当对 S_{Q_1k} 无法明显判断时，应轮次以各可变荷载效应为 S_{Q_1k}，选其中最不利的荷载组合效应设计值。对结构的倾覆、滑移或漂浮验算，荷载的分项系数应满足有关的结构设计规范的规定。

2.6.3　正常使用极限状态设计表达式

按正常使用极限状态设计，主要是验算构件的变形和抗裂度或裂缝宽度。按正常使用极限状态设计时，应根据实际设计的需要，区分荷载的短期作用（标准组合、频遇组合）和荷载的长期作用（准永久组合），采用荷载的标准组合、频遇组合或准永久组合，并按下式设计表达式进行设计：

$$S_d \leqslant C \tag{2.14}$$

式中，C 为结构或结构构件达到正常使用要求的规定限值，例如，变形、裂缝、振幅、加速度、应力等的限值，应按各有关建筑结构设计规范的规定采用。

（1）荷载标准组合的效应设计值 S_d。

$$S_d = \sum_{j=1}^{m} S_{G_jk} + S_{Q_1k} + \sum_{i=2}^{n} \psi_{c_i} S_{Q_ik} \tag{2.15}$$

式中，永久荷载及第一个可变荷载采用标准值，其他可变荷载均采用组合值。ψ_{c_i} 为可变荷载的组合值系数。

（2）荷载频遇组合的效应设计值 S_d。

按荷载的频遇组合时，荷载效应组合的设计值 S 为

$$S_d = \sum_{j=1}^{m} S_{G_jk} + \psi_{f_1} S_{Q_1k} + \sum_{i=2}^{n} \psi_{q_i} S_{Q_ik} \tag{2.16}$$

式中，ψ_{f_1} 为可变荷载的频遇值系数。

（3）荷载准永久组合的效应设计值 S_d。

按荷载的准永久组合时，荷载效应组合的设计值 S 为

$$S_d = \sum_{j=1}^{m} S_{G_jk} + \sum_{i=1}^{n} \psi_{q_i} S_{Q_ik} \tag{2.17}$$

式中，ψ_{q_i} 为可变荷载准永久值系数。

需要注意，无论标准组合、频遇组合还是准永久组合，组合中的设计值仅适用于荷载与荷载效应为线性的情况。

通常情况下，标准组合主要用于当一个极限状态被超越时将产生严重的永久性损害的情况；频遇组合主要用于当一个极限状态被超越时将产生局部损害、较大变形或短暂振动的情况；准永久组合主要用于当长期效应是决定性因素的情况。

【例 2.1】 某办公楼楼面采用预应力混凝土板，安全等级为二级。板长 3.3m，计算跨度 3.18m，板宽 0.9m，板自重 2.04kN/m²，后浇混凝土层厚 40mm，板底抹灰层厚 20mm，可变荷载取 2.0kN/m²，准永久值系数为 0.4。

试计算按承载能力极限状态和正常使用极限状态设计时的截面弯矩设计值。

解： 沿板长每延米的永久荷载标准值计算如下：

自重	2.04kN/m²
40mm 后浇混凝土层	25 × 1 × 0.04 = 1.00kN/m²
20mm 板底抹灰层	20 × 1 × 0.02 = 0.40kN/m²
	3.44kN/m²

沿板长每延米均布荷载标准值为

$$0.9 \times 3.44 = 3.10\text{kN/m}$$

可变荷载每延米标准值为

$$0.9 \times 2.0 = 1.80\text{kN/m}$$

简支板在均布荷载作用下的弯矩为

$$M = \frac{1}{8} q l^2$$

故永久荷载效应 M_{Gk} 和可变荷载效应 M_{Q_1k} 分别为

$$M_{Gk} = \frac{1}{8} \times 3.1 \times 3.18^2 = 3.92\text{kN} \cdot \text{m}$$

$$M_{Q_1k} = \frac{1}{8} \times 1.8 \times 3.18^2 = 2.28\text{kN} \cdot \text{m}$$

（1）承载能力极限状态。

按可变荷载效应控制的组合弯矩设计值为

$$
\begin{aligned}
M &= \gamma_0(\gamma_G M_{Gk} + \gamma_{Q_1}\gamma_{L_1}M_{Q_1k}) \\
&= 1.0 \times (1.2 \times 3.92 + 1.4 \times 1.0 \times 2.28) \\
&= 7.90\text{kN}\cdot\text{m}
\end{aligned}
$$

按永久荷载效应控制的组合弯矩设计值为

$$
\begin{aligned}
M &= \gamma_0(\gamma_G M_{Gk} + \gamma_{Q_1}\gamma_{L_1}\psi_{c_1}M_{Q_1k}) \\
&= 1.0 \times (1.35 \times 3.92 + 1.4 \times 1.0 \times 0.7 \times 2.28) \\
&= 7.52\text{kN}\cdot\text{m}
\end{aligned}
$$

（2）正常使用极限状态。

按荷载的标准组合时

$$M_k = M_{Gk} + M_{Q_1k} = 3.92 + 2.28 = 6.20\text{kN}\cdot\text{m}$$

按荷载的准永久组合时

$$M_q = M_{Gk} + \psi_{q_1}M_{Q_1k} = 3.92 + 0.4 \times 2.28 = 4.83\text{kN}\cdot\text{m}$$

【例2.2】 某受弯构件安全等级为二级，在各种荷载作用下产生的弯矩标准值为：永久荷载标准值 $M_{Gk} = 2.0\text{kN}\cdot\text{m}$，使用活荷载标准值 $M_{Q_1k} = 1.8\text{kN}\cdot\text{m}$，风荷载标准值 $M_{Q_2k} = 0.5\text{kN}\cdot\text{m}$，雪荷载标准值 $M_{Q_3k} = 0.3\text{kN}\cdot\text{m}$。其中，活荷载的组合值系数 $\psi_{C_1} = 0.7$，风荷载的组合值系数 $\psi_{C_2} = 0.6$，雪荷载的组合值系数 $\psi_{C_3} = 0.7$。

试计算：（1）按承载能力极限状态设计时的荷载效应 M。

（2）若各种可变荷载的准永久值系数分别为：使用活荷载 $\psi_{q_1} = 0.4$，风荷载 $\psi_{q_2} = 0$，雪荷载 $\psi_{q_3} = 0.2$，求在正常使用极限状态下的荷载标准组合 M_k 和荷载准永久组合 M_q。

解：（1）承载能力极限状态。

按可变荷载效应控制时

$$
\begin{aligned}
M &= \gamma_0\left(\gamma_G M_{Gk} + \gamma_{Q_1}\gamma_{L_1}M_{Q_1k} + \sum_{i=2}^{3}\gamma_{Q_i}\gamma_{L_i}\psi_{c_i}M_{Q_ik}\right) \\
&= 1.0 \times [1.2 \times 2.0 + 1.4 \times 1.0 \times 1.8 + 1.4 \times 1.0 \times (0.6 \times 0.5 + 0.7 \times 0.3)] \\
&= 5.63\text{kN}\cdot\text{m}
\end{aligned}
$$

按永久荷载效应控制时

$$
\begin{aligned}
M &= \gamma_0\left(\gamma_G M_{Gk} + \sum_{i=1}^{3}\gamma_{Q_i}\gamma_{L_i}\psi_{c_i}M_{Q_ik}\right) \\
&= 1.0 \times [1.35 \times 2.0 + 1.4 \times 1.0 \times (0.7 \times 1.8 + 0.6 \times 0.5 + 0.7 \times 0.3)] \\
&= 5.18\text{kN}\cdot\text{m}
\end{aligned}
$$

由可变荷载效应控制的组合大于由永久荷载效应控制的组合，所以取荷载效应 M 为 $5.63\text{kN}\cdot\text{m}$。

（2）正常使用极限状态。

按荷载的标准组合（短期效应组合）时

$$
\begin{aligned}
M_k &= M_{Gk} + M_{Q_1k} + \sum_{i=2}^{3}\psi_{c_i}M_{Q_ik} \\
&= 2.0 + 1.8 + 0.6 \times 0.5 + 0.7 \times 0.3 \\
&= 4.31\text{kN}\cdot\text{m}
\end{aligned}
$$

按荷载的准永久组合（长期效应组合）时

$$
\begin{aligned}
M_{q} &= M_{Gk} + \sum_{i=1}^{3} \psi_{q_i} M_{Q_ik} \\
&= 2.0 + 0.4 \times 1.8 + 0.2 \times 0.3 \\
&= 2.78 \mathrm{kN \cdot m}
\end{aligned}
$$

2.7 建筑结构设计的一般过程

2.7.1 建筑设计的阶段及内容

建筑设计按复杂程度、规模大小及审批要求，一般分两阶段设计或三阶段设计。两阶段设计指初步设计和施工图设计两个阶段。三阶段设计指初步设计、技术设计和施工图设计三个阶段。对于一般建筑，多采用两阶段设计，对于大型民用建筑或技术复杂的工业项目需采用三阶段设计。

（1）初步设计。初步设计应在熟悉设计任务书、收集和了解有关设计资料和环境情况的基础上进行设计，其设计成果应满足设计审查、主要材料及设备订购、施工图设计所要求的深度。

（2）技术设计。技术设计指在初步设计的基础上进一步解决各种技术问题。技术设计的图纸和文件与初步设计大致相同，但更详细些。具体内容包括整个建筑物和各个局部的具体做法，各部分确切的尺寸关系，内外装修的设计，结构方案的计算和具体内容、各种构造和用料的确定，各种设备系统的设计和计算，各种技术工种之间各种矛盾的合理解决，设计预算的编制等。

（3）施工图设计。在初步设计的文件和概算得到有关管理部门批准后，设计单位即可进行施工图设计。施工图设计阶段主要是将初步设计的内容进一步具体化，主要任务是满足施工要求，解决施工中的技术措施、用料及具体做法，其内容包括建筑、结构、水电、采暖通风等工种的设计图纸、工程说明书、结构及设备计算书和概算书等。

2.7.2 建筑结构设计的一般过程

建筑结构设计的一般原则为安全、适用、耐久和经济合理。建筑结构设计应考虑功能性要求与经济性之间的均衡，在保证结构可靠的前提下，设计出经济的、技术先进的、施工方便的结构。

建筑结构设计的一般过程为：

（1）方案设计。包括结构选型、结构布置和尺寸估算。主要内容有根据建筑设计确定上部结构选型、基础选型；进行定位轴线、构件和变形缝的布置；根据变形条件和稳定条件估算水平构件尺寸，根据侧移限制条件估算竖向构件。

（2）结构分析。选用线弹性、塑性或非线性等分析方法，建立结构计算模型，进行静力分析（主要包括内力分析和变形分析）和动力分析。

（3）构件设计。包括控制截面选取、荷载与内力组合、截面设计、节点设计和构件的构造设计。

（4）耐久性设计。进行结构或构件的耐久性设计。

（5）特殊要求设计。对有特殊功能要求的结构，进行特殊要求设计。

（6）绘制结构施工图。包括结构布置图、构件施工图、大样图、施工说明等。

复习思考题

2-1 建筑结构设计的目的和本质是什么？

2-2 “作用”与“荷载”的区别是什么，何谓荷载效应，何谓结构抗力？

2-3 建筑结构的安全等级是按什么原则划分的，结构可靠性的含义是什么，它包含哪些功能要求？

2-4 什么是结构的极限状态，结构的极限状态分为几类，其含义各是什么？

2-5 承载能力极限状态和正常使用极限状态各有哪些实用设计表达式？

2-6 建筑结构设计的一般过程是什么？

2-7 某矩形截面简支梁，截面尺寸 $b \times h = 200\text{mm} \times 450\text{mm}$，计算跨度 $l_0 = 5.2\text{m}$。承受均布线荷载：活荷载标准值为8kN/m，恒荷载标准值为9.5kN/m（不含自重）。求该简支梁的跨中最大弯矩设计值。

2-8 某办公楼屋盖采用预应力圆孔板，计算跨度 $l_0 = 3.14\text{m}$，板宽取 $b = 1.20\text{m}$（板重 2.0kN/mm^2）。屋面做法为：二毡三油上铺小石子（0.35kN/m^2），20mm 厚水泥砂浆找平层（容重为 20kN/m^3），60mm 厚加气混凝土保温层（容重为 6kN/m^3），板底为 20mm 厚抹灰（容重为 17kN/m^3），屋面活荷载为 0.7kN/m^2，雪荷载为 0.3kN/m^2。求该屋面板的弯矩设计值。

3　建筑结构主要材料的力学性能

3.1　钢筋

3.1.1　钢筋的种类

现在钢筋种类很多，通常按化学成分、轧制外形、直径大小、力学性能、生产工艺，以及在结构中的用途进行分类。

(1) 按化学成分分类。按化学成分分类可分为碳素钢和普通合金钢。碳素钢又可按含碳量的多少，分为低碳钢、中碳钢和高碳钢。含碳量越高，钢的硬度和强度越高，但塑性和韧性则下降，材料变脆，其焊接性也随之变差，工程中常用低碳钢。普通低合金钢是在低碳钢和中碳钢的基础上，再加入微量的合金元素（其含量一般不超过总量的3%），如硅、锰、钒、钛、铌等，目的是提高钢材的强度，改善钢材的塑性性能。

(2) 按轧制外形分类。

1) 光面钢筋。HPB300 钢筋轧制为光面圆形截面，供应形式有盘圆，直径不大于10mm，长度为6～12m，如图3.1 (a) 所示。

2) 带肋钢筋。有螺旋形、人字形和月牙形三种，其中月牙形钢筋较为常用，一般HRB335、HRB400钢筋轧制成人字形，HRB500级钢筋轧制成螺旋形及月牙形，如图3.1 (b)、(c)、(d) 所示。

3) 钢丝（分低碳钢丝和碳素钢丝两种）及钢绞线。

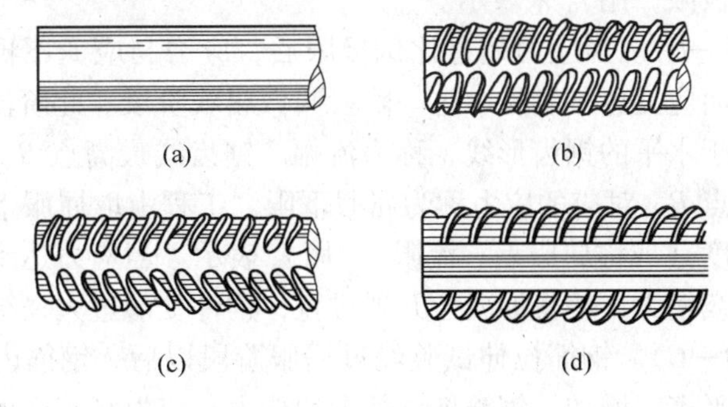

图3.1　常见热轧钢筋

(a) 光面钢筋；(b) 螺旋形钢筋；(c) 人字形钢筋；(d) 月牙形钢筋

(3) 按直径大小分类。按直径大小可分为钢丝（直径3～5mm）、细钢筋（直径6～10mm）、粗钢筋（直径大于22mm）。通常带肋钢筋直径不小于10mm，光面钢筋直径不小于6mm。

(4) 按力学性能分类。按钢筋力学性能可分为Ⅰ级钢筋、Ⅱ级钢筋、Ⅲ级钢筋和Ⅳ级钢筋。

（5）按生产工艺分类。分为热轧钢筋、余热处理钢筋、冷拉钢筋、冷拔低碳钢丝、热处理钢筋、冷轧扭钢筋、精轧螺旋钢筋、刻痕钢丝及钢绞线等。

（6）按在结构中的作用分类。分为受压钢筋、受拉钢筋、架立钢筋、分布钢筋、箍筋等。

3.1.2 钢筋的力学性能

（1）强度。强度通常是指材料在外力作用下抵抗产生弹性变形、塑性变形和断裂的能力。钢筋的一系列强度指标和塑性指标根据材料试验机通过拉伸试验来确定。钢筋在承受拉伸荷载时，当荷载不增加而继续发生明显塑性变形的现象叫做屈服，产生屈服时的应力，称屈服点或屈服强度，用 σ_b 表示。

对于具有明显屈服点的软钢，如热轧钢筋、冷拉钢筋，取屈服强度 f_y 作为钢筋强度的计算指标。这是因为当钢筋屈服后，钢筋虽然没有断裂，但会产生较大的塑性变形，即使荷载不增加，构件也会产生很大的裂缝和变形，超出正常使用的允许值。

经过力学性能拉伸试验，对软钢构件施加拉伸荷载，得出应力-应变 $\sigma-\varepsilon$ 曲线，如图3.2所示。

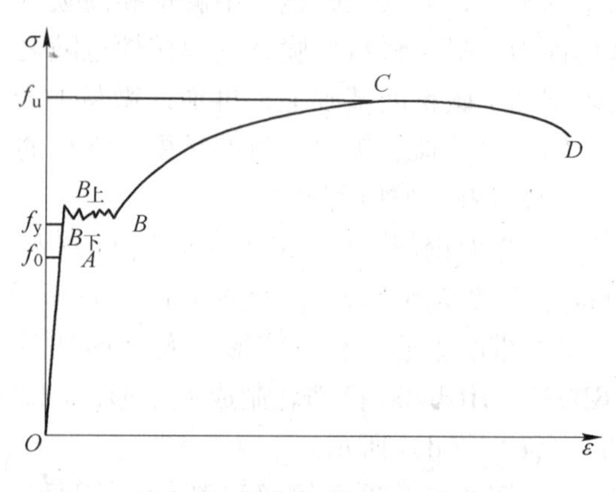

图3.2 软钢拉伸 $\sigma-\varepsilon$ 曲线

1）弹性阶段（O—A）。在 OA 范围内，应力应变呈线性关系，随着拉力的增加，变形成线性增加；此阶段卸去拉力，试件能恢复原状。材料在卸去外力后能恢复原状的性质，叫做弹性。因此，这一阶段叫做弹性阶段。弹性阶段的最高点 A 点所对应的应力称为弹性极限，因弹性阶段的应力与应变成正比，所以也称为比例极限，用 f_0 来表示。

2）屈服阶段（A—B）。当应力超过比例极限后，应力与应变不再成比例增加，应力在很小范围内波动，而应变急剧增长，这一阶段叫做屈服阶段。此阶段，钢筋产生很大的塑形变形，形成接近于水平的锯齿形线，称为流幅。锯齿线最高点 $B_{上}$ 对应的应力称为屈服上限。锯齿线最高点 $B_{下}$ 对应的应力称为屈服下限。工程上取屈服下限作为计算强度指标，叫钢筋的屈服强度（或称屈服点、流限），用 f_y 表示。当应力达到屈服强度后，荷载不增加，而应变会继续增大，使得混凝土开展过宽，构件变形过大，结构不能正常使用。

3）强化阶段（B—C）。钢筋拉伸试验经过屈服阶段以后，钢筋内部组织发生了剧烈的变化，重新建立了平衡，增加了钢筋抵抗外力的能力。应力与应变的关系表现为上升的曲线，这个阶段称为强化阶段。与强化阶段最高点 C 相对应的应力称为钢筋的极限强度，又称为抗拉强度，用 f_u 表示。

钢筋的强化阶段只作为钢筋正常使用过程中的一种安全储备，钢筋的抗拉强度是钢筋在承受静力荷载的极限能力，可以表示钢筋在达到屈服点以后还有多少强度储备，是抵抗塑性破坏的重要指标。

4）颈缩阶段（C—D）。当应力达到拉伸曲线的最高点 C 后，时间的薄弱界面开始显著缩小，这个阶段称为颈缩阶段。随着钢筋试件颈缩处界面急剧缩小，能承受的拉力显著下降，塑性变形迅速增加，最后断裂。

对于无明显屈服点的硬钢，如钢丝、热处理钢筋，为了防止构件的突然破坏并防止构件的裂缝和变形太大，通常把材料产生的残余塑性变形为0.2%时的应力值作为钢筋强度的计算指标，记作$\sigma_{P0.2}$，如图3.3所示。目前，统一取$\sigma_{P0.2}$为极限抗拉强度σ_b的0.85倍，即$\sigma_{P0.2}=0.85\sigma_b$。

由硬钢的应力-应变曲线可以看出，a点以前为弹性阶段，a点应力称为比例极限。a点以后，钢筋表现出一定的塑性，到b点达到极限强度，b点以后产生颈缩现象，应力应变关系成为下降曲线，应变继续增大，直至c点断裂。与软钢相比，弹性阶段长而塑性阶段短，试件破坏时没有明显的信号而突然断裂。

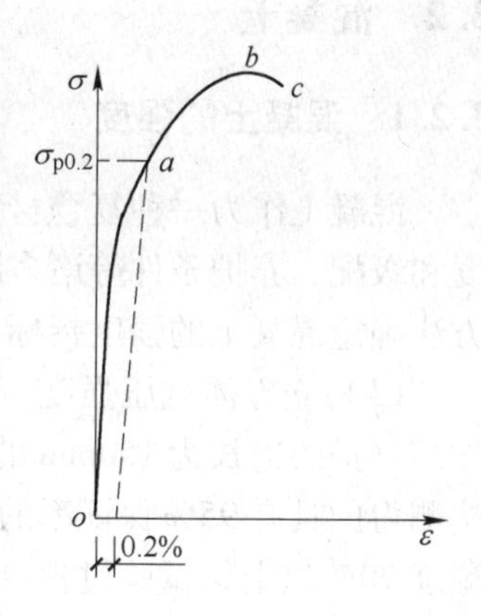

图3.3 硬钢的应力应变图

钢筋的受压性能在到达屈服强度之前与受拉时的应力应变规律相同，其屈服强度也与受拉时基本一样。在达到屈服强度之后，由于试件发生明显的塑形压缩，截面积增大，因而难以给出明确的抗压极限强度。

（2）伸长率。钢筋的伸长率是应力-应变曲线中试件被拉断时的最大应变值，是反映钢筋塑性性能的一个指标，伸长率大，则钢筋塑性好，拉断前有明显的预兆，属于延性破坏；伸长率小，说明钢筋塑性较差，拉断前变形小，破坏突然，属于脆性破坏。工程中，常见热轧钢筋的性能参数详见表3.1。

$$\delta = \frac{l_2 - l_1}{l_1} \times 100\%$$

其中，l_1为拉伸试验前的标距长度（热轧钢筋取直径的10倍，伸长率记作δ_{10}，钢丝取100mm，伸长率记作δ_{100}，钢绞线取200mm，伸长率记作δ_{200}）；l_2为拉伸试验后的长度。

表3.1 常见热轧钢筋性能

强度等级代号	符号	屈服强度标准值 /N·mm^{-2}	极限强度标准值强度 /N·mm^{-2}	伸长率 /%	公称直径 /mm	弹性模量 /N·mm^{-2}
HPB300	Φ	300	420	10	6~22	2.1×10^5
HRB335	Φ	335	455	7.5	6~50	2.0×10^5
HRB400	Φ	400	540	7.5	6~50	2.0×10^5
HRB500	Φ	500	630	7.5	6~50	2.0×10^5

（3）弹性模量。钢筋拉伸试验过程中，弹性阶段的应力应变成正比，该比例常数E称为弹性模量，单位N/mm^2。

（4）冷弯性能。钢筋的冷弯性能是检验钢筋塑性的另一种方法，可反映钢材脆化的倾向。常温下，将直径为d的钢筋绕过直径为D的钢辊弯曲α角度，而不发生断裂、裂缝或起层。D越小，α越大，则弯曲性能越好，如图3.4所示。

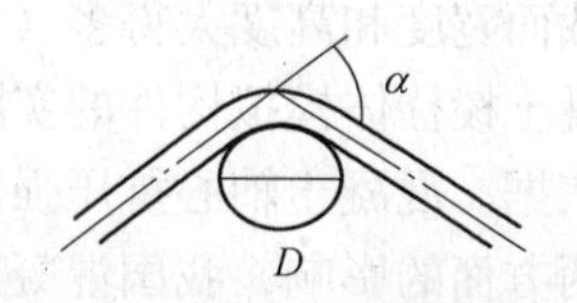

图3.4 钢筋的冷弯性能参数

3.2 混凝土

3.2.1 混凝土的强度

混凝土作为一种复合材料，其强度较为复杂，受水泥品种和标号、水灰比、骨料的强度和级配、养护条件等诸多因素影响。在单向应力作用下，必须按照一个统一标准的试验方法确定混凝土的强度指标。

（1）立方体抗压强度。《规范》规定，混凝土立方体抗压强度标准值指按标准方法制作、养护的边长为150mm的立方体试件（图3.5），在28d或设计规定龄期以标准试验方法测得的具有95%保证率的抗压强度值，用$f_{cu,k}$表示。试件的养护温度（20±3)℃，相对湿度90%以上，试验过程要求以每秒0.5MPa左右的速度连续均匀地加荷，直至破坏，记录混凝土破坏荷载F，单位N。用f_{cu}表示混凝土立方体抗压强度，单位N/mm^2。则

$$f_{cu} = \frac{F}{A}$$

式中，A为试件承压面积（mm^2），150mm×150mm。

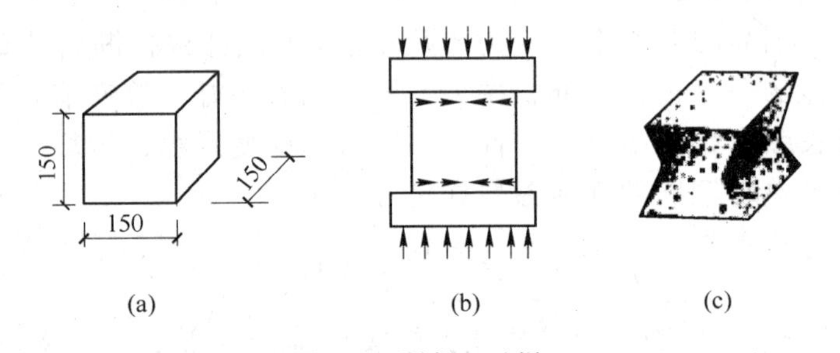

图3.5 混凝土试样

（a）立方体试块；（b）受力示意图；（c）破坏形态

混凝土立方体抗压强度是混凝土材料的最重要的力学性能指标之一。混凝土的强度等级应按立方体抗压强度标准值划分，由符号C和混凝土立方体抗压强度标准值表示，分为C15、C20、C25、C30、C35、C40、C45、C50、C55、C60、C65、C70、C75、C80共14个等级。

素混凝土结构的混凝土强度等级不应低于C15，主要用于垫层、基础、地面及受力不大的结构；钢筋混凝土结构的混凝土强度等级不应低于C20；采用强度级别400MPa及以上的钢筋时，混凝土强度等级不应低于C25。承受重复荷载的钢筋混凝土构件，混凝土强度等级不应低于C30。预应力混凝土结构的混凝土强度等级不宜低于C40，且不应低于C30。

（2）轴心抗压强度。实际工程中混凝土结构中的受压构件均不呈立方体，其纵向长度比截面宽度和高度大得多（如柱、屋架受压弦杆等），因此计算轴心受压构件时，常采用混凝土棱柱体模拟构件的实际受压状态，将棱柱体轴心抗压强度（简称轴心抗压强度）作为依据。混凝土轴心抗压强度标准值用f_{ck}表示，单位N/mm^2。考虑端面效应以及偏心误差两方面的影响，我国混凝土轴心抗压强度测定的标准棱柱体试件高宽比通常取2，尺寸为150mm×150mm×300mm，按照标准方法制作养护，经28d龄期，试验方法同立方体抗

压强度。由于棱柱体试件高宽比比立方体试件大，所以轴心受压时，试件中部基本处于单向均匀受压的应力状态，中部将逐渐出现竖向裂缝并发展，最终导致试件压碎。因而测得的棱柱体试件的抗压强度比立方体抗压强度小，常用混凝土轴心抗压强度标准值见表3.2。

表3.2　混凝土轴心抗压及抗拉强度标准值　(N/mm^2)

强度	混凝土强度等级													
	C15	C20	C25	C30	C35	C40	C45	C50	C55	C60	C65	C70	C75	C80
f_{ck}	10.0	13.4	16.7	20.1	23.4	26.8	29.6	32.4	35.5	38.5	41.5	44.5	47.4	50.2
f_{tk}	1.27	1.54	1.78	2.01	2.20	2.39	2.51	2.64	2.74	2.85	2.93	2.99	3.05	3.11

根据以往经验，结合实验数据分析并参考其他国家的有关规定，考虑结构中混凝土强度与试件强度之间的差异，对试件混凝土强度的修正系数取0.88。则混凝土轴心抗压强度标准值f_{ck}和立方体抗压强度标准值$f_{cu,k}$的关系式：

$$f_{ck} = 0.88\alpha_{c1}\alpha_{c2}f_{cu,k}$$

式中　α_{c1}——混凝土轴心抗压强度与立方体抗压强度的比值，C50及以下取0.76，C80取0.82，中间线性插值；

α_{c2}——C40以上混凝土引起的脆性折减系数，C40取1.00，C80取0.87，中间线性插值。

(3) 轴心抗拉强度。混凝土构件抗裂度和裂缝宽度的计算，要以轴心抗拉强度为依据。在实际工程中，一般不采用混凝土承受拉力，因为混凝土的抗拉强度远远小于其抗压强度，一般只有抗拉强度的$\frac{1}{18} \sim \frac{1}{9}$。混凝土试件尺寸为100mm×100mm×500mm，沿轴线在试件两端预埋ϕ20螺纹钢筋，按照标准制作养护条件和试验方法，采用试验机夹住两端钢筋，施加拉力。混凝土立方体抗压强度标准值用f_{tk}表示，单位N/mm^2。

根据大量试验数据进行统计分析，《混凝土结构设计规范》(GB 50010—2010) 规定混凝土的轴心抗拉强度标准值f_{tk}与立方体抗压强度标准值$f_{cu,k}$的关系式：

$$f_{tk} = 0.88 \times 0.395 f_{cu,k}^{0.55}(1 - 1.645\delta)^{0.45} \times \alpha_{c2}$$

混凝土结构构件理想单向应力作用的情况很少，往往两向或三向受压。试验表明，混凝土在三向压力作用下，其侧向压力形成约束作用，将大大提高混凝土最大主压力方向上的抗压强度，最大可以达到单向受压时的1.2倍左右。多向受压的混凝土，随着侧向压力的增加，有效控制了试件中部细小裂缝的发展，大大提高了混凝土的纵向抗压强度和延性。

所以，实际工程中常常通过限制混凝土受压构件的横向变形，形成“约束混凝土”，提高混凝土的抗压强度。例如，混凝土螺旋箍筋柱、钢管混凝土等。

3.2.2　混凝土的变形性能

混凝土的变形可分为两类：一类是荷载变形，最为常见的是受压单轴短期加载的变形和长期加载的变形；另一类是非荷载引起的变形，一般指混凝土的收缩和徐变等。

(1) 受压混凝土一次单轴短期加载变形。受压混凝土单轴短期荷载作用下的应力-应变关系（$\sigma-\varepsilon$ 曲线）是混凝土最基本的力学性能之一，是进行钢筋混凝土构件强度、变形、延性等理论分析的基本依据，同时也是多轴本构关系模型的基础。一般采用 $h/b=2\sim3$ 的棱柱体来测定混凝土受压时的应力-应变曲线。

受压混凝土棱柱体应力-应变曲线分为上升段和下降段［图3.6（a）］。上升段曲线中的 OA 段表示混凝土试件由开始加载到 $0.3f_c$ 时出现的弹性变形阶段，此时，混凝土内部的初始微裂缝变化的影响比较小，所以应力应变关系接近于直线。曲线 AB 段表示继续加载到 $0.8f_c$，裂缝稳定发展，应变比应力增长快，若停止加载，裂缝扩展将随之中止。随着荷载的增加，应变增长速度进一步加快，试件进入裂缝不稳定发展阶段，曲线上 B 点为临界点，并作为混凝土的长期抗压强度。压应力到达峰值应力点 C（即抗压强度 f_c）后进入下降段，对应峰值应变 ε_0 约为0.002。对试件进行缓慢卸载，试件裂缝继续扩展贯通，应变继续增加，内部结构整体受到破坏，曲线下降至拐点 D 时，试件表面逐渐出现一些可见的纵向裂缝。受压混凝土一次单轴短期加载变形微裂缝发展过程如图3.6（b）所示。此后，随着荷载的减小，由于骨料间的咬合力和裂缝间摩擦力等原因，试件仍有一定的承载力，应变继续增加，曲线逐渐下凸向水平轴发展。曲率最大的点 E 成为“收敛点”，裂缝连通形成斜向破坏面。收敛点之后，混凝土试件破坏面加剧，两侧骨料间存在一定的摩阻力，依靠这种残余强度，直到曲线“破坏点” F，结构完全失去意义。

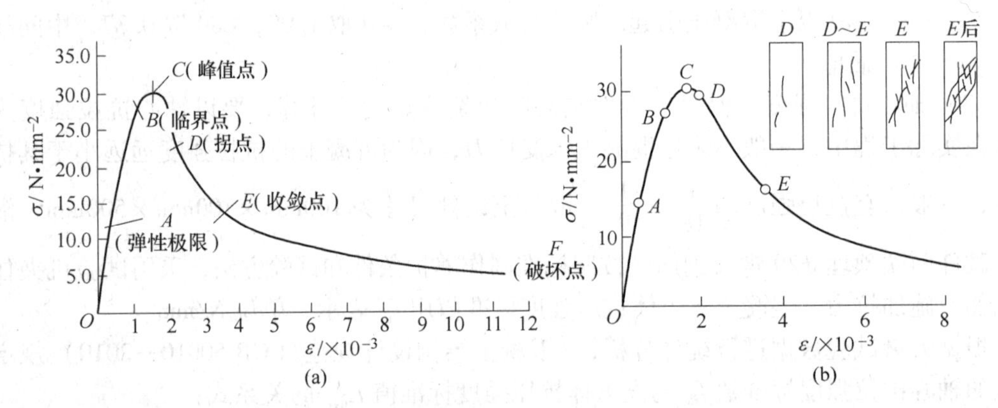

图3.6 受压混凝土一次单轴短期加载试验

（a）变形应力-应变曲线；（b）变形微裂缝发展过程

变形模量是指材料受力后应力与应变的比值。根据混凝土单轴受压应力-应变曲线可以得知，混凝土的变形模量即曲线的曲率，并不是一个常数，是一个变化的数值。

混凝土加载初始阶段，应力-应变曲线近似为直线关系，属于弹性变形，混凝土的弹性模量用应力-应变曲线在原点切线的斜率来表示，记作 E_c，也称为混凝土的原点弹性模量。

$$E_c=\left.\frac{d\sigma}{d\varepsilon}\right|_{\sigma=0}=\tan\alpha$$

根据《普通混凝土力学性能试验方法标准》（GBJ 50478—2008）中规定，采用150mm×150mm×150mm的棱柱体作为标准试件，取测定点的应力为试件轴心强度的40%，经3次以上反复加荷和卸荷后，测量变形模量值，即为该混凝土的弹性模量，不同强度等级混凝土的弹性模量见表3.3。

表 3.3　混凝土弹性模量　（$\times 10^4 N/mm^2$）

混凝土强度等级	C15	C20	C25	C30	C35	C40	C45	C50	C55	C60	C65	C70	C75	C80
E_c	2.20	2.55	2.80	3.00	3.15	3.25	3.35	3.45	3.55	3.60	3.65	3.70	3.75	3.80

混凝土的弹性模量与立方体抗压强度有着直接的关系，立方体抗压强度越大，弹性模量越大。弹性模量还与混凝土骨料、水灰比、养护龄期有关，如图 3.7 所示。骨料含量越多、水灰比越小、养护龄期越长，混凝土的弹性模量越大。

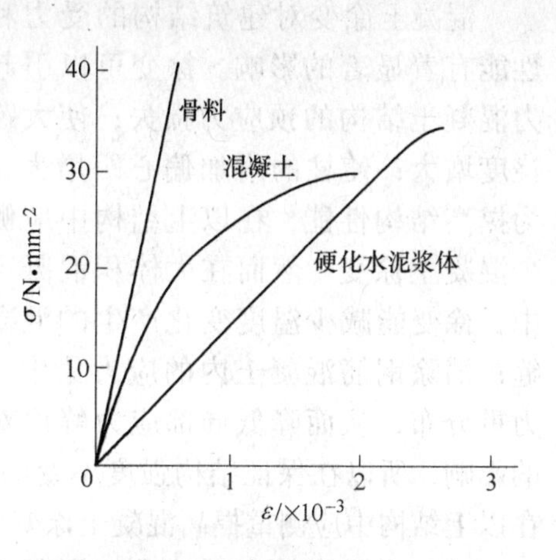

图 3.7　硬化水泥浆体、骨料与混凝土的应力应变关系

如图 3.8 所示，混凝土应力-应变曲线的原点与曲线上任一点的连线的斜率，称为该点的混凝土割线模量，记作 E'_c。应力 σ_c 引起的应变包括弹性应变 ε_c 和塑性应变 ε_p。

$$E'_c = \frac{\sigma_c}{\varepsilon_c + \varepsilon_p} = \tan\alpha'$$

混凝土应力-应变曲线任一点切线的斜率，称为该点的混凝土切线模量，记作 E''_c。

$$E''_c = \tan\alpha''$$

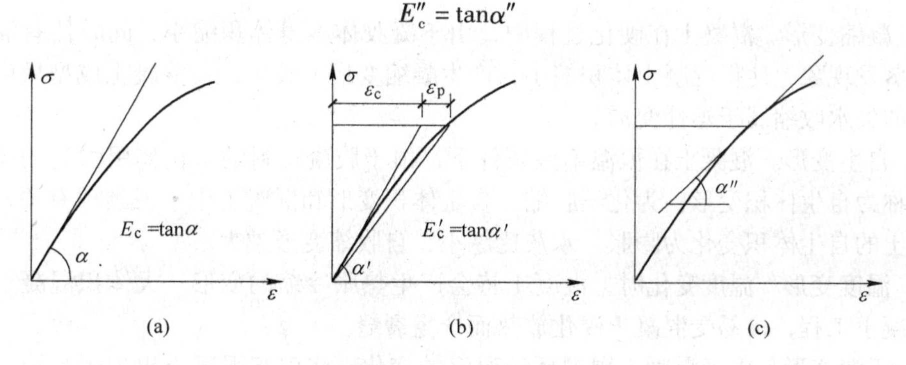

图 3.8　混凝土的变形模量
（a）原点切线模量；（b）割线模量；（c）切线模量

（2）荷载产生的长期变形。混凝土长期承受不变荷载作用时，应变随时间增长的现象，叫做混凝土的徐变（图 3.9）。对混凝土施加 $0.5f_c$ 荷载，首先出现瞬时应变，然后随着作用时间的增加，应变开始增长较快，然后逐渐减慢，直至趋于稳定。混凝土徐变所产生的变形基本是瞬时弹性变形的 2～4 倍。混凝土徐变具有部分可逆性，卸载后，首先出现瞬时恢复，然后随时间进入稳定徐变恢复阶段，最终伴有残余形变。

徐变是混凝土材料重要的长期特征，其影响因素众多，主要分为内部因素和外部因素。混凝土组分是影响混凝土徐变的内在因素。其中水灰比是影响徐变的主要因素，水灰比大，水泥颗粒质松强度低，徐变就大；水灰比一定的情况下，水泥用量越大徐变越大；强度大的水泥徐变越小；混凝土骨料、外加剂等对徐变也有一定影响。骨料级配越好弹性模量越大，徐变越小。混凝土养护及使用时的温度和湿度、混凝土的加荷龄期等是影响混凝土徐变的外部因素。温度越高湿度越低，徐变越大；加荷时混凝土的龄期越短，徐变越大。

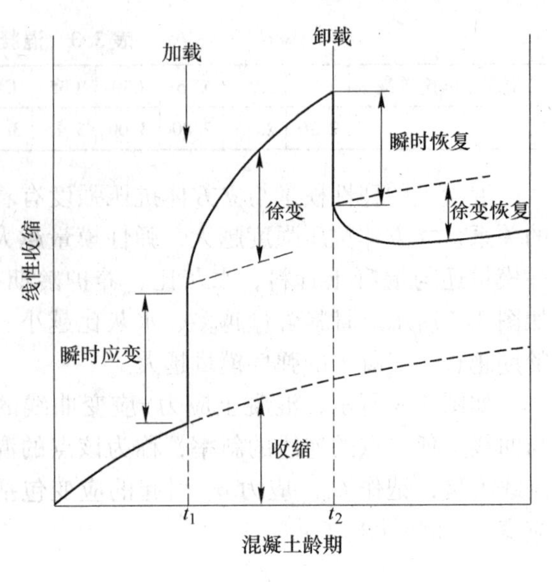

图 3.9 混凝土的徐变曲线

混凝土徐变对建筑结构的受力和变形性能有着显著的影响。徐变可以引起预应力混凝土结构的预应力损失；使大跨度梁挠度增大；使柱的附加偏心距增大，所以为提高结构性能，在以上结构中应侧重减少混凝土徐变。然而在大体积混凝土结构中，徐变能减少温度变化产生的混凝土裂缝；消除钢筋混凝土内的应力集中，使应力重分布，从而降低局部应力峰值对结构的影响，所以在保证结构强度不变的条件，在以上结构中应侧重提高混凝土徐变。

（3）非荷载引起的变形。混凝土的变形有很多种形式，除了荷载引起的混凝土变形之外，混凝土还存在非荷载引起的体积变形。

1）凝缩变形。混凝土在硬化过程中，由于凝胶体本身体积缩小，同时伴有混凝土内自由水蒸发现象，使得混凝土体积缩小，产生凝缩变形。其中，在混凝土成型后尚未凝结硬化时的失水收缩属于塑性变形。

2）自生变形。混凝土在恒温绝湿条件下，由于胶凝材料的水化作用引起的体积收缩或膨胀称为自生体积变形，为化学收缩。自生体积变形和混凝土中水泥品种有关，矿渣水泥混凝土的自生体积变化为膨胀。水灰比越小，自收缩变形越大。

3）温度变形。温度变化时，混凝土将会产生热胀冷缩的变形。大体积混凝土及大表面积混凝土工程，极易受混凝土硬化放热而产生裂缝。

4）干湿变形。由于混凝土周围环境湿度的变化，将引起混凝土出现干缩湿胀的变形形式，属于物理收缩。其中，混凝土的湿胀变形量很小，一般无破坏作用，但干燥过程中混凝土内毛细孔将产生收缩力，使混凝土表面出现开裂。水泥细度越小，干燥收缩越小；骨料级配越好，干燥收缩越小，环境湿度越高，干燥收缩越小。

5）碳化变形。混凝土中水泥的水化物与二氧化碳在水分条件下发生化学反应产生碳酸钙，从而导致体积收缩称为碳化变形。

3.3 钢筋与混凝土间的粘结

钢筋与混凝土这两种力学性能完全不同的材料组合成整体材料，在建筑结构中之所以能够共同工作并广泛应用，是因为两者之间建立了可靠地粘结和锚固，确保了两者接触界面的应力传递和协调变形。

（1）粘结力。钢筋混凝土结构构件受力时，钢筋与混凝土接触界面上产生的沿钢筋纵向方向分布的剪力，称为钢筋与混凝土的粘结力。钢筋和混凝土间具有足够的粘结是保证钢筋和混凝土共同受力变形的基本前提。

钢筋与混凝土之间的粘结力分为钢筋端部的锚固粘结应力和裂缝之间的局部粘结应力。锚固粘结应力是指钢筋伸入支座或支座负弯矩钢筋在跨间截断时，必须具有足够的锚固长度，通过锚固长度积累粘结力，如果锚固不良，钢筋将在未充分发挥作用前就被拔出。裂缝间的局部粘结应力是在相邻两个开裂截面之间产生的，钢筋应力的变化受到粘结应力的影响，粘结应力使相邻两裂缝之间混凝土参与受拉，局部粘结应力的丧失会导致构件刚度的降低和裂缝的开展。

试验表明，钢筋与混凝土之间的粘结力主要由三部分组成：一是水泥水化作用产生的胶结力，该力一般较小，当钢筋与混凝土之间剪力过大产生相对滑移时，该力消失；二是混凝土凝结收缩包裹钢筋产生的摩阻力，凝结收缩产生的压力越大、钢筋与混凝土接触面越粗糙，则摩阻力越大；三是钢筋表面粗糙不平或变形钢铁表面凸起的肋与混凝土之间的机械咬合力。所以，光面钢筋以摩阻力为主，变形钢筋以机械咬合力为主。

钢筋与混凝土之间粘结强度与很多因素有关。光面钢筋强度和变形钢筋的粘结强度均随混凝土强度的提高而增加，与钢筋抗拉强度 f_t 成正比；混凝土保护层厚度和钢筋之间净距离越大，粘结强度越大。构件所受侧压力越大，两种材料之间的粘结强度越大；光面钢筋比变形钢筋粘结强度低。混凝土浇筑深度超过 300mm 以上，顶部的水平钢筋与地面的混凝土之间粘结强度会一定程度上降低。

（2）保证可靠粘结的构造措施。为了提高构件的可靠性，需要通过粘结计算确保钢筋与混凝土之间具有足够的粘结强度。但由于粘结强度影响因素的复杂性，尚无法建立统一的粘结计算理论。我国《混凝土结构设计规范》（GB 50010—2010）采用构造措施来保证混凝土与钢筋粘结的方法。

1）足够的锚固和搭接长度。不同等级的钢筋混凝土，应保证钢筋的最小锚固长度和搭接长度。当充分考虑受拉钢筋的抗拉强度时，其基本锚固长度 l_{ab} 应该满足

$$l_{ab} = \alpha \frac{f_y}{f_t} d$$

式中 f_t——混凝土轴心抗拉强度设计值，当混凝土强度等级高于 C60 时，按 C60 取；

f_y——普通钢筋抗拉强度设计值，对于预应力钢筋，采用 f_{py}；

α——锚固钢筋的外形系数，按表 3.4 选取。

表 3.4 锚固钢筋的外形系数

钢筋类型	光圆钢筋	带肋钢筋	螺纹肋钢筋	三股钢绞线	七股钢绞线
α	0.16	0.14	0.13	0.16	0.17

根据受拉钢筋的锚固条件，受拉钢筋的锚固长度 l_a 不应小于 200mm，且应满足

$$l_a = \zeta_a l_{ab}$$

式中，ζ_a 为锚固长度修正系数，当带肋钢筋的公称直径大于 25 时取 1.10；施工过程中易受扰动的钢筋取 1.10；当纵向受力钢筋的实际配筋面积大于其设计计算面积时，修正系数取设计计算面积与实际配筋面积的比值，但对有抗震设防要求及直接承受动力荷载的结构构件，不考虑此项修正；当锚固钢筋的保护层厚度为 $3d$ 时修正系数可取 0.80，保护层厚度为 $5d$ 时修正系数可取 0.70，中间按内插取值，此处 d 为锚固钢筋的直径。

由于光圆钢筋表面的自然凹凸程度很小，所以机械咬合力不大，粘结强度较低。因此

为了保证光面钢筋的锚固，通常需在钢筋末端做180°弯钩，弯后平直段长度不应小于3d，但作为受压钢筋时可不做弯钩。当纵向受拉普通钢筋末端采用弯钩或机械锚固措施时，可按图3.10的要求进行处理。

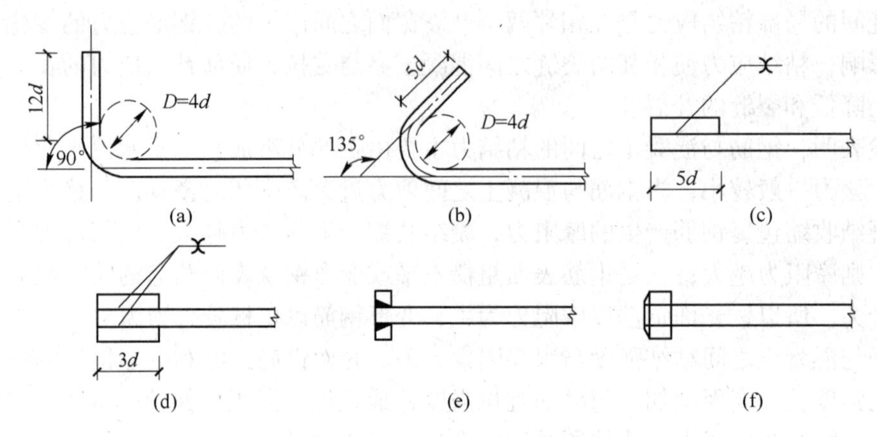

图3.10　钢筋弯钩及机械锚固的形式和技术要求

（a）90°弯钩；（b）135°弯钩；（c）一侧贴焊锚筋；

（d）两侧贴焊锚筋；（e）穿孔塞焊锚板；（f）螺栓锚头

2）合适的保护层厚度和钢筋间距。钢筋与混凝土截面产生的剪力会使混凝土产生内部裂缝，当混凝土保护层和钢筋间距较小时，裂缝可发展达到构件表面，机械咬合力会很快消失，发生破坏，所以在钢筋周围配置横向钢筋或增加混凝土的保护层厚度，可提高粘结强度，详见第4章。

复习思考题

3-1　软钢和硬钢的应力—应变曲线有什么不同，其抗拉设计值f_y各取曲线上何处的应力值作为依据？

3-2　混凝土立方体抗压强度能不能代替实际构件中混凝土的强度？

3-3　非荷载引起的混凝土体积变形都有哪些形式？

3-4　为什么钢筋绑扎搭接时应有一定的搭接长度？

3-5　我国用于钢筋混凝土结构的钢筋有几种，我国热轧钢筋的强度分为几个等级，用什么符号表示？

3-6　什么叫做立方体抗压强度，规范规定混凝土强度等级按什么划分，分几个等级？

3-7　什么是混凝土的弹性模量、割线模量和切线模量，弹性模量与割线模量有什么关系？

3-8　什么是混凝土的徐变，影响混凝土徐变的主要因素有哪些，对钢筋混凝土结构有何影响？

3-9　影响钢筋和混凝土粘结强度的主要因素有哪些，为确保钢筋和混凝土之间有足够的粘结力要采取哪些措施？

第2篇

钢筋混凝土结构设计

4 钢筋混凝土受弯构件设计

受弯构件主要是指各种类型的梁和板，主要用于房屋的楼盖和屋盖，也用于挡土墙、基础等其他构筑物或结构中，是混凝土结构构件中最基本的构件之一。

与受弯构件的计算轴线相垂直的截面称为正截面；呈其他角度相交的截面称为斜截面。受弯构件的荷载效应是弯矩和剪力。钢筋混凝土受弯构件在主要承受弯矩的区段内会产生竖向裂缝，如果正截面受弯承载力不够，将沿竖向裂缝发生正截面受弯破坏。另一方面，钢筋混凝土受弯构件还有可能在剪力和弯矩共同作用的支座附近区段内，沿斜裂缝发生斜截面受剪破坏或斜截面受弯破坏。

4.1 受弯构件的一般构造规定

4.1.1 板的构造规定

（1）截面形式。板的截面厚度（高度）远小于板的宽度。现浇混凝土板的截面形式一般为矩形截面，而预制板的截面形式则多种多样（图4.1）。

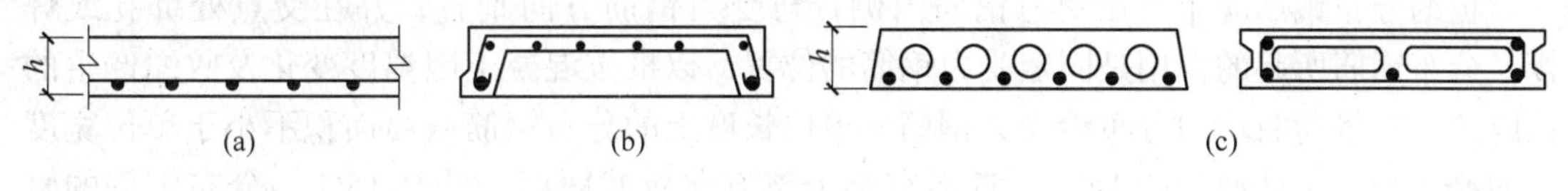

图4.1 钢筋混凝土板的截面形式

（a）平板；（b）槽形板；（c）多孔板

（2）板的厚度。现浇钢筋混凝土板的厚度不应小于表4.1规定的数值。同时，现浇混凝土板的跨厚比宜符合下列规定：钢筋混凝土单向板不大于30，双向板不大于40；无梁支承的有柱帽板不大于35，无梁支承的无柱帽板不大于30。预应力板可适当增加；当板的荷载、跨度较大时宜适当减小。

（3）板的配筋。对于单向受力的板，板内通常配置受力钢筋和分布钢筋。对于简支板，其配筋形式如图4.2所示。对于板端受约束（如板端上部有墙）时，板端有构造钢筋；对于双向受力的板，两个方向均需配置受力钢筋。

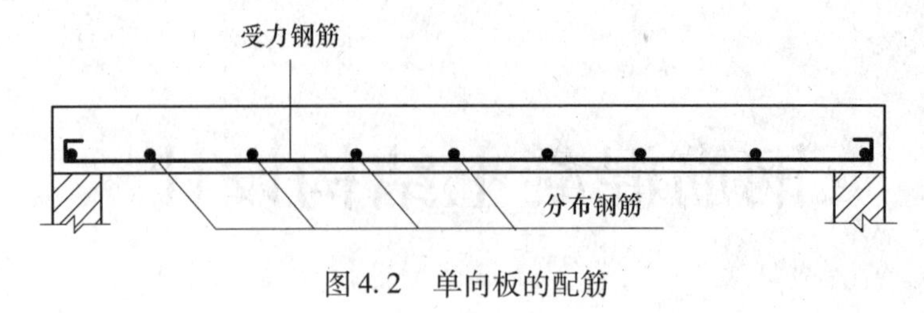

图4.2 单向板的配筋

表4.1 现浇钢筋混凝土板的最小厚度 (mm)

板的类别		最小厚度
单向板	屋面板	60
	民用建筑楼板	60
	工业建筑楼板	70
	行车道下的楼板	80
双向板		80
密肋楼盖	面板	50
	肋高	250
悬臂板（根部）	悬臂长度不大于500mm	60
	悬臂长度1200mm	100
无梁楼板		150
现浇空心楼盖		200

板的受力钢筋常用HRB400级和HRB500级钢筋，常用直径是6mm、8mm、10mm和12mm。为了防止施工时钢筋被踩下，现浇板的板面钢筋直径不宜小于8mm。

为了便于浇筑混凝土，保证钢筋周围混凝土的密实性，板内钢筋间距不宜太密；为了正常地分担内力，也不宜过稀。钢筋的间距一般为70～200mm（当板厚不大于150mm时不宜大于200mm；大于150mm时不宜大于板厚的1.5倍，且不宜大于250mm）。

板的分布钢筋应布置在受力钢筋内侧，与受力钢筋方向垂直，并在交点处绑扎或焊接。分布钢筋所起的作用是固定受力钢筋的位置，以抵抗混凝土因温度变化及收缩产生的拉应力，并将荷载均匀分布给受力钢筋。单位长度上的分布钢筋截面面积不小于单位宽度上的跨中受力钢筋面积的15%，且不宜小于该方向板截面面积的0.15%，分布钢筋的直径一般不小于6mm，常用直径是6mm和8mm。分布钢筋宜采用HPB300级、HRB335级和HRB400级钢筋。间距不宜大于250mm（集中荷载较大时，不宜大于200mm）。

4.1.2 梁的构造规定

（1）截面形式。钢筋混凝土梁的截面高度 h 一般不小于其宽度 b；对于矩形截面梁，h/b 通常为2～3.5；对于T形截面梁，h/b 一般为2.5～4。梁的截面形式也是多种多样的（图4.3）。

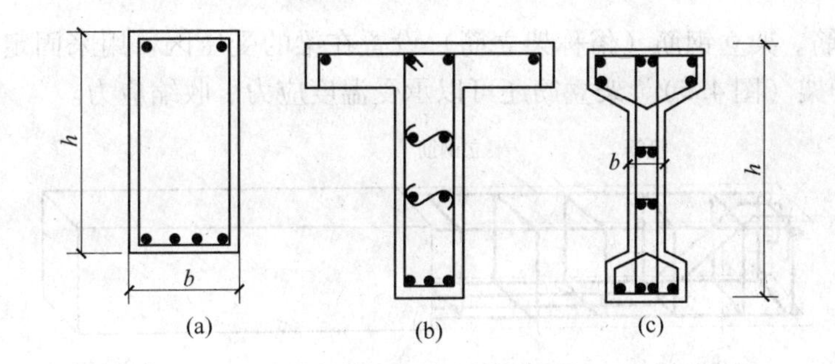

图 4.3　钢筋混凝土梁的截面形式

（a）矩形截面；（b）T 形截面；（c）I 形截面

（2）梁的截面尺寸。梁的截面尺寸要符合模数要求。矩形截面的宽度或 T 形截面的肋宽 b，一般取为 100mm、120mm、150mm、（180mm）、200mm、（220mm）、250mm 和 300mm，300mm 以上的级差为 50mm；括号中的数值仅用于木模。

梁高 h 采用 250mm、300mm、350mm、750mm、800mm、900mm、1000mm 等尺寸。800mm 以下的级差为 50mm，以上的为 100mm。

（3）纵向钢筋。

1）纵向受力钢筋。梁内纵向受力钢筋宜采用 HRB400 级和 HRB500 级，常用直径为 12mm、14mm、16mm、18mm、20mm、22mm 和 25mm。设计中若采用两种不同直径的钢筋，钢筋直径相差至少 2mm，以便于在施工中能用肉眼识别。

纵向受力钢筋的直径，当梁高≥300mm 时，不应小于 10mm；当梁高小于 300mm 时，不应小于 8mm。

为了便于浇筑混凝土以保证钢筋周围混凝土的密实性，纵筋的净间距应满足图 4.4 的要求。下部钢筋净距不小于 25mm 且不小于受力钢筋最小直径；上部钢筋净距不小于 30mm 且不小于受力钢筋最大直径的 1.5 倍；当梁的下部纵向钢筋布置成两排时，上下排钢筋必须对齐，不应错列，以方便混凝土的浇捣；钢筋超过两层时，两层以上的钢筋中距应比下面两层钢筋的中距增加一倍。

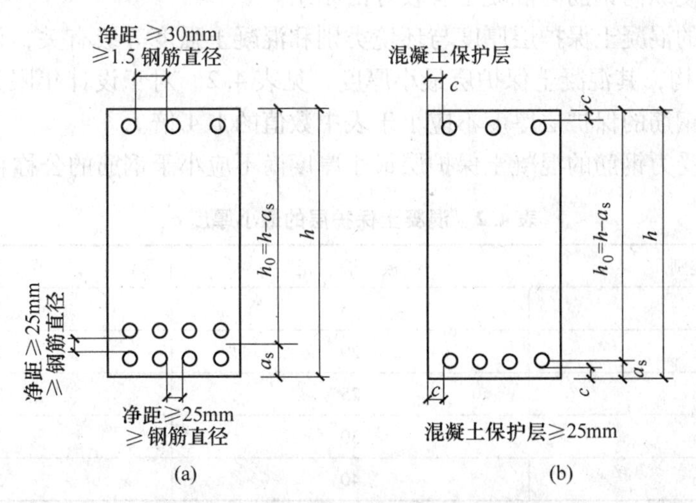

图 4.4　混凝土保护层厚度及钢筋净距

（a）钢筋净距；（b）混凝土保护层厚度

2）架立钢筋。架立钢筋（俗称架立筋）设置在梁的受压区，用来固定箍筋并与受力钢筋形成钢筋骨架（图4.5）。架立筋还可以承受温度应力、收缩应力。

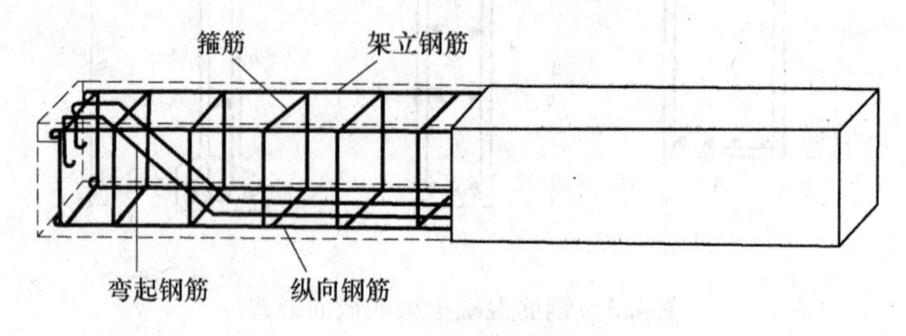

图4.5 梁的钢筋骨架

架立筋直径 d 与梁的跨度有关。当梁的跨度小于4m时，架立筋直径 $d \geqslant 8$mm；当梁的跨度为4～6m时，架立筋直径 $d \geqslant 10$mm；当梁的跨度大于6m时，架立筋直径 $d \geqslant 12$mm。

以上讲的梁内纵向钢筋数量、直径及布置的构造要求是根据长期工程实践经验，为了保证混凝土浇筑质量而提出的。

（4）箍筋。梁的箍筋宜采用HRB400、HRBF400、HPB300、HRB500、HRBF500钢筋，也可采用HRB335级、HRBF335钢筋。常用直径是6mm、8mm和10mm。

4.1.3 混凝土强度等级及混凝土保护层厚度

现浇钢筋混凝土梁、板常用的混凝土强度等级是C25、C30，一般不超过C40，这是为了防止混凝土收缩过大，而且提高混凝土强度等级对增大受弯构件正截面受弯承载力的作用不显著。

最外层钢筋的外表面到截面边缘的垂直距离，称为混凝土保护层厚度，用 c 表示，最外层钢筋包括箍筋、构造筋、分布筋等。

混凝土保护层不但可以防止纵向钢筋锈蚀，而且在火灾等情况下，可使钢筋的温度上升缓慢；另外，使纵向钢筋与混凝土有较好的粘结。

梁、板、柱的混凝土保护层厚度与环境类别和混凝土强度等级有关，设计使用年限为50年的混凝土结构，其混凝土保护层最小厚度，见表4.2。对于设计年限为100年的混凝土结构，最外层钢筋的保护层厚度不应小于表中数值的1.4倍。

此外，纵向受力钢筋的混凝土保护层最小厚度尚不应小于钢筋的公称直径。

表4.2 混凝土保护层的最小厚度 c （mm）

环境类别	板、墙、壳	梁、柱、杆
一	15	20
二a	20	25
二b	25	35
三a	30	40
三b	40	50

注：1. 混凝土强度等级不大于C25时，表中保护层厚度数值应增加5mm；

2. 钢筋混凝土基础宜设置混凝土垫层，基础中钢筋的混凝土保护层厚度应从垫层顶面算起，且不应小于40mm。

4.2 受弯构件正截面的受弯性能

4.2.1 适筋梁正截面受弯承载力实验

受弯构件为一简支的钢筋混凝土适筋梁。采用两点对称加载方式，故可实现跨中仅受弯矩的“纯弯段”，从而排除剪力的影响（自重较小可忽略）。在梁的受拉区配置纵向受力钢筋，伸入支座并可靠锚固。在支座至集中荷载区段，由于存在剪力，故配有足够的箍筋，以防止该段发生剪切破坏（图 4.6）。

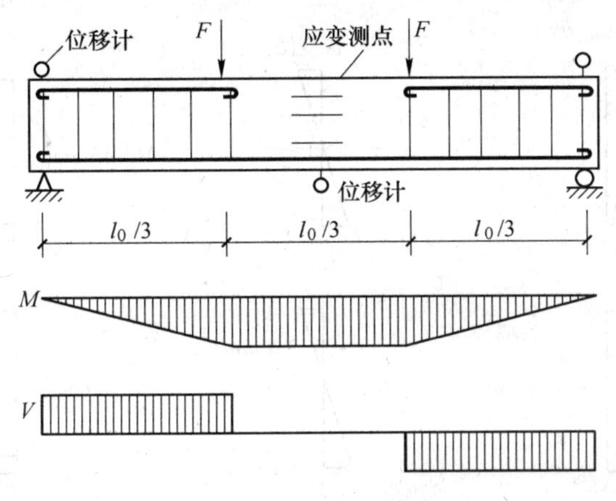

图 4.6 试验梁

图 4.7 为中国建筑科学研究院做钢筋混凝土试验梁的弯矩与截面曲率关系曲线的实测结果。图中纵坐标为梁跨中截面的弯矩实验值 M^0，横坐标为梁跨中截面曲率实验值 φ^0。这里的上标“0”表示实验值（下同）。

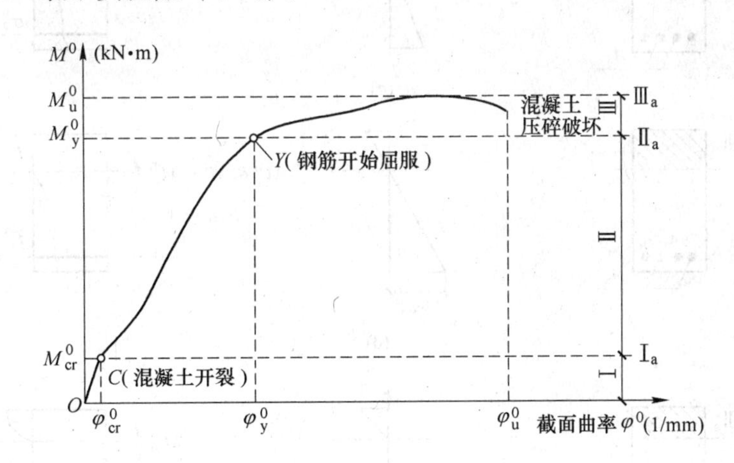

图 4.7 弯矩-曲率曲线

在 $M^0-\varphi^0$ 关系曲线上有两个明显的转折点 C 和 Y，它们把适筋梁正截面受弯的全过程划分为未裂阶段、带裂缝工作阶段和破坏阶段三个阶段。

（1）阶段Ⅰ——未裂阶段。当施加的荷载较小、也即梁承受的弯矩较小时，构件基本上处于弹性工作阶段。测试表明：沿截面高度的混凝土应力和应变的分布均为直线，与均质弹性体梁的分布规律相同［图4.8（a）］；钢筋应变很小、混凝土受拉区未出现裂缝；跨中挠度很小，并与施加的荷载（或弯矩）成正比。

荷载逐渐增加后，受拉区混凝土塑性变形发展，拉应力图形呈现曲线分布。当荷载增加到使受拉混凝土边缘纤维拉应变达到混凝土极限拉应变时，受拉混凝土将开裂，受拉混凝土应力达到混凝土抗拉强度。这种将裂未裂的状态标志着阶段Ⅰ的结束，称为I_a状态［图4.8（b）］。I_a状态可作为受弯构件抗裂度的计算依据。

（2）阶段Ⅱ——带裂缝工作阶段。当荷载继续增加时，受拉混凝土边缘纤维应变超过其极限拉应变，混凝土开裂。

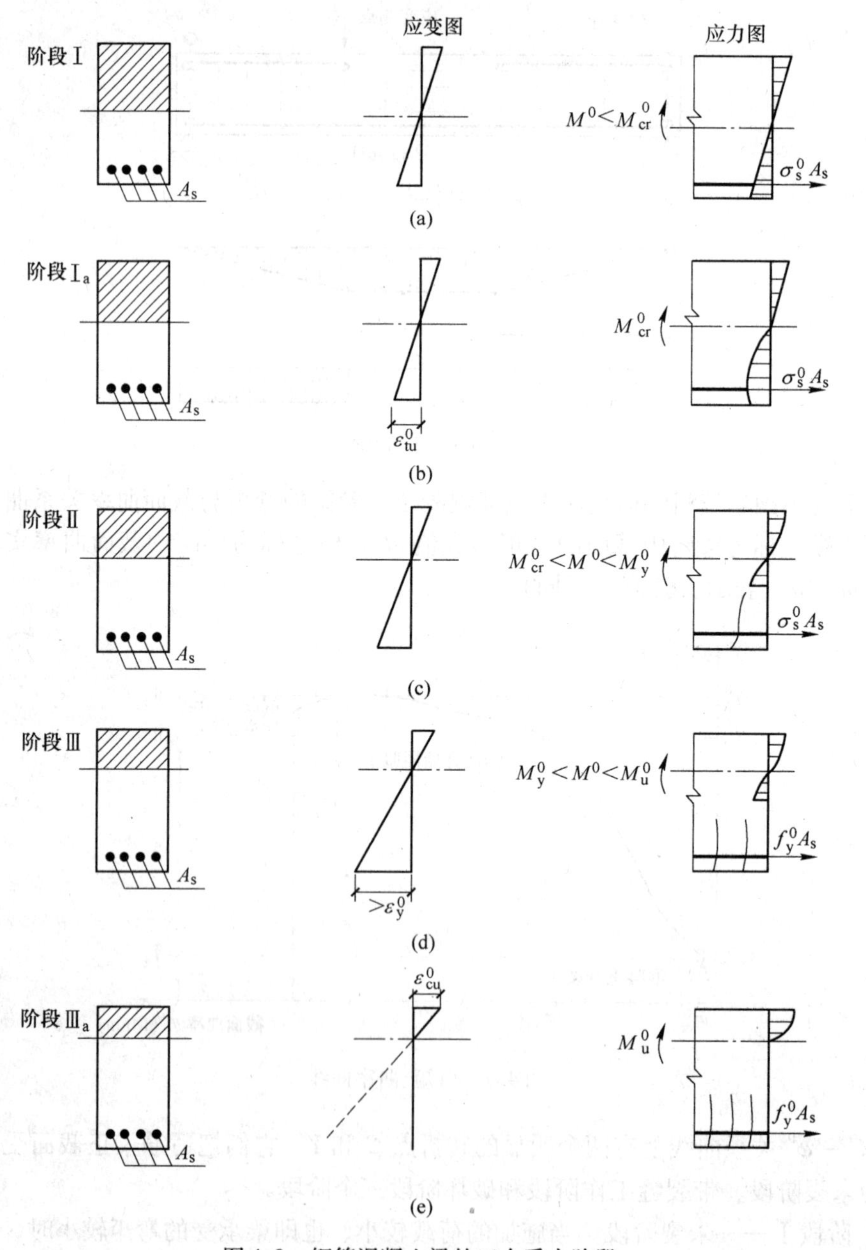

图4.8 钢筋混凝土梁的三个受力阶段

在开裂截面，受拉混凝土逐渐退出工作，拉力主要由钢筋承担；随着荷载的增大，裂缝向受压区方向延伸。中和轴上升，裂缝宽度加大，新裂缝逐渐出现，混凝土受压区的塑性变形有所发展，压应力图形呈曲线形分布［图4.8（c）］。

由于裂缝的出现和扩展，梁的刚度下降，跨中挠度和截面曲率增长速度要比第Ⅰ阶段快，但截面曲率与弯矩的关系基本上仍为线性关系（图4.7）。当荷载增加到使钢筋应力达到屈服强度f_y时，标志着第Ⅱ阶段的结束。

阶段Ⅱ是梁的正常使用阶段。也即是说，普通钢筋混凝土梁是带裂缝工作的，而正常使用极限状态就是当裂缝宽度及挠度达到一定限值时的状态。Ⅱ状态可作为正常使用阶段验算变形和裂缝开展宽度的依据。

(3) 阶段Ⅲ——破坏阶段。纵向受拉钢筋屈服后，正截面就进入第Ⅲ阶段工作。

由于受拉钢筋的屈服，裂缝急剧开展，裂缝宽度变大，构件挠度大大增加，出现破坏前的预兆。由于中和轴高度上升，混凝土受压区高度继续缩小。当受压区混凝土边缘纤维达到极限压应变时，受压混凝土压碎，构件完全破坏。作为第Ⅲ阶段的结束，此状态称为Ⅲ_a状态［图4.8（e）］。

Ⅲ_a状态是梁的承载力极限状态，可作为正截面受弯承载力计算的依据。

由试验可知：在3个受力阶段中，沿截面高度的应变（平均应变）基本符合平截面假定。

4.2.2 正截面受弯的三种破坏形态

试验表明：同样的截面尺寸、跨度和同样材料强度的梁，由于配筋量的不同，会发生不同形态的破坏（图4.9），分别是少筋破坏、适筋破坏和超筋破坏。

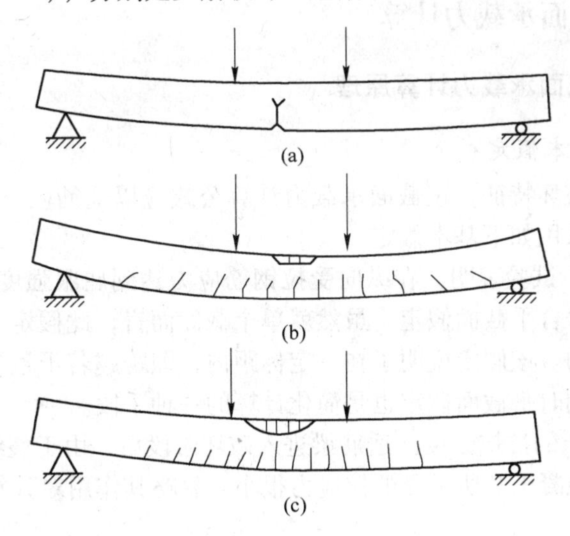

图4.9 梁的三种破坏形态
(a) 少筋梁破坏；(b) 适筋梁破坏；(c) 超筋梁破坏

受弯构件的受拉钢筋的配置量可用配筋率ρ（%）表示：

$$\rho = \frac{A_s}{bh_0} \tag{4.1}$$

式中 A_s——受拉钢筋截面面积；

b——截面腹板宽度（矩形截面即截面宽度）；

h_0——截面有效高度，指受拉钢筋合力点至截面受压边缘的距离。

（1）适筋破坏。前述试验梁是具有正常配筋率的梁（$\rho_{min}\frac{h}{h_0}\leqslant\rho\leqslant\rho_b$），称为适筋梁。其破坏特征是，受拉钢筋首先屈服；随着受拉钢筋塑性变形的发展，梁的挠度急剧增加、裂缝扩展，受压混凝土边缘纤维达到极限压应变。混凝土压碎；梁在破坏前有明显预兆。这种破坏属于延性破坏。

（2）超筋破坏。当构件受拉区配筋量很高时（$\rho>\rho_b$），破坏时受拉钢筋不会屈服，破坏是因为混凝土受压边缘纤维达到极限压应变、混凝土被压碎而引起的。发生这种破坏时，受拉区混凝土裂缝不明显，破坏前无明显预兆，称为超筋破坏。超筋破坏是一种脆性破坏。

由于超筋梁破坏无警告，属于脆性破坏，并且受拉钢筋的强度未被充分利用而不经济，故设计中不应采用。

（3）少筋破坏。当梁的受拉区配筋量很小时（$\rho<\rho_{min}\frac{h}{h_0}$），其抗弯能力及破坏特征与不配钢筋的素混凝土梁类似：受拉区混凝土一旦开裂，则裂缝处的钢筋拉应力迅速达到屈服强度并进入强化阶段，甚至钢筋被拉断；受拉区混凝土裂缝很宽、构件挠度很大，而受压区混凝土边缘并未达到极限压应变。这种破坏是“一裂即坏”型破坏，称为少筋破坏。

少筋梁的破坏弯矩往往低于构件开裂时的弯矩，承载力低且破坏突然，属于脆性破坏，设计中不应设计少筋梁。

4.3 受弯构件正截面承载力计算

4.3.1 受弯构件正截面承载力计算原理

4.3.1.1 计算基本假定

根据受弯构件的破坏特征，正截面承载力计算公式应以适筋破坏情形作为计算依据。由试验结果的分析，采用如下基本假定。

（1）平截面假定。试验表明：在纵向受拉钢筋应力达到屈服强度之前及达到的瞬间，截面的平均应变基本符合平截面假定。虽然就单个截面而言，此假定不一定成立，但在一定长度范围内是正确的。该假定说明了在一定标距内，即跨越若干条裂缝后，钢筋和混凝土的变形是协调的。同时平截面假定也是简化计算的一种手段。

（2）不考虑混凝土的抗拉强度。适筋梁进入破坏阶段后，由于裂缝的发展，开裂截面在中和轴以下的受拉混凝土及所承受的拉应力很小，忽略其作用对计算结果影响不大且偏于安全。

（3）已知混凝土受压的应力-应变关系曲线。在试验的基础上，《规范》采用理想化的混凝土受压的应力-应变曲线（图4.10），其表达式如下：

当 $\varepsilon_c\leqslant\varepsilon_0$ 时

$$\sigma_c=f_c\left[1-\left(1-\frac{\varepsilon_c}{\varepsilon_0}\right)^n\right] \tag{4.2a}$$

当 $\varepsilon_0 < \varepsilon \leqslant \varepsilon_{cu}$ 时

$$\sigma_c = f_c \tag{4.2b}$$

式中，参数 n、ε_0 和 ε_{cu} 的取值如下，$f_{cu,k}$ 为混凝土立方体抗压强度标准值。

$$n = 2 - \frac{1}{60}(f_{cu,k} - 50) \leqslant 2.0 \tag{4.3}$$

$$\varepsilon_0 = 0.002 + 0.5 \times (f_{cu,k} - 50) \times 10^{-5} \geqslant 0.002 \tag{4.4}$$

$$\varepsilon_{cu} = 0.0033 - (f_{cu,k} - 50) \times 10^{-5} \leqslant 0.0033 \tag{4.5}$$

（4）纵向钢筋的应力、应变。纵向钢筋的应力等于钢筋应变与其弹性模量的乘积，但其绝对值不应大于相应的强度设计值；纵向受拉钢筋的极限拉应变取为0.01。

4.3.1.2　基本计算公式

依据上述的基本假定，首先研究单筋矩形截面受弯构件的正截面承载力计算公式（单筋已于前述，是指仅在截面受拉区配置纵向受拉钢筋。它是受弯构件纵向钢筋的基本配筋形式）。计算简图如图4.11所示，其中混凝土压应力图4.11（c）与图4.10有一一对应关系。

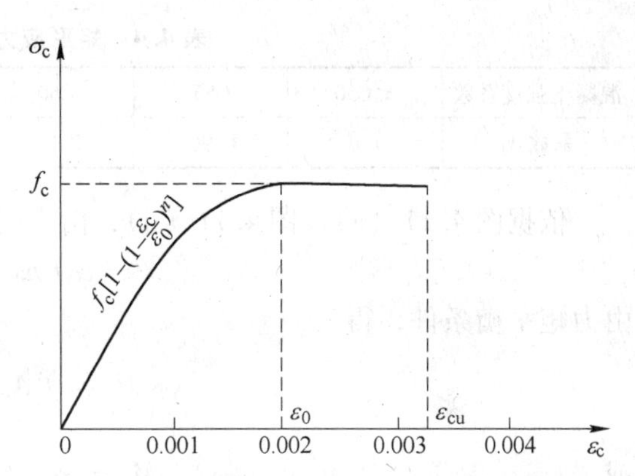

图4.10　混凝土受压的应力-应变曲线

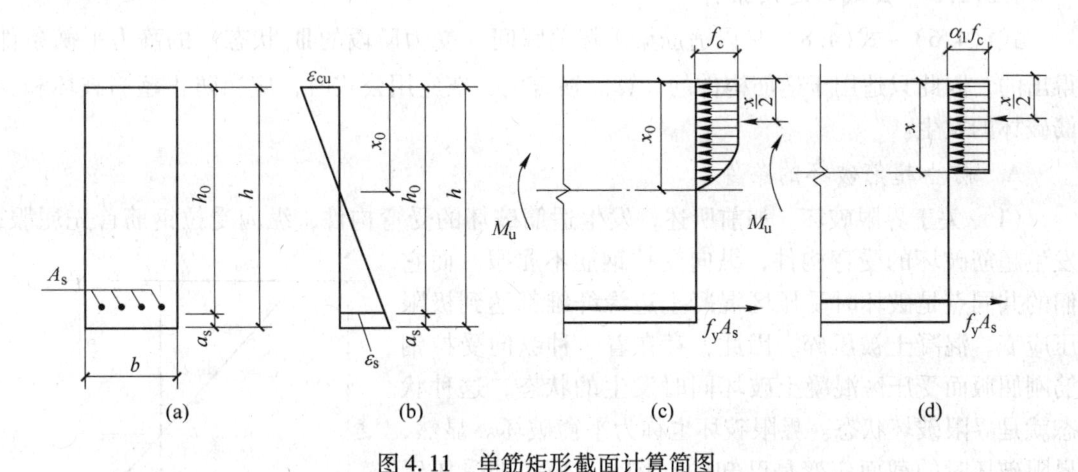

图4.11　单筋矩形截面计算简图

（a）截面特征；（b）截面应变；（c）应力图形；（d）等效应力图

由图4.11（c），利用力的平衡条件（受拉钢筋合力与受压混凝土压应力合力相等）和力矩平衡条件（受压混凝土压应力合力对受拉钢筋合力点取矩）就可建立平衡方程，得出承载力计算公式，但直接利用混凝土压应力图需要进行积分运算，将比较烦琐。

当混凝土的应力图采用等效矩形应力图后（即两个图的压应力的合力相等，合力作用位置相同），则可求得按等效矩形应力图计算的受压区高度 x 与按平截面假定确定的受压区高度 x_0 的关系为 $x=\beta_1 x_0$。此时矩形应力图的应力取值为 $\alpha_1 f_c$。系数 β_1 的取值见表4.3，系数 α_1 的取值见表4.4。由表中可见，当混凝土强度等级不超过C50时，$\alpha_1=$

1.0，$\beta_1=0.8$；混凝土强度等级大于C50时，随混凝土强度等级提高一级，α_1、β_1依次递减0.01。

显然，矩形压应力图形并非实际的混凝土压应力图形，混凝土受压区高度x也比实际的混凝土受压区高度x_0略小。

表4.3 系数β_1的取值

混凝土强度系数	≤C50	C55	C60	C65	C70	C75	C80
系数β_1	0.80	0.79	0.78	0.77	0.76	0.75	0.74

表4.4 矩形应力图应力值系数α_1

混凝土强度系数	≤C50	C55	C60	C65	C70	C75	C80
系数α_1	1.0	0.99	0.98	0.97	0.96	0.95	0.94

依据图4.11（a）、图4.11（d），由力的平衡条件，得

$$\alpha_1 f_c bx = f_y A_s \tag{4.6}$$

由力矩平衡条件，得

$$M_u = f_y A_s\left(h_0 - \frac{x}{2}\right) \tag{4.7}$$

或

$$M_u = \alpha_1 f_c bx\left(h_0 - \frac{x}{2}\right) \tag{4.8}$$

4.3.1.3 公式的适用条件

式（4.6）~式(4.8）是以适筋梁破坏前瞬间（受力阶段的Ⅲ$_a$状态）的静力平衡条件得出的，因此只适用于适筋构件的计算。换言之，在应用公式时，应当防止超筋破坏和少筋破坏的发生。

A 防止超筋破坏的条件

（1）关于界限破坏。如前所述，发生适筋破坏的受弯构件，纵向受拉钢筋首先屈服；发生超筋破坏的受弯构件，纵向受拉钢筋不屈服。而它们的共同点是破坏时受压区混凝土边缘纤维都达到极限压应变，混凝土被压碎。因此，存在着一种纵向受拉钢筋刚屈服而受压区混凝土破坏同时发生的状态，这种状态就是界限破坏状态。界限破坏也称为平衡破坏。显然，界限破坏时的截面应变是已知的（图4.12），即受压区混凝土边缘压应变为ε_{cu}；纵向受拉钢筋拉应变为$\varepsilon_s=f_y/E_s$，根据平截面假定，则有

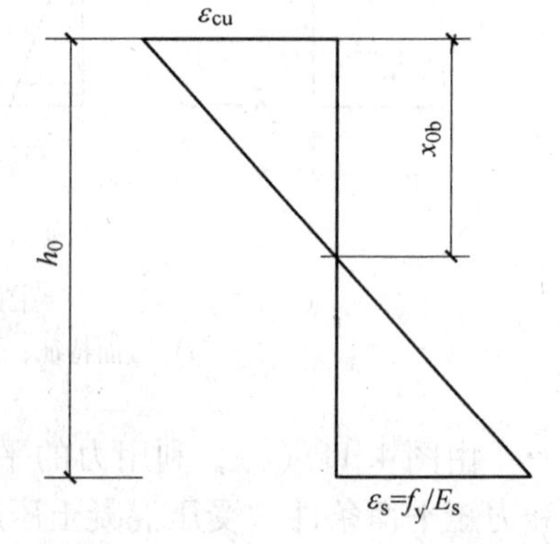

图4.12 界限破坏时的截面应变

$$\frac{x_{0b}}{h_0}=\frac{\varepsilon_{cu}}{\varepsilon_{cu}+\varepsilon_s}=\frac{\varepsilon_{cu}}{\varepsilon_{cu}+\dfrac{f_y}{E_s}}$$

式中 x_{0b}——界限破坏时受压混凝土的高度。

当受压混凝土采用矩形应力图后，矩形应力图的高度$x_b=\beta_1 x_{0b}$。则在界限破坏时，当钢筋混凝土构件采用有明显屈服点的钢筋时，有

$$\xi_b = \frac{x_b}{h_0} = \frac{\beta_1}{1 + \frac{f_y}{E_s \varepsilon_{cu}}} \tag{4.9}$$

式中 ξ_b——界限相对受压区高度；

E_s——钢筋弹性模量；

ε_{cu}——正截面的混凝土极限压应变。

对采用热轧钢筋 HPB300、HRB335、HRB400 和 RRB400 及 HRB500、HRBF500，当混凝土强度等级不超过 C50 时，按式（4.9）计算出 ξ_b（表 4.5），计算时可直接引用。

其余情形，可根据相应 β_1、ε_{cu}、f_y、E_s，按式（4.9）计算。例如，当采用 C60 混凝土、HRB400 钢筋时，有 $\beta_1 = 0.78$，$\varepsilon_{cu} = 0.0032$，$f_y = 360\text{N/mm}^2$，$E_s = 2 \times 10^5\ \text{N/mm}^2$，则可算出 $\xi_b = 0.499$。

表 4.5 相对界限受压区高度 ξ_b

混凝土强度等级	≤C50				C60			
钢筋强度/MPa	300	335	400	500	300	335	400	500
ξ_b	0.576	0.550	0.518	0.482	0.557	0.531	0.499	0.464
混凝土强度等级	C70				C80			
钢筋强度/MPa	300	335	400	500	300	335	400	500
ξ_b	0.537	0.512	0.481	0.447	0.518	0.493	0.463	0.429

（2）防止发生超筋破坏的条件。引入相对受压区高度 ξ，$\xi = x/h_0$，则 $\xi > \xi_b$，受拉钢筋不会屈服。故防止超筋破坏的条件是

$$\xi \leqslant \xi_b \tag{4.10}$$

B 防止少筋破坏的条件

为了防止构件发生少筋破坏，要求构件的受拉钢筋面积不小于按最小配筋百分率 ρ_{min} 计算出的钢筋面积。

《规范》规定，受弯构件的最小配筋百分率 ρ_{min}（%）按构件全截面面积 A 扣除位于受压边的翼缘面积 $(b'_f - b)h'_f$ 后的面积计算，即

$$\rho_{min} = \frac{A_{s,min}}{A - (b'_f - b)h'_f} \tag{4.11}$$

式中 A——构件全截面面积；

$A_{s,min}$——按最小配筋率计算的构件受拉钢筋截面面积；

b'_f，h'_f——T 形或 I 形截面受压翼缘的宽度、高度；

ρ_{min}——《规范》规定的受弯构件纵向受拉钢筋最小配筋率，见附表 1，最小配筋百分率取 0.2% 和 $0.45f_t/f_y$ 中的较大值。

因此，防止少筋破坏的条件是

$$A_s \geqslant \rho_{min} bh \tag{4.12}$$

4.3.2 正截面受弯承载力的设计计算

受弯构件正截面受弯承载力的设计计算包括两方面的内容：一是截面设计，即已知弯

矩设计值 M 确定配筋；二是截面校核，即已知截面配筋核算截面是否满足正截面受弯承载力要求。计算按截面划分，可分为矩形截面和T形截面；按配筋情形划分，可分为单筋截面和双筋截面。

4.3.2.1 单筋矩形截面

已经指出：单筋矩形截面是受弯构件中的最基本的截面形式，是仅在截面的受拉区配置纵向受力钢筋的矩形截面［图4.11（a）］。其受力钢筋合力中心至截面受拉边缘距离为 a_s，截面有效高度 $h_0 = h - a_s$。

在进行截面设计时，钢筋规格未知，故 a_s 难以确定，而 a_s 又是基本的计算参数。则此时可按如下规定取值：在室内正常环境（一类环境）下，板可取 $a_s = 25\text{mm}$ 或 20mm；梁为单排钢筋时，可取 $a_s = 40\text{mm}$ 或 35mm；当梁为双排钢筋时，可取 $a_s = 60 \sim 70\text{mm}$（参考图4.4）。在其他环境下，应根据混凝土保护厚度要求相应加大。

当进行截面校核时，钢筋的规格、位置已知，可按钢筋实际布置求 a_s。也可近似取用上述数值。

（1）基本计算公式及适用条件。由基本计算式（4.6）、式（4.8），引入混凝土相对受压区高度 ξ，$\xi = x/h_0$，考虑适用条件后，则有

$$f_y A_s = \xi \alpha_1 f_c b h_0 \tag{4.13}$$

$$M \leqslant M_u = \xi(1 - 0.5\xi)\alpha_1 f_c b h_0^2 \tag{4.14}$$

适用条件是：

$$\xi \leqslant \xi_b \quad \text{（防止超筋破坏）}$$

$$A_s \geqslant \rho_{min} b h \quad \text{（防止少筋破坏）}$$

利用式（4.13）、式（4.14）和相应适用条件，即可方便地进行单筋矩形截面设计和校核。

（2）截面设计。截面设计的一般步骤如下：

1）按构造的有关规定，确定截面尺寸 b、h，选择适当的混凝土强度等级和钢筋级别。

2）计算 h_0。

3）根据内力分析给出的弯矩设计值 M，就可由式（4.14）求得

$$\xi = 1 - \sqrt{1 - \frac{M}{0.5\alpha_1 f_c b h_0^2}} \tag{4.15}$$

4）判断 ξ：当满足 $\xi \leqslant \xi_b$ 时，可将算得的 ξ 代入式（4.13）求 A_s。

当不满足 $\xi \leqslant \xi_b$ 时，说明 M 大，要增大截面尺寸、适当提高混凝土强度等级或改用双筋梁（后述）。

5）利用式（4.13）计算钢筋面积，核算 $A_s \geqslant \rho_{min} b h$，进而选择钢筋。

【例4.1】 已知矩形梁截面尺寸 $b \times h = 250\text{mm} \times 500\text{mm}$，环境类别为一类，弯矩设计值 $M = 150\text{kN} \cdot \text{m}$，混凝土强度等级为C30，钢筋采用HRB335级，求所需的纵向受拉钢筋面积。

解： 一类环境，C30混凝土，取保护层厚度 $c = 25\text{mm}$，$a_s = 35\text{mm}$；C30混凝土，$f_c = 14.3\text{N/mm}^2$，$f_t = 1.43\text{N/mm}^2$，$\alpha_1 = 1.0$；HRB335级钢筋，$f_y = 300\text{N/mm}^2$，$\xi_b = 0.55$，则：

1）$h_0 = h - a_s = 500 - 35 = 465\text{mm}$

2）$\xi = 1 - \sqrt{1 - \frac{M}{0.5\alpha_1 f_c bh_0^2}} = 1 - \sqrt{1 - \frac{150 \times 10^6}{0.5 \times 14.3 \times 250 \times 465^2}}$

$= 0.218 < \xi_b = 0.55$

3）$A_s = \frac{\xi\alpha_1 f_c bh_0}{f_y} = 0.218 \times 14.3 \times 250 \times 465/300 = 1208\text{mm}^2 > 0.2\% bh = 250\text{mm}^2$，同时 $> 0.45\frac{f_t}{f_y}bh = 268\text{mm}^2$。

4）查附表2，可选 4⌀20，$A_s = 1257\text{mm}^2$，配筋见图4.13，其中②为架立筋；箍筋③由抗剪计算确定。

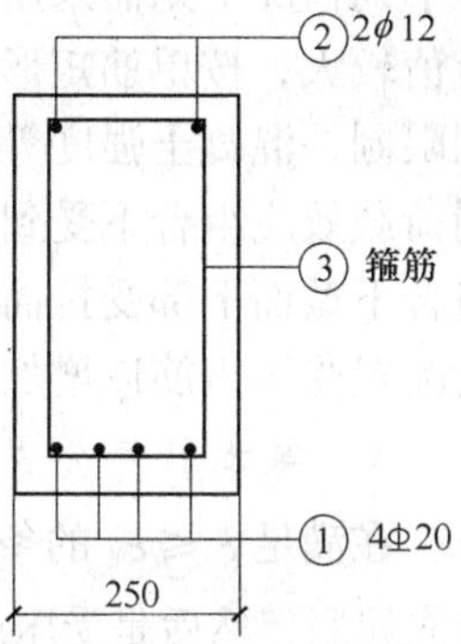

（3）截面校核。这是已知截面配筋求正截面受弯承载力设计值 M_u 的问题。可从两个角度提出：一是在该配筋下，截面可以承受多大的弯矩设计值；二是已知弯矩设计值，该配筋能否满足承载力要求（即是否安全）。所用的公式仍为式（4.13）、式（4.14），要注意适用条件的判别。

在校核顺序上，首先应校核配筋率，再计算 ξ，最后求 A_s。

应当注意的是：在校核时若 $\xi > \xi_b$，截面为超筋情形，其承载力可按 $\xi = \xi_b$ 代入式（4.13）确定（即不考虑多配钢筋对承载力的提高）。

②2ϕ12
③箍筋
①4⌀20
250

图4.13　例4.1配筋图

【例4.2】 已知矩形截面梁尺寸 $b \times h = 200\text{mm} \times 450\text{mm}$，采用C20混凝土，HRB335级纵向钢筋，试求：（1）若受拉钢筋为3⌀18，该梁承受弯矩设计值 $M = 80\text{kN}\cdot\text{m}$，此配筋能否满足正截面受弯承载力要求？（2）若受拉钢筋为5⌀20，该梁所能承受的最大弯矩设计值为多少？

解：（1）已知C20混凝土 $f_c = 9.6\text{N/mm}^2$，HRB335级纵向钢筋，$f_y = 300\text{N/mm}^2$，$\xi_b = 0.55$，混凝土保护层厚度取 $c = 30\text{mm}$，$a_s = 40\text{mm}$。

满足构造规定，由式（4.13）得

$$\xi = \frac{f_y A_s}{\alpha_1 f_c bh_0} = 300 \times 763/(9.6 \times 200 \times 410) = 0.291 < \xi_b = 0.55$$

由式（4.14）得

$$M_u = \xi(1 - 0.5\xi)\alpha_1 f_c bh_0^2 = 0.291 \times (1 - 0.5 \times 0.291) \times 9.6 \times 200 \times 410^2 \times 10^{-6}$$
$$= 80.26\text{kN}\cdot\text{m} > 80\text{kN}\cdot\text{m}$$

故配筋满足正截面受弯承载力要求。

（2）查附表2，若选5⌀20，$A_s = 1570\text{mm}^2$。要满足钢筋间的净距要求，钢筋应两排布置，取 $a_s = 70\text{mm}$，则

$$h_0 = h - a_s = 450 - 70 = 380\text{mm}$$

$$\xi = \frac{f_y A_s}{\alpha_1 f_c bh_0} = 300 \times 1570/(9.6 \times 200 \times 380) = 0.646 > \xi_b = 0.55$$

取 $\xi = 0.55$，则

$$M < M_u = \xi(1 - 0.5\xi)\alpha_1 f_c bh_0^2 = 0.55 \times (1 - 0.5 \times 0.55) \times 9.6 \times 200 \times 380^2 \times 10^{-6}$$
$$= 110.55\text{kN}\cdot\text{m}$$

故该梁承受的最大弯矩设计值 $M = 110.55\text{kN}\cdot\text{m}$。

4.3.2.2 双筋矩形截面

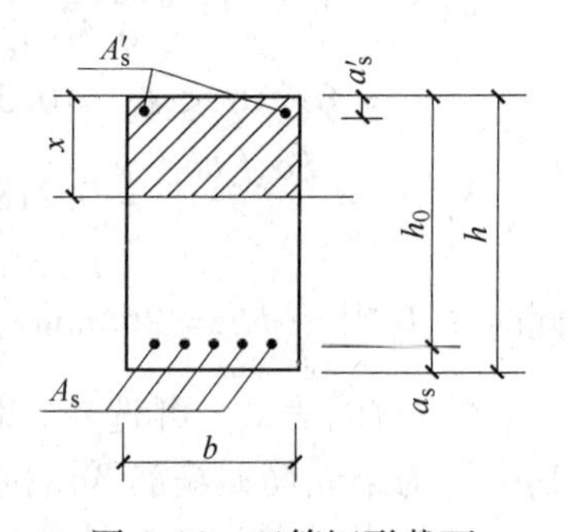

图4.14 双筋矩形截面

双筋矩形截面指不仅在截面受拉区配置纵向受力钢筋，而且在截面受压区也配置纵向受力钢筋（受压钢筋）的矩形截面（图4.14），在截面的受压区配置受压钢筋，用来承受部分压力。

在一般情形下，利用受压钢筋承受压力是不经济的，但在下列情况下则需采用双筋截面：（1）当截面承受的弯矩设计值较大，按单筋矩形截面计算所得 $\xi > \xi_b$ ，而截面尺寸受到限制，混凝土强度等级又不能提高时；（2）同一截面在不同荷载效应组合下受到变号弯矩作用时（即在某些荷载效应组合下截面下部受拉而在另一些荷载效应组合下截面下部受压）；（3）在抗震设计中，需要配置受压钢筋以增加构件的截面延性。

A 基本计算公式与适用条件

在满足 $\xi \leqslant \xi_b$ 的条件下，双筋矩形截面梁具有与单筋适筋梁相同的破坏特征：受拉钢筋首先屈服，然后是受压混凝土边缘纤维达到极限压应变、受压混凝土压碎。根据平截面假定还可以求出：当 $\xi \geqslant 2a'/h_0$ 时，对 HPB300、HRB335、HRB400 和 HRB500 级钢筋，破坏时受压钢筋也将受压屈服，且 $f'_y = f_y$ 。但当 $\xi < 2a'_s/h_0$ 时，则受压钢筋不屈服。

根据双筋矩形截面梁的破坏特征，利用静力平衡条件，即可得出其基本计算式（4.15）和式（4.16）。它们实际上是在单筋矩形截面计算公式的基础上加上一项受压钢筋所起的作用（图4.15）。

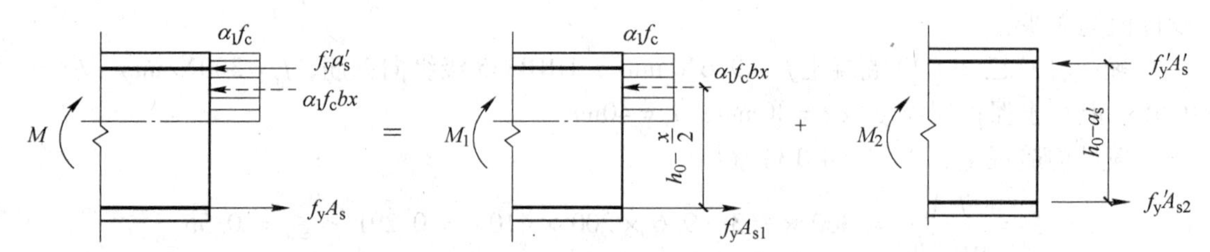

图4.15 双筋矩形截面计算简图

$$f_y A_s = \xi \alpha_1 f_c b h_0 + f'_y A'_s \tag{4.16}$$

$$M \leqslant M_u = \xi(1 - 0.5\xi)\alpha_1 f_c b h_0^2 + f'_y A'_s(h_0 - a'_s) \tag{4.17}$$

式中 f'_y ——受压钢筋抗压强度设计值；

A'_s ——受压钢筋的截面面积；

a'_s ——受压钢筋合力点至受压边缘距离；

其余符号同单筋截面。

式（4.16）、式（4.17）的适用条件是

$$\xi \leqslant \xi_b \quad （防止超筋破坏）$$

$$\xi \geqslant \frac{2a'_s}{h_0} \quad （保证受压钢筋达到抗压强度设计值）$$

由于双筋截面的受拉钢筋面积一般都较大，其配筋率都能满足最小配筋率的要求。利

用式（4.16）、式（4.17）和适用条件，同样可进行截面设计和校核。

B　截面设计

双筋矩形截面梁的截面尺寸和材料强度一般都是已知的，截面设计的内容包括求 A_s' 和 A_s，以及已知 A_s' 求 A_s 的两种情况。

（1）情况1：求 A_s' 和 A_s。

式（4.16）、式（4.17）只列出两个方程，而未知数是 A_s' 和 A_s 及 ξ，故需补充一个条件才能得到唯一解答。

补充条件是节省钢筋。当取 $\xi = \xi_b$ 时，受拉钢筋的强度刚好被充分利用，而且受压区混凝土的高度增大、混凝土的抗压能力被充分发挥，使受压钢筋截面面积较小，从而节省钢材。将 $\xi = \xi_b$ 代入式（4.17），得

$$A_s' = \frac{M - \xi_b(1 - 0.5\xi_b)\alpha_1 f_c b h_0^2}{f_y'(h_0 - a_s')} \tag{4.18}$$

将求出的 A_s' 代入式（4.16），有

$$A_s = \frac{\xi_b \alpha_1 f_c b h_0 + f_y' A_s'}{f_y} \tag{4.19}$$

适用条件自动满足。

（2）情况2：已知 A_s' 求 A_s。

两个方程式（4.16）和式（4.17），两个未知数 A_s 和 ξ，所以解方程直接可以得到 A_s 和 ξ。在求解过程中先由式（4.17），求出 ξ

$$\xi = 1 - \sqrt{1 - \frac{M - f_y' A_s'(h_0 - a_s')}{0.5\alpha_1 f_c b h_0^2}} \tag{4.20}$$

再将式（4.20）代入式（4.16），计算出 A_s

$$A_s = \frac{\xi \alpha_1 f_c b h_0 + f_y' A_s'}{f_y} \tag{4.21}$$

计算出 ξ，尚需注意：

1）若 $\xi > \xi_b$，表明原有的 A_s' 不足，可按 A_s' 未知的情况1计算；

2）若 $\xi < 2a_s'/h_0$，即表明 A_s' 不能达到其抗压强度设计值，因此不满足基本公式的适用条件。通常可假定混凝土压应力合力也作用在受压钢筋合力点处（见图4.16），这样对内力臂计算的误差很小且偏于安全，因而对求解 A_s 的误差也就很小。A_s 可按下式计算：

$$A_s = \frac{M}{f_y(h_0 - a_s')} \tag{4.22}$$

3）当 a_s'/h_0 较大，若 $M < 2\alpha_1 f_c b a_s'(h_0 - a_s')$ 时，按单筋梁计算得到的 A_s 将比按式（4.20）求出的 A_s 要小，这时应不考虑受压钢筋按单筋梁确定受拉钢筋截面面积 A_s，以节约钢材。

【例4.3】 已知矩形截面梁尺寸 $b \times h = 200\text{mm} \times 450\text{mm}$，承受弯矩设计值 $M = 200\text{kN} \cdot \text{m}$，采用C25混凝土（$f_c = 11.9\text{N/mm}^2$）、HRB400级纵向钢筋（$f_y = f_y' = 360\text{N/mm}^2$，$\xi_b = 0.518$），试求该梁纵向受力钢筋（一类环境）。

解： 取 $a_s = 40\text{mm}$，则

$$h_0 = h - a_s = 450 - 40 = 410\text{mm}$$

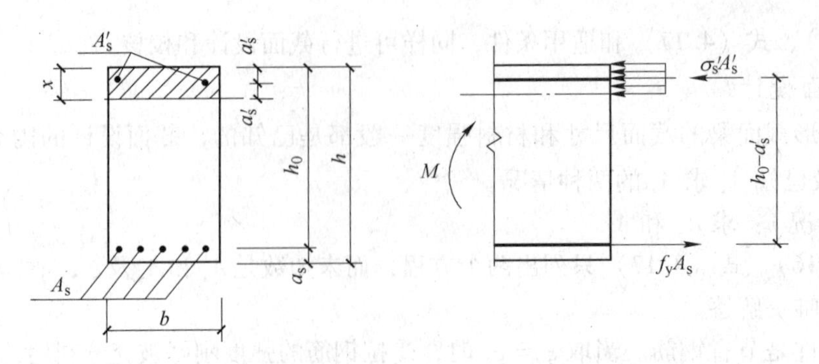

图4.16 双筋矩形截面当$\xi < 2a_s'/h_0$时的计算简图

(1) 判断。

先按单筋矩形计算

$$\xi = 1 - \sqrt{1 - \frac{M}{0.5\alpha_1 f_c b h_0^2}} = 1 - \sqrt{1 - \frac{200 \times 10^6}{0.5 \times 11.9 \times 200 \times 410^2}}$$

$$= 0.986 > \xi_b = 0.518$$

若不能加大截面尺寸，又不能提高混凝土强度等级，则应设计成双筋矩形截面。

判断也可利用界限破坏时单筋矩形截面可承受的弯矩M_b（这也是单筋矩形截面可承受的最大弯矩）与弯矩设计值M的关系：若$M_b \geqslant M$，可采用单筋；若$M_b < M$，应采用双筋。

$$M_b = \xi_b(1 - 0.5\xi_b)\alpha_1 f_c b h_0^2$$

本例中，$M_b = 0.518 \times (1 - 0.5 \times 0.518) \times 11.9 \times 200 \times 410^2 \times 10^{-6} = 153.57\text{kN} \cdot \text{m} < 200\text{kN} \cdot \text{m}$。

需采用双筋截面。两种计算方法的结论相同。

(2) 求钢筋截面面积。

取$a_s = 70\text{mm}$（因弯矩大，需要较多的受拉钢筋，假定受拉钢筋双排布置），有$h_0 = h - a_s = 450 - 70 = 380\text{mm}$，取$a_s' = 40\text{mm}$，则

$$A_s' = \frac{M - \xi_b(1 - 0.5\xi_b)\alpha_1 f_c b h_0^2}{f_y'(h_0 - a_s')}$$

$$= \frac{200 \times 10^6 - 0.518 \times (1 - 0.5 \times 0.518) \times 11.9 \times 200 \times 380^2}{360 \times (380 - 40)}$$

$$= 556\text{mm}^2$$

$$A_s = A_s' + \xi_b \frac{\alpha_1 f_c b h_0}{f_y} = 556 + 0.518 \times \frac{11.9 \times 200 \times 380}{360} = 1857\text{mm}^2$$

(3) 选筋。

选受压钢筋2⌀20（$A_s' = 628\text{mm}^2$），选受拉钢筋6⌀22（$A_s = 1885\text{mm}^2$）。

【例4.4】 已知条件同例4.3，但受压区已配3⌀20钢筋（$A_s' = 942\text{mm}^2$），试求受拉钢筋面积。

解： 取$a_s = 60\text{mm}$，$a_s' = 35\text{mm}$，则

$$h_0 = h - a_s = 450 - 60 = 390\text{mm}$$

$$\xi = 1 - \sqrt{1 - \frac{M - f_y' A_s'(h_0 - a_s')}{0.5\alpha_1 f_c b h_0^2}} = 1 - \sqrt{1 - \frac{200 \times 10^6 - 360 \times 942 \times (390 - 35)}{0.5 \times 11.9 \times 200 \times 390^2}}$$

$= 0.252 < \xi_b = 0.518$

$> 2a'_s/h_0 = 2 \times 35/390 = 0.179$

$$A_s = \frac{\xi \alpha_1 f_c b h_0 + f'_y A'_s}{f_y} = \frac{0.252 \times 11.9 \times 200 \times 390 + 360 \times 942}{360} = 1592\text{mm}^2$$

选用受拉钢筋5⌀20（$A_s = 1571\text{mm}^2$）。

C 截面校核

双筋矩形截面的校核类似于单筋矩形截面。

由式（4.16）求出ξ，若$2a'_s/h_0 \leqslant \xi \leqslant \xi_b$，可代入式（4.17）中求$M_u$；

若$\xi < 2a'_s/h_0$，可利用式（4.22）求M_u；

若$\xi > \xi_b$，则应把$\xi = \xi_b$代入式（4.17）中求M_u。

【例4.5】 已知矩形截面梁尺寸$b \times h = 200\text{mm} \times 400\text{mm}$，采用C25混凝土（$f_c = 11.9\text{N/mm}^2$）、HRB335级纵向钢筋（$f_y = f'_y = 300\text{N/mm}^2$，$\xi_b = 0.55$），且已知$A'_s = 308\text{mm}^2$（2⌀14），$A_s = 1527\text{mm}^2$（6⌀18）。弯矩设计值$M = 100\text{kN} \cdot \text{m}$，试问该设计是否满足正截面承载力要求？

解： 取$a_s = 60\text{mm}$，$a'_s = 40\text{mm}$，则

$$h_0 = h - a_s = 400 - 60 = 340\text{mm}$$

$$\xi = \frac{f_y A_s - f'_y A'_s}{\alpha_1 f_c b h_0} = \frac{300 \times (1527 - 308)}{11.9 \times 200 \times 340} = 0.452 < \xi_b = 0.55$$

$> 2a'_s/h_0 = 2 \times 40/340 = 0.235$

$$M_u = \xi(1 - 0.5\xi)\alpha_1 f_c b h_0^2 + f'_y A'_s (h_0 - a'_s)$$

$$= 0.452 \times (1 - 0.5 \times 0.452) \times 11.9 \times 200 \times 340^2 \times 10^{-6} + 300 \times 308 \times (340 - 40) \times 10^{-6}$$

$$= 123.97\text{kN} \cdot \text{m} > M = 100\text{kN} \cdot \text{m}$$

满足要求。

【例4.6】 已知双筋矩形截面梁尺寸$b \times h = 200\text{mm} \times 450\text{mm}$，采用C20混凝土（$f_c = 11.9\text{N/mm}^2$）、HRB335级纵向钢筋（$f_y = f'_y = 300\text{N/mm}^2$，$\xi_b = 0.55$），并已知$A'_s = A_s = 763\text{mm}^2$（3⌀18），试求该截面所能承受的最大弯矩设计值。

解： 取$a_s = a'_s = 40\text{mm}$，则

$$h_0 = h - a_s = 450 - 40 = 410\text{mm}$$

$$\xi = 0 < 2a'_s/h_0$$

由式（4.22）得

$$M_u = f_y A_s (h_0 - a'_s) = 300 \times 763 \times (410 - 40) \times 10^{-6} = 84.7\text{kN} \cdot \text{m}$$

该梁截面所能承受的最大弯矩设计值为$84.7\text{kN} \cdot \text{m}$。

4.3.2.3 T形截面

T形截面具有较窄的腹板和较宽的翼缘。从计算角度而言，T形截面是指混凝土受压区位于翼缘的截面。

在现浇楼盖或屋盖中，板和梁整浇在一起共同受力，梁的跨中截面承受正弯矩（下部受拉），该截面就是T形截面。对于截面尺寸较大的预制梁和预制板，为了减轻自重、节省材料，也做成T形截面或I形截面（图4.17）。

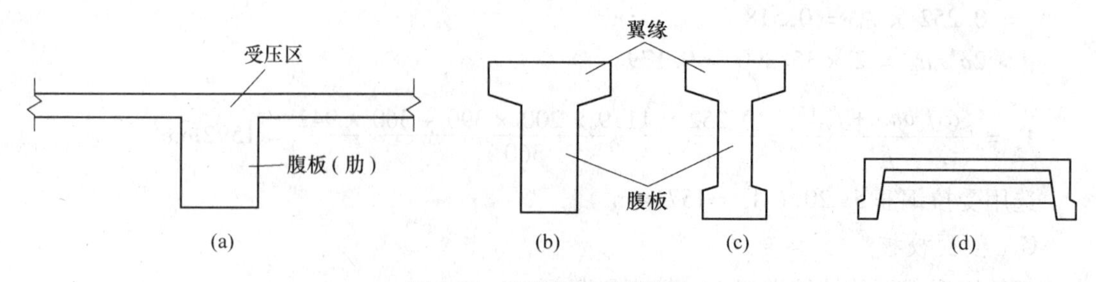

图4.17 T形截面受弯构件

(a) 整浇肋形梁；(b) 吊车梁；(c) 屋面梁；(d) 槽形板

在进行正截面受弯承载力计算时，因为不考虑受拉混凝土的作用，故T形截面受弯构件的正截面受弯承载力并不因受拉区混凝土的差异而受影响，故I形截面、槽形截面［图4.17（c）、（d）］也属于T形截面。

在T形截面受弯构件中，承受压应力的翼缘混凝土应力的分布是不均匀的，离肋部越远，压应力越小。因此在计算时，采用翼缘计算宽度 b'_f，并假定在该宽度范围内压应力均匀分布，且在达到正截面受弯承载力时，该压应力可取轴心抗压强度。

受弯构件翼缘计算宽度 b'_f 取值见表4.6。b'_f 应取表4.6中有关各项中的最小值。

表4.6 受弯构件翼缘计算宽度 b'_f

<table>
<tr><th colspan="2" rowspan="2">情 况</th><th colspan="3">T形、I形截面</th><th>倒L形截面</th></tr>
<tr><th colspan="2">肋形梁（板）</th><th>独立梁</th><th>肋形梁（板）</th></tr>
<tr><td>①</td><td>按计算跨度 l_0 考虑</td><td colspan="2">$l_0/3$</td><td>$l_0/3$</td><td>$l_0/6$</td></tr>
<tr><td>②</td><td>按梁（肋）净距 s_n 考虑</td><td colspan="2">$b+s_n$</td><td>—</td><td>$b+s_n/2$</td></tr>
<tr><td rowspan="3">③</td><td rowspan="3">按翼缘高度 h'_f 考虑</td><td>$h'_f/h_0 \geqslant 0.1$</td><td>—</td><td>$b+12h'_f$</td><td>—</td></tr>
<tr><td>$0.1 > h'_f/h_0 \geqslant 0.05$</td><td>$b+12h'_f$</td><td>$b+6h'_f$</td><td>$b+5h'_f$</td></tr>
<tr><td>$h'_f/h_0 < 0.05$</td><td>$b+12h'_f$</td><td>b</td><td>$b+5h'_f$</td></tr>
</table>

注：1. 表中 b 为梁的腹板厚度；

2. 肋形梁在梁跨内设有间距小于纵肋间距的横肋时，可不考虑表中情况③的规定；

3. 加腋的T形、I形和倒L形截面，当受压区加腋的高度 h_h 不小于 h'_f 且加腋的长度 b_h 不大于 $3h_h$ 时，其翼缘计算宽度可按表中情况③的规定分别增加 $2b_h$（T形、I形截面）和 b_h（倒L形截面）；

4. 独立梁受压区的翼缘板在荷载作用下经验算沿纵肋方向可能产生裂缝时，其计算宽度应取腹板宽度 b。

T形截面受弯构件一般采用单筋截面，其破坏特征与单筋矩形截面的破坏特征相同，故T形截面的正截面承载力计算公式和适用条件与单筋矩形截面类似。当然，在实际设计中，T形截面受弯构件也不排除采用双筋截面的情形，此时考虑问题的方法无非是在单筋截面的基础上增加受压钢筋的作用。

A T形截面的基本计算公式

（1）两类T形截面的判别。根据受压区的高度不同，T形截面分为两类（图4.18）：1）当混凝土受压区高度 $x \leqslant h'_f$ 时（亦即 $\xi \leqslant h'_f/h_0$ 时），称为第一类T形截面；2）$x > h'_f$ 时（亦即 $\xi > h'_f/h_0$ 时），称为第二类T形截面。第一类T形截面和第二类T形截面的界限状态是 $x = h'_f$ 时的情形。

显然，当进行截面设计时，若

$$M_u \leqslant \alpha_1 f_c b_f' h_f' \left(h_0 - \frac{h_f'}{2} \right) \tag{4.23}$$

则 $x \leqslant h_f'$，为第一类T形截面，否则为第二类T形截面。

在进行截面校核时，若

$$f_y A_s \leqslant \alpha_1 f_c b_f' h_f' \tag{4.24}$$

则 $x \leqslant h_f'$，为第一类T形截面，否则为第二类T形截面。

式中　b_f' ——T形截面受压翼缘宽度，按表4.6的规定取值；

h_f' ——受压翼缘高度。

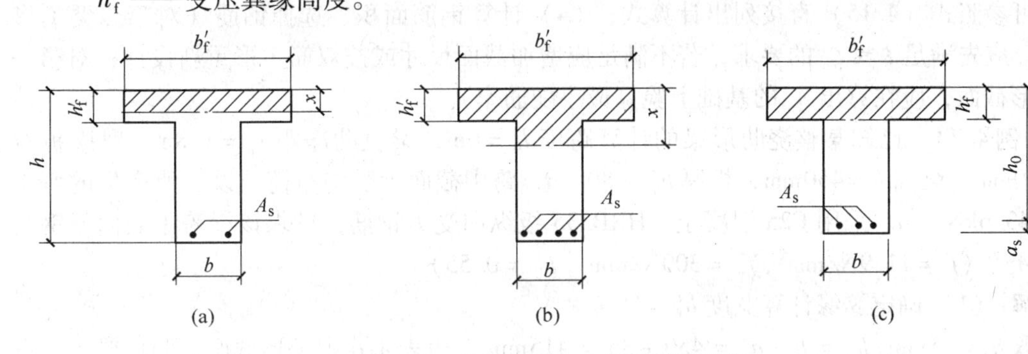

图4.18　T形截面的分类及判别图形

（a）第一类T形；（b）第二类T形；（c）判别图形

（2）第一类T形截面的计算。显然，第一类T形截面就是将宽度 b 取为 b_f' 的单筋矩形截面。计算时，可将式（4.13）和式（4.14）中的 b 改为 b_f'，而其余符号不变。由于此时受压区高度小，适用条件 $\xi \leqslant \xi_b$ 将自动满足而不必验算；但这时应注意最小配筋率的校核，即应满足 $A_s \geqslant \rho_{min} bh$ 以防止少筋破坏发生。

（3）第二类T形截面的计算。这类T形截面的混凝土受压区进入腹板（图4.19），因而翼缘挑出部分的混凝土全部在受压区之内，其合力是已知的，为 $\alpha_1 f_c (b_f' - b) h_f'$。

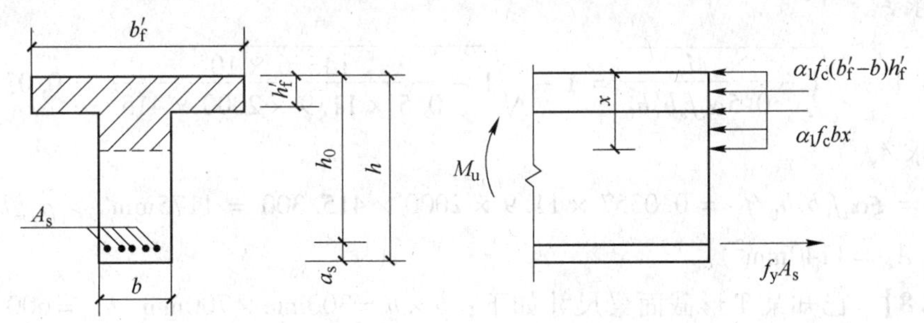

图4.19　第二类T形截面计算图形

因此，第二类T形截面的计算就相当于在 $b \times h$ 的单筋矩形截面的基础上，再考虑受压翼缘挑出部分截面的作用即可。

由力的平衡，可得

$$f_y A_s = \alpha_1 f_c (b_f' - b) h_f' + \xi \alpha_1 f_c b h_0 \tag{4.25}$$

由力矩平衡，可得

$$M_u = \alpha_1 f_c (b_f' - b) h_f' \left(h_0 - \frac{h_f'}{2} \right) + \xi (1 - 0.5\xi) \alpha_1 f_c b h_0^2 \tag{4.26}$$

式（4.25）、式（4.26）的适用条件是：$\xi \leqslant \xi_b$。

由于第二类T形截面的受拉钢筋面积较大，防止少筋破坏的条件自动满足而不必验算。

B　T形截面设计

与矩形截面设计类似，T形截面的设计也是在已知弯矩设计值、截面尺寸、材料强度等基础上进行的。未知数为受拉钢筋面积A_s及基本未知数ξ。根据T形截面的判别及计算特点，截面设计的主要步骤是：（1）确定截面尺寸、材料强度等基本参数；（2）利用式（4.23）进行截面类型的判别；（3）根据判别结果利用式（4.14）或式（4.26）计算ξ，此时可参照式（4.15）直接列出计算式；（4）计算钢筋面积、选择钢筋（对第二类T形截面，应先满足$\xi \leqslant \xi_b$的要求，若不满足应增加截面尺寸或按双筋T形重新设计；对第一类T形截面，应在算出A_s的基础上验算最小配筋率）。

【例4.7】 已知某整浇肋形梁的计算跨度$l_0 = 6\text{m}$，梁纵肋净距$s_n = 1.8\text{m}$，梁腹板宽$b = 200\text{mm}$，梁高$h = 450\text{mm}$，板厚$h_f' = 80\text{mm}$，跨中截面承受均布荷载设计值产生的弯矩$M = 143.6\text{kN}\cdot\text{m}$。采用C25混凝土、HRB335级纵向受力钢筋，试求该梁跨中截面的钢筋面积A_s？（$f_c = 11.9\text{N/mm}^2$，$f_y' = 300\text{N/mm}^2$，$\xi_b = 0.55$）

解：（1）确定翼缘计算宽度b_f'。

取$a_s = 35\text{mm}$，$h_0 = h - a_s = 450 - 35 = 415\text{mm}$，由表4.6中T形截面、肋形梁一栏得

1）$l_0/3 = 6000/3 = 2000\text{mm}$；

2）$b + s_n = 200 + 1800 = 2000\text{mm}$；

3）$h_f'/h_0 = 80/415 = 0.19 > 0.1$，可不按此项选择故选$b_f' = 2000\text{mm}$。

（2）类型判断。

$$\alpha_1 f_c b_f' h_f'\left(h_0 - \frac{h_f'}{2}\right) = 11.9 \times 2000 \times 80 \times (415 - 0.5 \times 80) \times 10^{-6} = 714\text{kN}\cdot\text{m} > M$$

故为第一类T形截面。

（3）求ξ。

$$\xi = 1 - \sqrt{1 - \frac{M}{0.5\alpha_1 f_c b_f' h_0^2}} = 1 - \sqrt{1 - \frac{143.6 \times 10^6}{0.5 \times 11.9 \times 2000 \times 415^2}} = 0.0357$$

（4）求A_s。

$$A_s = \xi\alpha_1 f_c b_f' h_0 / f_y = 0.0357 \times 11.9 \times 2000 \times 415/300 = 1175\text{mm}^2 > \rho_{\min} bh$$

选3Φ22（$A_s = 1140\text{mm}^2$）。

【例4.8】 已知某T形截面梁尺寸如下：$b \times h = 300\text{mm} \times 700\text{mm}$，$b_f' = 600\text{mm}$，$h_f' = 120\text{mm}$，采用C30混凝土（$f_c = 14.3\text{N/mm}^2$），HRB400级钢筋（$f_y' = 360\text{N/mm}^2$，$\xi_b = 0.518$），截面承受的弯矩设计值$M = 660\text{kN}\cdot\text{m}$，求纵向受拉钢筋面积并配筋。

解：$a_s = 35\text{mm}$，则$h_0 = h - a_s = 700 - 35 = 665\text{mm}$。

（1）判断。

$$\alpha_1 f_c b_f' h_f'\left(h_0 - \frac{h_f'}{2}\right) = 14.3 \times 600 \times 120 \times (665 - 0.5 \times 120) \times 10^{-6}$$

$$= 662.9\text{kN}\cdot\text{m} < M = 660\text{kN}\cdot\text{m}$$

故为第二类T形截面。

(2) 求ξ。

在进行第二类T形截面的截面设计时，因为M较大，故一般可考虑受拉钢筋双排布置。取$a_s=60\text{mm}$，则$h_0=h-a_s=700-60=640\text{mm}$，有

$$\xi=1-\sqrt{1-\frac{M-\alpha_1 f_c(b_f'-b)h_f'\left(h_0-\frac{h_f'}{2}\right)}{0.5\alpha_1 f_c b h_0^2}}$$

$$=1-\sqrt{1-\frac{660\times10^6-14.3\times(600-300)\times120\times(640-0.5\times120)}{0.5\times14.3\times300\times640^2}}$$

$$=0.233<\xi_b=0.518$$

(3) 求A_s。

$$A_s=\frac{\alpha_1 f_c(b_f'-b)h_f'+\xi\alpha_1 f_c b h_0}{f_y}$$

$$=\frac{14.3\times(600-300)\times120+0.233\times14.3\times300\times640}{360}$$

$$=3207\text{mm}^2$$

选用4⌀25+4⌀20（$A_s=3220\text{mm}^2$）。

4.4 受弯构件斜截面的受力性能

4.4.1 受弯构件斜截面的受力特点

如前所述，受弯构件在弯矩作用下将出现垂直裂缝，垂直裂缝的发展导致正截面破坏，保证正截面承载力的主要措施是在构件内配置适当的纵向受力钢筋。而在受弯构件的支座附近区段，不仅有弯矩作用，同时还有较大的剪力作用，该区段称为剪弯段或剪跨。在剪力和弯矩的共同作用下，剪弯段内的主拉应力将使构件在支座附近的剪弯段内出现斜裂缝；斜裂缝的发展最终可能导致斜截面破坏（图4.20）。与正截面破坏相比，斜截面破坏普遍具有脆性性质。

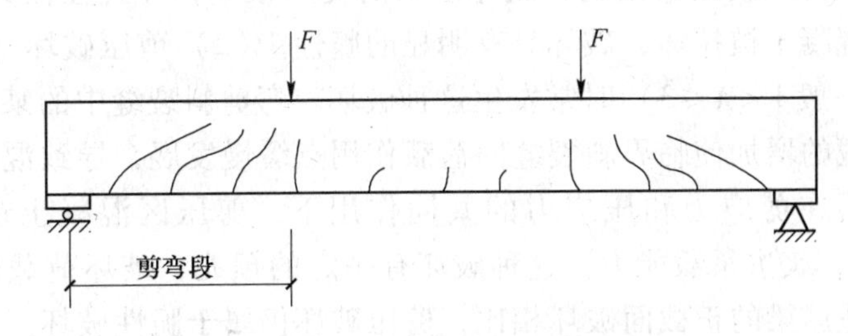

图4.20 梁上剪弯段内的斜裂缝

为了防止斜截面破坏的发生，应当使构件具有合理的截面尺寸和合理的配筋构造，并在梁中配置必要的箍筋。板由于所受剪力很小，一般靠混凝土即足以抵抗，故一般不需要在板内配置箍筋。当梁承受的剪力较大时，在优先采用箍筋的前提下，还可以利用梁内跨中的部分受拉钢筋在支座附近弯起以承担部分剪力，称之为弯起钢筋或斜筋。箍筋和弯起钢筋统称为腹筋。

在弯矩和剪力的共同作用下，梁未开裂时的正应力和剪应力可由《材料力学》的匀质弹性梁计算公式确定，梁中主应力的轨迹线大体如图4.21所示，其中实线为主拉应力轨迹线，虚线为主压应力轨迹线。

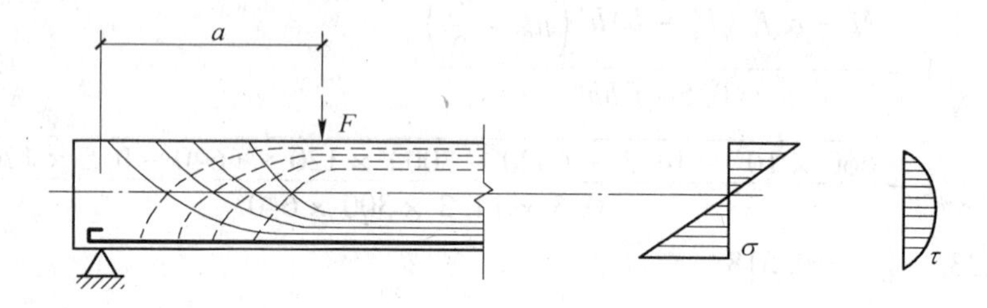

图4.21 梁的应力状态

4.4.2 无腹筋梁的破坏形态

在实际工程中，钢筋混凝土梁都配有箍筋，称为有腹筋梁。而在试验研究中，为了更清楚地了解剪弯段的受力性能，往往对不配箍筋的梁进行单独研究，这种梁称为无腹筋梁。试验采用矩形截面简支梁，并施加对称的集中荷载。显然，在这种情况下（忽略梁的自重），剪弯段内的剪力均匀分布，而弯矩图为斜直线（图4.6）。

集中荷载的作用位置对剪弯段的受力有很大影响，通常把集中荷载至支座间的距离 a 称为剪跨，它与截面有效高度 h_0 之比称为剪跨比 λ：

$$\lambda = a/h_0 \tag{4.27}$$

在矩形截面简支梁的集中荷载 F 的作用位置，弯矩为 $M = Fa$，剪力为 $V = F$，显然，剪跨比 $\lambda = M/Vh_0$，它反映了集中荷载作用位置处的弯矩和剪力相对值的比例。

大量试验结果表明：无腹筋梁的斜截面剪切破坏主要有3种形态：（1）斜拉破坏[图4.22（a）]：当剪跨比较大时（一般 $\lambda > 3$），斜裂缝一旦出现，便迅速向集中荷载作用点延伸，并很快形成临界斜裂缝，梁随即破坏。整个破坏过程急速而突然，破坏荷载与出现斜裂缝时的荷载相当接近，破坏前梁的变形很小，并且往往只有一条斜裂缝。这种破坏是拱体混凝土被拉坏，破坏具有明显的脆性。（2）剪压破坏[图4.22（b）]：当剪跨比适中（一般 $1 < \lambda \leqslant 3$）时常发生这种破坏。弯剪斜裂缝中的某一条发展成为临界斜裂缝后，荷载的增加使临界斜裂缝向荷载作用点缓慢发展，导致混凝土剪压区高度的不断减小，最后在剪应力和压应力的共同作用下，剪压区混凝土被压碎（拱顶破坏），梁发生破坏，丧失承载能力。这种破坏有一定的预兆，破坏荷载较出现斜裂缝时的荷载高。但与适筋梁的正截面破坏相比，剪压破坏仍属于脆性破坏。破坏时纵向钢筋拉应力往往低于其屈服强度。（3）斜压破坏[图4.22（c）]：这种破坏发生在剪跨比很小（一般 $\lambda \leqslant 1$）或腹板宽度较窄的T形梁和I形梁上。其破坏过程是：首先在荷载作用点与支座间的梁腹部出现若干条平行的斜裂缝（即腹剪斜裂缝）；随着荷载的增加，梁腹被这些斜裂缝分割为若干斜向"短柱"，最后因柱体混凝土被压碎而破坏。这实际上是拱体的混凝土被压坏。斜压破坏的破坏荷载很高，但变形很小，亦属于脆性破坏。

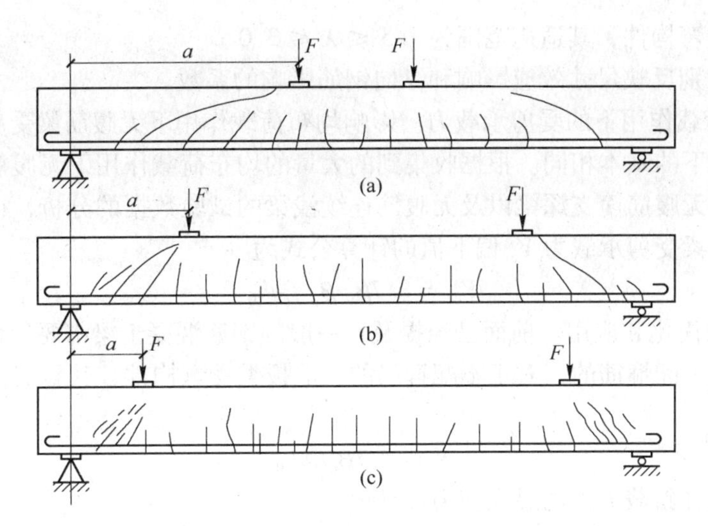

图 4.22　斜截面的破坏形态
（a）斜拉破坏；（b）剪压破坏；（c）斜压破坏

除上述主要的斜截面剪切破坏形态外，还有可能发生纵向钢筋在梁端锚固不足而引起的锚固破坏（即拱拉杆破坏）或混凝土局部受压破坏，也有可能发生斜截面弯曲破坏。

4.4.3　配箍筋梁的斜截面破坏形态

配置箍筋的梁，其斜截面破坏形态与无腹筋梁的破坏形态相类似。

（1）斜拉破坏。当配箍率 ρ_{sv} 太小或箍筋间距太大并且剪跨比 λ 也较大时，易发生斜拉破坏。破坏特征与无腹筋梁的相同，破坏时箍筋被拉断。

（2）斜压破坏。当配置的箍筋太多或剪跨比很小（$\lambda < 1$）时将发生斜压破坏。其破坏特征是混凝土斜向柱体被压碎，则箍筋不会屈服。

（3）剪压破坏。当配置的箍筋适量且剪跨比介于斜压破坏和斜拉破坏的剪跨比之间时，将发生剪压破坏。剪压破坏的破坏特征是箍筋受拉屈服，剪压区混凝土被压碎，斜截面受剪承载力随配箍率 ρ_{sv} 及箍筋强度的提高而增大。

4.5　受弯构件受剪承载力计算

4.5.1　无腹筋梁的受剪承载力

（1）集中荷载作用下的受剪承载力。根据收集到的在集中荷载作用下的无腹筋简支浅梁、无腹筋简支短梁、无腹筋简支深梁以及无腹筋连续浅梁、无腹筋连续深梁的众多试验数据，考虑到影响无腹筋梁受剪承载力的主要因素，如：混凝土抗拉强度 f_t、剪跨比 λ、纵向受拉钢筋配筋率 ρ 和截面高度尺寸效应等，得出无腹筋梁在集中荷载作用下受剪承载力 V_c 的偏下值的计算公式为

$$V_c = \frac{1.75}{\lambda + 1}\beta_h\beta_\rho f_t b h_0 \tag{4.28}$$

式中　λ ——剪跨比，$\lambda = a/h_0$，其适用范围为：$0.25 \leqslant \lambda \leqslant 3.0$，对高跨比不小于 5 的

受弯构件，其适用范围为 $1.5 \leqslant \lambda \leqslant 3.0$;

β_h , β_ρ ——分别反映尺寸效应影响和纵向钢筋影响的系数。

（2）均布荷载作用下的受剪承载力。影响均布荷载作用下无腹筋梁受剪承载力的因素与集中荷载作用下的基本相同。根据收集到的大量的均布荷载作用下无腹筋简支浅梁、无腹筋简支短梁、无腹筋简支深梁以及无腹筋连续浅梁的试验数据的分析，得到承受均布荷载为主的无腹筋梁受剪承载力 V_c 偏下值的计算公式为

$$V_c = 0.7\beta_h \beta_\rho f_t b h_0 \tag{4.29}$$

（3）公式的简化和应用。前面已经提及，一般的钢筋混凝土梁都要配置箍筋。但板类受弯构件一般是不配箍筋的。对于不配箍筋的一般板类受弯构件，其斜截面受剪承载力应符合下述规定：

$$V \leqslant 0.7\beta_h f_t b h_0 \tag{4.30}$$

式中　V——构件斜截面上的最大剪力设计值；

β_h——截面高度影响系数，$\beta_h = (800/h_0)^{0.25}$ ，当 $h_0 \leqslant 800\text{mm}$ 时，取 $\beta_h = 1.0$ ；当 $h_0 > 2000\text{mm}$ ，取 $h_0 = 2000\text{mm}$ ；

f_t——混凝土轴心抗拉强度设计值。

式（4.30）实际上是式（4.29）的简化，即将式（4.29）中的 β_ρ 取为1.0。因为只有在纵向受拉钢筋配筋率大于1.5%时，其对受剪承载力的影响才较为明显，故在计算公式中没有列入（偏于安全）。

对矩形、T形和I形截面的一般梁，当满足下列公式要求时，即将式（4.30）中 β_h 取1.0：

$$V \leqslant 0.7 f_t b h_0 \tag{4.31}$$

或对集中荷载作用下的独立梁，当满足下列公式要求时，即将式（4.30）中 β_h 及 β_ρ 取1.0：

$$V \leqslant \frac{1.75}{\lambda + 1} f_t b h_0 \tag{4.32}$$

均可不进行斜截面受剪承载力计算。

但是，当截面高度 $h > 300\text{mm}$ 时，应沿梁全长设置箍筋；当截面高度 $h = 150 \sim 300\text{mm}$ 时，则可仅在构件端部各1/4跨度范围内设置箍筋；但若在构件中部1/2跨度范围内有集中荷载作用时，则应沿梁全长设置箍筋，目的是避免斜裂缝突然形成可能导致的斜拉破坏。只有当截面高度 $h < 150\text{mm}$ 时，才可不设箍筋。箍筋的直径、间距等应满足相应的构造要求。

4.5.2　有腹筋梁的斜截面受剪承载力

在配置有箍筋的梁中，箍筋不仅作为桁架的受拉腹杆承受斜裂缝截面的部分剪力，使斜裂缝顶部混凝土负担的剪力得以减轻，而且还能抑制斜裂缝的开展，延缓沿纵筋方向的粘结裂缝的发展，使骨料咬合力和纵筋销栓力有所提高。因此，箍筋对提高梁斜截面受剪承载力的作用是多方面的。

（1）仅配箍筋抗剪的梁。由于剪压破坏时的受剪承载力变化范围较大，故设计时要进行必要的计算。《规范》以剪压破坏的受力特征作为建立计算公式的基础。

在有腹筋梁斜截面受剪承载力计算中，可采用无腹筋梁混凝土所承担的剪力 V_c 和箍筋承担的剪力 V_s（实际上 V_s 包括了前述的箍筋综合作用）两项相加的形式：

$$V_{cs} = V_c + V_s \tag{4.33}$$

其中，V_c 采用式（4.31）和式（4.32）的右端项，此时不再考虑 β_h 的影响（截面高度影响）并略去 β_p 的作用（纵向钢筋的作用）。而 V_s 可统一写为

$$V_s = f_{yv}\frac{A_{sv}}{s}h_0 \tag{4.34}$$

则对矩形、T 形和 I 形截面的一般受弯构件，当仅配置箍筋时，其受剪承载力为

$$V_{cs} = 0.7f_t bh_0 + f_{yv}\frac{A_{sv}}{s}h_0 \tag{4.35}$$

式中 V_{cs}——构件斜截面上混凝土和箍筋的受剪承载力设计值；

A_{sv}——配置在同一截面内各肢箍筋的全部截面面积，$A_{sv} = nA_{sv1}$；

n——在同一截面内箍筋的肢数；

A_{sv1}——单肢箍筋的截面面积；

s——沿构件长度的箍筋间距；

f_{yv}——箍筋抗拉强度设计值。

对在集中荷载下（包括作用有多种荷载，其中集中荷载对支座截面或节点边缘所产生的剪力值占总剪力的 75% 以上的情况）的独立梁，应采用下列公式：

$$V_{cs} = \frac{1.75}{\lambda + 1}f_t bh_0 + f_{yv}\frac{A_{sv}}{s}h_0 \tag{4.36}$$

式中 λ——计算截面的剪跨比，可取 $\lambda = a/h_0$，a 为集中荷载作用点至支座或节点边缘的距离；当 $\lambda < 1.5$ 时，取 $\lambda = 1.5$；当 $\lambda > 3$ 时，取 $\lambda = 3$。在集中荷载作用点至支座之间的箍筋，应均匀配置。

从式（4.35）和式（4.36）的比较可知：两式中的第 1 项表示的是无腹筋梁的混凝土受剪承载力，两式中的第 2 项则可以理解为由于箍筋的综合作用而使受剪承载力得到提高的部分。

（2）同时配置箍筋和弯起钢筋抗剪的梁。

1）弯起钢筋的作用。与斜裂缝相交的弯起钢筋起着与箍筋相似的作用，采用弯起钢筋也是提高梁斜截面受剪承载力的一种常用配筋方式。弯起钢筋通常由跨中的部分纵向受拉钢筋在支座附近直接弯起，也可单独配置（称为鸭筋）。

2）弯起钢筋的受剪承载力。同时配置箍筋和弯起钢筋时，梁的受剪承载力除 V_{cs} 外，还有弯起钢筋的受剪承载力 V_{sb}（图 4.23）。由于与斜裂缝相交的弯起钢筋在靠近剪压区时，弯起钢筋有可能达不到受拉屈服强度，因此弯起钢筋所能承担的剪力 V_{sb} 取为

$$V_{sb} = 0.8f_y A_{sb}\sin\alpha \tag{4.37}$$

式中 V_{sb}——与斜裂缝相交的弯起钢筋受剪承载力设计值；

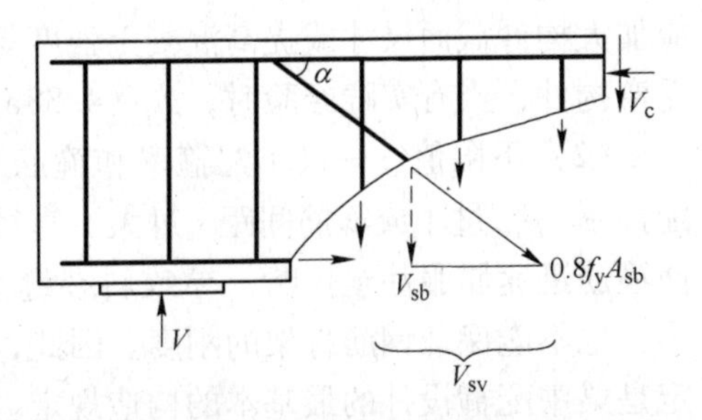

图 4.23 弯起钢筋承担的剪力

f_y——弯起钢筋的抗拉强度设计值；

A_{sb}——弯起钢筋的截面面积；

α——弯起钢筋与梁轴线的夹角，一般取 45°，当梁高 $h>800$mm 时取 60°；

0.8——应力不均匀系数，用来考虑靠近剪压区的弯起钢筋在斜截面破坏时，可能达不到钢筋抗拉强度设计值。

4.6　斜截面受剪承载力的设计及构造措施

4.6.1　计算公式的适用范围

受弯构件正截面受弯承载力计算公式只适用于适筋破坏，与此类似，受弯构件的斜截面受剪承载力计算公式（4.35）~式（4.37）也仅适用于剪压破坏的情况。为了防止斜压破坏和斜拉破坏的发生，也要规定相应的适用条件。《规范》规定了剪力设计值的上限，用以防止斜压破坏发生；规定了箍筋配置的构造要求，用以防止斜拉破坏。

（1）上限值——最小截面尺寸。当发生斜压破坏时，梁腹的混凝土被压碎、箍筋不屈服。其受剪承载力主要取决于构件的腹板宽度、梁截面高度及混凝土强度。因此，只要保证构件截面尺寸不是太小，就可防止斜压破坏的发生。《规范》规定，梁的最小截面尺寸应满足下列要求。

对于一般梁$\left(\frac{h_w}{b}\leqslant 4\text{ 时}\right)$，取

$$V\leqslant 0.25\beta_c f_c b h_0 \tag{4.38a}$$

对于薄腹梁等构件（$\frac{h_w}{b}\geqslant 6$ 时），为了控制使用荷载下的斜裂缝宽度，应从严取

$$V\leqslant 0.2\beta_c f_c b h_0 \tag{4.38b}$$

式中　V——构件斜截面上的最大剪力设计值；

β_c——混凝土强度影响系数，当混凝土强度等级不超过 C50 时，取 $\beta_c=1.0$；当混凝土强度等级为 C80 时，取 $\beta_c=0.8$，其间按直线内插法确定；

b——矩形截面的宽度，T 形截面或 I 形截面的腹板宽度；

h_w——截面的腹板高度，矩形截面取有效高度 h_0，T 形截面取有效高度减去翼缘高度，I 形截面取腹板净高。

当 $4<\frac{h_w}{b}<6$ 时，按线性内插法确定。在设计中，如果不满足式（4.38）的条件时，应加大构件截面尺寸或提高混凝土强度等级，直到满足为止。对于 T 形或 I 形截面的简支受弯构件，当有实践经验时，式（4.38a）的系数可改用 0.3。

（2）下限值——最小配箍率和箍筋最大间距。试验表明，若箍筋的配筋率（简称为配箍率）ρ_{sv} 过小或箍筋间距 s 过大、直径太细，则在剪跨比较大时一旦出现斜裂缝，可能使箍筋迅速屈服甚至拉断，导致斜裂缝急剧开展，发生斜拉破坏。此外，若箍筋直径过小，也不能保证钢筋骨架的刚度。因此，最小配箍率、箍筋最大间距和箍筋最小直径的规定是梁中配箍设计的最基本的构造规定。

1）最小配箍率。《规范》规定：当 $V>V_c$ 时，配箍率应满足最小配箍率要求，即

$$\rho_{sv}=\frac{A_{sv}}{bs}\geqslant\rho_{sv,min}=0.24\frac{f_t}{f_{yv}} \tag{4.39}$$

2）梁中箍筋的最大间距。为了防止斜拉破坏，《规范》规定梁中箍筋的间距不宜超过梁中箍筋的最大间距 s_{max}，见表4.7。

表4.7 梁中箍筋最大间距 s_{max} （mm）

梁高 h/mm	$150<h\leqslant300$	$300<h\leqslant500$	$500<h\leqslant800$	$h>800$
$V\leqslant0.7f_tbh_0$	200	300	350	400
$V>0.7f_tbh_0$	150	200	250	300

3）箍筋最小直径。梁中箍筋的直径不宜小于《规范》规定的最小直径（表4.8）。

表4.8 梁中箍筋最小直径

梁高 h/mm	$h\leqslant800$	$h>800$
箍筋最小直径/mm	6	8

注：梁中配有计算需要的纵向受压钢筋时，箍筋直径尚不应小于 $d/4$（d 为纵向受压钢筋的最大直径）。

4.6.2 计算截面

在计算梁斜截面受剪承载力时，其计算位置有支座边缘处截面、弯起钢筋弯起点处截面、箍筋截面面积或间距改变处截面、腹板宽度改变处截面等处，它们是构件中剪力设计值最大的地方或是抗剪的薄弱环节（图4.24）。

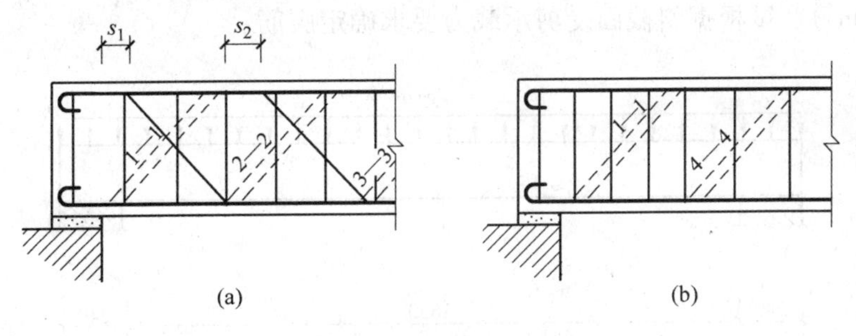

图4.24 斜截面受剪承载力的计算截面位置

（a）弯起钢筋；（b）箍筋

（1）支座边缘处的斜截面。支座截面（图4.24中的1—1截面）承受的剪力值最大。在用力学方法计算支座反力即支座剪力时，跨度是算至支座中心。但由于支座与构件连接在一起，可以共同承受剪力，因此受剪控制截面应是支座边缘截面。故计算支座截面剪力设计值时，跨度取净跨长度（即算至支座内边缘处）。用支座边缘的剪力设计值确定第一排弯起钢筋和1—1截面的箍筋。

（2）受拉区弯起钢筋弯起点处的斜截面。图4.24中2—2截面和3—3截面是受拉区弯起钢筋弯起点处截面。在2—2截面处，由于该处弯起的钢筋只能抵抗1—1截面剪力，该截面可能成为抗剪的薄弱环节，需要进行判断或计算（3—3截面类似）。

（3）箍筋截面面积或间距改变处斜截面。箍筋截面面积或间距改变处截面，如图4.24中的4—4截面，要根据该处剪力进行抗剪承载力计算，以确定改变的具体数字。

（4）腹板宽度改变处斜截面。因为抗剪承载力V_c的大小与腹板宽度b有关，故腹板宽度改变处截面也应进行计算。

在上述斜截面处，计算时应取其相应区段内的最大剪力值作为剪力设计值。在设计时，弯起钢筋距支座边缘距离s_1及弯起钢筋之间的距离s_2均不应大于箍筋的最大间距，以保证可能出现的斜裂缝与弯起钢筋相交。作为设计习惯，s_1和s_2均可取50mm，自然满足要求。

4.6.3 设计计算步骤

在钢筋混凝土梁的设计计算中，一般先由梁的高跨比、高宽比等构造要求确定截面尺寸，选择混凝土强度等级及钢筋级别，进行正截面受弯承载力计算以确定纵向钢筋用量，然后进行斜截面受剪承载力设计计算。斜截面受剪承载力的设计计算步骤总称为“三步曲”，即：（1）截面尺寸验算；（2）构造要求检查，可否仅按构造配箍；（3）按计算和（或）构造选择腹筋。

【例4.9】 某钢筋混凝土矩形截面简支梁，两端支承在砖墙上，净跨度$l_n=3660$mm（图4.25）；截面尺寸$b \times h = 200\text{mm} \times 500\text{mm}$。该梁承受均布荷载，其中恒荷载标准值$g_k=25$kN/m（包括自重）、活荷载标准值$q_k=42$kN/m，活荷载的荷载分项系数1.4；混凝土强度等级为C25（$f_c=11.9\text{N/mm}^2$，$f_t=1.27\text{N/mm}^2$），箍筋为HPB300级钢筋（$f_{yv}=270\text{N/mm}^2$），按正截面受弯承载力计算，已选配HRB335级钢筋3Φ25为纵向受力钢筋（$f_y=300\text{N/mm}^2$）。试根据斜截面受剪承载力要求确定腹筋。

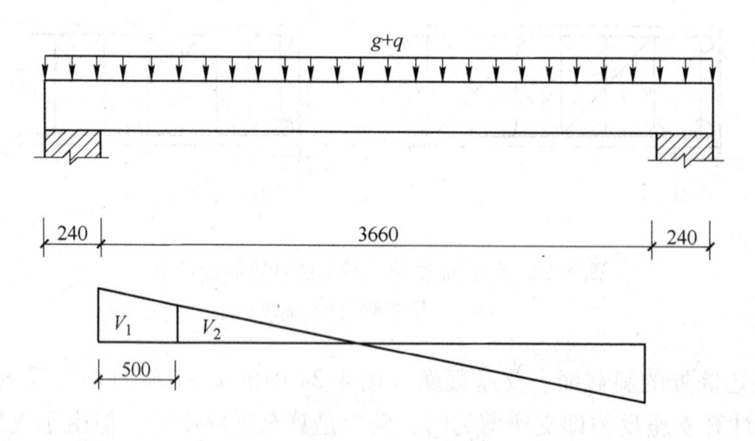

图4.25 例4.9附图

解： 取$a_s=35$mm，$h_0=h-a_s=500-35=465$mm。

（1）计算剪力设计值。

支座边缘处截面的剪力值最大

$$V_1=\frac{1}{2}(\gamma_G g_k+\gamma_Q q_k)l_n=\frac{1}{2}\times(1.2\times25+1.4\times42)\times3.66=162.50\text{kN}$$

（2）复核梁截面尺寸。

$$h_w = h_0 = 465\text{mm}$$

$h_w/b = 465/200 = 2.3 < 4$，属一般梁，$\beta_c = 1.0$，则

$$0.25f_c bh_0 = 0.25 \times 11.9 \times 200 \times 465 \times 10^{-3} = 276.68\text{kN} > 162.50\text{kN}$$

故截面尺寸满足要求。

（3）可否按构造配箍。

$$0.7f_t bh_0 = 0.7 \times 1.27 \times 200 \times 465 = 82677\text{N} < 162.50\text{kN}$$

故需按计算配置箍筋。

（4）腹筋计算。

配置腹筋有两种办法，一种是只配箍筋，另一种是配置箍筋并配置弯起钢筋，计算时，一般都是优先选择箍筋。下面分述两种方法，以便于读者掌握。

1）仅配箍筋。

由式（4.35）得

$$\frac{nA_{sv1}}{s} = \frac{V - 0.7f_t bh_0}{f_{yv}h_0} = \frac{162500 - 82677}{270 \times 465} = 0.636$$

选用双肢箍筋Φ8（$A_{sv1} = 50.3\text{mm}^2$），则 $s \leqslant 2 \times 50.3/0.636 = 158.2\text{mm}$

选 $s = 150\text{mm}$，满足计算要求及表4.7、表4.8的构造要求。其配筋如图4.26（a）所示。

2）配置箍筋和弯起钢筋。

先选择满足构造要求（表4.7及表4.8）的箍筋，直径≥6mm，间距 $s \leqslant 200\text{mm}$，且

$$\rho_{sv,\min} = 0.24\frac{f_t}{f_{yv}} = 0.24 \times \frac{1.27}{270} = 0.113\%$$

初选双肢箍筋Φ8@200，则

$$\rho_{sv} = \frac{nA_{sv1}}{bs} = \frac{2 \times 50.3}{200 \times 200} = 0.251\% > 0.113\%$$

满足要求。

$$V_{cs} = 0.7f_t bh_0 + f_{yv}\frac{A_{sv}}{s}h_0 = 82677 + 270 \times 2 \times 50.3 \times 465/200 = 145829\text{N}$$

由式（4.37），并取弯起钢筋与梁轴线夹角 $\alpha = 45°$，有

$$V_1 - V_{cs} \leqslant 0.8f_y A_{sb}\sin\alpha$$

则 $A_{sb} \geqslant (162500 - 145829)/0.8 \times 300 \times 0.707 = 98\text{mm}^2$

选纵向受力钢筋1Φ25在支座附近弯起，$A_s = 491\text{mm}^2$；它作为第一排弯起钢筋，弯终点距支座边的距离 s_1 应不超过箍筋最大间距，取 $s_1 = 50\text{mm}$，该弯起钢筋水平投影长度 $s_b = h - 50 = 450\text{mm}$，则斜截面2—2的剪力设计值可由相似三角形关系得出

$$V_2 = V_1\left(1 - \frac{50 + 450}{0.5 \times 3660}\right) = 162500 \times 0.727 = 118101\text{N} < V_{cs}$$

故不需要第二排弯起钢筋。其配筋如图4.26（b）所示。

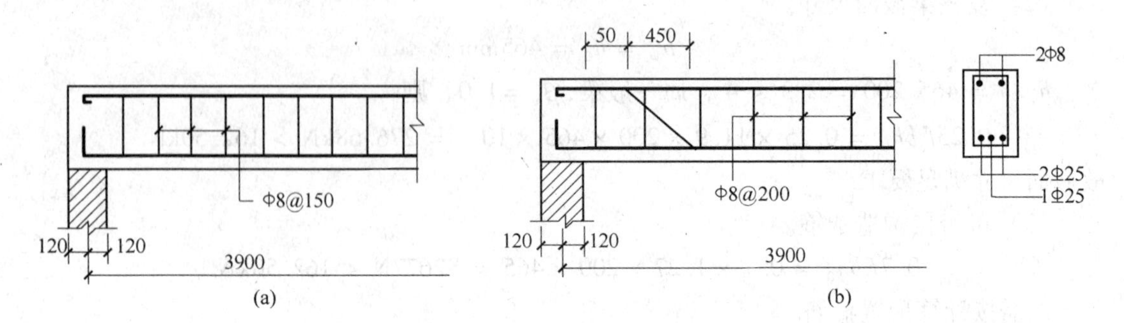

图4.26　例4.9梁配筋图

（a）仅配箍筋；（b）配箍筋和弯起钢筋

【例4.10】　某钢筋混凝土矩形截面简支梁承受荷载设计值如图4.27所示。其中集中荷载 $F=92\text{kN}$，均布荷载 $g+q=7.5\text{kN/m}$（包括自重）。梁截面尺寸 $b\times h=250\text{mm}\times600\text{mm}$，配有纵筋4Φ25，混凝土强度等级为C25，箍筋为HPB300级钢筋，试求所需箍筋数量并绘配筋图。

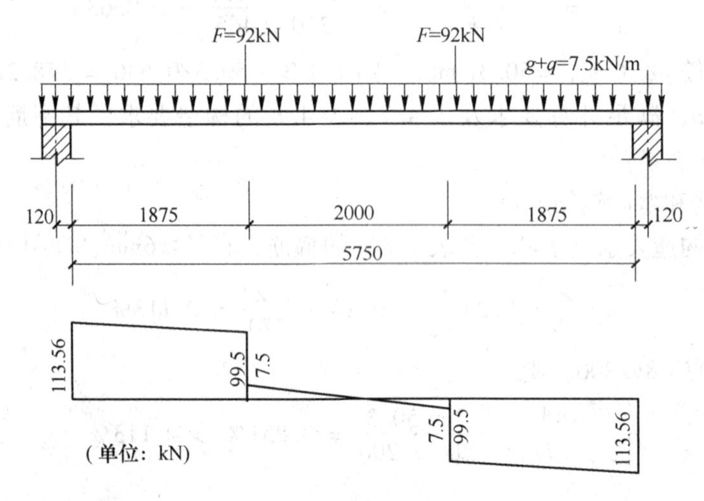

图4.27　例4.10附图

解：（1）已知条件。

混凝土C25，$f_c=11.9\text{N/mm}^2$；$f_t=1.27\text{N/mm}^2$；$\beta_c=1.0$；HPB300级钢箍，$f_{yv}=270\text{N/mm}^2$；取 $a_s=40\text{mm}$，$h_0=h-a_s=600-40=560\text{mm}$。

（2）计算剪力设计值。

剪力图如图4.27所示。

在支座边缘处

$$V=0.5(g+q)l_n+F=0.5\times7.5\times5.75+92=113.56\text{kN}$$

集中荷载对支座截面产生剪力 $V_F=92\text{kN}$，则有 $92/113.56=81\%>75\%$，故对该矩形截面简支梁应考虑剪跨比的影响，剪跨 $a=1875+120=1995\text{mm}$。

$\lambda=\dfrac{a}{h_0}=\dfrac{1.995}{0.56}=3.56>3.0$，取 $\lambda=3.0$。

(3) 复核截面尺寸。

$h_w = h_0 = 560\text{mm}$，$h_w/b = 560/250 = 2.24 < 4$，故属一般梁。

$0.25f_cbh_0 = 0.25 \times 11.9 \times 250 \times 560 = 416.5\text{kN} > 113.56\text{kN}$.

截面尺寸满足要求。

(4) 判断可否按构造配箍。

$$\frac{1.75}{\lambda+1}f_tbh_0 = \frac{1.75}{3+1} \times 1.27 \times 250 \times 560 = 77.79\text{kN} < V$$

故按需计算配箍。由式 (4.36) 得

$$\frac{nA_{sv1}}{s} = \frac{V - \frac{1.75}{\lambda+1}f_tbh_0}{f_{yv}h_0} = \frac{113560 - 77790}{270 \times 560} = 0.237$$

选用双肢箍筋Φ8（$A_{sv1} = 50.3\text{mm}^2$），则 $s \leqslant 2 \times 50.3/0.237 = 424\text{mm}$。

选 $s = 200\text{mm} < s_{max}$，初选双肢箍筋Φ8@200，则

$$\rho_{sv} = \frac{nA_{sv1}}{bs} = \frac{2 \times 50.3}{250 \times 200} = 0.201\% > \rho_{sv,min} = 0.24\frac{f_t}{f_{yv}} = 0.24 \times \frac{1.27}{270} = 0.113\%$$

满足要求。箍筋沿梁全长均匀配置，梁配筋如图 4.28 所示。

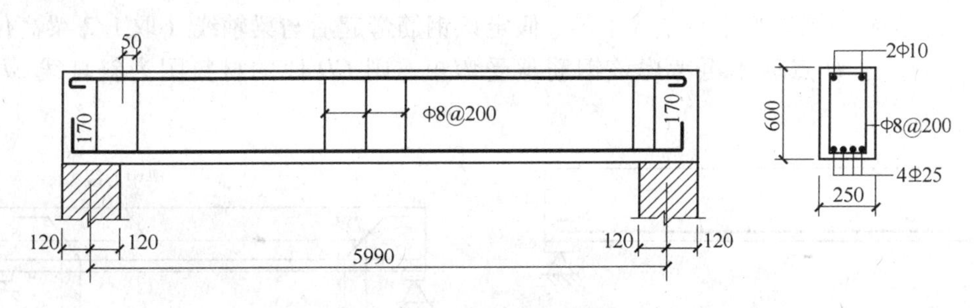

图 4.28　例 4.10 梁配筋图

4.7　保证斜截面受弯承载力的构造措施

在剪力和弯矩共同作用下产生的斜裂缝，还会导致与其相交的纵向钢筋的拉力增加，可能引起沿斜截面的受弯承载力不足及锚固不足的破坏，因此在设计中除了保证梁的正截面受弯承载力和斜截面受剪承载力外，在考虑纵向钢筋弯起、截断及钢筋锚固时，还需要在构造上采取措施，保证梁的斜截面受弯承载力和保证钢筋的可靠锚固。

4.7.1　正截面受弯承载力图（材料图）的概念

所谓正截面受弯承载力图，是指按实际配置的纵向钢筋绘制的梁上各正截面所能承受的弯矩图。它反映了沿梁长各正截面上的抗力（受弯承载力），也简称为材料图。图中竖标所表示的正截面受弯承载力设计值 M_u 简称为抵抗弯矩。

(1) 材料图的作法。按梁正截面受弯承载力计算的纵向受力钢筋是以同符号弯矩区段内的最大弯矩为依据求得的，该最大弯矩处的截面称为控制截面。

以单筋矩形截面为例，若在控制截面处实际选定的纵向受拉钢筋面积为 A_s，则由受弯承载力计算公式可知

$$M_u = A_s f_y \left(h_0 - \frac{f_y A_s}{2\alpha_1 f_c b} \right) \tag{4.40}$$

任一根纵向受拉钢筋所提供的受弯承载力 M_{ui}，可近似按该钢筋的截面面积 A_{si} 与总的钢筋截面面积 A_s 的比值，乘以 M_u 求得，即

$$M_{ui} = M_u \cdot \frac{A_{si}}{A_s} \tag{4.41}$$

根据上述概念，下面具体说明材料图的作法。

1）纵向受拉钢筋全部伸入支座。当纵向受拉钢筋全部伸入支座时，显然梁中各截面的 M_u 相同，此时的材料图为一平直线。以例4.9为例，该梁是均布荷载作用下的简支梁（设计弯矩图为抛物线），跨中（控制截面）弯矩设计值 $M = 168.83\text{kN} \cdot \text{m}$，据此算得 $A_s = 1527\text{mm}^2$；当配置纵筋3⌀25时，$A_s = 1473\text{mm}^2$，与计算值相差 -3.5%。可近似取 $M_u = M$，则每根纵筋可分担的弯矩为 $M_u/3$；全部纵筋伸入支座时的材料图为图4.29中的直线 *aeb*。

2）部分纵向受拉钢筋弯起。在例4.9中确定抗剪的箍筋和弯起钢筋时，考虑1⌀25在离支座的 *C* 点弯起（该点到支座的距离为500mm）；在该钢筋弯起后，其内力臂逐渐减小，因而它的抵抗弯矩变小直至等于零。假定该钢筋弯起后与梁轴线（取1/2梁高位置）的交点为 *D*，过 *D* 点后不再考虑该钢筋承受弯矩，则 *CD* 段的材料图为斜直线 *cd*（图4.30）。

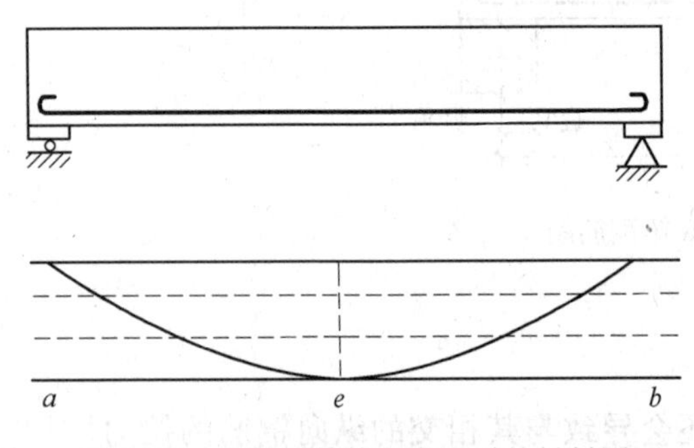

图4.29　全部纵筋伸入支座时的材料图

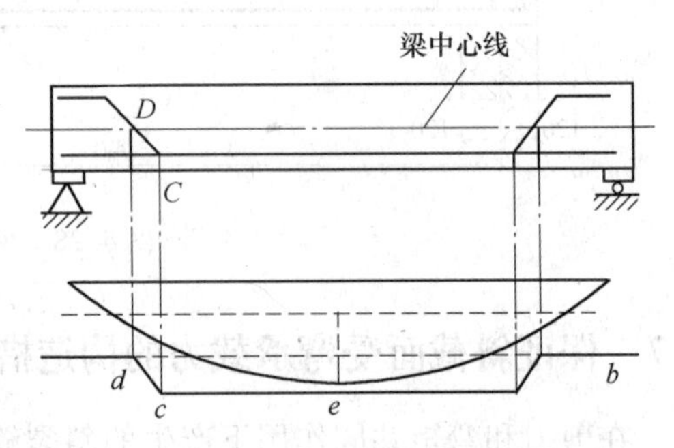

图4.30　钢筋弯起的材料图

3）部分纵向受拉钢筋截断。在图4.31中，假定纵筋①抵抗控制截面 *A—A* 的部分弯矩（图中纵坐标 *ef*），则 *A—A* 为①筋强度的充分利用截面，而 *B—B* 和 *C—C* 为按计算不需要该钢筋的截面，也称理论截断点，在 *B—B* 和 *C—C* 处截断①筋的材料图即图中的矩形阴影部分 *abcd*。为了可靠锚固，①筋的实际截断位置尚需延伸一段长度（参见4.7.2节）。

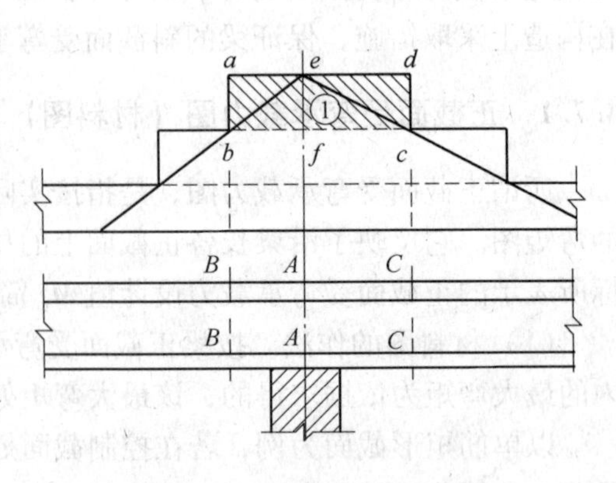

图4.31　纵筋截断的材料图

承受正弯矩的梁下部受力钢筋一般不在跨内截断，而是全部伸入支座或部分伸入支座、部分在支座附近弯起。

（2）材料图的作用。在设计中作材料图比较麻烦，但通过作材料图可以反映材料的利用程度，当材料图越贴近弯矩图，表示材料利用程度越高。通过绘制材料图可以确定纵向钢筋的弯起数量和位置。设计中，将跨中部分纵向钢筋弯起的目的有两个：一是用于斜截面抗剪，其数量和位置由受剪承载力计算确定；二是抵抗支座负弯矩。只有当材料图全部覆盖住弯矩图，各正截面受弯承载力才有保证；而要满足斜截面受弯承载力的要求，也必须通过作材料图才能确定弯起钢筋的数量和位置。

通过绘制材料图还可确定纵向钢筋的理论截断位置及其延伸长度，从而确定纵向钢筋的实际截断位置。

4.7.2　纵向受力钢筋的截断位置

钢筋混凝土连续梁、框架梁支座截面承受负弯矩的纵向钢筋不宜在受拉区截断。如必须截断时（图4.32），其延伸长度l_d可按表4.9中l_{d1}、l_{d2}中取外伸长度较长者确定。其中l_{d1}是从“充分利用该钢筋强度的截面”延伸出的长度；而l_{d2}是从“按正截面承载力计算不需要该钢筋的截面”延伸出的长度。

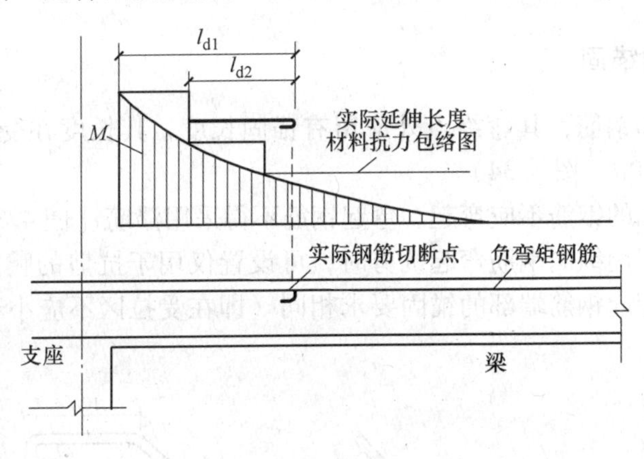

图4.32　钢筋的延伸长度和截断点

表4.9　负弯矩钢筋的延伸长度 l_d　（mm）

截 面 条 件	充分利用截面伸出 l_{d1}	计算不需要截面伸出 l_{d2}
$V \leqslant 0.7 f_t b h_0$	$\geqslant 1.2 l_a$	$\geqslant 20d$
$V > 0.7 f_t b h_0$	$\geqslant 1.2 l_a + h_a$	$\geqslant 20d$ 且 $\geqslant h_0$
$V > 0.7 f_t b h_0$且断点仍在负弯矩受拉区内	$\geqslant 1.2 l_a + 1.7 h_a$	$\geqslant 20d$ 且 $\geqslant 1.3 h_0$

4.7.3　纵向钢筋在支座处的锚固

支座附近的剪力较大。由于与斜裂缝相交的纵向钢筋应力会突然增大，在出现斜裂缝后，若纵向钢筋伸入支座的锚固长度不够，将会使纵向钢筋滑移，甚至被从支座混凝土中拔出而引起锚固破坏。为了防止这种破坏，纵向钢筋伸入梁支座的纵向受力钢筋数量不宜少于两根。在简支梁支座处和连续梁的简支端支座处，梁下部纵向钢筋伸入支座的锚固长度l_{as}（图4.33）应满足表4.10的要求；在满足该要求的前提下，为保证钢筋的施工位置，宜将钢筋伸至支座外边缘（但应预留混凝土保护层）。

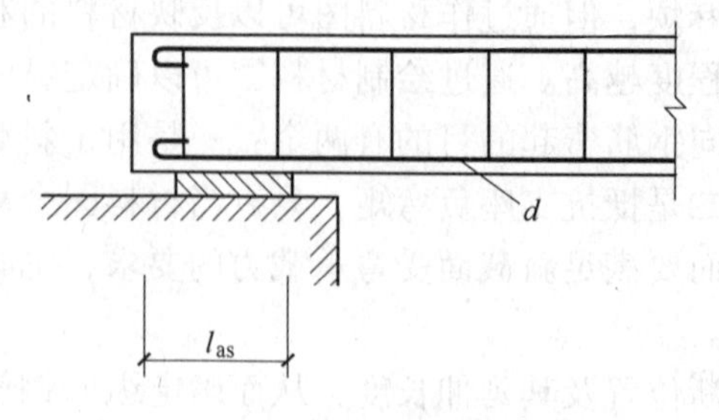

图4.33　简支支座的纵筋锚固长度

表4.10　简支支座纵筋锚固长度 l_{as}

钢筋类型	$V \leqslant 0.7f_tbh_0$	$V > 0.7f_tbh_0$
光面钢筋	$\geqslant 5d$	$\geqslant 15d$
带肋钢筋	$\geqslant 5d$	$\geqslant 12d$

当纵向钢筋伸入支座的锚固长度不符合表4.10的规定时，可采取弯钩或机械锚固措施，具体做法如图3.10所示。

对支承在砌体结构上的钢筋混凝土独立梁，在纵向受力钢筋的锚固长度 l_{as} 范围内应配置不少于两个箍筋，其直径不小于纵向受力钢筋最大直径的0.25倍，间距不大于纵向受力钢筋最小直径的10倍；当采用机械锚固措施时，箍筋间距尚不宜大于纵向受力钢筋最小直径的5倍。

4.7.4　弯起钢筋的锚固

承受剪力的弯起钢筋，其弯终点外应留有锚固长度，其长度在受拉区不应小于 $20d$，在受压区不应小于 $10d$（图4.34）。

位于梁底层两侧的钢筋不应弯起。弯起钢筋不得采用浮筋［图4.35（a）］；当支座处剪力很大而又不能利用纵向钢筋弯起抗剪时，可设置仅用于抗剪的鸭筋［图4.35（b）］。其端部锚固要求与弯起钢筋端部的锚固要求相同（即在受拉区不应小于 $20d$，在受压区不应小于 $10d$）。

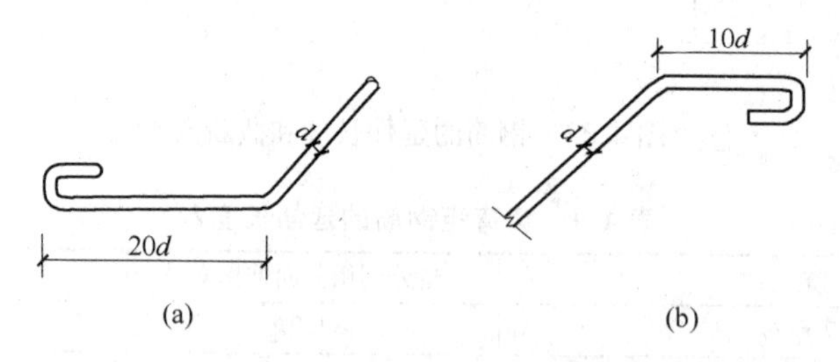

图4.34　弯起钢筋端部构造
（a）受拉区；（b）受压区

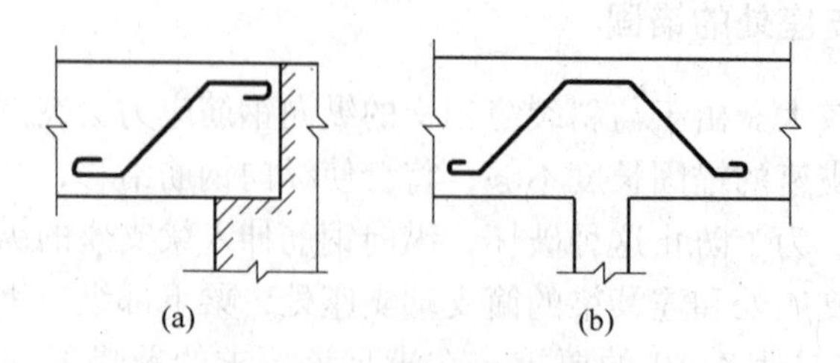

图4.35　浮筋与鸭筋
（a）浮筋；（b）鸭筋

4.7.5 钢筋的连接

框架纵向钢筋的连接应能保证两根钢筋之间力的传递。常用的连接方法有三种：机械连接、绑扎连接和焊接。绑扎连接需要钢筋进行搭接，不但多用钢筋，而且对于直径较大的粗钢筋，传力性能不好。焊接连接应用比较广泛，但由于主要依靠人工焊接，质量较难完全保证。机械连接是一项新型钢筋连接工艺，被称为继绑扎、电焊之后的“第三代钢筋接头”，具有接头强度高于钢筋母材、速度比电焊快5倍、无污染、节省钢材20%等优点。

混凝土结构中受力钢筋的连接接头宜设置在受力较小处。在同一根受力钢筋上宜少设接头。在结构的重要构件和关键传力部位，纵向受力钢筋不宜设置连接接头。对梁类、板类及墙类构件，位于同一连接区段内的受拉钢筋搭接接头面积百分率不宜大于25%；对柱类构件，不宜大于50%。当工程中确有必要增大受拉钢筋搭接接头面积百分率时，对梁类构件，不宜大于50%；对板、墙、柱及预制构件的拼接处，可根据实际情况放宽。位于同一连接区段内的纵向受拉钢筋接头面积百分率不宜大于50%；但对板、墙、柱及预制构件的拼接处，可根据实际情况放宽。纵向受压钢筋的接头百分率可不受限制。同一连接区段内纵向受力钢筋搭接接头面积百分率为该区段内有搭接接头的纵向受力钢筋与全部纵向受力钢筋截面面积的比值。当直径不同的钢筋搭接时，按直径较小的钢筋计算。

同一构件中相邻纵向受力钢筋的绑扎搭接接头宜互相错开。钢筋绑扎搭接接头连接区段的长度为1.3倍搭接长度l_l，凡搭接接头中点位于该连接区段长度内的搭接接头均属于同一连接区段（图4.36）。纵向受拉钢筋绑扎搭接接头的搭接长度l_l，应根据位于同一连接区段内的钢筋搭接接头面积百分率按下列公式计算，且不应小于300mm。

$$l_l = \zeta_l l_a$$

式中，ζ_l为纵向受拉钢筋搭接长度的修正系数，按表4.11取用。当纵向搭接钢筋接头面积百分率为表的中间值时，修正系数可按内插取值。

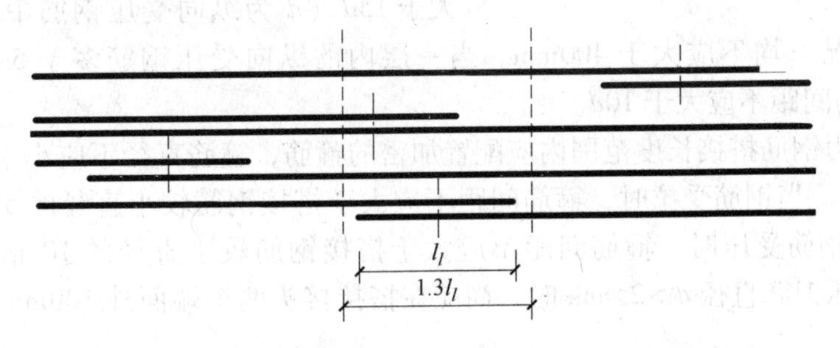

图4.36　同一连接区段纵向受拉钢筋的绑扎搭接接头

表4.11　纵向受拉钢筋搭接长度修正系数

纵向搭接钢筋接头百分率/%	≤25	50	100
ζ_l	1.2	1.4	1.6

并筋采用绑扎搭接连接时，应按每根单筋错开搭接的方式连接。接头面积百分率应按

同一连接区段内所有的单根钢筋计算。并筋中钢筋的搭接长度应按单筋分别计算。

轴心受拉及小偏心受拉杆件的纵向受力钢筋不得采用绑扎搭接；其他构件中的钢筋采用绑扎搭接时，受拉钢筋直径不宜大于25mm，受压钢筋直径不宜大于28m。

构件中的纵向受压钢筋当采用搭接连接时，其受压搭接长度不应小于纵向受拉钢筋搭接长度 l_l 的0.7倍，且不应小于200mm。

纵向受力钢筋的机械连接接头宜相互错开。钢筋机械连接区段的长度为35d，d为连接钢筋的较小直径。凡接头中点位于该连接区段长度内的机械连接接头均属于同一连接区段。

机械连接套筒的保护层厚度宜满足有关钢筋最小保护层厚度的规定。机械连接套筒的横向净间距不宜小于25mm；套筒处箍筋的间距仍应满足构造要求。直接承受动力荷载结构构件中的机械连接接头，除应满足设计要求的抗疲劳性能外，位于同一连接区段内的纵向受力钢筋接头面积百分率不应大于50%。

4.7.6 箍筋的构造要求

梁中的箍筋对抑制斜裂缝的开展、形成钢筋骨架、传递剪力等都有重要作用。因此，应重视箍筋的构造要求。前述梁的箍筋间距、直径和最小配箍率是箍筋最基本的构造要求，在设计中应予以遵守。

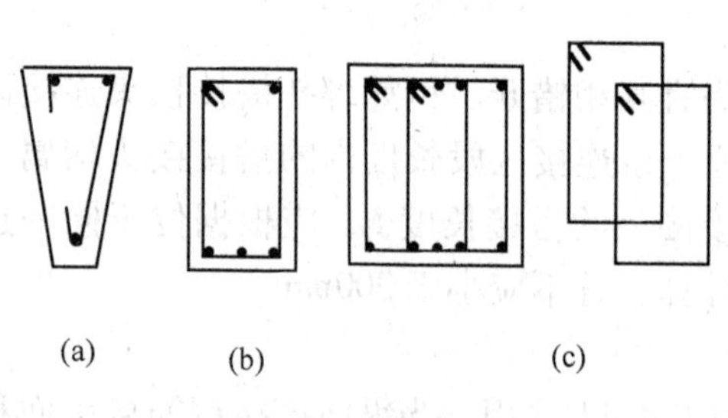

图4.37 箍筋肢数
(a) 单肢；(b) 双肢；(c) 四肢

梁内箍筋宜采用双肢箍（$n=2$），当梁的宽度大于400mm，且一层内的纵向受压钢筋多于3根时，或当梁的宽度不大于400mm但一层内的纵向受压钢筋多于4根时，应设置复合箍筋（如四肢箍）；当梁宽度很小时，也可采用单肢箍筋（图4.37）。

当梁中配有计算需要的纵向受压钢筋（如双筋梁）时，箍筋应为封闭式，且其间距不应大于 $15d$（d 为纵向受压钢筋中的最小直径）；同时在任何情况下均不应大于400mm。当一层内的纵向受压钢筋多于5根且直径大于18mm时，箍筋间距不应大于 $10d$。

在纵向受力钢筋搭接长度范围内应配置加密的箍筋，箍筋直径不应小于搭接钢筋较大直径的0.25倍。当钢筋受拉时，箍筋间距不应大于搭接钢筋较小直径的5倍，且不应大于100mm；当钢筋受压时，箍筋间距不应大于搭接钢筋较小直径的10倍，且不应大于200mm。当受压钢筋直径 $d>25$mm时，尚应在搭接接头两个端面外100mm范围内各设置两个箍筋。

4.7.7 梁腹部的构造钢筋

由于混凝土收缩量的增大，近年在梁的侧面产生收缩裂缝的现象时有发生。裂缝一般呈枣核状，两头尖而中间宽，向上伸至板底，向下至梁底纵筋处。截面较高的梁，情况更为严重。对于一般梁，当梁的腹板高度 $h_w \geq 450$mm时，在梁的两个侧面应沿高度配置纵向构造钢筋，每侧的纵向构造钢筋（不包括梁上、下部受力钢筋及架立钢筋）截面面积不应小于腹板截面面积 bh_w 的0.1%，且其间距不宜大于200mm。

对于钢筋混凝土薄腹梁（$h_w/b \geqslant 6$）或需作疲劳验算的钢筋混凝土梁，应在下部二分之一梁高的腹板内沿两侧配置直径8～14mm、间距为100～150mm的纵向构造钢筋。并应按下密上疏的方式布置。在上部1/2梁高的腹板内，纵向构造钢筋可按一般梁的规定（间距不宜大于200mm）配置。

4.8 梁板结构设计

4.8.1 概述

钢筋混凝土梁板结构由钢筋混凝土受弯构件（梁和板）组成，它是土木工程中常见的结构形式，例如楼（屋）盖、楼梯、阳台、雨篷、地下室底板等。混凝土楼盖在整个房屋的材料用量和造价方面所占的比例很大，选择适当的楼盖形式，并正确、合理地进行设计计算，对整个房屋的使用和技术经济指标至关重要。本节着重讲述建筑结构中的楼（屋）盖设计。

4.8.1.1 楼盖类型

按施工方法，可将楼盖分成现浇式、装配式和装配整体式三种。

现浇式楼盖的优点是整体性好、刚度大、防水性好、抗震性强，并能适合于房间的平面形状、设备管道、荷载或施工条件比较特殊的情况；其缺点是费工、费模板、工期长、施工受季节的限制。故现浇式楼盖通常用于建筑平面布置不规则的局部楼面或运输吊装设备不足的情况。

装配式楼盖的楼板采用混凝土预制构件，便于工业化生产，在多层民用建筑和多层工业厂房中得到广泛应用。但是，这种楼面由于整体性、防水性和抗震性较差，不便于开设孔洞，故对于高层建筑、有抗震设防要求的建筑以及使用上要求防水和开设洞口的楼面均不宜采用。

装配整体式楼盖的整体性较装配式的好，又比现浇式楼盖节省模板和支撑，但这种楼盖需要进行混凝土的二次浇筑，有时还需增加焊接工作量，故给施工进度和造价都带来一些不利影响。因此，这种楼盖仅适用于荷载较大的多层工业厂房、高层民用建筑及有抗震设防要求的建筑。

以上三种形式楼盖设计计算与单个构件没有大的区别，主要是加强梁和板的整体连接构造。而现浇梁板结构是现在用量最大的一种。

现浇楼盖主要有肋梁楼盖（单向板肋梁楼盖、双向板肋梁楼盖）、井式梁楼盖和无梁楼盖，如图4.38所示。

（1）肋梁楼盖如图4.38（a）、（b）所示，一般由板、次梁和主梁组成，其主要传力途径为板→次梁→主梁→柱或墙→基础→地基。肋梁楼盖是现浇楼盖中使用最普遍的一种。

（2）井式梁楼盖如图4.38（c）所示，两个方向的柱网间距接近，梁的截面相同。由于是两个方向受力的结构，梁的高度比肋梁楼盖小，故用于跨度较大且柱网呈方形的结构。由于其天篷的区格整齐，建筑效果较好，故常用于建筑物的门厅、餐厅、展厅和会议厅中。

（3）无梁楼盖如图4.38（d）所示，板直接支承于柱上，其传力途径是荷载由板传至柱或墙。无梁楼盖的结构高度小、净空大、支模简单，但用钢量较大，常用于仓库、商店等柱网布置接近方形的建筑。

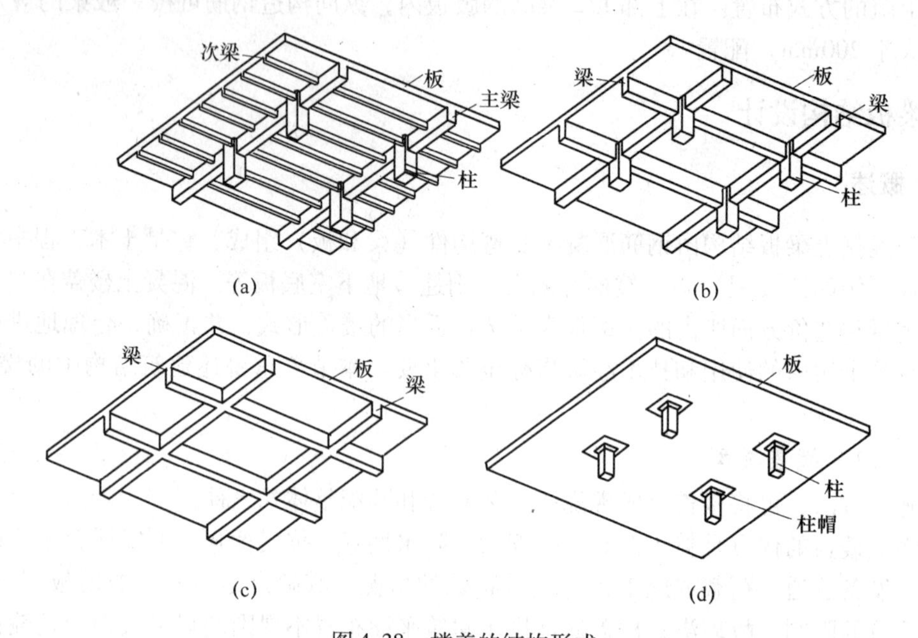

图4.38 楼盖的结构形式

（a）单向板肋梁楼盖；（b）双向板肋梁楼盖；（c）井字楼盖；（d）无梁楼盖

4.8.1.2 单向板和双向板

肋梁楼盖每一区格板的四边一般均有梁或墙支承，板上的荷载主要通过板的受弯作用传到四边支承的构件上。根据弹性薄板理论的分析结果，当区格板的长边与短边之比超过一定数值时，荷载主要是通过沿板的短边方向的弯曲（及剪切）作用传递的，沿长边方向传递的荷载可以忽略不计，这时可称其为“单向板”。双向板的受力特征不同于单向板，它在两个方向的横截面上均作用有弯矩和剪力，另外还有扭矩。我国的《混凝土结构设计规范》规定：沿两对边支承的板应按单向板计算；对于四边支承的板，当长边与短边比值大于3时，可按沿短边方向的单向板计算；当长边与短边比值介于2和3之间时，亦可按沿短边方向的单向板计算，但应沿长边方向布置足够数量的构造钢筋；当长边与短边比值小于2时，应按双向板计算。

4.8.2 单向板肋梁楼盖

4.8.2.1 肋梁楼盖布置

柱网和梁格尺寸应满足生产工艺和使用要求，并应使结构具有较好的经济指标。柱网、梁格尺寸过大会使梁、板截面尺寸过大，从而引起材料用量的大幅度增加；柱网、梁格尺寸过小又会受到梁、板截面尺寸及配筋等构造要求的限制，而使材料不能充分发挥作用，同时也限制了使用的灵活性。

肋梁楼盖的主梁一般宜布置在整个结构刚度较弱的方向（即垂直于纵向柱或墙的方

向），也就是主梁沿横向布置，如图4.39（a）所示。这样可使主梁截面较大，且抗弯刚度较好，主梁能与柱形成一片片框架，同时次梁将各片框架连接起来，以加强承受水平作用力的侧向刚度。而当柱的横向间距大于纵向间距时，主梁沿纵向布置，如图4.39（b）所示，可以减小主梁的截面高度，增大室内净高。

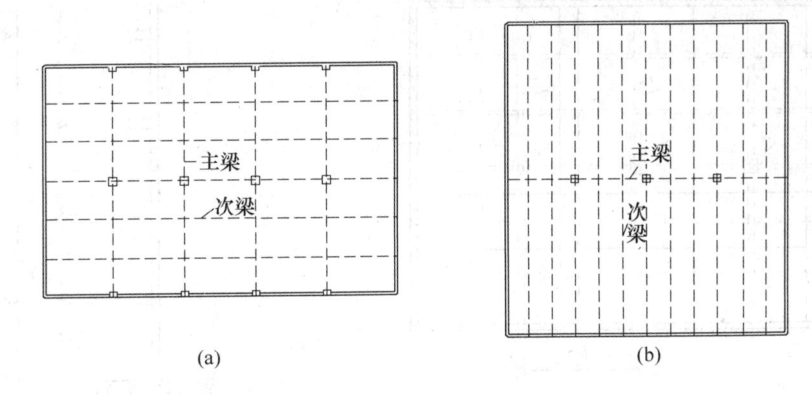

图4.39 肋梁楼盖

（a）主梁沿横向布置；（b）主梁沿纵向布置

板的经济跨度为2～3m，次梁的经济跨度为4～6m，主梁的经济跨度为5～8m。

梁格布置应尽可能规整、统一，减少梁、板跨度的变化，以简化设计、方便施工。

4.8.2.2 弹性理论计算方法

按弹性理论计算的方法，是将钢筋混凝土梁、板视为理想弹性体，并按结构力学中的一般方法进行内力计算。

（1）计算单元及计算模型。在现浇单向板肋梁楼盖中，板、次梁和主梁的计算模型一般为连续板或连续梁。其中板一般视为以次梁和边墙（或梁）为铰支承的多跨连续板；次梁一般可视为以主梁和边墙（或梁）为铰支承的多跨连续梁。对于支承于混凝土柱上的主梁，其计算模型应根据梁柱线刚度比确定。当主梁与柱的线刚度比≥4时，柱梁可视为以柱和边墙（或梁）为铰支承的多跨连续梁，否则应按梁、柱刚接的框架模型（框架梁）计算主梁。对于单向板肋梁楼盖，可从整个板面上沿板短跨方向取1m宽板带作为板的计算单元，梁的计算单元取相邻梁中心距的一半（图4.40）。

当连续梁、板各跨的计算跨度相差不超过10%时，为简化计算，可视为等跨。其支座负弯矩应按相邻两跨的平均值确定，跨中正弯矩则仍按本跨跨长计算。对于各跨荷载相同、跨数超过5跨的等跨、等截面连续梁（板），第三跨以内的所有中间跨的内力十分接近。为简化计算，可按5跨连续梁（板）来计算其内力。通常中间跨可取支座中心线间的距离。边跨计算跨度如下（图4.41）：

当板、梁边跨端部搁置在支承构件上

$$l_{01} = l_{n1} + \frac{b}{2} + \frac{a}{2} \leqslant l_{n1} + \frac{b}{2} + \frac{h}{2} \quad （板）$$

$$l_{01} = l_{n1} + \frac{b}{2} + \frac{a}{2} \leqslant 1.025 l_{n1} + \frac{b}{2} \quad （梁）$$

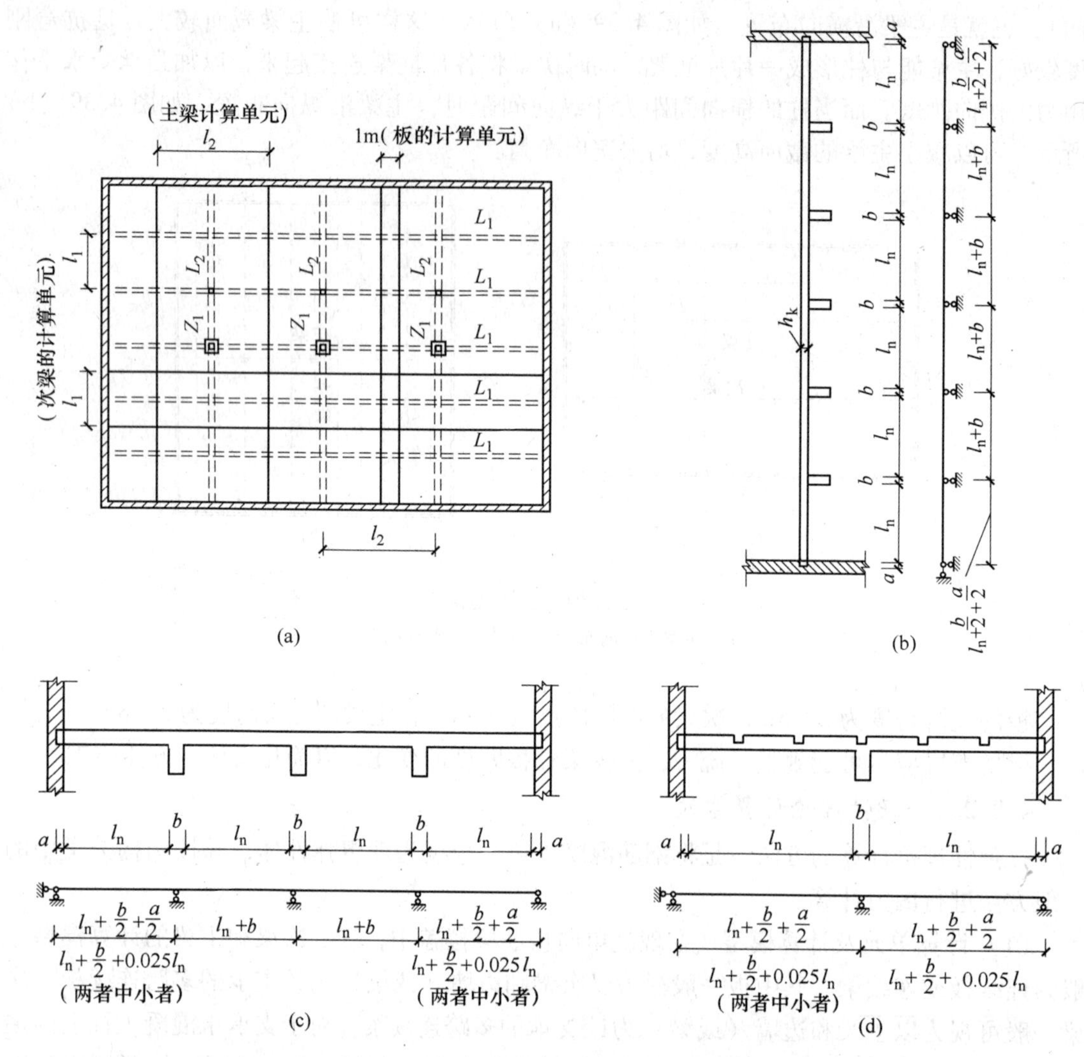

图4.40 单向板肋梁楼盖按弹性理论计算的梁板计算模型

(a) 构件计算单元；(b) 板计算模型；(c) L_1计算模型；(d) L_2计算模型

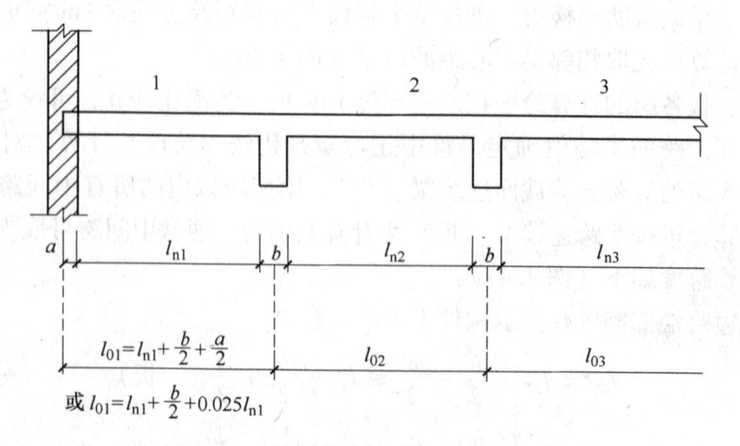

图4.41 按弹性理论计算的计算跨度

当板、梁边跨端部与支承构件整浇时

$$l_{01} = l_{n1} + \frac{b}{2} + \frac{a}{2} \quad （板和梁）$$

式中　l_{n1}，l_{n2}——分别为板、梁中间跨的净跨长、边跨的净跨长；

a——板、梁端部支承长度；

b——中间支座或第一内支座的宽度；

h——板厚。

梁、板计算跨度的取值方法见表4.12。

表4.12　梁、板计算跨度

按弹性理论计算	单跨	两端搁置	$l_0 = l_n + a \leqslant l_n + h$（板） $l_0 = l_n + a \leqslant 1.05l_n$（梁）
		一端搁置、一端与支承构件整浇	$l_0 = l_n + a/2 \leqslant l_n + h/2$（板） $l_0 = l_n + a/2 + b/2 \leqslant 1.05l_n$（梁）
		两端与支承构件整浇	$l_0 = l_n$（板） $l_0 = l_n + a \leqslant 1.05l_n$（梁）
	多跨	两端搁置	$l_0 = l_n + a \leqslant l_n + h$（板） $l_0 = l_n + a \leqslant 1.05l_n$（梁）
		一端搁置、一端与支承构件整浇	$l_0 = l_n + b/2 + a/2 \leqslant l_n + b/2 + h/2$（板） $l_0 = l_n + b/2 + a/2 \leqslant 1.025l_n + b/2$（梁）
		两端与支承构件整浇	$l_0 = l_c$（板和梁）
按塑性理论计算		两端搁置	$l_0 = l_n + a \leqslant l_n + h$（板） $l_0 = l_n + a \leqslant 1.05l_n$（梁）
		一端搁置、一端与支承构件整浇	$l_0 = l_n + a/2 \leqslant l_n + h/2$（板） $l_0 = l_n + a/2 \leqslant 1.025l_n$（梁）
		两端与支承构件整浇	$l_0 = l_n$（板） $l_0 = l_n$（梁）

注：l_0—板、梁的计算跨度；l_c—支座中心间距离；l_n—板、梁的净跨；h—板厚；a—板、梁端搁置的支承长度；b—中间支座宽度或与构件整浇的端支承长度。

（2）荷载取值及调整。楼面荷载包括永久荷载 g 和可变荷载 q 两部分。永久荷载为梁、板结构的自重及隔墙、固定设备重量等；可变荷载为人群、家具、堆料及临时设备的重量等。永久荷载可根据梁、板等几何尺寸求得，可变荷载可直接从《建筑结构荷载规范》中查用。

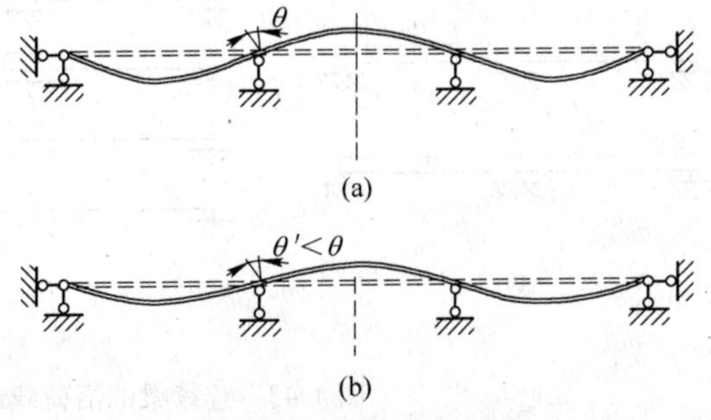

图4.42　梁抗扭的影响

如图4.42（a）所示的连续板，当按铰支简图计算时，板绕支座的转角 θ 值较大。实际上，因为板与次梁整浇在一起，当板受荷弯曲而在支座发生转动时，将带动次梁一起转动。但次梁具有一定的抗扭刚度，且两端又受主梁约束，将阻止板自由转动，使板在支承处的转角由铰支承时的 θ 减小为 θ'，如图4.42（b）所示。这样使板的跨内弯矩有所降低、支座负弯矩相应有所增加，但不会超过两相邻跨满布活荷载时的支座负弯矩。类似的情况也发生在次梁与主梁之间。为了使板、次梁的内力计算值更接近于实际，可以对板和次梁的荷载进行适当的调整，其折算荷载 g' 和 q' 取值分别为

板 $$g' = g + \frac{1}{2}q\ ,\ q' = \frac{1}{2}q$$

次梁 $$g' = g + \frac{1}{4}q\ ,\ q' = \frac{3}{4}q$$

式中 g', q'——折算永久荷载和折算可变荷载；

g, q——实际永久荷载和可变荷载。

当板或梁支承在砖墙或钢结构上时，上述约束作用将不存在，则荷载也不作上述调整。对主梁不进行上述荷载折算，因柱对主梁的约束作用很小，忽略其影响不会引起太大的误差。为简化计算，工程中一般不考虑柱对主梁的约束作用，但当柱刚度较大时，则应按框架计算结构的内力。

（3）活荷载最不利布置。恒荷载作用于结构上之后，其布置不会发生改变，而活荷载的布置可以变化。由于活荷载的布置方式不同，会使连续结构构件各截面产生不同的内力。为了保证结构的安全性，就需要找出产生最大内力的活荷载布置方式及内力，并与恒荷载内力叠加作为设计的依据，这就是荷载最不利组合或最不利内力组合的概念。

在荷载作用下，连续梁的跨中截面和支座截面是出现最大内力的截面，称为控制截面。控制截面产生最大内力的活荷载布置原则如下：

1）使某跨跨中产生弯矩最大值时，除应在该跨布置活荷载外，尚应向左、右两侧隔跨布置活荷载；使该跨跨中产生弯矩最小值时，应在相邻跨布置活荷载，然后每隔一跨布置活荷载。

2）使某支座产生负弯矩最大值或剪力最大值时，应在该支座两侧跨内同时布置活荷载，并向左、右两侧隔跨布置活荷载（边支座负弯矩为零，考虑剪力时，可视支座外侧跨长为零）。按上述原则，对 n 跨连续梁 $2<n<5$，可得出 $n+1$ 种活荷载最不利布置（图4.43）。

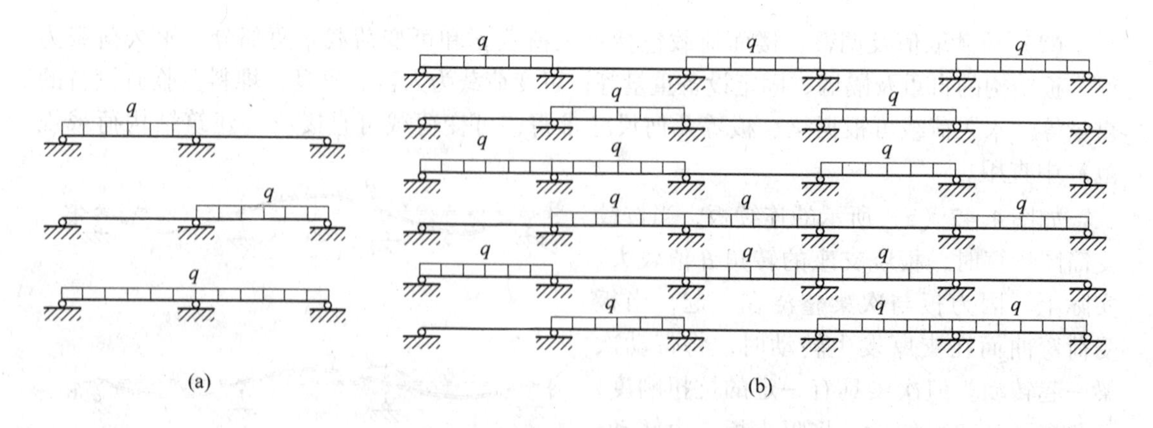

图4.43 连续梁的活荷载最不利布置（均布荷载 q）

（a）两跨连续梁；（b）五跨连续梁

(4) 支座截面内力设计值的修正。在用弹性理论方法计算时，计算跨度一般都取至支座中心线。当板与梁整浇、次梁与主梁整浇以及主梁与混凝土柱整浇时，支承处的截面工作高度大大增加，危险截面不是支座中心处的构件截面而是支座边缘处截面。

为了节省材料，整浇支座截面的内力设计值可按支座边缘处取用，并近似取为

$$M_c = M - \frac{V_0}{2}b$$

$$V_c = V - \frac{g+q}{2}b$$

式中 M, V——支座中心线处截面的弯矩和剪力；

V_0——按简支梁计算的支座剪力；

b——整浇支座的宽度；

g, q——作用在梁（板）上的均布恒荷载和均布活荷载。

(5) 内力包络图。把永久荷载作用下各截面产生的内力与各相应截面在最不利可变荷载作用下产生的内力相叠加（包括正、负弯矩和剪力），便可得到各截面可能出现的最不利内力。图4.44为承受均布荷载五跨等跨连续梁的弯矩叠合图。其外包线即为各截面可能出现弯矩的最大和最小值，由这些外包线围成的图形称为弯矩包络图。利用类似的方法可绘出剪力包络图。

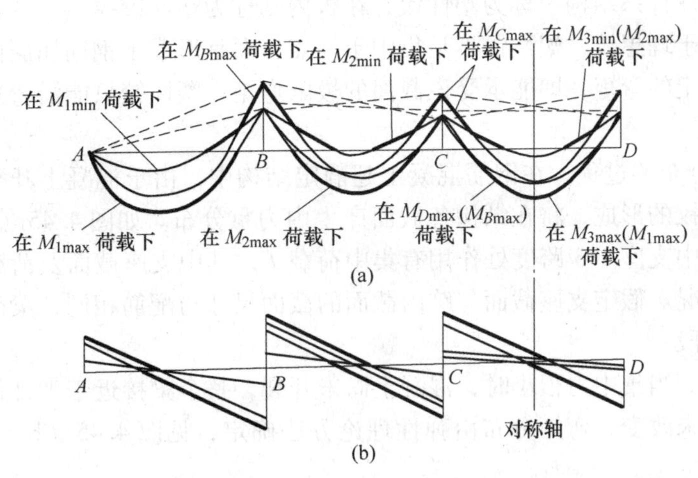

图4.44 承受均布荷载的五跨连续梁包络图

(a) 弯矩包络图；(b) 剪力包络图

综上所述，按弹性理论方法计算单向板肋形楼盖的主要步骤是：(1) 确定计算简图（其中板和次梁采用折算荷载）；(2) 求出恒荷载作用下的内力和最不利活荷载作用下的内力并分别进行叠加；(3) 作出内力包络图；(4) 对整浇支座截面的弯矩和剪力进行调整；(5) 进行配筋计算；(6) 按弯矩包络图确定弯起钢筋和纵向钢筋截断位置，按剪力包络图确定腹筋。

4.8.2.3 塑性理论计算方法

(1) 基本概念。以弹性理论计算的连续梁弯矩包络图来设计构件的截面及配筋，无疑可以保证结构的安全、可靠。但弯矩包络图反映的是各截面可能出现的最不利弯矩，而这

些最不利弯矩并非同时出现。所以某截面的弯矩达到最大值时，另一些截面的弯矩并未达到最大值，也即这些截面的材料未能得到充分利用。按弹性理论计算（即按线弹性分析）时，结构构件的刚度始终不变，内力与荷载成正比。而钢筋混凝土受弯构件在荷载作用下会产生裂缝，而且材料也非匀质弹性材料，随着荷载的增加、混凝土塑性变形的发展，其结构构件各截面的刚度相对值会发生变化；而超静定结构构件的内力是与构件刚度有关的，刚度的变化意味着截面内力分布会发生不同于弹性理论的分布，这就是塑性内力重分布的概念。

钢筋混凝土结构的截面配筋是按极限状态设计的，这已充分考虑了钢筋混凝土的塑性性能，而按弹性理论计算的内力却未考虑这一性能，所以两者是互不协调的。若在钢筋混凝土超静定结构内力计算时考虑塑性内力重分布，则可使计算的内力与实际情况相符合，消除内力计算和截面计算之间的矛盾；另外，还可使各截面的材料都得到充分利用，获得一定的经济效益。

1）钢筋混凝土受弯构件塑性铰。钢筋混凝土受弯构件在受拉钢筋达到屈服强度后，将发生钢筋的塑性流动，此时弯矩的增量很小，但相应的截面转角却增加很多。若忽略钢筋开始屈服到截面破坏前这一阶段弯矩的微小增长，则梁中钢筋一旦达到屈服，截面将在弯矩不变的情况下产生很大的转动，从而形成一个能转动的“铰”。对于这种塑性变形集中发展的区域，在杆系结构中称为塑性铰，在板内则称为塑性铰线。

塑性铰不同于理想铰。塑性铰不是集中于一点，而是形成于钢筋屈服的整个区域。塑性铰处能承受一定的弯矩，即能承受该截面的极限弯矩。塑性铰只能沿弯矩作用方向做一定限度的转动。

2）内力重分布的过程。在钢筋混凝土超静定结构中，由于混凝土开裂引起的刚度变化，特别是塑性铰的形成，将在结构各截面产生内力重分布。如图4.45（a）所示两跨连续梁，每跨距离中支座1/3跨度处作用有集中荷载F，其中支座截面及荷载作用截面弯矩随荷载变化的情况。假定支座截面与跨内截面的截面尺寸与配筋相同，梁的受力全过程大致可分为3个阶段：

①弹性阶段。当集中力很小时，混凝土尚未开裂，整个梁接近于弹性体，各部分截面抗弯刚度的比值未改变，弯矩分布由弹性理论方法确定，见图4.45（b）。其弯矩的实测

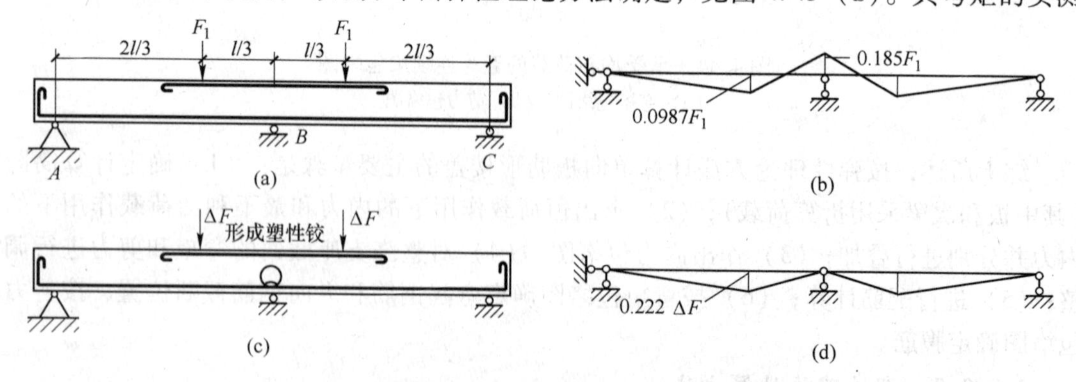

图4.45　两跨连续梁B支座形成塑性铰的内力重分布

（a）形成塑性铰之前的计算简图；（b）形成塑性铰之前的M图；

（c）形成塑性铰之后增加的荷载；（d）形成塑性铰之后的新增ΔM图

值与按弹性梁的计算值非常接近，观察不到内力重分布的现象。

②弹塑性阶段。当加载至支座截面受拉区混凝土先开裂，截面抗弯刚度降低，但跨中截面尚未开裂时，由于支座与跨中截面抗弯刚度的比值降低，使 B 支座截面弯矩 M_B 增长率减小，跨中弯矩 M_1 增长率加大；继续加载，当跨中截面也出现裂缝时，但在 B 支座截面的受拉钢筋屈服前，截面抗弯刚度的比值有所回升，可观察到 M_B 的增长率增加，而 M_1 增长率减小，表现出两截面之间的内力重分布。

③塑性阶段。当加载至 B 支座截面受拉钢筋屈服，支座形成塑性铰，再继续加载时，梁从一次超静定连续梁转变成两根简支梁。此时可观察到明显的内力重分布，B 支座截面弯矩 M_B 增加缓慢，跨中弯矩 M_1 增加加快。由于跨内截面承载力尚未耗尽，因此还可继续增加荷载，直至跨中受拉钢筋屈服，即跨内截面也出现塑性铰，梁成为几何可变体系而告破坏。设后加的那部分荷载为 ΔF，如图 4.45（c）所示，则梁承受的总荷载为 $F = F_1 + \Delta F$。由此可见，按塑性理论计算，此梁的极限荷载要比按弹性理论计算大 ΔF，也即提高了超静定梁的承载能力，如图 4.45（d）所示。

从上例可见，对于具有塑性性能的钢筋混凝土超静定结构，某一截面的钢筋达到屈服。但结构并未破坏，其中还有强度储备可以利用。考虑塑性内力重分布计算，则可以充分利用结构的这一潜力，提高结构的极限承载能力，从而达到节省钢材的目的。另外也简化了计算、方便了施工。

内力重分布的计算方法是以形成塑性铰为前提的，因此以下情况不宜采用：在使用阶段不允许出现裂缝或裂缝开展控制较严的混凝土结构；处于严重侵蚀性环境中的混凝土结构；直接承受动力和重复荷载的混凝土结构；要求有较高承载力储备的混凝土结构；配置延性较差的受力钢筋的混凝土结构。

（2）塑性理论计算方法（弯矩调幅法）。国内外学者曾先后提出过多种超静定混凝土结构考虑塑性内力重分布的计算方法，如极限平衡法、塑性铰法、变刚度法、强迫转动法、弯矩调幅法以及非线性全过程分析方法等。其中，弯矩调幅法最为实用、方便，因此一直为许多国家的设计规范所采用。所谓弯矩调幅法，就是先按弹性理论计算出结构各截面的弯矩值，然后根据需要，对结构中某些弯矩绝对值最大的截面（多数为支座截面）进行调整，即人为地降低其弯矩值，这称为调幅。若调幅值为 30%，此截面可按 70% 进行配筋计算。当支座弯矩调幅后，相应增加了跨中弯矩，只要不超过弹性弯矩包络图即可。这样既节省钢筋，又避免了支座截面常出现配筋较拥挤的现象，方便了施工。设截面弯矩调整的幅度用调幅系数 β 来表示，则

$$M = (1 - \beta) M_e \tag{4.42}$$

式中 M——调整后的弯矩设计值；

M_e——按弹性方法算得的弯矩设计值。

用弯矩调幅法计算连续梁、板的内力时，应遵守下列原则：

1）一般调幅值不超过 30%，若 $q/g \leqslant 1/3$，则调幅值不超过 15%（q 和 g 分别为均布可变荷载和永久荷载），以免塑性内力重分布过程过长、裂缝开展过宽、挠度过大而影响正常使用。

2）在计算截面承载力时，混凝土强度等级宜在 C20 ~ C45 范围内，混凝土受压区计算高度系数 ξ 不宜超过 0.35，也不宜小于 0.1，同时应采用塑性性能较好的 HRB335

级、HRB400级热轧钢筋，以保证塑性铰具有足够的转动能力，达到完全的内力重分布。

3）结构的跨中截面弯矩值应取弹性分析所得的最不利弯矩值和下式计算值中的较大值：

$$M = 1.02M_0 - \frac{M^l + M^r}{2} \tag{4.43}$$

式中 M_0——按简支梁计算的跨中弯矩设计值；

M^l,M^r——分别为左、右支座截面弯矩调幅后的设计值。

4）调幅后，支座及跨中控制截面的弯矩值均应不小于M_0的1/3。

5）各控制截面的剪力设计值，按荷载最不利布置和调幅后的支座弯矩由静力平衡条件计算确定。

为便于计算，对工程中常用的承受均布荷载的等跨连续梁或连续单向板，用调幅法导得的内力系数，设计时可直接查用并计算内力。以下是建议的计算方法。

各跨的跨中和支座截面的弯矩设计值和支座边缘的剪力设计值，按下列公式计算

$$M = \alpha_M(g + q)l_0^2 \tag{4.44}$$

$$V = \alpha_V(g + q)l_n \tag{4.45}$$

式中 α_M——考虑塑性内力重分布的弯矩系数，按表4.13取值；

α_V——考虑塑性内力重分布的剪力系数，按表4.14取值；

$g + q$——均布永久荷载与可变荷载设计值之和；

l_0——计算跨度，按塑性理论计算时的计算跨度见表4.12；

l_n——净跨。

表4.13 连续梁和连续单向板弯矩计算系数α_M

支承情况		截面位置				
		端支座	边跨跨中	离端第二支座	中间支座	中间跨跨中
梁、板搁置在墙上		0	$\frac{1}{11}$	两端连续：$-\frac{1}{10}$ 三跨以上连续：$-\frac{1}{11}$	$\frac{1}{14}$	$\frac{1}{16}$
板	与梁整浇连接	$\frac{1}{16}$	$\frac{1}{14}$			
梁	与梁整浇连接	$\frac{1}{24}$				
梁与柱整浇连接		$\frac{1}{16}$	$\frac{1}{14}$			

注：1. 表中系数适用于荷载比$q/g>0.3$的等跨连续梁和连续单向板；

2. 连续梁或连续单向板的各跨长度不等，但相邻两跨的长跨与短跨之比值小于1.10时，仍可采用表中弯矩系数值。计算支座弯矩时，应取相邻两跨中的较大值。计算跨中弯矩时，应取本跨长度。

表4.14 连续梁的剪力计算系数α_V

支承情况	截面位置				
	端支座内侧	离端第二支座		中间支座	
		外侧	内侧	外侧	内侧
搁置在墙上	0.45	0.60	0.55	0.55	0.55
梁与柱整浇连接	0.50	0.55			

下面举例阐明根据上述原则用弯矩调幅法求算内力的方法。

【例 4.11】 有一搁置在墙上、承受均布荷载的五跨等跨连续梁（图 4.46），其可变荷载与永久荷载之比 $q/g=0.3$，用调幅法确定各跨的跨中和支座截面的弯矩设计值。

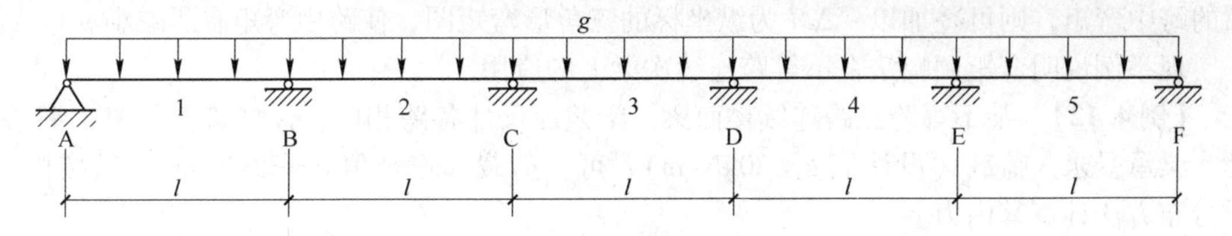

图 4.46　五跨连续梁（例 4.11 图）

解：（1）折算荷载。

$q/g=0.3$，计算可得出 $g=0.769\ (g+q)$，$q=0.231\ (g+q)$

折算永久荷载　$$g' = g + \frac{q}{4} = 0.827(g+q)$$

折算可变荷载　$$q' = \frac{3}{4}q = 0.173(g+q)$$

（2）支座 B 弯矩。

连续梁按弹性体系计算，当支座 B 产生最大负弯矩时，可变荷载应布置在 1、2、4 跨，故

$$\begin{aligned} M_{\mathrm{Bmax}} &= -0.105g'l^2 - 0.119q'l^2 \\ &= -0.105 \times 0.827(g+q)l^2 - 0.119 \times 0.173(g+q)l^2 \\ &= -0.107(g+q)l^2 \end{aligned}$$

考虑调幅 20%（即 $\beta=0.2$），则

$$M_{\mathrm{B}} = 0.8M_{\mathrm{Bmax}} = 0.8 \times [-0.107(g+q)l^2] = -0.0856(g+q)l^2$$

实际取　$$M_{\mathrm{B}} = -\frac{1}{11}(g+q)l^2 = -0.0909(g+q)l^2$$

（3）边跨跨中弯矩。

对应于 $M_{\mathrm{B}} = -\frac{1}{11}(g+q)l^2$，边支座 A 的反力为 $0.409\ (g+q)l$，边跨跨中最大弯矩在离 A 支座 $x=0.409l$ 处，其值为

$$M_1 = \frac{1}{2} \times 0.409(g+q)l \times 0.409l = 0.0836(g+q)l^2$$

按弹性体系计算，当可变荷载布置在 1、3、5 跨时，其支座负弯矩 $M_{\mathrm{B}} = -0.0960(g+q)l^2$，最大跨中弯矩发生在离 A 支座 $x=0.404l$ 处，则

$$M_{1\max} = \frac{1}{2} \times 0.404(g+q)l \times 0.404l = 0.0816(g+q)l^2 < M_1$$

说明按 $M_1 = 0.0836(g+q)l^2$ 计算是安全的。为便于记忆及计算，取

$$M_1 = \frac{1}{11}(g+q)l^2 = 0.0909(g+q)l^2$$

对于不等跨连续板、梁的计算，主要是对各支座和各跨中的最大弯矩进行调幅。

先按弹性理论求出梁的弯矩包络图，然后选择弯矩绝对值较大的截面（一般为支座截面）进行调幅，在弹性弯矩图基础上叠加考虑调幅。例如，对于附加弯矩图，调幅值不超过30%。在表示 $-M_{Bmax}$ 的弹性弯矩图形上，叠加以 $+\Delta M_B$ 和 $-\Delta M_C$ 为纵坐标的三角形弯矩图，则得调整后的弯矩图。此时，若跨中最大弹性弯矩（根据弯矩包络图）仍大于调整后的跨中弯矩，则可叠加以 $-\Delta M$ 为纵坐标的三角形弯矩图，使跨中弯矩有所减小。

现举例说明弯矩调幅法在不等跨连续次梁上的应用。

【例4.12】 某不等跨三跨连续楼面梁，梁截面尺寸各跨相同，计算跨度如图4.47所示。梁承受永久荷载（设计值 $g=20\text{kN/m}$）、可变荷载（设计值 $q=32\text{kN/m}$），试按内力重分布方法计算其内力。

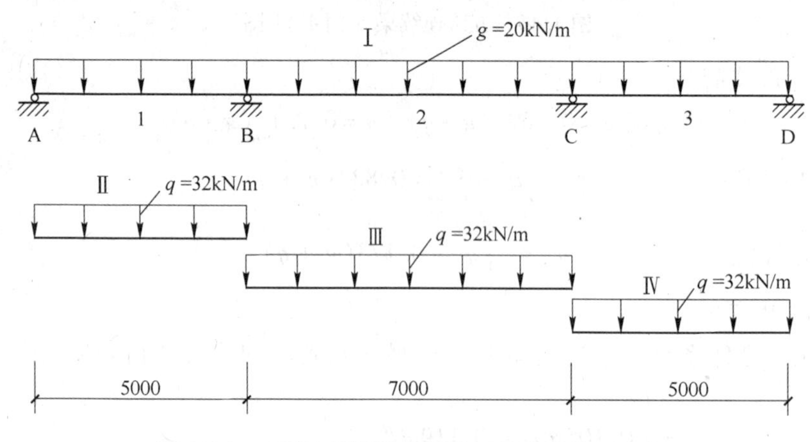

图4.47 三跨连续梁计算简图（尺寸单位：mm）

解： 先按弹性方法计算各荷载作用下的弯矩值及其不利组合（组合结果见表4.15，其中带 * 号的跨中弯矩是按跨度中心确定的），然后进行弯矩调整。

表4.15 各截面弯矩计算 （kN·m）

荷载组合		截面				
		1	B	2	C	3
①	Ⅰ+Ⅱ+Ⅳ	113.5	-107.7	14.9	-107.7	113.5
②	Ⅰ+Ⅲ	-19.7*	-164.2	154.4	-164.2	-19.7*
③	Ⅰ+Ⅱ+Ⅲ	57.2*	-210.0	138.0	-150.7	-12.8*
④	Ⅰ+Ⅲ+Ⅳ	-12.8*	-150.7	138.0	-210.0	57.2*

连续梁在各不利组合下的弯矩叠合情况如图4.48（a）所示。

将表4.15中荷载组合③的两个中间支座弯矩调整到相同的数值，并使中间跨跨中的弯矩值与 M_{2max} 相等，则支座弯矩 M_{Bmax} 从 $-210.0\text{kN}\cdot\text{m}$ 降至 $-164.2\text{kN}\cdot\text{m}$（$>\frac{1}{24}(g+q)l_1^2=54.2\text{kN}\cdot\text{m}$），调幅为21.8%；支座弯矩 M_C 从 $-150.7\text{kN}\cdot\text{m}$ 增至 $-164.2\text{kN}\cdot\text{m}$，调幅为9.0%，相当于在荷载组合③的弯矩图上附加三角形弯矩图，如图4.48（b）所示。此附加弯矩图的支座弯矩分别为 $M_B=45.8\text{kN}\cdot\text{m}$、$M_C=-13.55\text{kN}\cdot\text{m}$。对荷载组合④的弯矩调整方法与荷载组合③相同。

将组合①的边跨跨中弯矩降低，以使支座弯矩 M_B 和 M_C 从 $-107.7\text{kN}\cdot\text{m}$ 增到 $-164.2\text{kN}\cdot\text{m}$，与前述荷载组合和的支座弯矩相等。这相当于在荷载组合①内弯矩图上

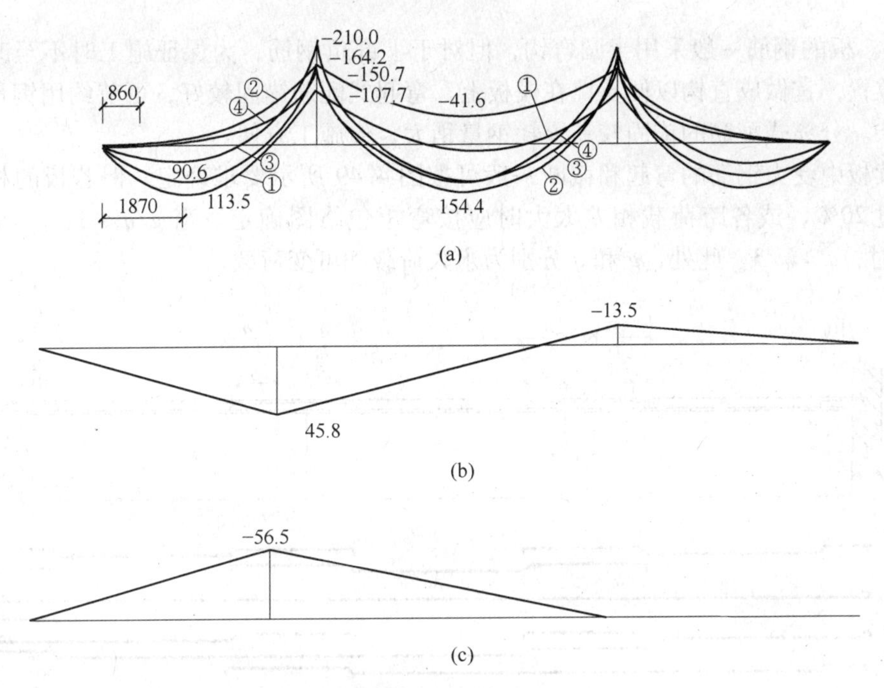

图 4.48　承受均布荷载不等跨连续梁弯矩包络图（单位：kN·m）
（a）梁在各种最不利组合下的弯矩图；（b）组合③的附加弯矩图；
（c）组合①的附加弯矩图

附加支座弯矩 $M_B = -56.5\text{kN}\cdot\text{m}$ 的三角形弯矩图，如图 4.48（c）所示。此时边跨跨中弯矩 $M_{1\max}$ 和 $M_{3\max}$ 从 113.5kN·m 降至 90.6kN·m（$>\frac{1}{24}(g+q)l_1^2 = 54.2\text{kN}\cdot\text{m}$），调幅为 20.2%。中间跨跨中的最小弯矩 $M_{2\min}$ 则由 14.9kN·m 调整为 -41.6kN·m。

随着弯矩的调整，支座剪力也需进行相应的调整，并与原来按弹性计算所得剪力值进行比较，取较大值进行设计。经调整后，大多数控制截面的最大弯矩均有不同幅度的降低，且弯矩分布较均匀，从而不仅节约了钢材，还使配筋方便、易于施工。当可变荷载较大时，效果尤其明显。

4.8.2.4　配筋设计及构造要求

A　连续单向板的构造要求与截面计算要点

a　构造要求

（1）受力钢筋。板的支承长度应满足其受力钢筋在支座内的锚固要求，且一般不小于板厚及 120mm。

当板厚 $h \leqslant 150$mm 时，间距不应大于 200mm；当 $h > 150$mm 时，间距不应大于 $1.5h$，且不宜大于 250mm。伸入支座的受力钢筋的间距不应大于 400mm，且截面面积不得少于跨中受力钢筋面积的 1/3。实心板的经济配筋率约为 0.4%~0.8%。

连续板中受力钢筋的配置方式，有弯起式和分离式两种。

弯起式配筋时，跨中钢筋可在支座 1/2 ~ 1/3 处弯起，以承受负弯矩。若支座处钢筋截面面积不够，可另加直钢筋。弯起角度一般为 30°；当板厚 $h > 120$mm 时，弯起角度一般为45°。板的钢筋一般采用半圆弯钩，但对于上部负钢筋，为保证施工时不至改变有效高度和位置，宜做成直钩以便支撑在模板上。弯起式配筋锚固较好，可节约用钢量，但施工较复杂。分离式配筋的锚固较差，耗钢量稍大，但施工方便。

连续板中受力钢筋的弯起和截断一般可按图4.49所示要求确定。但若板的相邻跨度相差超过20%，或各跨荷载相差太大时应按弯矩包络图确定。当 $g/q\leqslant 3$，$a=l_0/2$；当 $g/q>3$ 时，$a=l_0/3$。此处，g 和 q 分别为永久荷载和可变荷载。

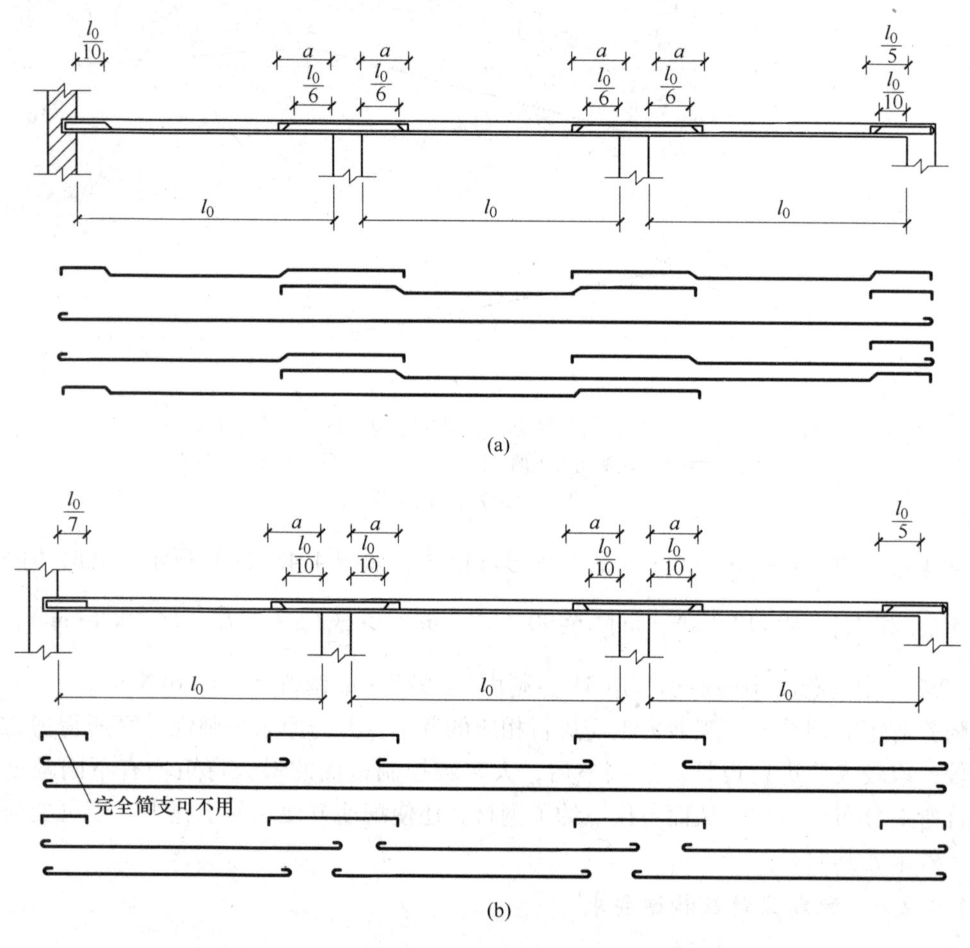

图4.49 板配筋图

（a）弯起式配筋；（b）分离式配筋

（2）分布钢筋。分布钢筋布置于受力钢筋内侧，与受力钢筋垂直放置并互相绑扎（或焊接）。其单位长度上的面积不少于单位长度上受力钢筋面积的15%，且不小于该方向板截面面积的0.15%，其间距不宜大于250mm，直径不小于6mm；在集中荷载较大时，分布钢筋间距不宜大于200mm。在受力钢筋的弯折处，也都应布置分布钢筋。分布钢筋末端可不设弯钩。分布钢筋的作用是：固定受力钢筋位置；抵抗混凝土的温度应力和收缩应力；承担并分散板上局部荷载产生的内力。

（3）嵌固墙内的板面附加钢筋。对嵌入墙体内的板，为抵抗墙体对板约束产生的负弯矩，以及抵抗由温度收缩影响在板角产生的拉应力，应在沿墙长方向及墙角部分的板面增设构造钢筋（图4.50）。钢筋间距不应大于200mm，直径不应小于6mm（包括弯起钢筋在内），其伸出墙边的长度不应小于$l_1/7$（l_1为单向板的跨度或双向板的短边跨度）。

对两边均嵌固在墙内的板角部分，应双向配置上部构造钢筋，其伸出墙边的长度不应小于$l_1/4$。沿受力方向配置的上部构造钢筋（包括弯起钢筋）的截面面积不宜小于跨中受力钢筋截面面积的1/3～1/2。

（4）垂直主梁的板面附加钢筋。现浇板的受力钢筋与主梁肋部平行，应沿梁肋方向配置间距不大于200mm、直径不小于8mm的与梁肋垂直的构造钢筋（图4.51），且单位长度的总截面面积不应小于板中单位长度内受力钢筋截面面积的1/3，伸入板中的长度从肋边算起每边不应小于板计算跨度的1/4。

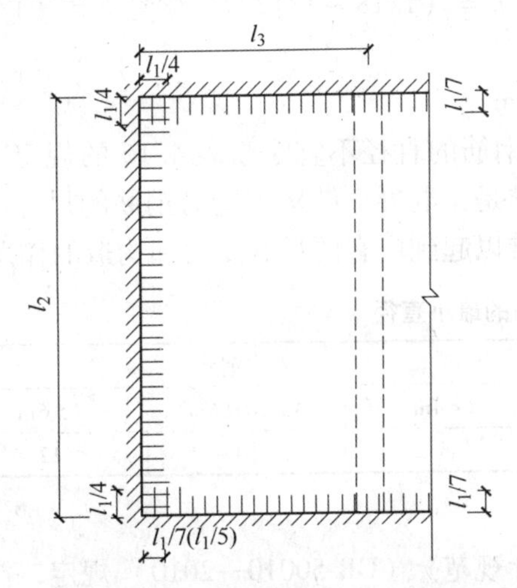

图4.50 板嵌固在承重墙内板边的上部构造钢筋

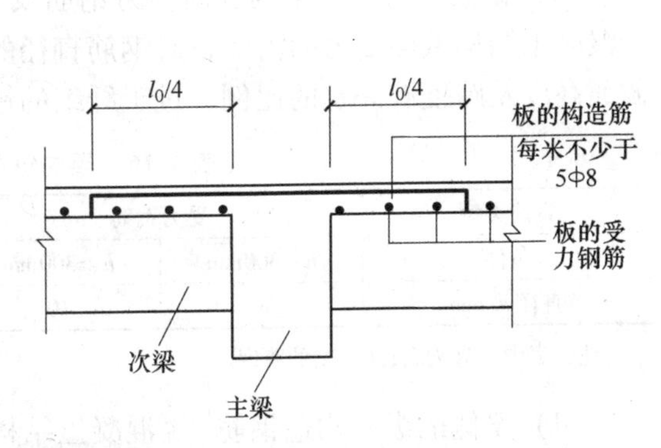

图4.51 板中与梁肋垂直的构造钢筋

b 截面计算要点

连续板一般可按塑性理论方法计算，取1m宽板并按单筋矩形截面梁计算配筋。由于板的宽度一般较大且荷载相对较小，仅混凝土就足以承担剪力，故在一般情况下，可不进行斜截面抗剪承载力的计算。在极限状态时，板的支座处因负弯矩作用而引起上部开裂。跨中则因正弯矩的作用而引起下部开裂，这使跨中和支座之间受压的混凝土形成拱形分布。当板的周边具有限制水平位移的边梁，即板的支座不能自由移动时，作用于板上的一部分竖向荷载将通过拱作用直接传给边梁，而不使板受弯，拱作用产生的横向推力，由周边整体连接的梁承受（图4.52）。这一有利作用，对于周边与梁整体连接的多跨连续板的中间跨跨中和中间支座，计算弯矩可降低20%。但对于边跨跨中和第一内支座，由于边梁侧向刚度不大，难以提供足够的横向推力，故计算弯矩不予降低。

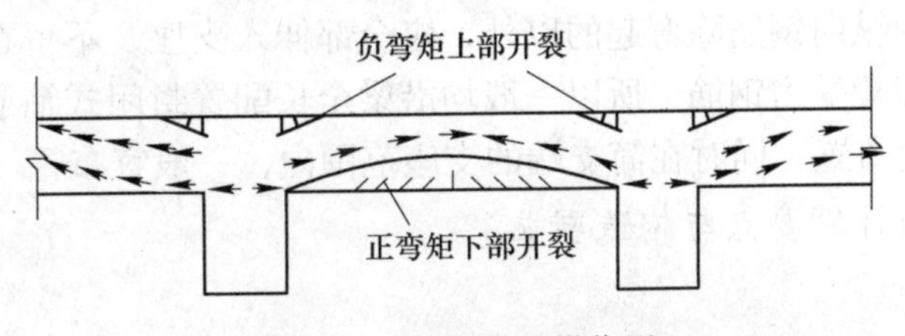

图4.52 连续板的拱作用

B 次梁的截面计算要点与构造要求

a 截面计算要点

在现浇整体式肋梁楼盖中，板与次梁整体相连，在次梁的受力方向，板与次梁共同工作。在跨中弯矩作用下，板位于受压区，次梁应按T形截面计算受力纵筋。在支座附近的负弯矩区域，板位于受拉区，次梁应按矩形截面计算受拉纵筋。

次梁应按斜截面受剪承载力确定箍筋和弯起钢筋数量，当荷载、跨度较小时，一般可只配置箍筋；否则，宜在支座附近设置弯起钢筋，以减少箍筋用量。

b 构造要求

（1）截面尺寸。次梁的跨度 $l=4\sim6\text{m}$，梁高 $h=(1/18\sim1/12)l$，梁宽 $b=(1/3\sim1/2)h$。纵向钢筋的配筋率一般为0.6%~1.5%。

（2）次梁在砌体墙上的支承长度不小于240mm。

（3）钢筋的直径。梁的纵向受力钢筋及架立钢筋的直径不宜小于表4.16的规定。出于混凝土结构截面受力的需要，对钢筋直径的要求是：混凝土结构中受力钢筋的尺寸应与截面高度及跨度有一定的比例，过于纤细的钢筋难以起到应有的承载受力和构造的作用。

表4.16 梁内纵向钢筋的最小直径

钢筋类型	受力钢筋		架立钢筋		
条件	$h<300\text{mm}$	$h\geqslant300\text{mm}$	$l<4\text{m}$	$4\text{m}\leqslant l\leqslant6\text{m}$	$l>6\text{m}$
直径 d/mm	8	10	8	10	12

注：表中 h 为梁高；l 为梁的跨度。

（4）梁侧的纵向构造钢筋。《混凝土结构设计规范》（GB 50010—2010）规定，当梁的腹板高度 $h_w\geqslant450\text{mm}$ 时，在梁的两个侧面沿高度配置纵向构造钢筋（腰筋），每侧纵向构造钢筋（不包括梁上、下部受力钢筋及架立钢筋）的截面面积不应小于腹板截面面积 bh_w 的0.1%，且其间距不宜大于200mm。此处，矩形截面的腹板高度 h_w 为有效高度；对T形截面，取有效高度减去翼缘高度；对工字形截面，取腹板净高。

（5）配筋方式。对于相邻跨度相差不超过20%，且均布活荷载和恒荷载的比值 $q/g\leqslant3$ 的连续次梁，其纵向受力钢筋的弯起和截断，可按图4.53进行，否则应按弯矩包络图确定。

按图4.53（a），中间支座负钢筋的弯起，第一排的上弯点距支座边缘为50mm；第二排、第三排的上弯点距支座边缘分别为 h 和 $2h$。

支座处上部受力钢筋总面积 A_s，则第一批截断的钢筋面积不得超过 $A_s/2$，延伸长度从支座边缘起不小于 $l_n/5+20d$（d 为截断钢筋的直径）；第二批截断的钢筋面积不得超过 $A_s/4$，延伸长度不小于 $l_n/3$。余下的纵筋面积不小于 $A_s/4$，且不少于2根，可用来承担部分负弯矩并兼作架立钢筋，其伸入边支座的锚固长度不得小于 l_a。

位于次梁下部的纵向钢筋除弯起的以外，应全部伸入支座，不得在跨间截断。连续次梁因截面上、下均配置受力钢筋，所以一般均沿梁全长配置封闭式箍筋。第一根箍筋可距支座边50mm处开始布置，同时在简支端的支座范围内，一般宜布置一根箍筋。

C 主梁的截面计算要点与构造要求

a 截面计算要点

主梁一般按弹性理论的设计计算方法进行设计计算，设计方法和步骤按前述。

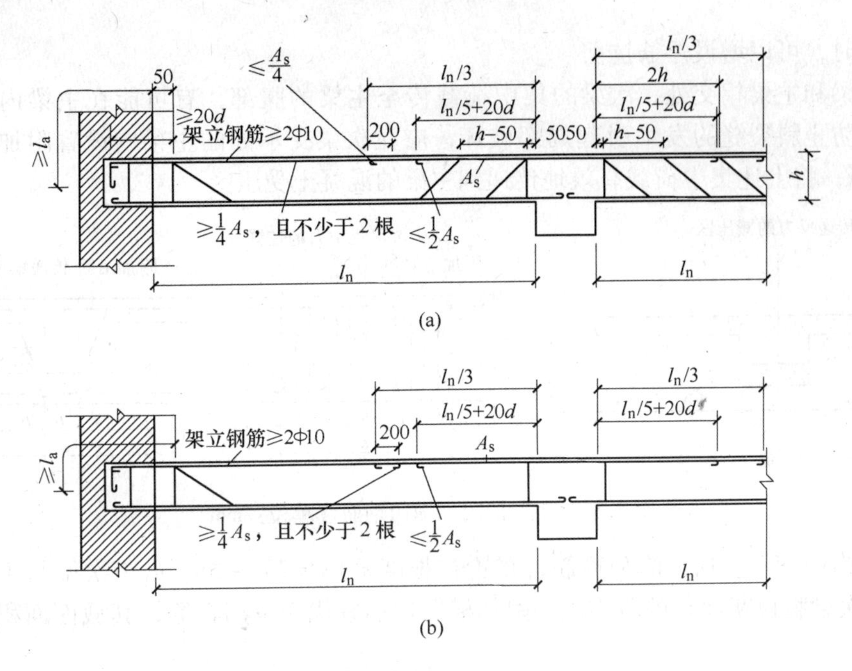

图 4.53 次梁配筋示意图

（a）设弯起钢筋；（b）不设弯起钢筋

可按连续梁设计的主梁（即支承在砌体上或梁与柱整浇但梁柱的线刚度比大于4时），次梁传下的荷载按集中荷载考虑，计算时不考虑次梁连续性影响（即次梁传下的集中荷载按简支构件考虑）；主梁自重也简化为集中荷载。梁的计算跨度 l_0 取支座中心线间距离，但 $l_0 \leqslant 1.05l_n$（l_n 为净跨度），支承在砌体上的长度不应小于370mm，并应进行砌体局部受压承载力验算。

在主梁支座处，由于次梁与主梁的负弯矩钢筋彼此相交，且次梁的钢筋置于主梁的钢筋之上（图4.54），因而计算主梁支座的负弯矩钢筋时，其截面有效高度应按下列规定减小：当为单排钢筋时，$h_0=(h-60)$mm，当为双排钢筋时，$h_0=(h-90)$mm。

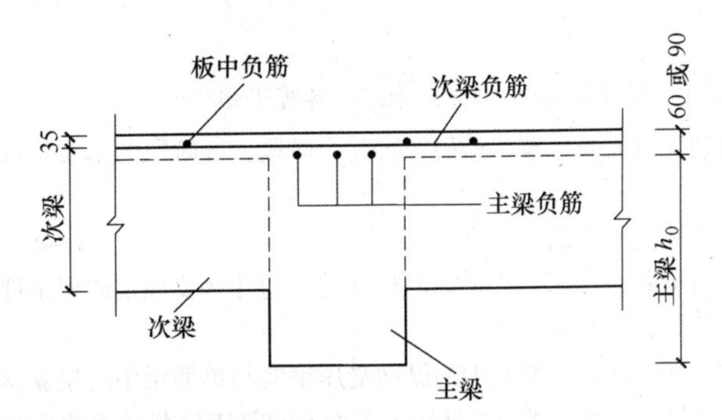

图 4.54 主梁支座处的截面有效高度（单位：mm）

b 构造要求

主梁的截面尺寸、钢筋选择等应遵守梁的有关规定。主梁的跨度一般为5～8m。纵向受力钢筋的弯起、截断等应通过作材料图确定。当支座处剪力很大，箍筋和弯起钢筋尚不足以抗剪时，可以增设浮筋抗剪。

在次梁和主梁相交处，次梁的集中荷载传至主梁的腹部，有可能在主梁内引起斜裂缝。为了防止斜裂缝的发生引起局部破坏，应在次梁支承处的主梁内设置附加横向钢筋（图4.55），将上述集中荷载有效地传递到主梁的混凝土受压区。

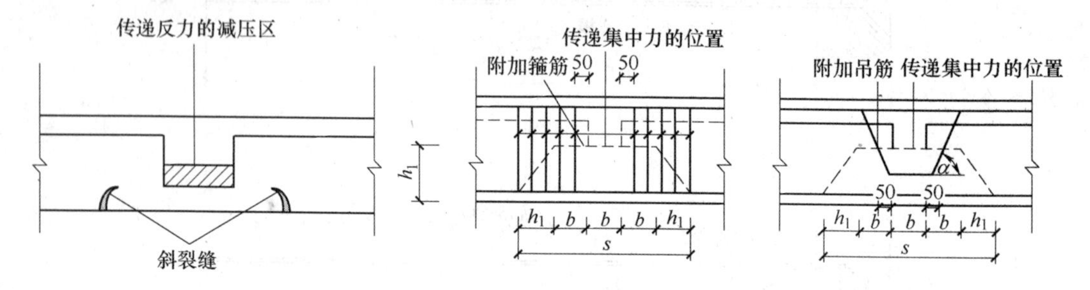

图4.55 主梁的附加横向钢筋（单位：mm）

附加横向钢筋包括吊筋和箍筋，布置在长度 s（$s=2h_1+3b$，h_1 为次梁与主梁的高度差，b 为次梁腹板宽度）的范围内。附加横向钢筋宜优先采用箍筋，其截面面积按如下公式计算

$$F \leqslant mnf_{yv}A_{sv1} + 2f_yA_{sb}\sin\alpha \tag{4.46}$$

式中 F——次梁传来的集中荷载设计值；

m，n——分别为长度 s 范围内的箍筋根数和每根箍筋肢数；

A_{sv1}——单肢箍筋截面面积；

A_{sb}——吊筋截面面积；

α——吊筋与梁轴线间夹角，与弯起钢筋取值相同；

f_{yv}，f_y——分别为箍筋、吊筋的抗拉强度设计值。

当仅选择箍筋或吊筋时，可取 $A_{sb}=0$ 或 $A_{sv1}=0$。

复习思考题

4-1 什么是“界限破坏”，“界限破坏”时的 ε_s 和 ε_{cu} 各等于多少？

4-2 适筋梁从开始加载到正截面受弯破坏经历了哪几个阶段，各阶段的主要特点是什么，与计算或验算有何联系？

4-3 正截面受弯承载力计算的基本假定有哪些？

4-4 单筋矩形截面梁受弯承载力计算公式是如何建立的，为什么要规定适用条件？

4-5 什么是少筋梁、适筋梁、超筋梁？

4-6 在什么情况下采用双筋截面，双筋梁中的纵向受压钢筋与单筋梁中的架立钢筋有何区别？

4-7 T形截面梁的受弯承载力计算公式与单筋矩形截面及双筋矩形截面梁的受弯承载力计算公式有何异同点？

4-8 剪跨比的概念是什么，它对无腹筋梁斜截面受剪破坏形态有什么影响？

4-9 斜截面破坏的主要形态有哪几种，其破坏特征如何？

4-10 影响斜截面受剪性能的主要因素有哪些？

4-11 在设计中采取什么措施来防止梁发生斜压破坏、斜拉破坏？

4-12 计算梁斜截面受剪承载力时应取哪些计算截面?

4-13 梁中正钢筋为什么不能截断而只能弯起，负钢筋截断时为什么要满足伸出长度和延伸长度的要求?

4-14 钢筋混凝土楼盖结构有哪几种类型? 分别说出它们各自的优缺点和适用范围。

4-15 写出钢筋混凝土梁板结构的设计步骤。

4-16 单向板和双向板的受力特点如何?

4-17 板、次梁和主梁的常用跨度各是多少，截面尺寸如何确定?

4-18 现浇单向板肋形楼盖中的板、次梁和主梁，当其内力按弹性理论计算时，如何确定其计算简图? 当按塑性理论计算时，其计算简图又如何确定? 如何绘制主梁的弯矩包络图，钢筋截断、弯起应满足的构造要求有哪些?

4-19 连续梁、板跨中、支座截面弯矩及支座截面剪力的最不利荷载布置原则是什么?

4-20 考虑折算荷载的物理意义是什么?

4-21 钢筋混凝土结构中的塑性铰与结构力学中的理想铰有何异同? 影响塑性铰转动能力的主要因素有哪些?

4-22 塑性铰与塑性内力重分布有什么关系?

4-23 什么叫弯矩调幅法，计算步骤如何，有哪些计算原则，考虑塑性内力重分布方法有何优缺点? 常应用在什么情况?

4-24 考虑塑性内力重分布计算钢筋混凝土连续梁时，为什么要限制截面受压区高度?

4-25 现浇单向板肋形楼盖板、次梁和主梁的配筋计算和构造有哪些?

4-26 单向板有哪些构造钢筋，为什么要配这些钢筋?

4-27 在主梁高度范围内承受集中荷载时，为什么要布置附加横向钢筋?

4-28 已知：矩形梁截面尺寸为 $b \times h = 250\text{mm} \times 500\text{mm}$，弯矩设计值 $M = 180\text{kN} \cdot \text{m}$，混凝土强度等级为C30，纵向受拉钢筋采用HRB400级钢筋，环境类别为一类，安全等级为二级。求：所需纵向受拉钢筋的截面面积并配筋。

4-29 已知：一单跨简支板，板厚 $h = 100\text{mm}$，计算宽度 $b = 1000\text{mm}$，跨中正截面承受弯矩设计值 $M = 14.5\text{kN} \cdot \text{m}$，混凝土强度等级为C30，纵向受拉钢筋采用HRB335级钢筋，环境类别为一类，安全等级为二级。求：所需纵向受拉钢筋和分布筋。

4-30 已知：一肋梁楼盖的次梁，承受弯矩设计值 $M = 520\text{kN} \cdot \text{m}$，梁的截面尺寸为 $b \times h = 250\text{mm} \times 500\text{mm}$，$b_f' = 1000\text{mm}$，$h_f' = 100\text{mm}$，混凝土强度等级为C30，纵向受拉钢筋采用HRB400级钢筋，环境类别为一类。求：所需纵向受拉钢筋的截面面积并配筋。

4-31 已知：T形梁截面尺寸为 $b \times h = 300\text{mm} \times 700\text{mm}$，$b_f' = 600\text{mm}$，$h_f' = 120\text{mm}$，弯矩设计值 $M = 650\text{kN} \cdot \text{m}$，混凝土强度等级为C30，纵向受拉钢筋采用HRB400级钢筋，环境类别为一类，安全等级为二级。求：所需纵向受拉钢筋的截面面积并配筋。

4-32 已知：T形梁截面尺寸为 $b \times h = 250\text{mm} \times 800\text{mm}$，$b_f' = 600\text{mm}$，$h_f' = 100\text{mm}$，混凝强度等级为C30，纵向受拉钢筋采用HRB400级钢筋，已配置纵向受拉钢筋8⏀20，环境类别为一类，安全等级为二级。求：该梁截面所能承受的极限弯矩设计值 M。

4-33 已知：矩形梁截面尺寸为 $b \times h = 250\text{mm} \times 500\text{mm}$，弯矩设计值 $M = 330\text{kN} \cdot \text{m}$，混凝土强度等级为C30，纵向受拉钢筋采用HRB400级钢筋，截面受用区已配置3⏀20的受压钢筋。环境类别为一类，安全等级为二级。求：所需纵向受拉钢筋的截面面积并配筋。

4-34 已知：钢筋混凝土简支梁，截面尺寸为 $b \times h = 200\text{mm} \times 500\text{mm}$，$a_s = 40\text{mm}$，混凝土强度等级为C30，承受均布荷载，剪力设计值 $V = 140\text{kN}$，箍筋采用HPB300级钢筋，环境类别为一类，安全等级为二级。求：所需受剪箍筋。

4-35 已知：钢筋混凝土简支梁，截面尺寸为 $b \times h = 200\text{mm} \times 400\text{mm}$，荷载设计值为两个集中力 $F = 100\text{kN}$，如图4.56所示，忽略梁自重的影响，纵向受拉钢筋采用HRB400级钢筋，箍筋采用

HRB335级钢筋，环境类别为一类，安全等级为二级。求：

（1）截面所需纵向受拉钢筋截面面积并配筋；

（2）仅配置受剪箍筋；利用受拉钢筋为弯起钢筋时，求所需箍筋。

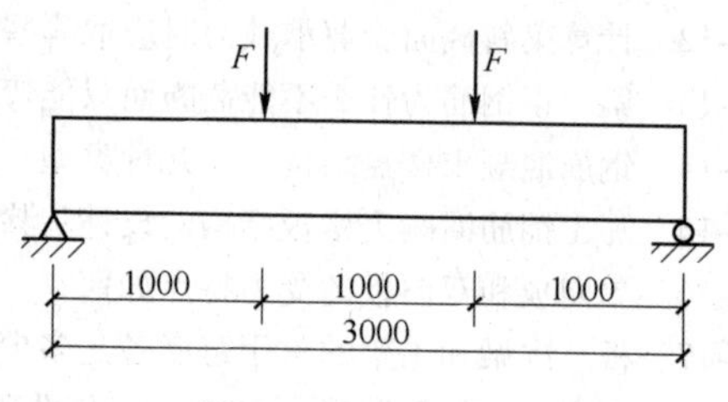

图4.56 题4-35图

4-36 已知：一承受集中荷载的矩形截面钢筋混凝土简支梁，如图4.57所示。梁的截面尺寸为 $b\times h=200\text{mm}\times500\text{mm}$，混凝土强度等级为C30，箍筋采用HPB300级钢筋（梁底纵筋排一排），已配置双肢Φ8@150的箍筋，环境类别为一类，安全等级为二级（集中荷载作用下梁的配箍校核）。求：由受剪承载力计算梁所能承受的最大荷载设计值 P。

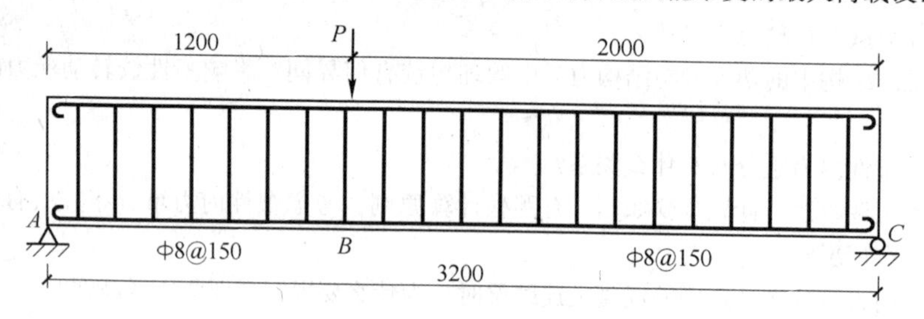

图4.57 题4-36图

5　钢筋混凝土受压构件设计

受压构件是以承受轴向上的压力为主的钢筋混凝土构件，利用混凝土构件承受以轴向压力为主的内力，可以充分发挥混凝土材料的强度优势，因而在工程结构中混凝土受压构件是一种常见的构件，框架柱、墙、石拱桥的拱、屋架的上弦杆、烟囱、桩基础、桥墩、高铁墩、烟囱、水塔筒壁等均为常见的受压构件。

按照受压构件分为轴心受压和偏心受压两种类型，如图 5.1 所示。

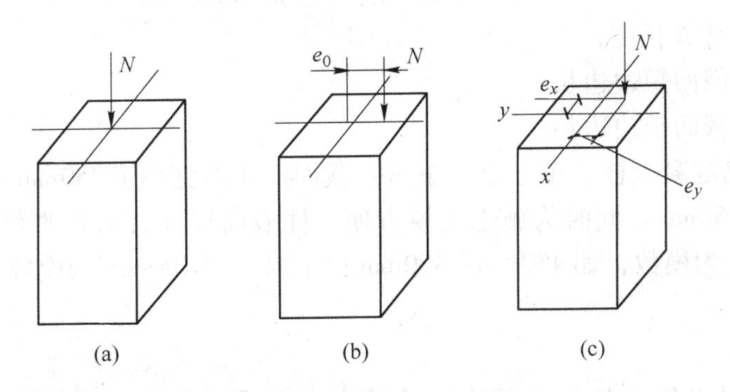

图 5.1　轴向受压构件的类型

（a）轴心受压；（b）单向偏心受压；（c）双向偏心受压

承受轴心压力 N 的构件称为轴心受压构件［图 5.1（a）］，实际工程中，设计以承受恒载为主的等跨框架中柱、屋架（桁架）的受压腹杆等构件时，忽略很小的弯矩影响，近似地将构件作为轴心受压构件考虑。

当轴向压力 N 偏离截面形心或构件同时承受轴向压力和弯矩时，则成为偏心受压构件，单层厂房排架柱，多层框架柱，高层建筑中的剪力墙、筒，桥梁结构中的桥墩、桩，拱和屋架的上弦杆等均属于偏心受压构件。

偏心受压构件又分为单向偏心和双向偏心两类：当轴向压力的作用线仅与构件截面的一个方向的形心线不重合时，称为单向偏心［图 5.1（b）］；两个方向都不重合时，称为双向偏心［图 5.1（c）］，如框架结构的角柱。

尽管混凝土属非匀质材料，但为方便起见，习惯上仍利用纵向力作用点与构件形心是否重合来判别是轴心还是偏心受力。

建筑工程中广泛应用的钢筋混凝土受压构件（柱）往往在结构中具有重要作用，一旦产生破坏，往往导致整个结构的损坏，甚至倒塌，造成人员伤亡和财产损失的建筑事故。

本章对钢筋混凝土受压构件受力、变形、破坏特性进行分析，得到混凝土受压构件的构造规定及设计方法。

5.1 受压构件的一般构造规定

钢筋混凝土构件除了满足承载力计算要求外，还应满足一定的构造要求，即需要同时满足承载力和构造的要求。本节对受压构件的截面形式、纵向受力钢筋、箍筋及混凝土四个方面的基本构造要求进行介绍。

5.1.1 截面形式

在截面的形式选择时，主要考虑受力的合理性及模板的施工方便，多采用矩形或正方形，当有特殊要求时也可采用圆形、I形、箱形、双肢等截面形式。

由于柱截面尺寸越小，柱的长细比越大，其承载力降低越多，不能充分利用材料强度。一般规定柱截面尺寸需满足以下条件：

$$l_0/b \leqslant 30 \quad 或 \quad l_0/h \leqslant 25$$

式中 l_0——柱的计算长度；

b——矩形截面短边边长；

h——矩形截面长边边长。

对于现浇钢筋混凝土柱，正方形（矩形）截面尺寸不宜小于250mm×250mm，圆形截面直径不宜小于350mm。同时为施工支模方便，柱截面尺寸宜采用整数。边长在800mm以下时，以50mm为模数，如450mm；800mm以上时，以100mm为模数。

5.1.2 混凝土

混凝土强度对受压构件的承载力影响较大，宜采用较高强度等级的混凝土，C25、C30、C35、C40以及更高强度的混凝土。采用较高强度等级的混凝土能充分利用混凝土的受压能力，节约钢材，减小截面尺寸。

混凝土的保护层厚度与梁相同。当环境类别为一类，混凝土强度不小于C30时，保护层最小厚度分别为20mm；混凝土强度不大于C25时，保护层最小厚度为25mm。

5.1.3 钢筋

（1）钢筋等级。钢筋与混凝土共同受压时，若钢筋强度过高，则不能充分发挥其作用，故不宜用高强度钢筋作为受压钢筋。一般设计中，梁、柱纵向受力钢筋常采用HRB400和HRB500或HRBF400、HRBF500钢筋；箍筋宜采用HRB400、HRBF400、HPB300、HRB500、HRBF500钢筋，也可采用HRB335、HRBF335钢筋。

（2）纵筋。纵向钢筋与混凝土共同承担由外荷载引起的纵向压力，防止构件突然脆裂破坏及增强构件的延性，减小混凝土不匀质引起的不利影响；同时，纵向钢筋还可以承担构件失稳破坏时凸出面出现的拉力以及由于荷载的初始偏心、混凝土收缩、徐变、温度应变等因素引起的拉力等。

受压构件中宜采用较粗直径的纵筋。轴心受压构件中，纵向钢筋应沿构件截面周边均匀布置，偏心受压构件中的纵向受力钢筋应布置在垂直于弯矩作用方向的两个对边，如图5.2所示。

纵向钢筋的净间距不应小于50mm，对水平放置浇筑的预制受压构件，其纵向钢筋的间距要求与梁相同。偏心受压构件中，垂直于弯矩作用平面的侧面上的纵向受力钢筋，以及轴心受压构件中各边的纵向受力钢筋中距不宜大于300mm。

当矩形截面偏心受压构件的截面高度 $h \geqslant 600$mm 时，应沿长边设置直径为10～16mm的纵向构造钢筋，且间距不应超过500mm。

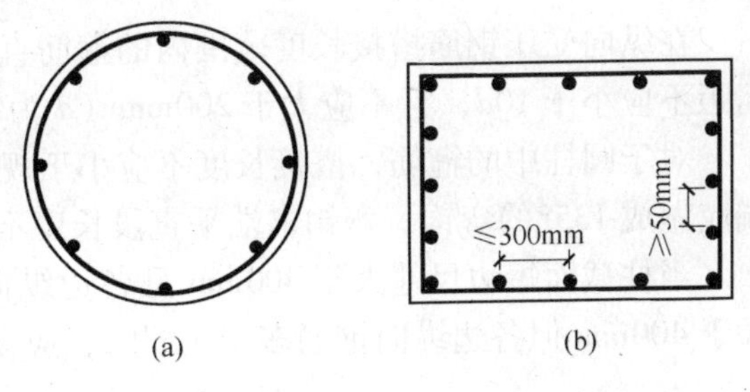

图5.2　受压构件纵筋布置

(a) 圆形截面柱；(b) 矩形截面柱竖向浇筑

纵筋主要构造要求列于表5.1。

表5.1　纵筋构造要求

直径	≥12mm		不宜小于12mm，一般16～32mm
根数	矩形截面	≥4根	矩形截面受压构件不得少于4根
	圆形截面	≥6根	圆形截面不宜少于8根，且不应少于6根
配筋率	$\rho \leqslant 5\%$，$\rho_{侧} \geqslant 0.2\%$ $\rho_{min} = 0.5\% \sim 0.6\%$		具体最小配筋率要求见附表1；全部纵向钢筋的配筋率不宜大于5%；$\rho_{侧}$ 为单侧配筋率
净间距	≥50mm，中距≤300mm		不应小于50mm，垂直于弯矩作用平面的侧面上的纵向受力钢筋，以及轴心受压构件中各边的纵向受力钢筋中距不宜大于300mm
纵向构造钢筋	直径 间距	10～16mm ≤500mm	沿长边设置直径为10～16mm的纵向构造钢筋，且间距不应超过500mm，并相应地配置复合箍筋或拉筋

5.1.4　箍筋要求

箍筋能与纵筋形成骨架，便于施工，还给纵向钢筋提供侧向支点，防止纵向钢筋受压弯曲而降低承压能力。此外，箍筋在柱中也起到抵抗水平剪力的作用。密布箍筋还起约束核心混凝土，改善混凝土变形性能的作用。为了保证箍筋的构造功用，对箍筋的直径、间距和形式均有要求，见表5.2。

表5.2　箍筋构造一般要求

全部纵向钢筋配筋率	≤3%	间距	≤400mm，≤b，≤$15d_{min}$	箍筋间距不应大于400mm及构件截面短边尺寸 b，且不应大于纵向钢筋的最小直径 d_{min} 的15倍；
		直径	≥6mm，≥$d_{max}/4$	不应小于纵向钢筋的最大直径 d_{max} 的1/4，且不应小于6mm
		形式	封闭式	
	>3%	间距	≤200mm，≤$10d_{min}$	间距不应大于纵向钢筋的最小直径 d_{min} 的10倍，且不应大于200mm；
		直径	≥8mm	箍筋直径不应小于8mm
		形式	封闭式，或焊成封闭环式	
箍筋末端处理		弯钩角度	135°	箍筋末端应做成135°弯钩
		平直段长度	$10d_{min}$	弯钩末端平直段长度不应小于箍筋直径的10倍
螺旋式箍筋（或焊接环式）		间距	≤80mm，≤$d_{cor}/5$，≥40mm	不应大于80mm及 $d_{cor}/5$，且不宜小于40mm，d_{cor} 为按箍筋内表面确定的核心截面直径

在纵向受压钢筋搭接长度范围内的箍筋直径，不应小于搭接钢筋较大直径的0.25倍，间距不应小于$10d$，且不应大于200mm（d为纵筋最小直径）。

对于圆柱中的箍筋，搭接长度不应小于规范规定的受拉钢筋的锚固长度的要求，且末端应做成135°的弯钩，弯钩末端平直段长度不应小于$5d$，d为箍筋直径。

当柱截面短边尺寸大于400mm且各边纵向钢筋多于3根时，或当柱截面短边尺寸不大于400mm但各边纵向钢筋多于4根时，应设置复合箍筋（图5.3）。

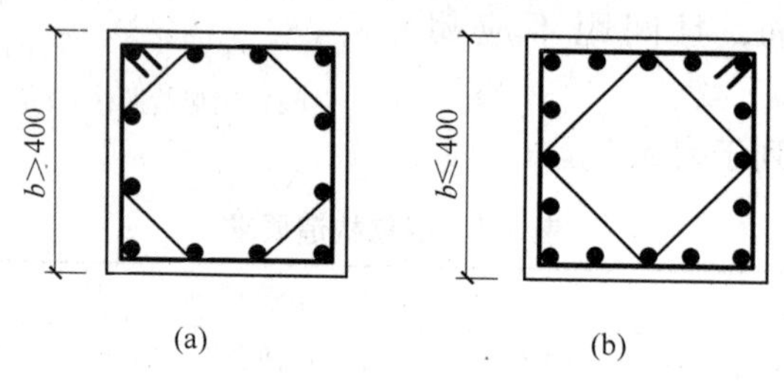

图5.3 构造筋、拉筋及复合箍筋的要求

（a）$b>400$，各边纵筋多于3根；（b）$b\leqslant400$，各边纵筋多于4根

对于截面形状复杂的柱，如I形L形截面柱，不可采用具有内折角的箍筋，避免产生向外的拉力，致使折角处混凝土破损。I形和L形截面箍筋的布置分别如图5.4与图5.5所示。

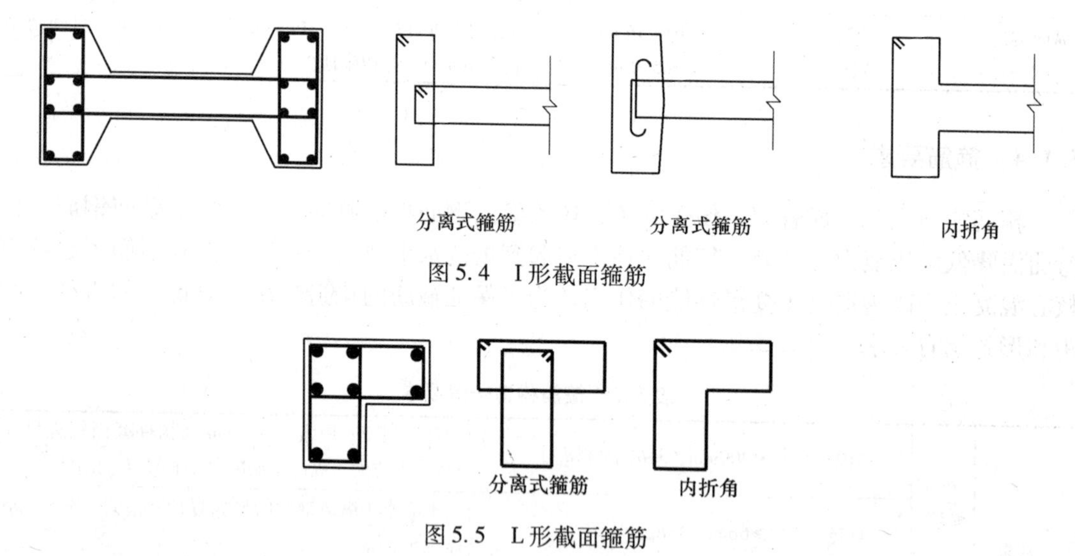

图5.4 I形截面箍筋

图5.5 L形截面箍筋

5.2 轴心受压构件正截面承载力计算

建筑实际工程中，理想的轴心受压构件几乎是不存在的，这是由于混凝土的不均匀性，不对称布置的纵向钢筋，荷载作用位置的不准确，以及施工产生的误差等原因。但对于承受恒荷载为主的多层房屋的内柱及桁架的受压腹杆等构件，虽然上述构件存在一定的初始偏心距，但仍按轴心受压构件进行计算。

轴心受压构件正截面承载力计算，除可以用于忽略弯矩作用而按轴心受压考虑的构件外，还可以用于偏心受压构件垂直于弯矩平面的受力验算，及偏心受压构件正截面承载力设计值的上限条件计算中。

一般根据箍筋配筋方式（箍筋作用）不同，将钢筋混凝土柱分为两种：

（1）普通箍筋柱：配有纵向钢筋和普通箍筋的柱；

（2）螺旋箍筋柱：配有纵向钢筋和螺旋式（或焊接环式）箍筋的柱。

5.2.1 普通箍筋柱

普通箍筋柱是最常见轴心受压柱配筋形式，如图5.6所示。

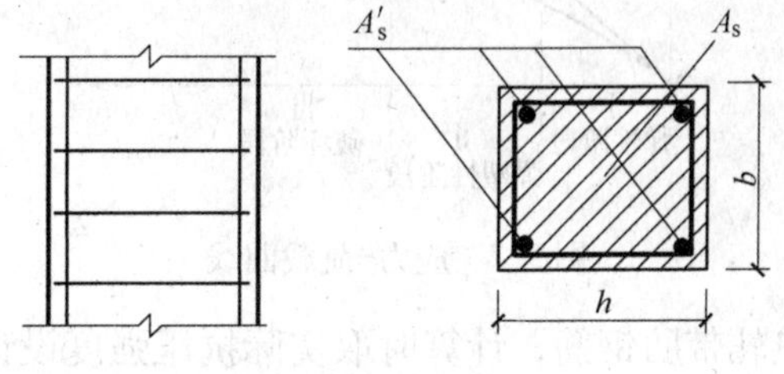

图5.6 普通箍筋柱

通过工程及试验研究发现，钢筋混凝土轴心受压构件的破坏形态和承载能力与构件的长细比 l_0/i 有关（l_0为柱的计算长度；i 为截面惯性半径），根据长细比的大小可将柱分为短柱和长柱两类。

短柱：该柱长细比较小时（$l/b \leqslant 8$，$l/d \leqslant 7$，$l/i \leqslant 28$，b 为矩形截面的短边尺寸，d 为圆形截面的最小直径），可以忽略由各种偶然因素造成的初始偏心距对柱的影响；在实际工程中，带窗间墙的柱、地下车库的柱子都容易形成短柱。

长柱：当柱子的长细比较大时（$l/b>8$，$l/d>7$，$l/i>28$），由材料、施工等偶然因素造成的初始偏心距对柱子产生的影响不能忽略，使得长柱表现出与短柱不同的变形破坏特征。

5.2.1.1 受压短柱

（1）受力性能和破坏特征。根据试验研究，轴心受压短柱在轴心荷载作用下整个截面的应变基本上是均匀分布，其混凝土及钢筋应力－荷载关系如图5.7所示，对受压短柱受力破坏过程可以分为弹性阶段、弹塑性阶段和破坏阶段。

1）弹性阶段。当外力较小时，轴向压力与截面钢筋和混凝土的应力基本上呈线性关系，截面钢筋和混凝土的应力基本按弹性模量分配，柱子的压缩应变的增加与外力的增长成正比。

2）弹塑性阶段。随着外力的增加，由于混凝土塑性变形的发展，混凝土进入明显的非线性阶段，钢筋的压应力比混凝土的压应力变化得快，出现应力重分布，如图5.7所示。同时变形增加的速度快于外力增长的速度，且纵向钢筋越少，这种现象越明显。

3）破坏阶段。柱中开始出现细微的纵向裂缝，外力增加到一定程度后，钢筋首先屈服，有明显屈服台阶的钢筋应力保持屈服强度不变，混凝土的应力也随应变的增加而继续增长。临近破坏荷载时，柱四周出现明显的纵向裂缝。当混凝土压应力达到峰值应变，外荷载不再增加，出现的纵向裂缝继续发展，混凝土保护层剥落，纵筋压屈而向外凸出，混凝土被压碎，即整个柱子发生破坏（图5.8）。

试验表明，钢筋混凝土短柱达到最大压应力时的压应变在0.0025～0.0035之间，在承载力计算时，《规范》从安全性上考虑取混凝土峰值应力时最大压应变为0.002，即认为此时混凝土达到棱柱体抗压强度 f_c，相应纵筋的应力值：$\sigma_s' = E's' \approx 200 \times 10^3 \times 0.002 \approx 400\text{N/mm}^2$，对于抗压强度设计值为 f_y' 小于 400N/mm^2 的钢筋，如 HRB400、HRB500 等

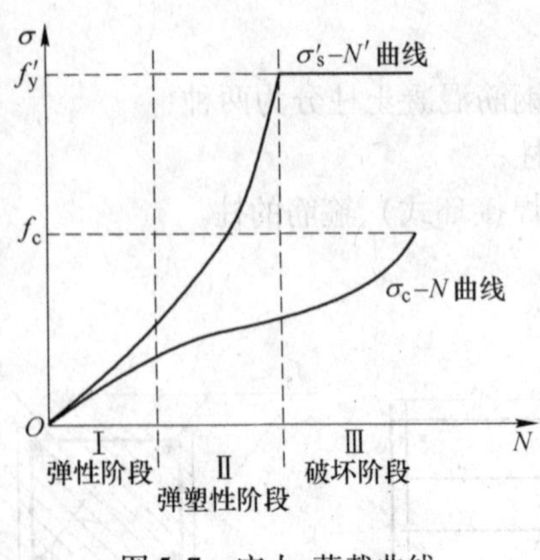

图 5.7 应力-荷载曲线

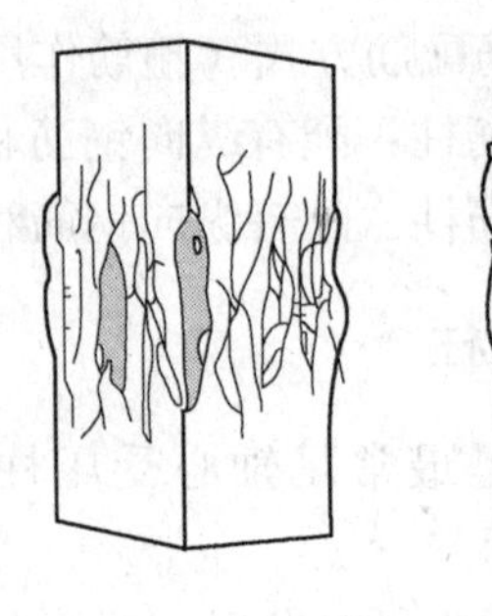
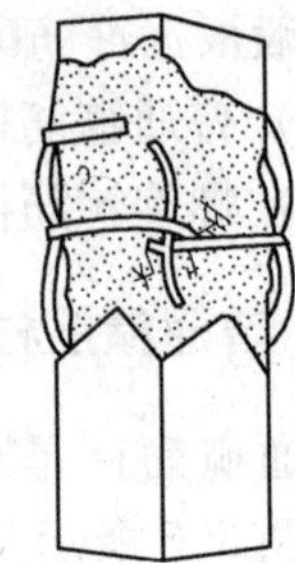

图 5.8 受压短柱破坏形态

热轧带肋钢筋，计算时取实际抗压强度设计值f'_y；对于抗压强度设计值大于400N/mm^{2}的钢筋，其强度得不到充分发挥，在计算f'_y 时只能取400N/mm^2。

（2）承载力公式。通过以上分析，对于轴心受压短柱，轴向荷载由钢筋和混凝土共同承载，其承载力计算式（5.1）：

$$N_s \leqslant f_c A + f'_y A'_s \tag{5.1}$$

式中 A ——构件截面面积；

A'_s ——全部纵向受压钢筋截面面积；

f_c ——混凝土轴心抗压强度设计值；

f'_y ——纵向钢筋抗压强度设计值；

N_s ——短柱的承载能力。

通过对配筋率0.5%和2.0%的轴心受压构件进行长期荷载作用下应力分布试验，得到相应的应力分布图（图5.9）。由图5.9（a）、（b）中的配筋率0.5%的应力分布曲线可知，由于混凝土的徐变作用，构件截面的发生应力重分布，混凝土应力逐渐减小，钢筋应力逐渐增大，最终均趋于平稳。

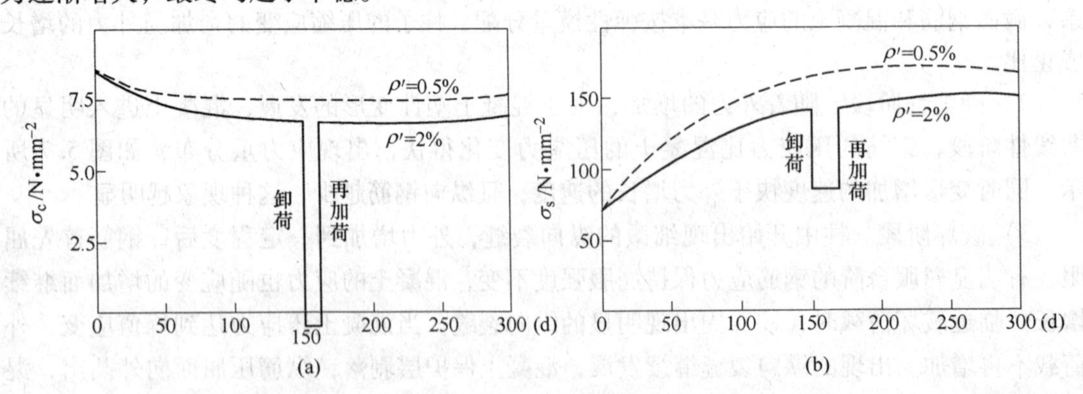

图 5.9 长期荷载作用下相同截面混凝土和钢筋的应力分布

（a）混凝土；（b）钢筋

分析图5.9中的配筋率2.0%的应力分布曲线可知，由于长期荷载作用，混凝土中产生徐变变形，如果在此过程中突然对外力进行卸载至零，混凝土的徐变变形大部分不能恢复，而此时钢筋的压应变需要恢复，由于混凝土和钢筋之间作用，钢筋处于受压状态，混凝土处于受拉状态。如果纵向钢筋的配筋率过大，则由徐变产生的应力重分布现象也就越明显，混凝土所受拉应力也就越大，最终混凝土可能被拉裂。

5.2.1.2　受压长柱

对于长柱，由于存在的初始偏心距，轴向加载后将产生附加弯矩，并在附加弯矩作用下产生不可忽略的侧向挠度，而侧向挠度又加大了初始偏心距，这种相互影响的结果使长柱最终在弯矩和轴力的共同作用下柱中混凝土和钢筋的应变达到极限应变，最终长柱发生破坏。当长柱破坏时，柱的凹一侧的混凝土先被压碎，其后在混凝土表面产生纵向裂缝，纵向钢筋被压弯而向外鼓出，混凝土保护层脱落；柱凸一侧混凝土由受压突然转变为受拉，出现横向裂缝。而对长细比很大的柱，随着荷载持续增加到一定值时，柱的挠度突然剧增，然后荷载却急剧下降，在最大荷载作用下，钢筋和混凝土的应变都小于材料破坏时的极限应变值，这种破坏现象一般称为“失稳破坏”（图5.10）。

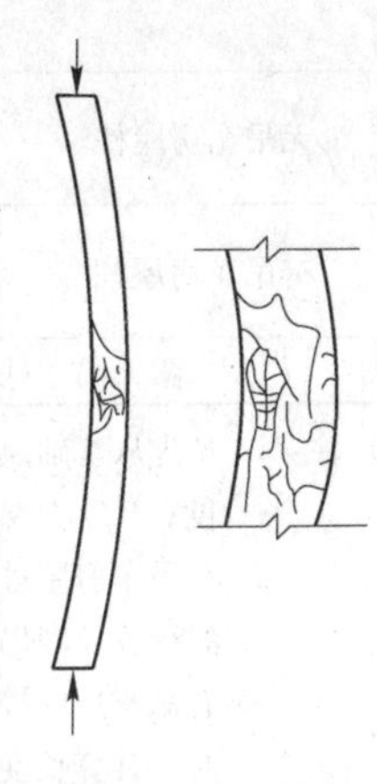

图5.10　长柱的破坏形态

试验表明，长柱的破坏荷载 N_u^l 低于其他条件相同的短柱的破坏荷载 N_u^s，在轴心受压构件承载力计算时，《规范》中采用稳定系数 φ 来表示长柱承载力降低的程度，即长柱的承载力与短柱的承载力的比值，φ 主要与构件的长细比有关，长细比越大，φ 值越小。

$$\varphi = \frac{N_u^l}{N_u^s}$$

将式（5.1）代入上式，可得公式（5.2）轴心受压长柱承载力 N_l 公式：

$$N_l \leqslant \varphi(f_c A + f_y' A_s') \tag{5.2}$$

《规范》规定了稳定系数 φ 值，见表5.3。

表5.3　钢筋混凝土轴心受压的稳定系数 φ

l_0/b	≤8	10	12	14	16	18	20	22	24	26	28	30	32	34	36	38	40	42	44	46	48	50
l_0/d	≤7	8.5	10.5	12	14	15.5	17	19	21	22.5	24	26	28	29.5	31	33	34.5	37.5	38	40	41.5	43
l_0/i	≤28	35	42	48	55	62	69	76	83	90	97	104	111	118	125	132	139	146	153	160	167	174
φ	1.0	0.98	0.95	0.92	0.87	0.81	0.75	0.70	0.65	0.60	0.56	0.52	0.48	0.44	0.40	0.36	0.32	0.29	0.26	0.23	0.21	0.19

注：表中 l_0 为构件计算长度；b 为矩形截面的短边尺寸；d 为圆形截面的最小直径；i 为截面最小惯性半径。

由钢筋混凝土轴心受压的稳定系数表（表5.3）可知，为了确定稳定系数 φ，首先需确定构件的计算长度 l_0。构件的计算长度 l_0 由构件两端的支撑情况决定，《规范》有以下规定：

（1）刚性屋盖单层房屋排架柱、露天吊车柱和栈桥柱，其计算长度可按表5.4取用。

（2）一般多层房屋中梁柱为刚接的框架结构，各层柱计算长度可按表5.5采用。其中为底层柱从基础顶面到一层楼盖顶面的高度，对于其他各层柱为上下两层楼盖顶面之间的高度。

表5.4 刚性屋盖单层房屋排架柱、露天吊车柱和栈桥柱的计算长度

柱的类别		l_0		
		排架方向	垂直排架方向	
			有柱间支撑	无柱间支撑
无吊车房屋柱	单跨	$1.5H$	$1.0H$	$1.2H$
	两跨及多跨	$1.25H$	$1.0H$	$1.2H$
有吊车房屋柱	上柱	$2.0H_u$	$1.25H_u$	$1.5H_u$
	下柱	$1.0H_L$	$0.8H_L$	$1.0H_L$
露天吊车柱和栈桥柱		$2.0H_L$	$1.0H_L$	

注：1. H为从基础顶面算起的柱子全高；H_L为从基础顶面至装配式吊车梁底面或现浇式吊车梁顶面的柱子下部高度；H_u为从装配式吊车梁底面或从现浇式吊车梁顶面算起的柱子上部高度。

2. 有吊车房屋排架柱的计算长度，当计算中不考虑吊车荷载时，可按无吊车房屋柱的计算长度采用，但上柱的计算长度仍可按有吊车房屋采用。

3. 有吊车房屋排架柱的上柱在排架方向的计算长度，仅适用于H_u/H_L不小于0.3的情况，当H_u/H_L小于0.3时，计算长度宜采用$2.5H_u$。

表5.5 框架结构各层柱的计算长度

楼盖类型	柱的类别	l_0
现浇楼盖	底层柱	$1.0H$
	其余各层柱	$1.25H$
装配式楼盖	底层柱	$1.25H$
	其余各层柱	$1.5H$

5.2.1.3 普通箍筋柱轴心受压承载力计算公式

根据构件截面竖向力的平衡条件，其计算应力图形如图5.11所示。但由于不存在真正的轴心受压构件，因此考虑公式的统一以及可靠度因素，普通箍筋柱轴心受压正截面承载力按式（5.3）进行计算：

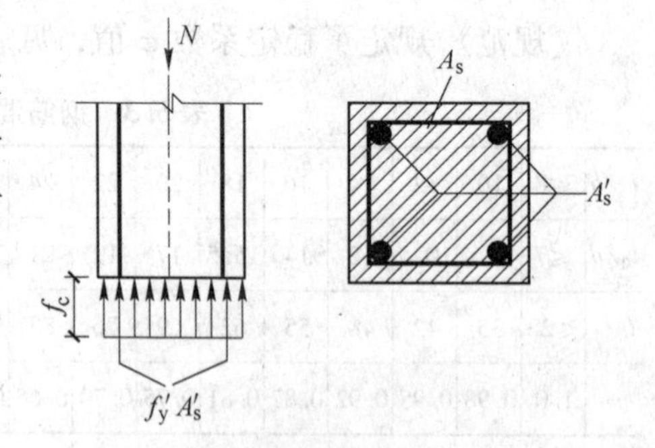

图5.11 普通钢筋受压承载力计算图

$$N \leqslant 0.9\varphi(f_c A + f'_y A'_s) \tag{5.3}$$

式中 N——轴心压力设计值；

A'_s——全部纵向钢筋截面面积；

A——构件的截面面积，当纵向钢筋配筋率大于3%时，式中A应用$A - A'_s$代替。

式中0.9是为了保持与偏心受压构件正截面承载力计算具有相近的可靠度而考虑的系数。

对于现浇钢筋混凝土轴心受压构件，当截面尺寸b或$d \leqslant 300$mm时，混凝土强度设计值f_c需乘以系数0.8，当构件质量确有保证时可不受此限制。

实际工程中轴心受压构件的设计分为截面设计和截面复核两类：

（1）截面设计。截面设计时一般按构造要求确定材料强度等级、确定截面形状及尺寸，根据已知参数确定稳定系数φ，再按式（5.3）计算纵向钢筋面积A'_s，最后验算是否满足最小配筋率的要求；也可先假定合理配筋率ρ，由式（5.3）估算钢筋截面面积A'_s，

由 A_s' 及 ρ 来确定截面尺寸。根据已知参数确定稳定系数 φ ，再通过式（5.3）求出所需的纵筋数量，并验算配筋率，最后按构造要求配置箍筋。

（2）截面复核。由于截面复核时截面尺寸、材料强度、配筋量及构件计算长度等参数已知，代入式（5.3），截面承载力复核。若该式（5.3）满足，说明截面安全；否则，为不安全，需重新进行设计。

【例 5.1】 某现浇框架结构集团大楼，第一层内柱的轴心压力设计值 $N=2800\text{kN}$，楼层高 $H=4.0\text{m}$，采用 C30 混凝土，HRB400 钢筋。求：柱截面尺寸及纵筋面积。

解： 根据构造要求，先假定柱截面尺寸为 $400\text{mm}\times400\text{mm}$，$f_c = 14.3\text{MPa}$，$f_y' = 360\text{MPa}$。

由表 5.5 可知，

$$l_0 = 1.0H = 4.0\text{m} \quad l_0/b = 10$$

查表 5.3 得：$\varphi = 0.98$ ，利用式（5.3）确定所需钢筋 A_s' 的数量

$$A_s' = \frac{N}{0.9\varphi f_y'} - \frac{f_c A}{f_y'} = \frac{2800000}{0.9\times0.98\times360} - \frac{14.3\times400\times400}{360} = 2462.8\text{mm}^2$$

选用 8⌀20 的钢筋（$A_s' = 2513\text{mm}^2$）

$$\rho' = \frac{A_s'}{A}\times100\% = \frac{2462.8}{400\times400}\times100\% = 1.54\% > \rho'_{\min}(=0.55\%)$$

故满足最小配筋率的要求。

$\rho' = 1.54\% < 3\%$ ，故上述 A 的计算中可不考虑 A_s' 的影响。

截面每一侧的配筋率

$$\rho' = \frac{942}{400\times400} = 0.59\% > 0.20\%$$

满足要求，同时按构造配置箍筋。

【例 5.2】 某现浇框架结构集团大楼，第二层内柱截面尺寸为 $400\text{mm}\times400\text{mm}$，其计算高度 $l_0=4.5\text{m}$；柱内配有 8 根直径为 22mm 的 HRB400 钢筋（8⌀22，$A_s'=3041\text{mm}^2$），混凝土强度等级为 C30。柱的轴心压力设计值 $N=2650\text{kN}$。问：截面是否安全？

解： 由 $l_0/b = 11.25$，查表 5.3 得：

$$\varphi = 0.961$$

全部纵筋配筋率

$$\rho' = \frac{A_s'}{\text{A}}\times100\% = \frac{3041}{400\times400}\times100\% = 1.90\% < 3\%$$

利用式（5.3）来确定截面所具有的承载力

$$N = 0.9\varphi(f_c\text{A} + f_y'A_s') = 0.9\times0.961\times(14.3\times400^2 + 360\times3041)\times10^{-6}$$
$$= 2925.7\text{kN} > 2650\text{kN}$$

故截面安全。

5.2.2 螺旋式（或焊接环式）箍筋柱

当轴心受压构件的轴向压力过大，导致按普通箍筋柱设计不能满足承载力要求，同时构件的截面尺寸及混凝土等级由于受条件限制（建筑、功能、或其他要求）不能更改时，

可以按螺旋式箍筋柱（图5.12）或焊接环式箍筋柱（图5.13）进行设计。但螺旋（焊接环）式箍筋柱的施工复杂，钢筋用量大，造价高，一般不普遍采用。

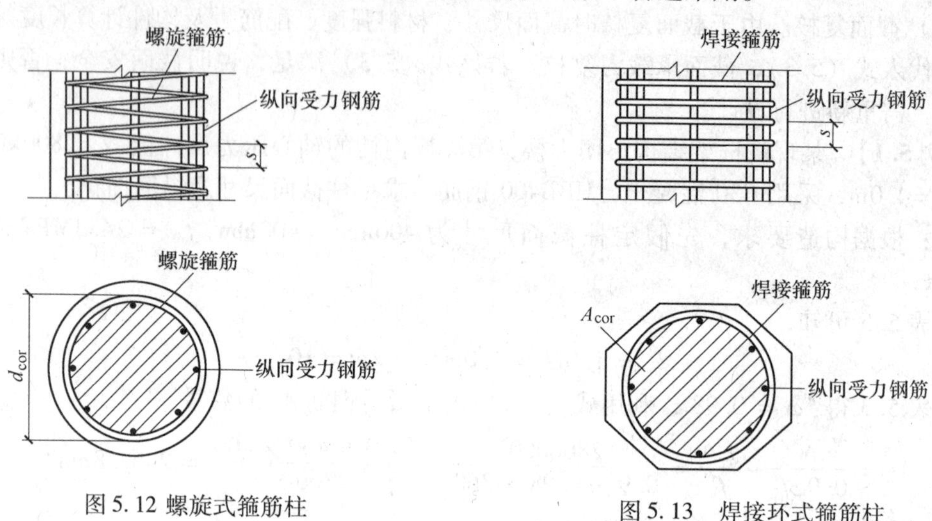

图5.12 螺旋式箍筋柱

图5.13 焊接环式箍筋柱

5.2.2.1 螺旋箍筋柱受力机理及性能

由于螺旋箍筋柱沿柱高配置有很密的螺旋箍筋（间距 s 很小），混凝土横向变形受到箍筋的约束作用，混凝土处于三向受压状态，为约束混凝土，构件承载能力比普通箍筋混凝土大。

对素混凝土柱、普通箍筋柱和螺旋箍筋柱进行轴心受压试验，分析螺旋箍筋柱承载力提高的机理。加载初期，柱所受压应力小于 $0.8f_c$ 时，普通箍筋柱和螺旋箍筋柱的压力应变曲线基本一致，螺旋箍筋作用不明显；加载中期，当所受压应力大于 $0.8f_c$ 时，混凝土横向变形快速增大，螺旋箍筋内部拉应力增大，螺旋箍筋开始约束其内核心混凝土的变形，核心混凝土的抗压强度超过混凝土的轴心抗压强度。随着压应力逐渐增大，螺旋箍筋外的混凝土保护层开裂脱落，因此在承载力分析时，不考虑此部分混凝土的作用，只考虑核心混凝土作用。

由此可见，水平螺旋箍筋起到了间接提高轴心受压承载力的作用，螺旋箍筋也称为间接钢筋。

5.2.2.2 螺旋箍筋柱承载力公式

由于被螺旋箍筋或焊接环筋，即间接钢筋包围的核心截面混凝土处于三向受压状态，此时轴心抗压强度较单轴受力作用下轴心抗压强度高。同时，间接钢筋对圆柱体混凝土的作用可以按公式（5.4）进行计算：

$$f_{c1} = f_c + 4\alpha\sigma_2 \tag{5.4}$$

式中 f_{c1}——约束后的混凝土轴心抗压强度；

σ_2——间接钢筋屈服时，核心混凝土承受的径向压应力值；

α——为间接钢筋对混凝土约束的折减系数：当混凝土强度等级不超过时C50，取 $\alpha=1.0$；当混凝土强度等级为C80时，$\alpha=0.85$；其间，按直线内插法确定。

对一个箍筋间距 s 范围内受力进行分析，如图5.14所示，对间接钢筋屈服时进行力的平衡分析，混凝土径向压力的合力仅由间接钢筋的拉力进行平衡，根据混凝土径向压应力的合力和间接钢筋的拉力的平衡关系式（5.5）：

$$\sum X = 0,\ 2f_{yv}A_{ss1} = 2\int_0^{\frac{\pi}{2}} \sigma_2 \sin\theta \cdot d\theta \cdot \frac{d_{cor}}{2} \cdot s = \sigma_2 \cdot s \cdot d_{cor} \tag{5.5}$$

式中　f_{yv}——间接钢筋的抗拉强度设计值；

A_{ss1}——单根螺旋式（或焊接环式）箍筋的截面面积；

d_{cor}——构件的核心截面直径，取间接钢筋内表面之间的距离。

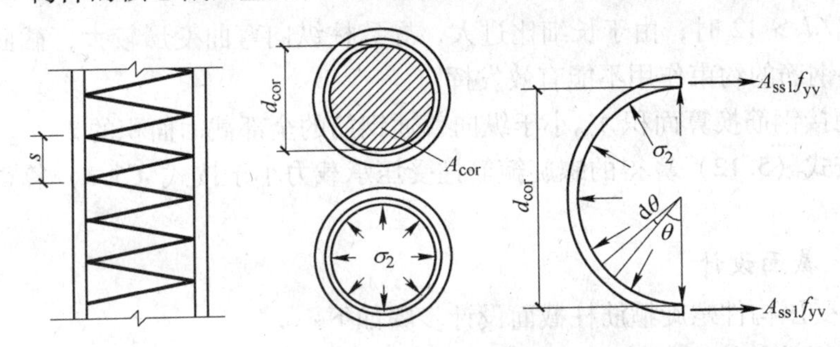

图 5.14　混凝土径向压应力示意图

可得柱的核心混凝土受到的径向压应力 σ_2 为：

$$\sigma_2 = \frac{2f_{yv}A_{ss1}}{sd_{cor}} = \frac{2f_{yv}d_{cor}A_{ss1}\pi}{4\dfrac{\pi d_{cor}^2}{4}s} = \frac{f_{yv}}{2A_{cor}}\frac{\pi d_{cor}A_{ss1}}{s} \tag{5.6}$$

定义螺旋式或焊接环式间接箍筋的换算截面面积 A_{ss0}：

$$A_{ss0} = \frac{\pi d_{cor}A_{ss1}}{s} \tag{5.7}$$

则式（5.6）可改为式（5.8）：

$$\sigma_2 = \frac{f_{yv}A_{ss0}}{2A_{cor}} \tag{5.8}$$

式中　A_{cor}——构件的核心截面面积，即间接钢筋内表面范围内混凝土截面面积；

A_{ss0}——单根螺旋式（或焊接环式）箍筋的换算截面面积；

s——沿着构件轴线方向螺旋式（或焊接环式）箍筋的间距。

由于螺旋（或焊接环式）箍筋柱破坏时纵向钢筋已屈服，核心混凝土达到抗压强度 f_{c1}，混凝土保护层早已剥落，混凝土保护层作用在计算承载力时不考虑。

因此，根据螺旋（或焊接环式）箍筋柱的截面内力平衡，即轴向压力由三向受力状态的核心混凝土和纵向钢筋来承担，可得

$$N_u = f_{c1}A_{cor} + f'_yA'_s \tag{5.9}$$

由式（5.4）、式（5.8）和式（5.9）可得：

$$N_u = (f_c + 4\alpha\sigma_2)A_{cor} + f'_yA'_s \tag{5.10}$$

$$N_u = f_cA_{cor} + 2\alpha f_{yv}A_{ss0} + f'_yA'_s \tag{5.11}$$

与普通箍筋类似，考虑可靠度调整系数 0.9 后，可得到螺旋式（或焊接环式）箍筋柱受压承载力计算公式（5.12），即《规范》所规定的螺旋箍筋或焊接环筋混凝土柱的承载力公式：

$$N \leqslant N_u = 0.9(f_c A_{cor} + f'_y A'_s + 2\alpha f_{yv} A_{ss0}) \tag{5.12}$$

按式（5.12）算得的构件受压承载力设计值不应大于按式（5.3）算得的构件受压承载力设计值 N_u 的1.5倍。因为间接箍筋配置过多，极限承载力提高过大，则保护层混凝土会在远未达到极限承载力之前剥落，从而影响正常使用。

按式（5.12），《规范》规定当遇到下列任意一种情况时，应按普通箍筋柱承载力计算，不计入间接钢筋的影响：

（1）当 $l_0/d > 12$ 时，由于长细比过大，导致柱纵向弯曲变形较大，截面处于局部受压状态，间接钢筋的约束作用不能有效发挥。

（2）当间接钢筋换算面积 A_{ss0} 小于纵向普通钢筋的全部截面面积的25%。

（3）当按式（5.12）算得的螺旋箍筋柱受压承载力小于按式（5.3）算得的普通箍筋柱受压承载力。

5.2.2.3　截面设计

对于轴心受压构件螺旋箍筋柱截面设计步骤如下：

（1）按普通箍筋柱进行计算，若轴向压力设计值较大，设计结果不能满足承载力要求，即所求纵向钢筋配筋率大于最大配筋率，按螺旋箍筋柱进行计算；同时，需确定长细比是否满足 $l_0/d > 12$，如果不满足则需增大截面尺寸。

（2）在最大配筋率范围内选取一配筋率，计算纵向钢筋截面积 A'_s，并配筋。

（3）初步确定箍筋直径，并据已知条件求得的保护层厚度，计算核心截面直径 d_{cor} 和核心截面面积 A_{cor}。

（4）由式（5.13）得到螺旋筋的换算截面面积 A_{ss0}，并验算是否满足 $A_{ss0} > 0.25A'_s$ 的构造要求：

$$A_{ss0} = \frac{\frac{N}{0.9} - (f_c A_{cor} + f'_y A'_s)}{2\alpha f_{yv}} \tag{5.13}$$

（5）选定箍筋直径，结合换算截面面积 A_{ss0}，螺旋箍筋的间距 s 可由式（5.7）确定。

（6）按式（5.12）确定实际螺旋箍筋柱截面承载力 N_u 是否满足设计要求，及螺旋箍筋柱截面承载力 N_u 小于按式（5.3）得到的普通箍筋柱截面承载力 N_u 的1.5倍。

【例5.3】 某现浇多层框架结构，底层门厅内的现浇钢筋混凝土柱以承受恒载为主，安全等级为一级，环境类别为一类，轴心压力设计值 $N = 6000\text{kN}$，从基础顶面至二层楼面高度为5m，采用C30混凝土，柱中纵筋采用HRB400钢筋，箍筋采用HPB300钢筋。要求混凝土柱为圆形截面，直径 $d = 450\text{mm}$。若不能改变给定条件，对该混凝土柱进行配筋计算。

解： $f'_y = 360\text{MPa}$，$f_{yv} = 270\text{MPa}$，$f_c = 14.3\text{MPa}$，间接钢筋对混凝土约束的折减系数，由于混凝土强度为C30低于C50，$\alpha = 1$。

先按截面为圆形的普通箍筋柱考虑，设计纵向柱钢筋：

（1）确定计算长度 l_0。

多层框架结构房屋的底层柱 $l_0 = 1.0H = 5.0\text{m}$。

（2）确定稳定系数 φ 值：$l_0/d = 5000/450 = 11.11 < 12$，查表5.3得：$\varphi = 0.938$。

（3）确定纵筋面积 A'_s 按式（5.3）计算：

$$A'_s = \frac{N}{0.9\varphi f'_y} - \frac{f_c A}{f'_y} = \frac{6000000}{0.9 \times 0.938 \times 360} - \frac{14.3 \times 159043}{360} = 13426\text{mm}^2$$

$$\rho' = \frac{A'_s}{A} = \frac{13426}{15.9 \times 10^4} = 8.44\% > \rho'_{max}(=5\%)$$

由于按普通箍筋柱来计算的纵向钢筋配筋率为 8.44% 超过了规定的最大配筋率，因此按螺旋配筋柱进行设计。

长细比 $l_0/d = 5000/450 = 11.11 < 12$ 满足螺旋箍筋柱承载力要求，可以按 $d = 450$mm 进行计算。

（4）选择纵筋配筋率为 4.5% 进行计算，配筋率小于 5% 满足构造要求。

则求得纵向钢筋截面积 A'_s：$A'_s = 0.045 \times 15.9 \times 10^4 = 7155\text{mm}^2$。

可选用 12 根直径 28mm 钢筋（12Φ28），钢筋截面积：$A'_s = 7384\text{mm}^2 > 7155\text{mm}^2$。

按规定，安全等级为一类和环境类别为一类的柱，其最外层钢筋的保护层厚度取 30mm，同时假定箍筋直径为 16mm，得：

$$d_{cor} = 450 - (30 + 16) \times 2 = 358\text{mm}$$

$$A_{cor} = \frac{\pi d_{cor}^2}{4} = \frac{3.14 \times 358^2}{4} = 100660\text{mm}^2$$

由式（5.13）可求得螺旋筋的换算截面面积：

$$A_{ss0} = \frac{\frac{N}{0.9} - (f_c A_{cor} + f'_y A'_s)}{2\alpha f_{yv}} = \frac{6000 \times 10^3/0.9 - (14.3 \times 100660 + 360 \times 7384)}{2 \times 1.0 \times 270}$$

$$= 4754\text{mm}^2$$

$$A_{ss0} > 0.25A'_s = 1847\text{mm}^2$$

故符合构造要求。

（5）假定螺旋筋直径 $d = 16$mm，则单肢截面面积为 $A_{ss1} = 201.1\text{mm}^2$。螺旋筋的间距 s：

$$s = \frac{\pi d_{cor} A_{ss1}}{A_{ss0}} = \frac{3.14 \times 358 \times 201.1}{4754} = 47.6\text{mm}$$

取 $s = 45$mm，满足不小于 40mm，且不大于 80mm 及 $d_{cor}/5 = 77.6$ 的要求。

（6）验算承载力。

根据配置的螺旋箍筋 $d = 16$mm，$s = 45$mm，重新求解螺旋箍筋柱的轴心压力设计值。

$$A_{ss0} = \frac{\pi d_{cor} \cdot A_{ss1}}{s} = \frac{3.14 \times 358 \times 201.1}{45} = 5024\text{mm}^2$$

$$N_u = 0.9(f_c A_{cor} + 2\alpha f_{yv} A_{ss0} + f'_y A'_s)$$
$$= 0.9(14.3 \times 100660 + 2 \times 1.0 \times 270 \times 5024 + 360 \times 7384)$$
$$= 6129.6\text{kN} > N = 6000\text{kN}$$

按普通箍筋柱进行受压承载力计算

$$N'_u = 0.9\varphi(f_c A + f'_y A'_s) = 0.9 \times 0.938 \times (14.3 \times 3.14 \times 450 \times 450/4 + 360 \times 7384)$$

$= 4163.1\text{kN} < 6131.8\text{kN}$

$N_u = 6131.8\text{kN} > 1.5N'_u = 6248.4\text{kN}$

满足要求。

5.3　偏心受压构件正截面承载力计算

实际工程中的受压构件，大部分为偏心受压构件，常见的有单层厂房排架柱，多层框架柱，高层建筑中的剪力墙等。偏心受压构件又分为单向偏心受压构件［图5.1（b）］和双向偏心受压构件［图5.1（c）］两类，本节主要研究单向偏心受压构件。

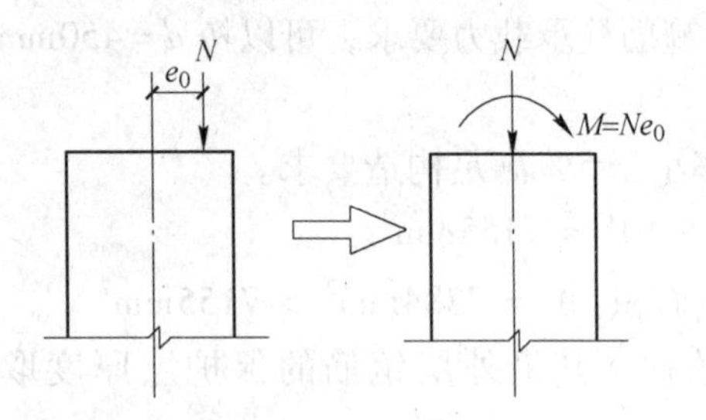

图5.15　单向偏心受压构件受力图

单向偏心受压构件同时受到轴心压力 N 和一个主轴方向的弯矩 M 的作用，在计算分析时可以将受到的轴心压力 N 和弯矩 M 转换为偏心距 $e_0 = M/N$ 的偏心压力作用情况来考虑（图5.15）。

因此，偏心受压构件变形和破坏特征界于轴心受压构件和受弯构件之间。

通过偏心受压构件的试验研究发现，构件破坏是由受压区混凝土导致。根据试验结果破坏的受力特点及特征，可以将偏心受压构件破坏分为：大偏心受压破坏（受拉破坏）和小偏心受压破坏（受压破坏），以及它们之间的界限状态。

5.3.1　受力特点和破坏特征

（1）大偏心受压破坏（受拉破坏）。当轴向力 N 的偏心距 e_0 较大，并且受拉钢筋数量不太多时，会发生大偏心受压破坏（受拉破坏），其破坏形态如图5.16（a）所示。

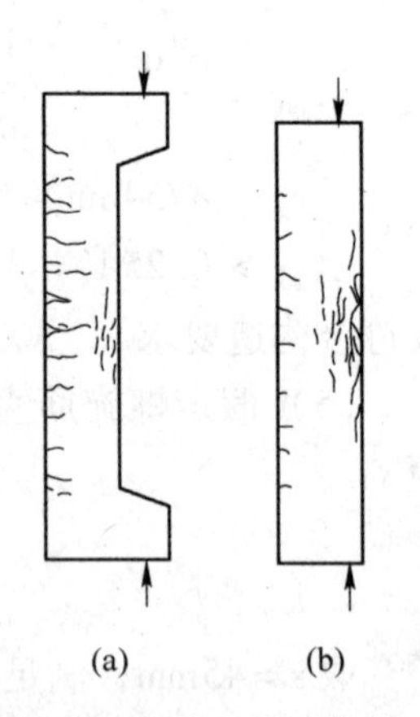

图5.16　偏心受压构件破坏形态
（a）大偏心破坏；
（b）小偏心破坏

在荷载作用下，近轴向力一侧受压，而离轴向力较远侧受拉。随着荷载逐渐增大，首先在受拉区产生横向裂缝，并不断发展形成一条主裂缝。由于受拉钢筋数量不多，当接近临界荷载时，受拉钢筋达到屈服强度 f_y，进入流幅阶段，横向裂缝宽度继续增大，中性轴向受压区移动，混凝土受压区高度不断减小。受压区混凝土应变持续增大，出现纵向裂缝，当增大至极限时，受压区混凝土被压碎导致构件破坏，如图5.16（a）所示。对大偏心受拉破坏，一般受压钢筋达到屈服强度 f'_y。

（2）小偏心受压破坏（受压破坏）。对于小偏心受压构件，随着荷载的增大，破坏从近轴向力的一侧混凝土开始，当达到破坏荷载时，受压区出现纵向裂缝，破坏没有明显预兆，混凝土压碎区大［图5.16（b）］。并且混凝土强度越高，构件表现出的脆性破坏越明显。当偏心距很小时，也可能出现远轴向力一侧的混凝土先被压坏的情况。

小偏心受压破坏截面应力分布分为大部分截面受压［图5.17（b）］和全截面受压［图5.17（c）］，统称为受压破坏。

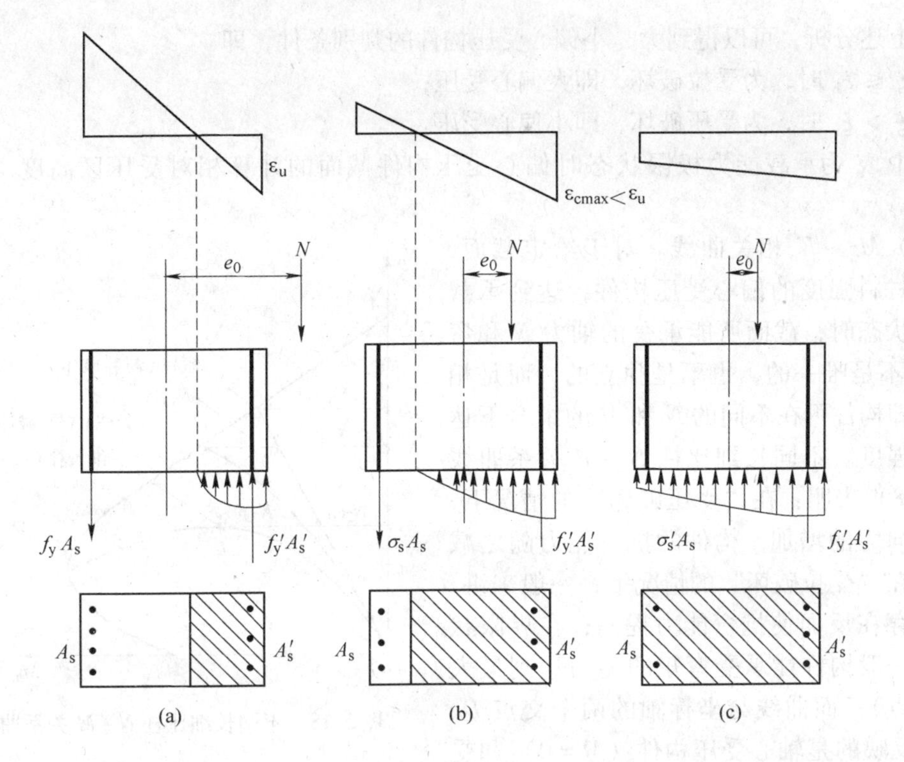

图 5.17　偏心受压构件受力图

（a）受拉破坏；（b）部分截面受压；（c）全截面受压

1）部分截面受压。当轴向力偏心距 e_0 较小或轴向力偏心距 e_0 较大、但受拉钢筋 A_s 配筋率过大（非对称对称配筋）时，构件为部分截面受压，远离轴向力一侧钢筋受拉，其破坏形态如图 5.16（b）所示。

对于偏心距 e_0 较小，部分截面受压的小偏心受压构件，受压区高度大，承载力主要由受压区混凝土和受压钢筋 A'_s 承担，当构件破坏时，受压区混凝土被压碎破坏，受压钢筋 A'_s 屈服，而受拉钢筋没有达到屈服强度 f_y。

对于偏心距 e_0 较大，配置较多受拉钢筋 A_s 的小偏心受压构件，由于受拉钢筋 A_s 配筋量过大，受拉钢筋承担较大的荷载作用，受拉区钢筋应变发展较慢，混凝土的受压区高度较大，截面应力应变状态如图 5.17（b）所示。

2）全截面受压。一般情况下，当轴向力偏心距 e_0 很小时，由于构件的实际中心与几何中心不重合，且偏向远轴向力一侧，使得构件全截面受压，近轴向力一侧钢筋 A'_s 压应力较大，远离轴向力一侧钢筋 A_s 也受压，但压应力较小。当构件发生破坏时，近轴向力一侧钢筋 A'_s 压应力达到屈服强度 f'_y，但远离轴向力一侧钢筋 A_s 压应力没有达到屈服强度，其截面的应力如图 5.17（c）所示，最终近轴向力一侧的混凝土先被压坏。

对于以上两种小偏心受压破坏，其破坏荷载与受压区混凝土出现纵向裂缝的荷载非常接近，混凝土压碎区范围较大，表现出脆性破坏，并且混凝土强度越高，脆性越明显。

（3）界限状态。从上述两种破坏形态可以看出，两类偏心受压构件的界限破坏特征同受弯构件中适筋梁与超筋梁的界限破坏特征完全相同，相对界限受压区高度 ξ_b 的表达式与受弯构件也完全一样。

由上述分析，可以得到大、小偏心受压构件的判别条件，即

当$\xi \leqslant \xi_b$时，为受拉破坏，即大偏心受压；

当$\xi > \xi_b$时，为受压破坏，即小偏心受压。

其中，ξ为承载能力极限状态时偏心受压构件截面的计算相对受压区高度，即$\xi = x/h_0$。

（4）$M_u \sim N_u$相关曲线。对于给定截面、配筋及材料强度的偏心受压构件，达到承载力极限状态时，截面所能承受的轴力N和弯矩M并不是唯一的，也不是独立的，而是相关的，即构件可在不同的N和M的组合下达到极限强度。不同长细比柱$N-M$关系曲线（图5.18）表明：在“受压破坏”的情况下，随着轴向力的增加，构件的抗弯能力随之减小；但在“受拉破坏”的情况下，一般来讲，轴力的存在反而使抗弯能力提高；在界限状态时，一般构件能承受弯矩的能力达到最大值（F点）；而曲线与坐标轴的两个交点D、A分别反映的是轴心受压构件（$M=0$）和受弯构件（$N=0$）两种特定情况。

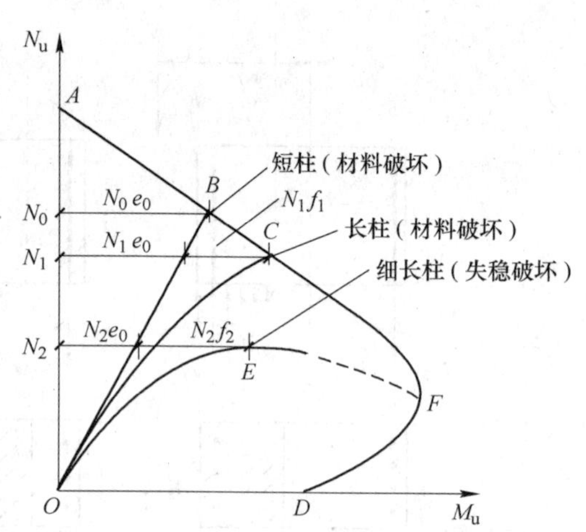

图5.18　不同长细比柱$N-M$关系曲线

（5）附加偏心距e_a。如前所述，由于荷载作用位置的偏差，混凝土的非均匀性，配筋的不对称性以及施工制造的误差等原因，构件往往会产生附加的偏心距。尤其在初始偏心距较小时，其影响更为明显。因此在偏心受压构件正截面承载力计算中，应考虑轴向力在偏心方向存在的附加偏心距e_a的影响。

其值应在20mm和偏心方向截面尺寸的1/30两者中取较大值。

5.3.2　偏心受压构件的二阶效应

结构中的二阶效应指作用在结构上的重力或构件中的轴力在变形后的结构或构件中引起的附加内力和附加变形。建筑结构的二阶效应包括P-Δ效应和P-δ效应两部分。

P-Δ效应为竖向力（重力或构件的轴力）在产生侧移的结构中引起的附加侧移和附加内力，即结构侧移产生的二阶效应。结构侧移引起的二阶效应P-Δ效应计算属于结构整体层面的问题，一般在结构整体分析，即内力计算中考虑。

P-δ效应为轴向压力在产生了挠度的结构中引起的附加挠度和附加内力，即杆件自身挠曲产生的二阶效应。轴向压力在构件中挠曲产生的P-δ效应属于构件层面问题，是由轴向压力在偏心受压构件中产生挠曲变形的杆件内引起的曲率和弯矩增量，一般在构件设计时考虑。下面仅对挠曲产生的P-δ二阶效应进行分析。由挠曲引起的P-δ二阶效应分为两类（图5.19）：

（1）杆端弯矩异号产生的P-δ二阶效应。在结构中常见的反弯点位于柱高中部的偏心受压构件中［图5.19（a）］，这种二阶效应虽能增大构件除两端区域外各截面的曲率和弯矩，但增大后的弯矩通常不可能超过柱两端控制截面的弯矩，对于此种情况，不用考虑

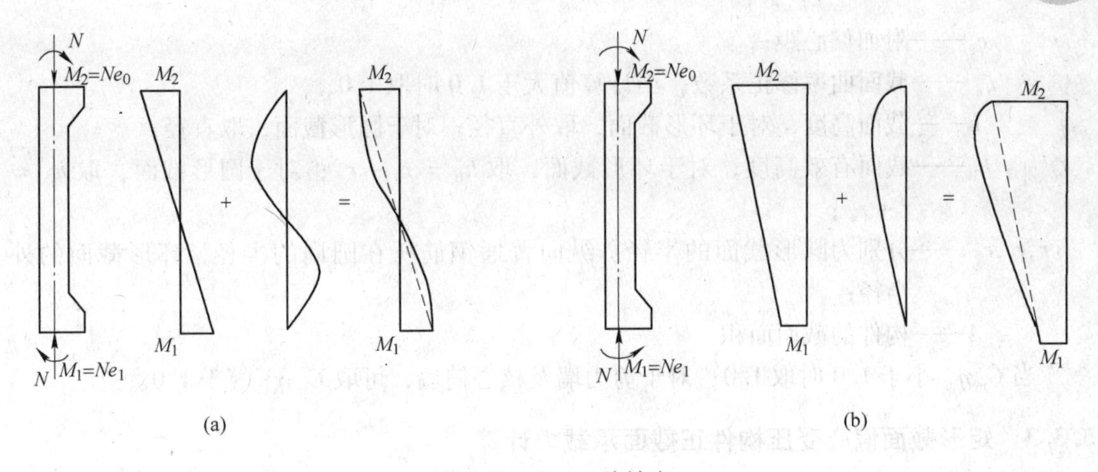

图 5.19 P-δ 二阶效应

（a）杆端弯矩异号；（b）杆端弯矩同号

P-δ 二阶效应。

（2）杆端弯矩同号时的 P-δ 二阶效应。对于在反弯点不在杆件高度范围内的较细长且轴压比偏大的偏心受压构件中［图 5.19（b）］，经 P-δ 效应增大后的杆件中部弯矩有可能超过柱端控制截面的弯矩。此时，在截面设计中就必须考虑 P-δ 效应的附加影响。

《规范》规定，只要满足下列三个条件中的一个时，就要考虑 P-δ 效应：

$$
\begin{aligned}
&1)\ \text{弯矩比} \qquad && M_1/M_2 > 0.9 \\
&2)\ \text{轴压比} \qquad && N/f_cA > 0.9 \\
&3)\ \text{长细比} \qquad && l_0/i \leqslant 34 - 12(M_1/M_2)
\end{aligned}
\tag{5.14}
$$

式中 M_1，M_2——分别为已考虑侧移影响的偏心受压构件两端截面按结构分析确定的对同一主轴的组合弯矩设计值，绝对值较大端为 M_2，绝对值较小端为 M_1，当构件按单曲率弯曲时，M_1/M_2取正值，否则取负值；

l_0——构件的计算长度，可近似取偏心受压构件相应主轴方向上下支撑点之间的距离；

i——偏心方向的截面回转半径，对于矩形截面为 0.289h；

A——偏心受压构件的截面面积。

《规范》规定，除排架结构柱外，其他偏心受压构件考虑轴向压力在挠曲杆件中产生的二阶效应控制截面的弯矩设计值，应按下式计算：

$$M = C_m \eta_{ns} M_2 \tag{5.15}$$

$$C_m = 0.7 + 0.3M_1/M_2 \tag{5.16}$$

$$\eta_{ns} = 1 + \frac{1}{1300(M_2/N + e_a)/h_0}\left(\frac{l_0}{h}\right)^2 \zeta_c \tag{5.17}$$

$$\zeta_c = \frac{0.5f_cA}{N} \tag{5.18}$$

式中 C_m——构件端截面偏心距调节系数，当小于 0.7 时取 0.7；

η_{ns}——弯矩增大系数；

N——与弯矩设计值相应的轴向压力设计值；

e_a——附加偏心距；

ζ_c——截面曲率修正系数，当计算值大于1.0时取1.0；

h——截面高度，对于环形截面，取外直径；对于圆形截面，取直径；

h_0——截面有效高度，对于环形截面，取 $h_0 = r_2 + r_s$；对于圆形截面，取 $h_0 = r + r_s$；

r, r_s, r_2——分别为圆形截面的半径、纵向普通钢筋所在圆周的半径、环形截面的外半径；

A——构件的截面面积。

当 $C_m\eta_{ns}$ 小于1.0时取1.0；对于剪力墙及核心筒墙，可取 $C_m\eta_{ns}$ 等于1.0。

5.3.3 矩形截面偏心受压构件正截面承载力计算

（1）基本假定。与受弯构件相同，钢筋混凝土偏心受压构件正截面承载力计算公式的基本假定：

1）符合平截面假定；

2）不考虑受拉区混凝土的抗拉，抗拉主要由钢筋承担；

3）受压区混凝土的极限压应变：强度不超过C50时，极限压应变为0.0033；强度为C80时，极限压应变为0.003；

4）受压区混凝土的应力图形可以简化为等效矩形图，该压应力平均强度值取 $\alpha_1 f_c$。

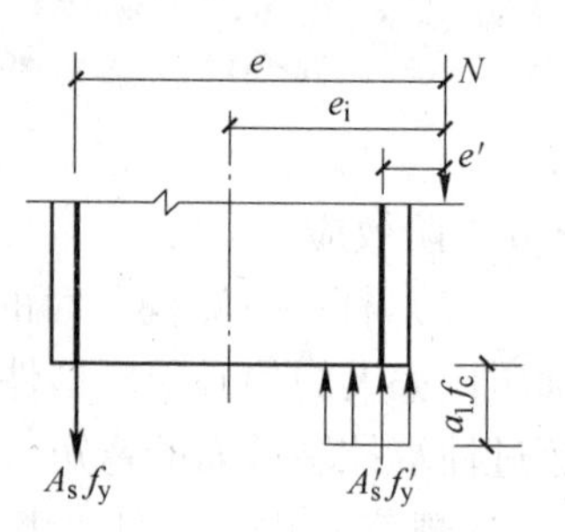

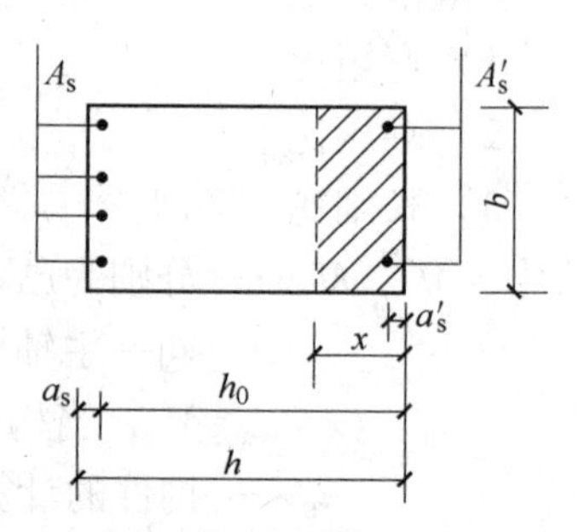

图5.20 非对称配筋大偏心受压构件计算图

（2）大偏心受压构件的基本计算公式。由前述试验研究可知，当受拉钢筋配置不足时，受拉钢筋受拉屈服，发生大偏心受压破坏（受拉破坏），按大偏心受压构件考虑。此时受拉钢筋应力取抗拉强度设计值 f_y，受压钢筋应力取抗压强度设计值 f'_y，构件截面受压区混凝土压应力分布按等效矩形应力 $\alpha_1 f_c$ 取值。破坏时按图5.20进行分析，考虑截面受力平衡，建立纵向力平衡与和受拉钢筋点力矩平衡可得式（5.19）和式（5.20）：

$$\sum Y = 0,\ N \leqslant \alpha_1 f_c bx + f'_y A'_s - f_y A_s \tag{5.19}$$

$$\sum M = 0,\ Ne \leqslant \alpha_1 f_c bx(h_0 - 0.5x) + f'_y A'_s(h_0 - a'_s) \tag{5.20}$$

$$e = e_i + 0.5h - a_s$$

$$e_i = e_0 + e_a$$

将 $x = \xi h_0$ 代入式（5.19）和式（5.20）中，可得以下公式：

$$N \leqslant \alpha_1 f_c bh_0\xi + f'_y A'_s - f_y A_s \tag{5.21}$$

$$Ne \leqslant \alpha_1 f_c bh_0{}^2\xi(1 - 0.5\xi) + f'_y A'_s(h_0 - a'_s) \tag{5.22}$$

式中 N——轴向力设计值；

e——轴向力作用点至受拉钢筋合力点之间的距离；

a_s，a'_s——分别为受拉钢筋合力点和受压钢筋合力点至截面近边缘的距离；

α_1 ——系数，按第4章的相关规定取值；

ξ_b ——相对受压区高度，$\xi_b = x_b/h_0$；

e_i——初始偏心距；

e_0——轴向力对截面形心的偏心距，需分析是否考虑二阶效应；

e_a——附加偏心距，取20mm和偏心方向截面尺寸的1/30两者中较大值。

大偏心受压构件为受拉破坏，即受拉区钢筋达到屈服。为了保证构件破坏时，受拉区钢筋达到屈服，受压区高度 x 还要满足以下两个条件：

1）受压区高度 x 不大于界限受压区高度 x_b，即

$$x \leqslant x_b (= \xi_b h_0)$$

2）受压区高度 x 大于钢筋保护层厚度，即

$$x \geqslant 2a'_s$$

（3）小偏心受压构件的基本计算公式。由前述试验研究可知，偏心距较小或很小时；或者虽然相对偏心距较大，但受拉侧钢筋数量较多时，发生小偏心受压破坏（受压破坏），按小偏心受压构件考虑。

小偏心受压破坏时受压区混凝土被压碎，受压钢筋应力达到屈服（受压钢筋应力取抗压强度设计值 f'_y）。而远侧钢筋不论受拉还是受压，均没有达到屈服强度（远侧钢筋应力用 σ_s 表示），构件截面受压区混凝土压应力分布按等效矩形应力 $\alpha_1 f_c$ 取值。

受压钢筋应力 σ_s 可按下式计算：

$$\sigma_s = f_y \frac{\xi - \beta_1}{\xi_b - \beta_1} \tag{5.23}$$

式中，β_1 为系数，为混凝土受压区高度 x 与截面中性轴高度 x_c 的比值，具体见第4章。

当 σ_s 为正时，远侧钢筋受拉，按图5.21计算；当 σ_s 为负时，表示远侧钢筋受压，按图5.22进行计算。对于小偏心受压构件，其远侧钢筋均没有达到屈服状态，因此 σ_s 应满足：

$$-f'_y \leqslant \sigma_s \leqslant f_y$$

1）$\sigma_s \geqslant 0$，远侧钢筋受拉。构件破坏时按图5.21进行分析，考虑截面受力平衡，建立纵向力平衡与和受拉钢筋点力矩平衡可得：

$$\sum Y = 0,\ N \leqslant \alpha_1 f_c bx + f'_y A'_s - \sigma_s A_s \tag{5.24}$$

$$\sum M_{A_s} = 0,\ Ne \leqslant \alpha_1 f_c bx(h_0 - 0.5x) + f'_y A'_s (h_0 - a'_s) \tag{5.25}$$

$$\sum M_{A'_s} = 0,\ Ne' \leqslant \alpha_1 f_c bx(0.5x - a'_s) - \sigma_s A_s (h_0 - a'_s) \tag{5.26}$$

e 和 e' 可由下式求得：

$$e = e_i + 0.5h - a_s$$

$$e' = 0.5h - e_i - a'_s$$

将 $x = \xi h_0$ 代入式（5.24）、式（5.25）、式（5.26）中，公式可改为如下形式：

$$N \leqslant \alpha_1 f_c bh_0 \xi + f'_y A'_s - \sigma_s A_s \tag{5.27}$$

$$Ne \leqslant \alpha_1 f_c bh_0 \xi(1 - 0.5\xi) + f'_y A'_s (h_0 - a'_s) \tag{5.28}$$

$$Ne' \leqslant \alpha_1 f_c bh_0^2 \xi(0.5\xi - a'_s/h_0) - \sigma_s A_s (h_0 - a'_s) \tag{5.29}$$

2）$\sigma_s \leqslant 0$，远侧钢筋受压，即反向受压破坏。当轴向压力较大，偏心距 e_0 较小时，较

远侧钢筋中能发生受压屈服，即小偏心受压的反向受压破坏，截面应力如图5.22所示。

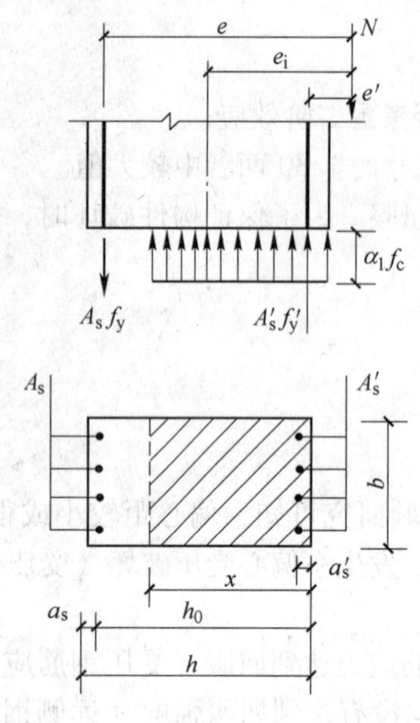

图5.21 小偏心受压构件计算图

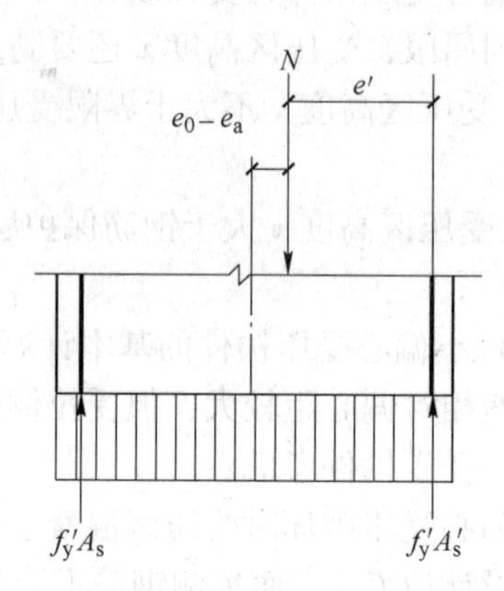

图5.22 小偏心受压构件的反向受压破坏计算图形

因此《规范》规定，对采用矩形非对称配筋的小偏心受压构件，当轴向设计值 $N > f_c bh$ 时，为了防止较远侧钢筋发生受压破坏，较远侧钢筋应满足式（5.30）的要求：

$$\sum M_{A'_s} = 0,\ Ne' \leqslant \alpha_1 f_c bx(h'_0 - 0.5h) - f'_y A_s(h'_0 - a_s) \tag{5.30}$$

式中，h'_0 为钢筋 A'_s 合力点到截面较远侧边缘的距离，即 $h'_0 = h - a'_s$。

反向受压破坏状态下，轴向压力作用点至受压钢筋 A'_s 合力点的距离 e' 为：

$$e' = 0.5h - a'_s - (e_0 - e_a)$$

上式中考虑了不利方向的附加偏心距，令 $e_i = e_0 - e_a$，使得 e' 增大，远侧钢筋用量增加，设计上偏安全。

（4）受压破坏类型的判别。在进行受压构件计算之前，应该先确定受压构件类型，再选择相应的大偏心受压构件计算公式，或小偏心受压构件的计算公式进行计算。

在5.3.1中对受压构件界限状态进行了分析，以相对受压区高度 $\xi = \xi_b$ 为分类判别条件，$\xi \leqslant \xi_b$ 为大偏压构件，$\xi > \xi_b$ 为小偏压构件。但设计时一般 A'_s 和 A_s 未知，无法计算相对受压区高度 ξ，需要通过其他的方法进行初步判断。

因此，一般先确定相对受压区高度 ξ_b，计算出相应的偏心距 e_i 作为判断条件。

理论和试验分析表明，纵向力的偏心距 e_0 存在某一值 e_{0b}，当 e_0 减小到 e_{0b} 时，构件从受拉破坏转为受压破坏。e_{0b} 随配筋率 ρ 和 ρ' 的不同而不同，将 e_{0b} 的最小值 $(e_{ib})_{min}$ 作为大、小偏心受压构件的界限条件。对于普通热轧钢筋和常用等级的混凝土构成的钢筋混凝土偏心压构件的 $(e_{ib})_{min}$ 基本接近 $0.3h_0$，因此取 $e_{ib} = 0.3h_0$ 作为大、小偏心受压的界限判断条件。即：

当 $e_i > e_{ib} = 0.3h_0$ 时，可能为大偏心受压，也可能为小偏心受压，可先按大偏心受压设计；

当 $e_i \leqslant e_{ib} = 0.3h_0$ 时，按小偏心受压设计。

5.3.4 矩形截面非对称配筋偏心受压构件正截面承载力计算

矩形截面非对称配筋偏心受压构件计算分为截面设计和截面复核两类。

5.3.4.1 截面设计

（1）截面设计一般步骤。矩形截面偏心受压构件的设计分为非对称配筋和对称配筋两类。矩形截面非对称配筋偏心受压构件截面设计一般步骤为：

1）确定已知条件：材料强度、内力设计值 N、M。

2）选定截面尺寸：根据刚度及构造要求，并结合实际经验确定。

3）要进行附加弯矩分析。

4）偏心受压构件的破坏类型判别：大偏心受压构件，还是小偏心受压构件。

当 $e_i > 0.3h_0$ 时，先按大偏心受压计算，A_s 配置过多，也可能转化为小偏心反向受压；

当 $e_i \leqslant 0.3h_0$ 时，按小偏心受压计算。

5）计算钢筋面积 A'_s 和 A_s 并配筋：根据大偏心受压（或小偏心受压）计算公式进行计算确定；根据计算纵向钢筋面积，确定纵向钢筋直径及数量；同时按构造要求确定箍筋。

6）垂直于弯矩作用平面的承载力复核。

无论是设计还是复核，当构件截面尺寸在两个方向不同时，除了在弯矩作用平面内按偏心受压进行计算外，对于小偏心受压构件一般需要验算垂直于弯矩作用平面的强度。此时，应按轴心受压构件、考虑纵向弯曲的影响来进行计算。

（2）大偏心受压构件的计算。大偏心受压构件设计按受压钢筋面积 A'_s 是否已知，可以分为两种情况：

情况 1：A'_s 和 A_s 均未知。

A'_s、A_s 和受压区截面高度 x 三个未知量。为使（$A'_s + A_s$）的总量最少，可取 $x = x_b = \xi_b h_0$，代入式（5.22）得到 A'_s 的公式：

$$A'_s = \frac{Ne - \xi_b(1 - 0.5\xi_b)\alpha_1 f_c b h_0^2}{f'_y(h_0 - a'_s)} \tag{5.31}$$

将求得的 A'_s 代入式（5.21）得

$$A_s = \frac{\xi_b \alpha_1 f_c b h_0 + f'_y A'_s - N}{f_y} \tag{5.32}$$

根据式（5.31）及式（5.32）得到的 A'_s 和 A_s 应满足最小配筋率的要求，即 $A'_s \geqslant \rho_{min} bh$，如 $A'_s < \rho_{min} bh$，则取 $A'_s = \rho_{min} bh$，再按 A'_s 为已知条件计算 A_s。

情况 2：受压钢筋 A'_s 已知。

只有 A_s 和受压区截面高度 x 两个未知量，可直接用基本公式求解。

由式（5.22）可得到 ξ 的求解公式：

$$\xi = 1 - \sqrt{1 - \frac{Ne - f'_y A'_s(h_0 - a'_s)}{0.5\alpha_1 f_c b h_0^2}} \tag{5.33}$$

对相对受压区高度 ξ 进行判别存在三种情况：

1）如果 $\xi > \xi_b$，则所给 A'_s 无效，按 A'_s 未知的情况重新计算；

2）如果 $2a'_s/h_0 \leqslant \xi \leqslant \xi_b$，则按式（5.32）计算抗拉钢筋 A_s。

3）如果 $\xi < 2a'_s/h_0$ 即 $x < 2a'_s$，则令 $x = 2a'_s$，对受压钢筋 A'_s 合力点取矩，得

$$Ne'_i = f_y A_s (h_0 - a'_s) \tag{5.34}$$

$$A_s = \frac{Ne'_i}{f_y (h_0 - a'_s)} \tag{5.35}$$

$$e'_i = e_i - 0.5h + a'_s$$

同时再按不考虑受压钢筋 A'_s，即取 $A'_s = 0$，利用式（5.19）、式（5.20）求得 A_s 值，然后与式（5.35）得到的 A_s 比较，按其中较小配筋面积进行配筋。

【例5.4】 某大楼矩形截面钢筋混凝土柱，构件环境类别为一类，设计使用年限为50年。截面尺寸为300mm×500mm，轴向压力设计值 $N = 350\text{kN}$，$M_1 = 230\text{kN}\cdot\text{m}$，$M_2 = 280\text{kN}\cdot\text{m}$，在此不考虑弯矩二阶效应，计算长度 $l_0 = 5.0\text{m}$。钢筋采用HRB335钢筋（$f_y = f'_y = 300\text{MPa}$），混凝土强度等级为C25（$f_c = 11.9\text{MPa}$），试按非对称配筋进行截面设计。

解：（1）材料强度和几何参数。

C25混凝土，$f_c = 11.9\text{MPa}, a_1 = 1.0$。

HRB335级钢筋，$f_y = f'_y = 300\text{MPa}$，$\xi_b = 0.55$。

从构件使用年限为50年，环境类别为一类及柱类构件考虑，构件最外层保护层厚度为20mm，由于混凝土强度不超过C25，保护层厚度要多加5mm；初定箍筋直径8mm，纵筋直径20～25mm，则取 $a_s = a'_s = 20 + 5 + 8 + 12 = 45\text{mm}$；则 $h_0 = h - a_s = 500 - 45 = 455\text{mm}$。

（2）判断是否考虑附加弯矩影响：

杆端弯矩比：
$$\frac{M_1}{M_2} = \frac{230}{280} = 0.82 < 0.9$$

轴压比：
$$\frac{N}{f_c bh} = \frac{350000}{11.9 \times 300 \times 500} = 0.2 < 0.9$$

$$i = \sqrt{\frac{I}{A}} = \sqrt{\frac{1}{12}}h = \sqrt{\frac{1}{12}} \times 500 = 144.3\text{mm}$$

$$l_0/i = 5000/144.3 = 34.65 > 34 - 12(M_1/M_2) = 24.16$$

应考虑附加弯矩的影响。

$$\zeta_c = \frac{0.5 f_c A}{N} = \frac{0.5 \times 11.9 \times 300 \times 500}{350 \times 10^3} = 2.55 > 1.0\text{，取}\ \zeta_c = 1.0$$

$$e_a = \frac{h}{30} = \frac{500}{30} = 16.67\text{mm} < 20\text{mm}\text{，取}\ e_a = 20\text{mm}$$

$$C_m = 0.7 + 0.3\frac{M_1}{M_2} = 0.7 + 0.3 \times \frac{230}{280} = 0.946$$

$$\eta_{ns} = 1 + \frac{1}{1300(M_2/N + e_a)/h_0}\left(\frac{l_0}{h}\right)\zeta_c$$

$$= 1 + \frac{1}{1300(280 \times 10^6/350 \times 10^3 + 20)/455}\left(\frac{5000}{500}\right) \times 1.0 = 1.04$$

考虑纵向挠曲影响后的弯矩设计值为

$$M = C_m \eta_{ns} M_2$$

由于 $C_m \eta_{ns} = 0.946 \times 1.04 = 0.98 < 1.0$，故取 $C_m \eta_{ns} = 1.0$。则

$$M = \eta_{ns} M_2 = 1.0 \times M_2 = 276\text{kN} \cdot \text{m}$$

（3）判别大小偏心受压：

$$e_0 = \frac{M}{N} = \frac{276 \times 10^6}{350 \times 10^3} = 789\text{mm}$$

初始偏心距：　$e_i = e_0 + e_a = 789 + 20 = 809\text{mm}$

$$e_i > 0.3h_0 = 0.3 \times 455 = 136.5\text{mm}$$

可按大偏心受压计算。

（4）求 A_s 和 A'_s：

因为 A_s 和 A'_s 均未知，取 $\xi = \xi_b = 0.55, \alpha_1 = 1.0$

$$e = e_i + \frac{h}{2} - a_s = 809 + 250 - 45 = 1014\text{mm}$$

由式（5.31）得：

$$A'_s = \frac{Ne - \alpha_1 f_c b h_0^2 \xi_b (1 - 0.5\xi_b)}{f'_y (h_0 - a'_s)}$$

$$= \frac{350 \times 10^3 \times 1014 - 1.0 \times 11.9 \times 300 \times 455^2 \times 0.55 \times (1 - 0.5 \times 0.55)}{300 \times (455 - 45)}$$

$$= 491\text{mm}^2 > 0.002bh = 300\text{mm}^2$$

由式（5.32）求 A_s

$$A_s = \frac{\alpha_1 f_c b h_0 \xi_b + f'_y A'_s - N}{f_y}$$

$$= \frac{1.0 \times 11.9 \times 300 \times 455 \times 0.55 + 300 \times 491 - 350 \times 10^3}{300}$$

$$= 2302\text{mm}^2$$

（5）选择钢筋及截面配筋图：

选择受压钢筋为 4Φ14（$A'_s = 615\text{mm}^2$）；受拉钢筋为 4Φ28（$A_s = 2463\text{mm}^2$）。则 $A'_s + A_s = 615 + 2463 = 3078\text{mm}^2$，全部纵向钢筋的配筋率：

$$\rho = \frac{3078}{300 \times 500} = 2.05\% > \rho_{min} = 0.6\%$$

（6）$l_0/b = 5000/300 = 16.67, \varphi = 0.85$

$$N_u = 0.9\varphi(f_c A + f'_y A'_s) = 0.9 \times 0.85 \times (11.9 \times 300 \times 500 + 300 \times 615)$$

$$= 1507\text{kN} > 350\text{kN}$$

满足要求。箍筋按照构造要求选用。

【例 5.5】 已知：同例 5.4，并已知 $A'_s = 628\text{mm}^2$。求：受拉钢筋截面面积。

解：由按大偏心受压计算式（5.33）：

$$\xi = 1 - \sqrt{1 - \frac{Ne - f'_y A'_s (h_0 - a'_s)}{0.5\alpha_1 f_c b h_0^2}} = 1 - \sqrt{1 - \frac{350 \times 1014 - 300 \times 628 \times 410}{0.5 \times 1.0 \times 11.9 \times 300 \times 455^2}}$$

$$= 0.502 < 0.55 = \xi_b$$

$$\xi > \frac{2a'_s}{h_0} = \frac{2 \times 45}{455} = 0.198$$

$$A_s = \frac{\alpha_1 f_c b h_0 \xi + f'_y A'_s - N}{f_y}$$

$$= \frac{1.0 \times 11.9 \times 300 \times 455 \times 0.502 + 300 \times 628 - 350 \times 10^3}{300}$$

$$= 2179\text{mm}^2 > 0.002bh = 240\text{mm}^2$$

（3）小偏心受压构件的计算。在小偏心受压构件设计时，需满足 $\xi > \xi_b$ 的条件，此时存在 A'_s、A_s 和 x 三个未知数，而仅有两个平衡方程无法求出唯一解。根据试验可知，对于小偏心受压构件，不论较远侧钢筋 A_s 受拉还是受压，一般均未屈服，即纵筋 A_s 的应力 σ_s 满足 $-f'_y \leqslant \sigma_s \leqslant f_y$ 条件。综合所有条件，小偏心受压构件设计步骤如下：

1）判断 $e_i < 0.3h_0$，按小偏心受压构件进行设计；

2）初步设较远侧钢筋 A_s 满足最小配筋率，$A_s = \rho_{min} bh$。

按前所述，当轴向压力较大（$N > f_c bh$）且 e_0 较小时，构件可能发生反向受压破坏，因此 A_s 还应满足式（5.30）的要求，即

$$A_s = \frac{N_u[0.5h - a'_s - (e_0 - e_a)] - f_c bx(h'_0 - 0.5x)}{f'_y(h'_0 - a_s)} \tag{5.36}$$

取 $A_s = \rho_{min} bh$ 和式（5.36）所求得 A_s 中的较大值，同时考虑纵向钢筋构造要求进行配筋得到实际受压钢筋截面积 A_s。

3）将得到的 A_s 和式（5.23）中 σ_s 代入式（5.27）中，并将 A'_s 代入式（5.28），联立两个方程消去 A'_s，得到下式：

$$\xi = A + \sqrt{A^2 + B} \tag{5.37}$$

$$A = \frac{a'_s}{h_0} + \left(1 - \frac{a'_s}{h_0}\right)\frac{f_y A_s}{(\xi_b - \beta_1)\alpha_1 f_c b h_0}$$

$$B = \frac{2Ne'}{\alpha_1 f_c b h_0^2} - \frac{2\beta_1 f_y A_s}{(\xi_b - \beta_1)\alpha_1 f_c b h_0}\left(1 - \frac{a'_s}{h_0}\right)$$

也可将 σ_s 由式（5.23）和步骤（2）得到的 A_s 代入式（5.27）和式（5.28）中，联立方程直接解出 ξ。再由式（5.23）求出 σ_s。

如果 $\xi \geqslant \xi_b$，应按大偏心受压构件重新计算，此种情况是由于截面尺寸过大造成的。

4）小偏心受压根据 σ_s 和 ξ 的四种情况进行计算：

① $-f'_y \leqslant \sigma_s \leqslant f_y$，$\xi \leqslant h/h_0$，此时 A_s 存在受拉未屈服、受压未屈服或刚达受压屈服三种状态，由式（5.27）或式（5.28）计算得到 A'_s；

② $\sigma_s < -f_y$，$\xi \leqslant h/h_0$，A_s 受压屈服，令 $\sigma_s = -f_y$，由式（5.27）及式（5.28）求得 ξ 和 A'_s；

③ $\sigma_s < -f_y$，$\xi > h/h_0$，A_s 受压屈服，令 $\sigma_s = -f_y$，$\xi = h/h_0$，由式（5.27）及式（5.28）求得 A'_s 和 A_s；

④ $-f'_y \leqslant \sigma_s$，$\xi > h/h_0$，A_s 受压未屈服或刚达受压屈服，令 $\xi = h/h_0$，由式（5.27）、式（5.28）求 A'_s 和 σ_s。

最终求得的 A'_s 需满足最小配筋率，即如果 $A'_s < 0.002bh$，应取 $A'_s = 0.002bh$。

5）按轴心受压构件验算垂直于弯矩作用平面受压承载力，不满足要求时，应重新计算。

【例5.6】 某钢筋混凝土框架结构底层偏心受压柱，截面尺寸为 $b\times h=400\text{mm}\times 700\text{mm}$，柱的计算长度 $l_0=7.0\text{m}$，混凝土强度等级为C30，纵筋采用HRB400级钢筋，$a_s=a'_s=50\text{mm}$。截面承受轴向压力设计值 $N=3980\text{kN}$，柱截面弯矩设计值 $M=557\text{kN}\cdot\text{m}$。不考虑弯矩二阶效应，求钢筋截面面积 A_s 和 A'_s。

解: $f_y=f'_y=360\text{N/mm}^2$，$f_c=14.3\text{N/mm}^2$。

$$a_s=a'_s=50\text{mm},\ h_0=h-a_s=700-50=650\text{mm}$$

$$e_a=\max\{h/30,20\}=\max\{700/30,20\}=23\text{mm}$$

（1）判断偏压类型。

$$e_0=\frac{M}{N}=\frac{557\times10^6}{3980\times10^3}=140\text{mm}$$

$$e_i=e_0+e_a=140+23=163\text{mm}<0.3h_0(=0.3\times650=195\text{mm})$$

故按小偏心受压构件计算。

$$e=e_i+0.5h-a_s=163+0.5\times700-50=463\text{mm}$$

$$e'=0.5h-e_i-a'_s=0.5\times700-163-50=137\text{mm}$$

（2）初步确定 A_s。

$$A_{s,\min}=\rho_{\min}bh=0.002\times400\times700=560\text{mm}^2$$

$$f_cbh=14.3\times400\times700=4004\text{kN}>N=3980\text{kN}$$

可不进行反向受压破坏验算，故取 $A_s=560\text{mm}^2$，选4⌀12（$A_s=565\text{mm}^2$）。

（3）利用式（5.37）计算 A'_s。

$$A=\frac{a'_s}{h_0}+\frac{f_yA_s}{(\xi_b-\beta_1)\alpha_1f_cbh_0}\left(1-\frac{a'_s}{h_0}\right)$$

$$=\frac{50}{650}+\frac{360\times565}{(0.518-0.8)\times1\times14.3\times400\times650}\times\left(1-\frac{50}{650}\right)$$

$$=-0.102$$

$$B=\frac{2Ne'}{\alpha_1f_cbh_0^2}-\frac{2\beta_1f_yA_s}{(\xi_b-\beta_1)\alpha_1f_cbh_0}\left(1-\frac{a'_s}{h_0}\right)$$

$$=\frac{2\times3980\times10^3\times137}{1\times14.3\times400\times650^2}-\frac{2\times0.8\times360\times565}{(0.518-0.8)\times1\times14.3\times400\times650}\times\left(1-\frac{50}{650}\right)$$

$$=0.737$$

$$\xi=A+\sqrt{A^2+B}=-0.102+\sqrt{0.102^2+0.737}=0.762$$

将 ξ 代入式（5.23）得

$$\sigma_s=\frac{\xi-\beta_1}{\xi_b-\beta_1}f_y=\frac{0.762-0.8}{0.518-0.8}\times360=48\text{N/mm}^2<f_y=360\text{N/mm}^2$$

$$>-f'_y=-360\text{N/mm}^2$$

则 A_s 受拉但未达到屈服强度。由式（5.36）得

$$A'_s = \frac{Ne - \alpha_1 f_c b h_0^2 \xi(1 - 0.5\xi)}{f'_y(h_0 - a'_s)}$$

$$= \frac{3980 \times 10^3 \times 463 - 1 \times 14.3 \times 400 \times 650^2 \times 0.762 \times (1 - 0.5 \times 0.762)}{360 \times (650 - 50)}$$

$$= 3258\text{mm}^2 > A'_{s,\min}(= \rho'_{\min} bh = 0.002 \times 400 \times 700 = 560\text{mm}^2)$$

选3⌀28+2⌀32（$A'_s = 1847 + 1609 = 3456\text{mm}^2$）。

截面总配筋率

$$\rho = \frac{A_s + A'_s}{bh} \times 100\% = \frac{565 + 3456}{400 \times 700} \times 100\% = 1.44\% > 0.55\%$$

满足要求。

5.3.4.2 承载力复核

在复核截面强度时，通常截面尺寸 b、h 及配筋 A_s 和 A'_s，材料强度和计算长度 l_0均为已知，需计算在给定偏心距 e_0时，构件所能承受的设计轴力 N，或计算在给定设计轴力 N 时，构件所能承受的设计弯矩 M。

（1）弯矩作用平面的承载力复核

1）给定轴力设计值 N，求弯矩设计值 M。

可先按大偏心受压，由式（5.19）求 x，即

$$x = \frac{N - f'_y A'_s + f_y A_s}{\alpha_1 f_c b} \tag{5.38}$$

如 $x \leqslant \xi_b h_0$，为大偏心受压。将 x 代入式（5.20）即可求得 e_0，即 $M = Ne_0$。

如 $x > \xi_b h_0$，则为小偏心受压。应利用式（5.23）和式（5.24）重新求 x，然后再代入式（5.25）求e_0，即 $M = Ne_0$。

2）给定初始偏心距 e_0，求轴向力设计值 N。

由已知 b、h、A_s、A'_s 的条件，可按大偏心受压的应力图形，对轴向力 N 作用点取矩，可得式（5.39），并解出 x 值：

$$\sum M_N = 0,\ \alpha_1 f_c bx\left(e_i - \frac{h}{2} + \frac{x}{2}\right) + f'_y A'_s\left(e_i - \frac{h}{2} + a'_s\right) = f_y A_s\left(e_i + \frac{h}{2} - a_s\right) \tag{5.39}$$

大偏心受压：当 $2a'_s \leqslant x \leqslant \xi_b h_0$，将 x 代入式（5.19），即可求得轴力设计值 N；

当 $x \leqslant \xi_b h_0$ 且 $x < 2a'_s$时，令 $x = 2a'_s$，并按式（5.38）计算轴力设计值 N。

小偏心受压：当 $x > \xi_b h_0$ 时。由于较远侧钢筋 A_s的应力一般未达到钢筋的设计强度，此时先用式（5.23）求得 σ_s。

如 $\sigma_s > -f_y$，则将 x 代入式（5.24）计算轴力设计值 N。

如 $\sigma_s \leqslant -f_y$，则令 $\sigma_s = -f'_y$ 代入式（5.25）和式（5.26）中，求 x，然后再代入式（5.24）计算轴力 N 设计值。

因有可能发生反向受压破坏，因此还需按式（5.30）计算 N，并取两者的较小值作为构件的承载力。

（2）垂直于弯矩作用平面的承载力复核。如果两个方向构件截面尺寸不同，在截面设计和截面复核时，对小偏心受压构件除了在弯矩作用平面内按偏心受压进行计算外，一般还需要验算垂直于弯矩作用平面的强度。在验算垂直于弯矩作用平面的承载力时，按照考

虑纵向弯曲的影响轴心受压构件进行计算。

【例 5.7】 钢筋混凝土偏心受压柱，截面尺寸 $b \times h = 400\text{mm} \times 500\text{mm}$，$a_s = a'_s = 40\text{mm}$，柱的计算长度 $l_0 = 6\text{m}$。选用 C30 混凝土和 HRB400 级钢筋，$A_s = 1900\text{mm}^2$，$A'_s = 1256\text{mm}^2$，承受轴向压力设计值 $N = 850\text{kN}$，处于一类环境。求该柱能承受的弯矩设计值。

解：$f_y = f'_y = 360\text{N/mm}^2$，$f_c = 14.3\text{N/mm}^2$，$\alpha_1 = 1.0$，

$\xi_b = 0.518$，$h_0 = h - a_s = 500 - 40 = 460\text{mm}$。

（1）判断受压构件类型。

由式（5.38）可得

$$x = \frac{N - f'_y A'_s + f_y A_s}{\alpha_1 f_c b} = \frac{850 \times 10^3 + (1900 - 1256) \times 360}{1.0 \times 14.3 \times 400} = 189.1\text{mm}$$

由于 x 满足 $x > 2a'_s = 80\text{mm}$

$$x < \xi_b h_0 = 0.518 \times 460 = 238.3\text{mm}$$

因此按大偏心受压构件进行计算。

（2）计算弯矩。

$$l_0/h = 6/0.5 = 12$$

$$e_a = \max\left\{\frac{h}{30}, 20\right\} = \max\left\{\frac{400}{30}, 20\right\} = 20\text{mm}$$

$$\zeta_c = \frac{0.5 f_c A}{N} = \frac{0.5 \times 14.3 \times 400 \times 500}{850 \times 10^3} = 1.69 > 1.0，\zeta_c = 1.0$$

$$\eta_{ns} = 1 + \frac{1}{1300 \times \left(\frac{M_2}{N} + e_a\right)/h_0}\left(\frac{l_0}{h}\right)^2 \zeta_c$$

$$= 1 + \frac{460}{1300 \times \left(\frac{M_2}{850 \times 10^3} + 20\right)} \times 12^2 \times 1.0$$

$$= 1 + \frac{50.96}{\frac{M_2}{850 \times 10^3} + 20}$$

由式（5.20）得

$$e = \frac{\alpha_1 f_c b x\left(h_0 - \frac{x}{2}\right) + f'_y A'_s (h_0 - a'_s)}{N}$$

$$= \frac{1.0 \times 14.3 \times 400 \times 189.1 \times (460 - 0.5 \times 189.1) + 360 \times 1256 \times (460 - 40)}{850 \times 10^3}$$

$$= 688.5\text{mm}$$

$$e_i = e - 0.5h + a_s = 688.5 - 0.5 \times 500 + 40 = 478.5\text{mm}$$

$$e_0 = e_i - e_a = 478.5 - 20 = 458.5\text{mm}$$

$$M = Ne_0 = 850 \times 458.5 \times 10^{-3} = 389.7\text{kN} \cdot \text{m}$$

$$M = C_m\eta_{ns}M_2 = 1.0 \times \left(1 + \frac{50.96}{\dfrac{M_2}{850 \times 10^3} + 20}\right) \times M_2 \times 10^{-6} = 389.7\text{kN}\cdot\text{m}$$

$$M_2 = 110\text{kN}\cdot\text{m}$$

5.3.5 矩形截面对称配筋偏心受压构件正截面受压承载力计算

5.3.5.1 截面设计

在实际工程中，偏心受压构件在不同的荷载组合下，可能承受异号的弯矩，当其数值相差不大时，为了构造简单和施工方便，经常采用对称配筋的方式。装配式柱为了保证吊装不会出错，一般也采用对称配筋，即令 $A_s = A'_s$。实际工程中 HRB400 级、HRBF400 级及其以下的钢筋，$f_y = f'_y$；HRB500 级和 HRBF500 级钢筋，$f_y \neq f'_y$。

由于按对称配筋，即 $A_s = A'_s$，均假定 $f_y = f'_y$。

（1）判别偏心情况。由已知条件 $A_s = A'_s$ 和 $f_y = f'_y$，由式 $N \leqslant \alpha_1 f_c bx + f'_y A'_s - f_y A_s$ 可得

$$x = \frac{N}{\alpha_1 f_c b} \tag{5.40}$$

如 $x \leqslant \xi_b h_0$，为大偏心受压；如 $x > \xi_b h_0$，则为小偏心受压。

（2）大偏心受压构件。

如 $2a'_s \leqslant x \leqslant \xi_b h_0$，由 $A_s = A'_s$ 和式（5.20），可得

$$A_s = A'_s = \frac{N(e_i + h/2 - a_s) - \alpha_1 f_c bx(h_0 - x/2)}{f'_y(h_0 - a'_s)} \tag{5.41}$$

将按式（5.40）求得的 x 代入上式，即得 A_s 和 A'_s。

（3）小偏心受压构件。利用式（5.24）、式（5.25）和式（5.26）计算 x、A_s 和 A'_s。由已知条件 $A_s = A'_s$，$f_y = f'_y$，且 $x = \xi h_0$，则由式（5.24）可得，

$$N = \alpha_1 f_c b h_0 \xi + (f'_y - \sigma_s)A'_s$$

将式（5.23），即 $\sigma_s = \dfrac{\xi - \beta_1}{\xi_b - \beta_1} f_y$ 代入上式得到

$$f'_y A'_s = \frac{N - \alpha_1 f_c b h_0 \xi}{\dfrac{\xi_b - \xi}{\xi_b - \beta_1}} \tag{5.42}$$

将式（5.42）代入式（5.28）得

$$Ne\left(\frac{\xi_b - \xi}{\xi_b - \beta_1}\right) = \alpha_1 f_c b h_0^2 \xi(1 - 0.5\xi)\left(\frac{\xi_b - \xi}{\xi_b - \beta_1}\right) + (N - \alpha_1 f_c b h_0 \xi)(h_0 - a'_s) \tag{5.43}$$

由式（5.43）可得三次方程，并进行简化为式（5.44）求解 x（$x = \xi h_0$）：

$$\bar{y} = \xi(1 - 0.5\xi)\frac{\xi_b - \xi}{\xi_b - \beta_1} \tag{5.44}$$

由式（5.43）、式（5.44）可得：

$$\frac{Ne}{\alpha_1 f_c b h_0^2}\frac{\xi_b - \xi}{\xi_b - \beta_1} - \left(\frac{N}{\alpha_1 f_c b h_0^2} - \frac{\xi}{h_0}\right)(h_0 - a'_s) = \bar{y} \tag{5.45}$$

对于已经给定的钢筋级别和混凝土强度等级，ξ_b 和 β_1 则为已知，在小偏心受压范围

内，$\bar{\gamma}$ 与 ξ 接近线性关系，$\bar{\gamma}-\xi$ 线性方程可近似取：

$$\bar{\gamma}=0.43\frac{\xi_b-\xi}{\xi_b-\beta_1} \tag{5.46}$$

将式（5.46）代入式（5.45），可得到 ξ 近似公式：

$$\xi=\frac{N-\xi_b\alpha_1 f_c bh_0}{\dfrac{Ne-0.43\alpha_1 f_c bh_0^2}{(\beta_1-\xi_b)(h_0-a'_s)}+\alpha_1 f_c bh_0}+\xi_b \tag{5.47}$$

将 ξ 代入式（5.25）可求得钢筋截面面积

$$A_s=A'_s=\frac{Ne-\alpha_1 f_c bh_0^2\xi(1-0.5\xi)}{f'_y(h_0-a'_s)} \tag{5.48}$$

规范规定上述近似计算方法，适用于所有钢筋级别的小偏心受压构件计算。

5.3.5.2 截面复核

截面承载力复核方法与非对称配筋时相同，只需引入对称配筋条件 $A_s=A'_s, f_y=f_y'$ 即可。同时，也需要考虑弯矩作用平面的承载力、垂直于弯矩作用平面的承载力——即平面外的轴压承载力。

【例 5.8】 已知：同例 5.4，某大楼矩形截面钢筋混凝土柱，构件环境类别为一类，设计使用年限为 50 年。截面尺寸为 300mm × 500mm，轴向压力设计值 $N=350\text{kN}$，$M=280\text{kN}\cdot\text{m}$，在此不考虑弯矩二阶效应，计算长度 $l_0=5.0\text{m}$。钢筋采用 HRB335 钢筋（$f_y=f'_y=300\text{MPa}$），混凝土强度等级为 C25（$f_c=11.9\text{MPa}$），$a_s=a'_s=45\text{mm}$，要求设计成对称配筋。求钢筋截面面积 $A_s=A'_s$。

解：（1）材料强度和几何参数：

C25 混凝土，$\alpha_1=1.0$，$f_c=11.9\text{MPa}$；HRB335 级钢筋，$f_y=f'_y=300\text{MPa}$，$\xi_b=0.55$

与例 5.4 相同，可得

$$a_s=a'_s=45\text{mm},\ h_0=h-a_s=500-45=455\text{mm}$$

$$e_a=\max(h/30,20),\ e_a=20\text{mm}$$

$$e_i=e_0+e_i=789+20=809\text{mm}>0.3h_0=136.5\text{mm}$$

可按大偏心受压计算。

（2）计算 A_s 和 A'_s：

$$x=\frac{N}{\alpha_1 f_c b}=\frac{350\times10^3}{1.0\times11.9\times300}=98\text{mm}>2a'_s=80\text{mm}$$

按式（5.41）计算所需钢筋数量：

$$A_s=A'_s=\frac{N(e_i+h/2-a_s)-\alpha_1 f_c bx(h_0-x/2)}{f'_y(h_0-a'_s)}$$

$$=\frac{350\times10^3\times(809+250-45)-1.0\times11.9\times300\times98\times(455-98/2)}{300\times(455-45)}$$

$$=1731\text{mm}$$

每边选用 4Φ25 的钢筋（$A_s=A'_s=1964\text{mm}^2$），全部的纵筋配筋率

$$\rho=\frac{A_s+A'_s}{bh}=\frac{1964+1964}{300\times500}=2.62\%>0.55\%$$

满足要求。

5.3.6　I形截面偏心受压构件正截面承载力计算

为了节省混凝土和减轻柱的自重，对于较大尺寸的装配式柱通常采用I形截面，对于截面高度大于600mm的柱，可以采用I形截面。且I形截面柱的翼缘厚度一般不宜小于120mm，腹板厚度不宜小于100mm。I形截面柱的正截面破坏特性、计算方法和矩形截面相似。

5.3.6.1　大偏心受压构件正截面承载力计算基本公式

I形截面大偏心受压构件分两种情况，如图5.23所示。

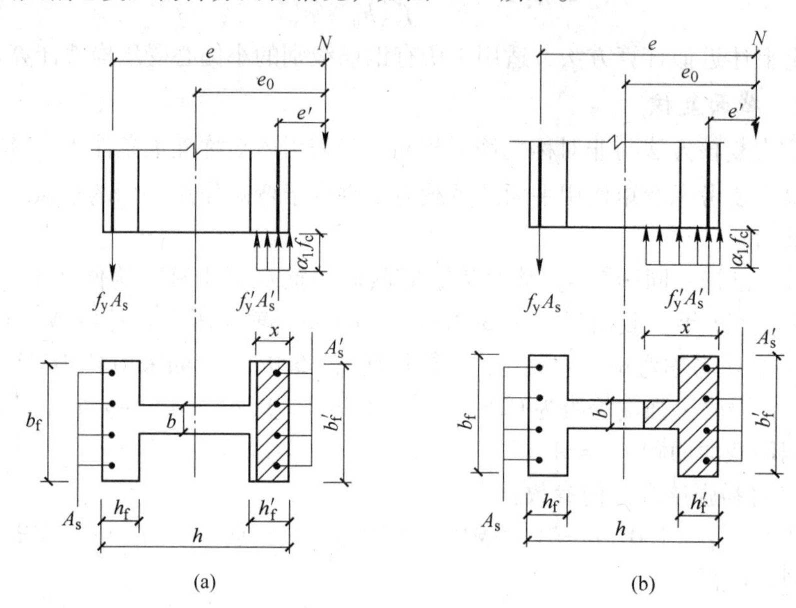

图5.23　I形截面大偏压计算图形

(a) $x < h_f'$；(b) $x > h_f'$

（1）当受压区高度在翼缘内 $x \leqslant h_f'$ 时，可按宽度为 b_f' 的矩形截面，采用5.3.3中式（5.19）和式（5.20）计算：

$$N \leqslant \alpha_1 f_c b_f' x + f_y' A_s' - f_y A_s \tag{5.49}$$

$$Ne \leqslant \alpha_1 f_c b_f' x\left(h_0 - \frac{x}{2}\right) + f_y' A_s'(h_0 - a_0') \tag{5.50}$$

（2）当受压区高度进入腹板内 $x > h_f'$ 时，按下列公式计算：

$$N \leqslant \alpha_1 f_c [bx + (b_f' - b)h_f'] + f_y' A_s' - f_y A_s \tag{5.51}$$

$$Ne \leqslant \alpha_1 f_c [bx(h_0 - 0.5x) + (b_f' - b)h_f'(h_0 - 0.5h_f')] + f_y' A_s'(h_0 - a_s') \tag{5.52}$$

式中　h_f'——I形截面受压区翼缘高度；

b_f'——I形截面受压区翼缘宽度。

同时，与矩形截面相同，I形截面大偏心受压构件受拉和受压钢筋能达到屈服强度，应满足下列条件：

$$x \leqslant h_f' \quad 及 \quad x \geqslant 2a_s'$$

5.3.6.2 小偏心受压构件正截面承载力计算基本公式

I形截面小偏心受压计算图形如图5.24所示。

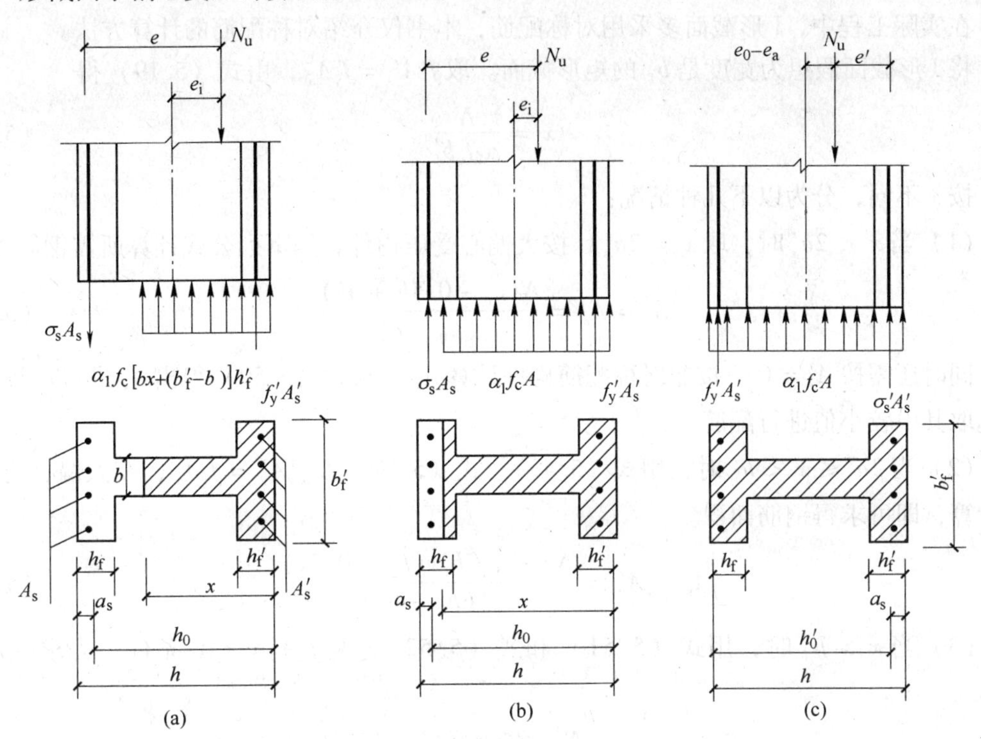

图5.24 I形截面小偏心受压计算图形

当$x > x_b$且$x < h - h'_f$，受压区高度在腹板内［图5.24（a）］，小偏心受压构件正截面承载力计算公式。

$$N \leqslant \alpha_1 f_c[bx + (b'_f - b)h'_f] + f'_y A'_s - \sigma_s A_s \tag{5.53}$$

$$Ne \leqslant \alpha_1 f_c[bx(h_0 - 0.5x) + (b'_f - b)h'_f(h_0 - 0.5h'_f)] + f'_y A'_s(h_0 - a'_s) \tag{5.54}$$

当受压区计算高度$x > h - h_f$时［图5.24（b）、（c）］，应考虑翼缘的作用，用式（5.55）和式（5.56）进行计算：

$$N \leqslant \alpha_1 f_c[bx + (b'_f - b)h'_f + (b_f - b)(h_f + x - h)] + f'_y A'_s - \sigma_s A_s \tag{5.55}$$

$$Ne \leqslant \alpha_1 f_c\left[bx\left(h_0 - \frac{x}{2}\right) + (b'_f - b)h'_f\left(h_0 - \frac{h'_f}{2}\right) + (b_f - b)(h_f + x - h)\left(h_f - \frac{h_f + x - h}{2} - a_s\right)\right] + f'_y A'_s(h_0 - a'_s) \tag{5.56}$$

当$x > h$时，取$x = h$计算，由上式进行计算。

σ_s可按式（5.23）计算。

$$\sigma_s = \frac{\xi - \beta_1}{\xi_b - \beta_1} f_y$$

为了防止从远离轴向力一侧开始破坏，尚应满足下列条件：

$$N[0.5h - a'_s - (e_0 - e_a)] \leqslant \alpha_0 f_c[bh(h'_0 - 0.5h) + (b_f - b)h_f(h'_0 - 0.5h_f) + (b'_f - b)h'_f(0.5h'_f - a'_s)] + f'_y A'_s(h_0 - a_s) \tag{5.57}$$

I形截面小偏心受压构件还需满足条件：$x > x_b$。

5.3.6.3 计算方法

在实际工程中，I形截面多采用对称配筋，本书仅介绍对称配筋的计算方法。

将I形截面假想为宽度是 b'_f 的矩形截面。取 $f'_yA'_s = f_yA_s$，由式（5.19）得

$$x = \frac{N}{\alpha_1 f_c b'_f} \tag{5.58}$$

按 x 不同，分为以下几种情况：

（1）当 $x < 2a'_s$ 时，取 $x = 2a'_s$，按大偏心受压构件，用下列公式计算所需钢筋面积：

$$A'_s = A_s = \frac{N(e_i - 0.5h + a'_s)}{f'_y(h_0 - a'_s)} \tag{5.59}$$

同时还需按 $A'_s = 0$，按非对称配筋构件计算 A_s，与式（5.59）得出 A_s 进行比较，最终选取其中较小值进行配筋。

（2）当 $2a'_s \leqslant x < h'_f$ 时，用式（5.49）、式（5.50）及 $f'_yA'_s = f_yA_s$，按大偏心受压进行计算，即可求得钢筋面积。

$$A_s = A'_s = \frac{Ne - \alpha_1 f_c b'_f x(h_0 - 0.5x)}{f'_y(h_0 - a'_s)} \tag{5.60}$$

（3）当 $x > h'_f$ 时，用式（5.51）和式（5.52），及 $f'_yA'_s = f_yA_s$ 条件，先求受压高度 x，

$$x = \frac{N - \alpha_1 f_c h'_f(b'_f - b)}{\alpha_1 f_c b} \tag{5.61}$$

1）当 $x \leqslant x_b$ 时，按大偏心受压构件进行计算钢筋面积，

$$A_s = A'_s = \frac{Ne - \alpha_1 f_c[bx(h_0 - x/2) + (b'_f - b)h'_f(h_0 - 0.5h'_f)]}{f'_y(h_0 - a'_s)} \tag{5.62}$$

2）当 $x > x_b$，为小偏心受压构件，可以采用近似公式计算 ξ：

$$\xi = \frac{N - \alpha_1 f_c b h_0 - \alpha_1 f_c h'_f(b'_f - b)}{\dfrac{Ne - \alpha_1 f_c h'_f(b'_f - b)(h_0 - h'_f/2) - 0.43\alpha_1 f_c b h_0}{(\beta_1 - \xi_b)(h_0 - a'_s)} + \alpha_1 f_c b h_0} + \xi_b \tag{5.63}$$

得到受压区高度 $x = \xi h_0$。

①如果 $x \leqslant h - h_f$，则由式（5.54）可得 $A_s = A'_s$

$$A_s = A'_s = \frac{Ne - \alpha_1 f_c[bx(h_0 - 0.5x) + (b'_f - b)h'_f(h_0 - 0.5x)]}{f'_y(h_0 - a'_s)} \tag{5.64}$$

②如果 $h - h_f < x \leqslant h$，则按式（5.55）和式（5.56）得到式（5.65）重新计算 ξ，然后由式（5.64）计算得到 $A_s = A'_s$。

$$\xi = \frac{N + f_c[(b_f - b)(h - 2h_f) - b_f\xi_b h_0]}{\dfrac{Ne + f_c[0.5(b_f - b)(h - 2h_f)(h_0 - a'_s) - 0.43 b_f h_0^2]}{(\beta - \xi_b)(h_0 - a'_s)} + f_c b_f h_0} + \xi_b \tag{5.65}$$

③当 $x > h$ 时，取 $x = h$。

【例 5.9】 已知某单层工业 I 形截面柱，截面尺寸如图 5.25 所示，$b \times h = 80\text{mm} \times 750\text{mm}$，$h_f = h'_f = 120\text{mm}$，$b_f = b'_f = 350\text{mm}$，构件的计算高度 $l_0 = 7.2\text{m}$，柱截面控制内力 $M_{max} = 420\text{kN} \cdot \text{m}$，$N = 780\text{kN}$。I 型截面柱采用 C35 混凝土，HRB335 钢筋，$a'_s = a_s = 40\text{mm}$。按对称配筋，求钢筋截面面积 $A_s = A'_s$。

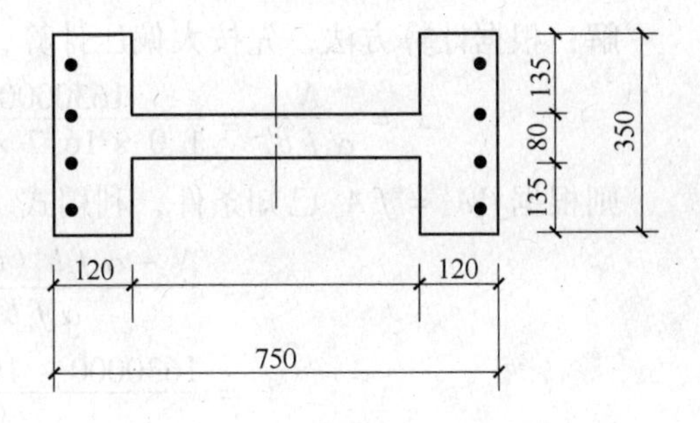

图 5.25 截面尺寸和钢筋布置

解：$\varepsilon_{cu} = 0.0033$，$\alpha_1 = 1.0$，$\beta_1 = 0.8$，$f_c = 16.7\text{MPa}$，$f_y = f'_y = 300\text{MPa}$

$$a'_s = a_s = 40\text{mm}, \xi_b = 0.55, b = 80\text{mm}$$

$$e_0 = \frac{M}{N} = \frac{420}{780} = 538\text{mm}$$

$$e_a = \max(h/30, 20) = \max(25, 20) = 25\text{mm}$$

$$e_i = e_0 + e_a = 538 + 25 = 563\text{mm}$$

根据计算方法，先按大偏压计算，由式（5.58）确定受压区高度：

$$x = \frac{N}{\alpha_1 f_c b'_f} = \frac{780000}{1.0 \times 16.7 \times 350} = 133 > h'_f = 120\text{mm}$$

可知，受压区高度进入腹板内，按式（5.61）重新求 x：

$$x = \frac{N - \alpha_1 f_c h'_f(b'_f - b)}{\alpha_1 f_c b}$$

$$= \frac{780000 - 16.7 \times 120 \times (350 - 80)}{1 \times 16.7 \times 80}$$

$$= 179\text{mm}$$

$$x < x_b = 0.55 \times 660 = 363\text{mm}$$

$$x > 2a'_s (= 80\text{mm})$$

因此可以确定采用式（5.62），按大偏心受压构件计算钢筋：

$$e = e_i + h/2 - a_s = 563 + 375 - 40 = 898\text{mm}$$

$$A_s = A'_s = \frac{Ne - \alpha_1 f_c\left[bx(h_0 - x/2) + (b'_f - b)h'_f\left(h_0 - \frac{h'_f}{2}\right)\right]}{f_y(h_0 - a'_s)}$$

$$= \frac{780000 \times 898 - 1.0 \times 16.7 \times \left[80 \times 262 \times (710 - 179/2) + (350 - 80) \times 120 \times \left(710 - \frac{120}{2}\right)\right]}{300 \times 670}$$

$$= 655\text{mm}^2$$

采用 4Φ16 的钢筋（$A_s = A'_s = 804\text{mm}^2$）

$$\rho = \frac{A_s}{bh + 2(b'_f - b)h'_f} = \frac{804}{80 \times 750 + 2 \times 270 \times 120} = 0.006 > \rho_{min} = 0.002$$，满足要求。

【例 5.10】 已知：同例 5.9 的柱，柱截面控制内力 $M = 325\text{kN} \cdot \text{m}$，$N_{max} = 1630\text{kN}$。求：所需钢筋截面面积（对称配筋）。

解：根据计算方法，先按大偏压计算，由式（5.58）确定受压区高度。

$$x = \frac{N}{\alpha_1 f_c b'_f} = \frac{1630000}{1.0 \times 16.7 \times 350} = 279\text{mm} > h'_f = 120\text{mm}$$

则根据 $f'_y A'_s = f_y A_s$ 已知条件，利用式（5.61）重新计算 x：

$$\begin{aligned} x &= \frac{N - \alpha_1 f_c h'_f (b'_f - b)}{\alpha_1 f_c b} \\ &= \frac{1630000 - 16.7 \times 120 \times (350 - 80)}{16.7 \times 80} \\ &= 815\text{mm} \end{aligned}$$

$$x > x_b = 0.55 \times 660 = 363\text{mm}$$

应按小偏心受压公式计算钢筋：

$$e_0 = \frac{M}{N} = \frac{325}{1630} = 199\text{mm}$$

$$e_a = \max(h/30, 20) = \max(25, 20) = 25\text{mm}$$

$$e_i = e_0 + e_a = 199 + 25 = 224\text{mm}$$

$$e = e_i + h/2 - a_s = 224 + 375 - 40 = 559\text{mm}$$

采用式（5.63）计算：

$$\xi = \frac{N - \alpha_1 f_c b \xi_b h_0 - \alpha_1 f_c h'_f (b'_f - b)}{\dfrac{Ne - \alpha_1 f_c h'_f (b'_f - b)(h_0 - h'_f/2) - 0.43 \alpha_1 f_c b h_0}{(\beta_1 - \xi_b)(h_0 - a'_s)} + \alpha_1 f_c b h_0} + \xi_b$$

$$= \frac{1630000 - 1 \times 16.7 \times 0.55 \times 80 \times 710 - 1 \times 16.7 \times 120 \times (350 - 80)}{\dfrac{1630000 \times 559 - 1 \times 16.7 \times 120 \times (350 - 80) \times (710 - 120/2) - 0.43 \times 1 \times 16.7 \times 350 \times 710}{(0.8 - 0.55) \times (710 - 40)} + 1 \times 16.7 \times 80 \times 710} +$$

$0.55 = 0.583$

$$x = \xi h_0 = 414\text{mm} < h - h_f = 510\text{mm}$$

可知受压区高度在腹板内，将 x 代入式（5.64），得

$$A_s = A'_s = \frac{Ne - \alpha_1 f_c [bx(h_0 - 0.5x) + (b'_f - b)h'_f(h_0 - 0.5x)]}{f'_y (h_0 - a'_s)}$$

$$= \frac{1630000 \times 559 - 1 \times 16.7 \times [80 \times 414 \times (710 - 414/2) + (350 - 80) \times 750 \times (710 - 0.5 \times 414) \times 80]}{300 \times (710 - 40)}$$

$= 1795\text{mm}^2$

每边选用 4Φ25 的钢筋（$A_s = A'_s = 1964\text{mm}^2$）。

$\rho = \dfrac{A_s}{bh + 2(b'_f - b)h'_f} = \dfrac{1964}{80 \times 750 + 2 \times 270 \times 120} = 0.0157 > \rho_{min} = 0.002$，满足条件。

5.3.7 双向偏心受压构件正截面承载力计算

前面所述偏心受压构件是指在截面的一个主轴方向有偏心的情况。双向偏心受压构件的轴向压力在截面的两个主轴方向都有偏心［图 5.1（c）］，如框架结构的角柱、地震作用下的边柱、管道支架等。

双向偏心受压构件的正截面破坏形态与单向偏心受压构件相似，在承载力计算时可以采用单向偏心受压构件正截面承载力计算基本假定。双向偏心受压构件受压区形态变化大，且复杂，计算时假定截面符合平截面假定，受压区边缘的极限应变值 $\varepsilon_{cu}=0.0033$。同时，受压区应力分布图仍可以近似简化成等效矩形应力图。

双向偏心受压构件中和轴一般与截面主轴斜交，使得纵向钢筋至中和轴距离不同，纵向钢筋应力为不均匀分布。

《规范》中提出两种双向偏心受压构件正截面承载力计算方法：基本计算方法和简化计算方法。由于基本方法分析比较复杂，需要利用计算机采用迭代法进行求解。在工程中，通常采用简化计算方法，即能达到一般设计要求精度，方便手算。

计算之前，先拟定构件的截面尺寸和钢筋布置方案，并假定构件材料处于弹性阶段，对于有两个互相垂直的对称轴的钢筋混凝土双向偏心受压构件（图5.26），其正截面承载力公式如下：

$$N_u=\frac{1}{\frac{1}{N_{ux}}+\frac{1}{N_{uy}}-\frac{1}{N_{u0}}} \tag{5.66}$$

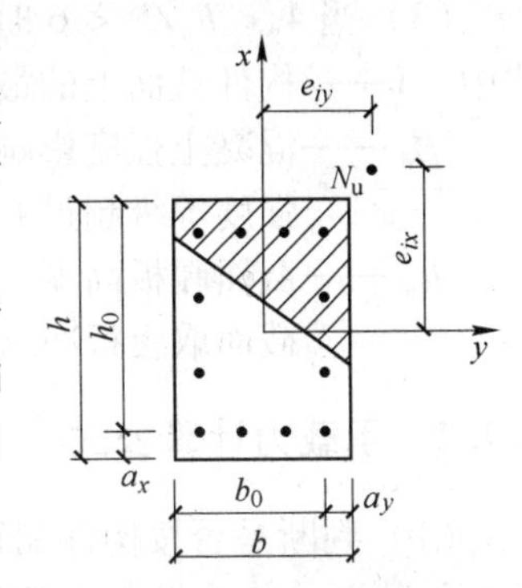

图5.26　双向偏心受压示意图

式中　N_{u0}——构件的截面轴心受压承载力设计值；

N_{ux}——轴向力作用于 x 轴并考虑相应的计算偏心距 e_{ix} 后，按全部纵向钢筋计算的构件偏心受压承载力设计值；

N_{uy}——轴向力作用于 y 轴并考虑相应的计算偏心距 e_{iy} 后，按全部纵向钢筋计算的构件偏心受压承载力设计值。

式（5.66）中参数按以下情况计算：

（1）轴心受压承载力设计值 N_{u0} 可按式（5.3）计算，但不需考虑稳定系数 φ 及可靠度调整系数0.9。

（2）当纵向钢筋沿截面两边对边配置时，N_{ux} 可按一般单向偏心受压构件计算。

（3）当纵向钢筋沿截面腹部均匀配置时，N_{ux} 和 N_{uy} 按相关公式确定。

5.4　偏心受压构件的斜截面承载力计算

对于承受较大水平力作用的框架柱及有横向力作用下的桁架上弦压杆等，剪力对构件承载力的影响相对较大，必须进行斜截面受剪承载力计算。

试验研究表明，由于轴向压力能阻滞斜裂缝的出现和开展，使得混凝土剪压区高度增加，从而提高混凝土所承担的剪力，因此，轴向压力对构件的受剪承载力起有利作用。在一定程度上，能使构件的斜截面承载力有所提高，但当轴压比 $N/f_cbh=0.3\sim0.5$ 时，再增加压力将会转变为带有斜裂缝的小偏心受压破坏情况，斜截面承载力达到最大值。

偏心受压构件的斜截面承载力计算步骤为：验算拟定截面尺寸、判断是否按构件配置箍筋及按公式进行承载力计算。

5.4.1　截面尺寸验算

偏心受压构件的受剪截面尺寸还应符合《规范》的有关规定。

为了防止构件截面发生斜压破坏（或腹板压坏），以及限制在拟使用阶段可能发生的斜裂缝宽度。对于矩形、T形和I形截面偏心受压构件，其受剪截面应符合以下规定：

（1）当 $h_w/b \leqslant 4$ 时

$$V \leqslant 0.25\beta_c f_c b h_0$$

（2）当 $h_w/b \geqslant 6$ 时

$$V \leqslant 0.2\beta_c f_c b h_0$$

（3）当 $4 < h_w/b < 6$ 时，按线性内插法确定其中系数。

式中 V——构件截面上的最大剪力设计值；

β_c——混凝土强度影响系数；当混凝土强度等级不超过C50时，β_c 取1.0，当混凝土强度等级超过C80时，β_c 取0.8，中间按线性插值法确定；

h_w——截面腹板高度，矩形截面取有效高度，T形截面取有效高度减翼缘高度，I形截面取腹板净高。

5.4.2 承载力计算公式

（1）判断是否按构件配置箍筋。当剪力比较小时，若符合下列公式的要求时，则可不进行斜截面受剪承载力计算，而仅需根据构造要求配置箍筋。

$$V \leqslant \frac{1.75}{\lambda + 1.0} f_t b h_0 + 0.07N \tag{5.67}$$

（2）判断是否按构件配置箍筋。通过试验资料分析和可靠度计算，对承受轴向力和横向力作用的矩形、T形和I形截面偏心受压构件其斜截面承载力应按下列公式计算：

$$V \leqslant V_u = \frac{1.75}{\lambda + 1.0} f_t b h_0 + f_{yv}\frac{A_{sv}}{s} h_0 + 0.07N \tag{5.68}$$

式中 V——构件控制截面的剪力设计值；

λ——计算截面的剪跨比；

N——与 V 相应的轴向压力设计值，当 $N > 0.3f_cA$ 时，取 $N = 0.3f_cA$，A为构件的截面面积。

剪跨比 λ 按下列规定取用：

对于框架结构中的框架柱，一般可按 $\lambda = M/(Vh_0)$ 进行计算，当其反弯点在层高范围内时，可按 $\lambda = H_n/(2h_0)$ 进行计算，其中，M 为与剪力设计值 V 相对应的弯矩设计值，H_n为柱净高；当 $\lambda < 1$ 时，取 $\lambda = 1$；当 $\lambda > 3$ 时，取 $\lambda = 3$。

对其他偏心受压构件，当承受均布荷载时，取 $\lambda = 1.5$。

当承受集中荷载时（包括多种荷载作用、且集中荷载对支座截面或节点边缘所产生的剪力值占总剪力值75%以上的情况），按 $\lambda = a/h_0$ 进行计算；当 $\lambda < 1.5$ 时，取 $\lambda = 1.5$；当 $\lambda > 3$ 时，取 $\lambda = 3$；此处，a 为集中荷载至支座或节点边缘的距离。

5.5 墙受压承载力计算

5.5.1 墙受压特点

墙根据受力特点可以分为承重墙和剪力墙，前者以承受竖向荷载为主，如砌体墙；后者以承受水平荷载为主，本节主要讨论剪力墙的受压承载力。剪力墙与前述混凝土柱受压构件规律基本相似，但由于剪力墙的截面高宽比较大（一般远大于4），即剪力墙薄并且长，需要沿长度方向上布置分布钢筋，如图 5.27（a）所示。

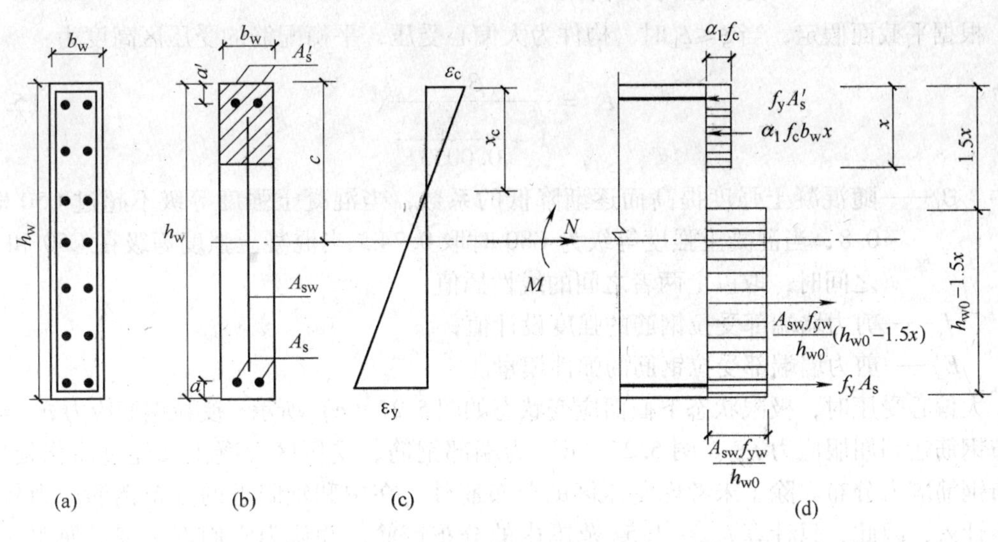

图 5.27 大偏心受压极限应力状态

对于剪力墙的受压承载力与混凝土柱受压承载力相同，主要考虑正截面受压承载力及斜截面受剪承载力。剪力墙中的分布钢筋分为水平分布钢筋及竖向分布钢筋，设计时通常规定竖向分布钢筋抵抗弯矩，水平分布钢筋抵抗剪力。

当计算正截面受压承载力时，仅计算纵向分布钢筋作用，同时考虑到分布钢筋比较细，因此在设计中一般仅考虑其受拉屈服部分的作用，而忽略受压区分布筋和靠近中和轴的部分受拉分布筋的作用，这样处理是偏于安全的。

当计算斜截面受剪时，仅考虑水平分布钢筋抗剪作用，忽略竖向分布钢筋抗剪作用。

5.5.2 正截面承载力

剪力墙墙肢其正截面承载力计算方法与偏心受压柱或受拉杆相同，因此墙肢可根据破坏形态不同分为大偏压、小偏压（图 5.28）两种情况，根据平截面应力分布假定，并进行简化后得到截面计算公式。

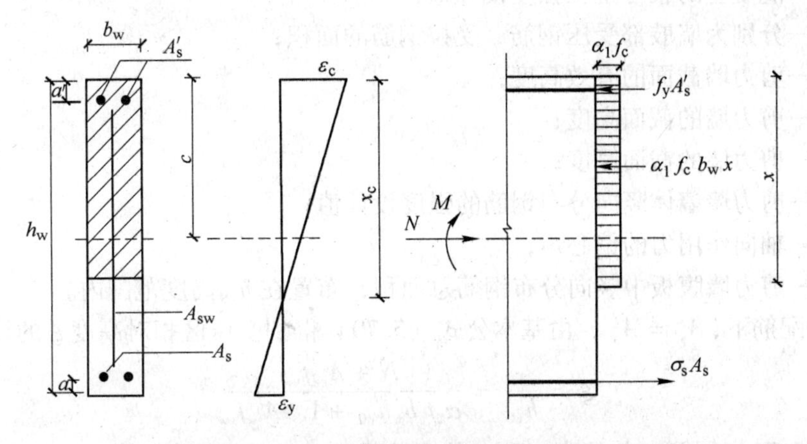

图 5.28 小偏心受力极限应力状态

5.5.2.1 大偏心受压承载力计算公式

根据平截面假定，当$\xi \leqslant \xi_b$时，构件为大偏心受压，平衡配筋的受压区高度为：

$$\xi_b = \frac{\beta_1}{1 + \frac{f_y}{0.0033E_s}} \tag{5.69}$$

式中 β_1——随混凝土强度提高而逐渐降低的系数，当混凝土强度等级不超过C50时取0.8，当混凝土强度等级为C80时取0.74，当混凝土强度等级在C50和C80之间时，取以上两者之间的线性插值；

f_y——剪力墙端部受拉钢筋的强度设计值；

E_s——剪力墙端部受拉钢筋的弹性模量。

大偏心受压时，极限状态下截面应变状态如图5.27（c）所示。受拉钢筋应力$\sigma_s = f_y$，分布钢筋达到屈服应力f_{yw}。图5.27（d）为端部钢筋、受压区混凝土及经过简化处理的分布钢筋应力分布。除了未考虑受压区的分布筋外，在中和轴附近的分布钢筋应力较小，也不计入，因此，只计算$h_{w0} - 1.5x$范围内的分布钢筋，并认为它们都达到了屈服应力。在矩形截面中，根据力的平衡和对混凝土受压区中心取矩可得

$$\sum N = 0 \text{, } N = \alpha_1 f_c b_w x + A'_s f_y - A_s f_y - (h_{w0} - 1.5x)\frac{A_{sw}}{h_{w0}}f_{yw} \tag{5.70}$$

$$\sum M = 0 \text{, } N\left(e_0 - \frac{h_w}{2} + \frac{x}{2}\right) = A_s f_y\left(h_{w0} - \frac{x}{2}\right) + A'_s f_y\left(\frac{x}{2} - a\right) + (h_{w0} - 1.5x)\frac{A_{sw}f_{yw}}{h_{w0}}\left(\frac{h_{w0}}{2} + \frac{x}{4}\right) \tag{5.71}$$

$$h_{w0} = h_w - a$$

$$e_0 = M/N$$

式中 N——剪力墙的轴向力设计值；

α_1——受压区混凝土矩形应力图应力与混凝土轴心抗压强度设计值的比值，当混凝土强度等级不超过C50时取1.0，当混凝土强度等级为C80时取0.8，当混凝土强度等级在C50和C80之间时，取以上两者之间的线性插值；

f_c——混凝土的轴心抗压强度设计值；

A'_s，A_s——分别为墙肢部受压钢筋、受拉钢筋的面积；

h_{w0}——剪力墙截面的有效高度；

h_w——剪力墙的截面高度；

b_w——剪力墙的截面厚度；

f_{yw}——剪力墙墙体竖向分布钢筋的强度设计值；

e_0——轴向作用力的偏心矩；

A_{sw}——剪力墙腹板中竖向分布钢筋总面积，布置在h_{w0}高度范围内。

在对称配筋下，$A_s = A'_s$，由基本公式（5.70）得到受压区相对高度ξ的计算公式：

$$\xi = \frac{x}{h_{w0}} = \frac{N + A_{sw}f_{yw}}{\alpha_1 f_c b_w h_{w0} + 1.5A_{sw}f_{yw}} \tag{5.72}$$

将式（5.71）展开，并忽略x^2项，整理后得

$$M = \frac{A_{sw}f_{yw}}{2}h_{w0}\left(1 - \frac{x}{h_{w0}}\right)\left(1 + \frac{N}{A_{sw}f_{yw}}\right) + A'_s f_y(h_{w0} - a') \quad (5.73)$$

式中，右边第一项为竖向分布筋抵抗弯矩，用 M_{sw} 表示；右边第二项为端部纵向受力钢筋的抵抗弯矩。

设计时要求如下：

$$M \leqslant M_{sw} + A'_s f_y(h_{w0} - a') \quad (5.74)$$

$$A_s = A'_s \geqslant \frac{M - M_{sw}}{f_y(h_{w0} - \alpha')} \quad (5.75)$$

其中：

$$M_{sw} = \frac{A_{sw}f_{yw}}{2}h_{w0}\left(1 - \frac{x}{h_{w0}}\right)\left(1 + \frac{N}{A_{sw}f_{yw}}\right) \quad (5.76)$$

在设计时，先根据构造要求给定竖向分布筋 A_{sw} 及 f_{yw}，即可求出 M_{sw}，及端部配筋 A_s、A'_s。必须注意验算是否满足 $\xi \leqslant \xi_b$ 的要求。

当截面为 T 形或 I 形时，要首先判断中和轴位置，区别中和轴在翼缘中和在腹板中两种情况，分别建立截面平衡方程。无论在哪种情况下，都必须符合 $x \geqslant 2a'$ 的条件，否则按 $x = 2a'$ 进行计算。

5.5.2.2　小偏心受压承载力计算

在小偏心受压时（见图 5.28），截面全部受压或大部分受压，受拉部分的钢筋未达到屈服应力，因此所有分布钢筋都不计入抗弯。这时，剪力墙截面的抗压承载力计算基本公式为

$$N = \alpha_1 f_c b_w x + A'_s f_y - A_s \sigma_s \quad (5.77)$$

$$N(e_0 + 0.5h_w - a) = \alpha_1 f_c b_w x(h_{w0} - a') \quad (5.78)$$

受拉钢筋应力 σ_s，根据平截面假定确定，为简化计算，可以采用式（5.23）：

$$\sigma_s = \frac{\xi - \beta_1}{\xi_b - \beta_1}f_y$$

在对称配筋情况下，对于常用的Ⅰ、Ⅱ级钢筋，在求解时采用下述近似方程：

$$\xi = \frac{N - \xi_b a_1 f_c b_w h_{w0}}{\dfrac{Ne - 0.45a_1 f_c b_w h_{w0}^2}{(\beta_1 - \xi_b)(h_{w0} - a')} + a_1 f_c b_w h_{w0}} + \xi_b \quad (5.79)$$

其中

$$e = e_0 + 0.5h_w - a$$

将求出的 ξ 值代入式（5.80）可得

$$A_s = A'_s = \frac{Ne - \xi(1 - 0.5\xi)\alpha_1 f_c b_w h_{w0}^2}{f_y(h_{w0} - a')} \quad (5.80)$$

在非对称配筋下，可先按端部构造配筋要求给定 A_s，然后由式（5.77）、式（5.78）求解 ξ 及 A'_s。如果 $\xi \geqslant h_w/h_{w0}$，即全截面受压，此时，A'_s 可直接由下式求出：

$$A'_s = \frac{Ne - \alpha_1 f_b b_w h_w\left(h_{w0} - \dfrac{h_w}{2}\right)}{f_y(h_{w0} - a')} \quad (5.81)$$

墙腹板中的竖向分布钢筋按构造要求配置。在小偏心受压时，要求验算剪力墙平面外

的稳定，此时，按轴心受压构件计算。

5.5.3 斜截面抗剪承载力

由前所述可知，斜截面抗剪承载力计算主要是计算水平分布筋的面积，剪力墙的斜截面承载力应按下列公式计算：

$$V \leqslant \frac{1}{\lambda - 0.5}\left(0.5 f_t b_w h_{w0} + 0.13 N \frac{A_w}{A}\right) + f_{yh} \frac{A_{sh}}{s} h_{w0} \tag{5.82}$$

其中
$$\lambda = \frac{M}{V h_{w0}}$$

式中 V——剪力设计值；

A——剪力墙截面全面积；

A_w——I形或T形截面中腹板的面积，矩形截面 $A_w = A$；

N——与剪力相应的轴向压力或拉力设计值，抗震设计时，应考虑地震作用效应组合，若 $N > 0.2 f_c b_w h_{w0}$，$N = 0.2 f_c b_w h_{w0}$；

f_{yh}——水平钢筋抗拉设计强度；

A_{sh}——配置在同一水平截面内水平分布钢筋的全部截面面积；

s——水平分布钢筋间距；

λ——截面剪跨比，当 $\lambda < 1.5$ 时，取 $\lambda = 1.5$，当 $\lambda > 2.2$ 时，取 $\lambda = 2.2$。

当剪力设计值满足下式条件

$$V \leqslant \frac{1}{\lambda - 0.5}\left(0.5 f_t b_w h_{w0} + 0.13 N \frac{A_w}{A}\right) \tag{5.83}$$

可以不进行斜截面承载力计算，只需按构造要求配置水平分布钢筋。

复习思考题

5-1 轴心受压普通箍筋柱中混凝土、纵向钢筋及箍筋的作用分别是什么？

5-2 在设计受压构件时，为什么要规定最小配筋率和最大配筋率？

5-3 简述轴心受压短柱受力阶段和破坏过程？

5-4 试述轴心受压短柱、长柱及轴心受压构件的正截面承载力公式的不同之处。

5-5 试述在长期恒载作用下，轴心受压构件徐变引起应力重分布。

5-6 螺旋箍筋柱中的箍筋的作用是什么？

5-7 大偏心破坏与小偏心破坏特征的不同之处是什么，大偏心受压破坏与小偏心受压破坏的界限是什么？

5-8 偏心受压构件正截面承载力 $N-M$ 曲线的意义是什么？

5-9 什么是偏心受压构件的二阶效应，在设计中如何考虑二阶效应？

5-10 简述矩形截面非对称配筋偏心受压构件正截面设计的一般步骤。

5-11 简述矩形截面非对称配筋偏心受压构件截面承载力复核内容。

5-12 什么时候要进行偏心受压构件的斜截面承载力计算？

5-13 某现浇框架结构集团大楼，安全等级为一级，环境类别为一类，底层内柱的轴心压力设计值 $N=$

2500kN，截面尺寸为400mm × 400mm，柱的计算长度 l_0 = 5.0m，采用C35混凝土，纵向钢筋采用HRB400钢筋。求：纵筋面积及配置钢筋。

5-14 某现浇多层框架结构，底层门厅内的现浇钢筋混凝土柱以承受恒载为主，安全等级为一级，环境类别为一类，轴心压力设计值 N = 5000kN。柱的直径为450mm，柱的计算长度 l_0 = 4.8m，混凝土强度等级C35，柱中纵筋采用HRB400钢筋，箍筋采用HPB300钢筋。若所给条件不允许改变的情况下，对该对混凝土柱进行配筋计算。

5-15 某大楼矩形截面钢筋混凝土柱，构件安全等级为一级，环境类别为一类。截面尺寸为300mm × 400mm，轴向压力设计值 N = 155kN，柱顶截面弯矩设计值 M_1 = 165kN · m，柱底面弯矩设计值 M_2 = 280kN · m，为单曲率变形，计算长度 l_0 = 3.5m。纵向钢筋采用HRB400，混凝土强度等级为C30，试按非对称配筋进行截面设计。

5-16 已知条件同习题5-15，截面受压区已配有2⌀20钢筋，截面积 A'_s = 628mm²，试求受拉钢筋 A_s。

5-17 某钢筋混凝土框架结构底层偏心受压柱，构件安全等级为一级，环境类别为一类。截面尺寸为500mm × 800mm，轴向压力设计值 N = 4280kN，柱顶截面弯矩设计值 M_1 = 480kN · m，柱底面弯矩设计值 M_2 = 500kN · m，为单曲率变形，计算长度 l_0 = 7.8m。纵向钢筋采用HRB500，混凝土强度等级为C35，试按非对称配筋进行截面设计。

5-18 某矩形截面钢筋混凝土偏心受压柱，处于一类环境中，截面尺寸为300mm × 500mm，$a_s = a'_s$ = 40mm，柱的计算长度 l_0 = 4.5m，承受轴向压力设计值 N = 760kN。混凝土采用C30级和纵向钢筋采用HRB400级，A_s = 1527mm²，A'_s = 1064mm²。求该柱能承受的弯矩设计值。

5-19 已知条件同题5-15，采用对称配筋，求受拉和受压钢筋。

5-20 已知条件同题5-17，采用对称配筋，求受拉和受压钢筋。

5-21 已知某钢筋混凝土偏心受压排架柱为I形截面柱，截面尺寸为 $b \times h$ = 120mm × 900mm，$b'_f = b_f$ = 400mm，$h'_f = h_f$ = 150mm，$a_s = a'_s$ = 45mm。柱的计算高度 l_0 = 6.2m，柱截面弯矩和轴向压力设计值分别为 M_{max} = 445kN · m和 N = 810kN。采用C35混凝土，纵向钢筋采用HRB400级纵筋。按对称配筋设计，求钢筋截面面积 $A_s = A'_s$。

5-22 已知条件同题5-21，柱截面弯矩和轴向压力设计值分别为 M_{max} = 2350kN · m和 N = 780kN。按对称配筋设计，求钢筋截面面积 $A_s = A'_s$。

6 钢筋混凝土构件的变形、裂缝和混凝土结构的耐久性

前面章节主要介绍了钢筋混凝土构件的承载能力极限状态设计计算方法和要求，对于钢筋混凝土构件不仅要满足承载能力极限状态的要求，同时还要满足在各种作用下变形和裂缝宽度不超过规定限值的正常使用极限状态及耐久性的要求。

通常认为结构构件不满足正常使用极限状态造成的危害，比不满足承载能力极限状态要小。但试验及工程实例证明，变形、裂缝及某结构的耐久性对钢筋混凝土结构的影响，要比想象中大得多。本章对钢筋混凝土构件的变形、裂缝和混凝土结构的耐久性存在的问题进行讨论。

6.1 钢筋混凝土的挠度验算

钢筋混凝土受弯构件在正常使用极限状态下的挠度，根据构件的刚度用材料力学中的匀质弹性材料梁的挠度计算公式计算。例如，承受均布荷载的简支梁，其跨中挠度为

$$f = \frac{5}{384}\frac{ql_0^4}{EI} = \frac{5}{48}\frac{M}{EI}l_0^2 \tag{6.1}$$

式中 M——截面最大弯矩；

l_0——梁的计算跨度；

EI——梁的截面弯曲刚度。

匀质弹性体的截面刚度是不随荷载的大小和时间而发生变化的。但是，对于钢筋混凝土受弯构件，由于正常使用情况下梁会出现开裂，裂缝的产生和发展将使梁的抗弯刚度降低；另外，在混凝土徐变、收缩等因素的影响下，梁的抗弯刚度随时间也会缓慢降低。因此，在钢筋混凝土梁的挠度计算中，引入短期刚度 B_s 和长期刚度 B 的概念。

6.1.1 短期刚度

在荷载效应准永久组合下，考虑混凝土受拉区的开裂和受压区的塑性变形，根据试验分析和理论推导，受弯构件的短期刚度 B_s 可按如下公式计算：

$$B_s = \frac{E_sA_sh_0^2}{1.15\psi + 0.2 + \frac{6\alpha_E\rho}{1 + 3.5\gamma_f'}} \tag{6.2}$$

式中 α_E——钢筋弹性模量与混凝土模量之比，$\alpha_E = E_s/E_c$；

ρ——纵向受拉钢筋的配筋率，$\rho = A_s/(bh_0)$；

γ_f'——受压翼缘加强系数，$\gamma_f' = \frac{(b_f' - b)h_f'}{bh_0}$，当翼缘厚度 $h_f' > 0.2h_0$ 时，取 $h_f' = 0.2h_0$；

ψ——裂缝间纵向受拉钢筋应变不均匀系数，当 $\psi < 0.2$ 时，取 $\psi = 0.2$；当 $\psi > 1$

时，取 $\psi=1$；对直接承受重复荷载的构件，取 $\psi=1$，

$$\psi=1.1-0.65\frac{f_{tk}}{\rho_{te}\sigma_{sq}} \tag{6.3}$$

σ_{sq}——荷载效应准永久组合下纵向受拉钢筋应力，

$$\sigma_{sq}=\frac{M_q}{0.87A_s h_0} \tag{6.4}$$

M_q——荷载效应准永久组合下跨中弯矩；

ρ_{te}——以有效受拉混凝土截面面积计算的受拉钢筋配筋率，当 $\rho_{te}<0.01$ 时，取0.01，

$$\rho_{te}=\frac{A_s}{A_{te}}$$

A_{te}——有效受拉混凝土截面面积，受弯构件 $A_{te}=0.5bh+(b_f-b)h_f$，轴拉构件 $A_{te}=bh+(b_f-b)h_f$，见图6.1。

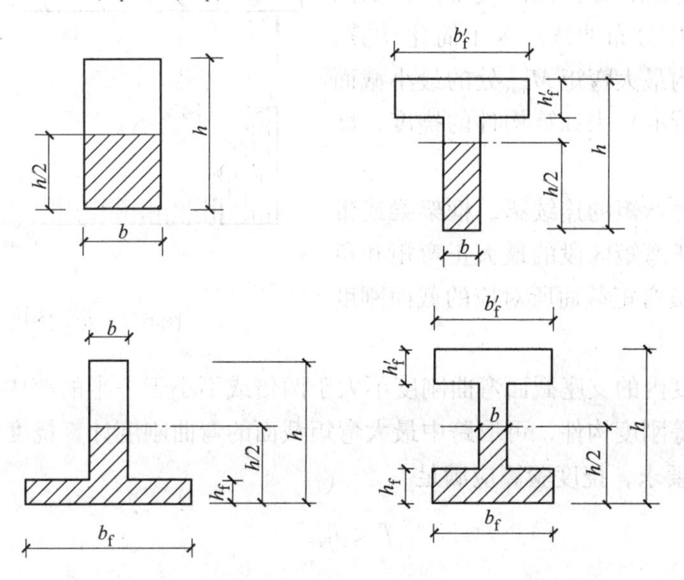

图6.1 有效受拉混凝土截面面积（图中阴影部分面积）

6.1.2 长期荷载作用下的截面刚度

在实际工程中，由于长期荷载作用，受压区混凝土将发生徐变，即荷载不增加而变形却随时间增长，构件截面弯曲刚度降低，构件的挠度增大。因此计算挠度时应采用考虑荷载长期作用影响的刚度 B。

受弯构件挠度计算采用的长期截面刚度 B，是在短期刚度 B_s 的基础上，考虑荷载长期作用对挠度增大的影响系数 θ 来修正的。

$$B=\frac{M_k}{M_k+(\theta-1)M_q}B_s \tag{6.5}$$

式中 M_k——按荷载效应标准组合计算的跨中弯矩值。

关于式中考虑荷载长期作用对挠度增大的影响系数 θ 的取值，可以根据长期荷载试验

的结果，考虑了受压钢筋在荷载长期作用下对混凝土受压徐变及收缩所起的约束作用，从而减少刚度的降低。对混凝土受弯构件，《规范》中建议：当$\rho' = 0$时，$\theta = 2.0$；当$\rho' = \rho$时，$\theta = 1.6$；当ρ'为中间数值时，θ按直线内插，即

$$\theta = 2.0 - 0.4\frac{\rho'}{\rho} \tag{6.6}$$

式中 ρ，ρ'——分别为受拉及受压钢筋的配筋率，当$\rho'/\rho > 1$时，取$\rho'/\rho = 1$。

上述θ值适用于一般情况下的矩形、T形和I形截面梁。对于翼缘位于受拉区的倒T形梁，《规范》规定θ值增大20%。

6.1.3 变形验算

以上讨论的刚度均为纯弯区段内的平均截面弯曲刚度。但一般受弯构件的全跨范围内各截面弯矩是不相等的，即截面刚度不同，如图6.2（b）所示刚度分布曲线。为了简化计算，采用同号弯矩段内最大弯矩M_{max}处的最小截面刚度B_{min}（虚线所示）来计算构件的挠度，即“最小刚度原则”。

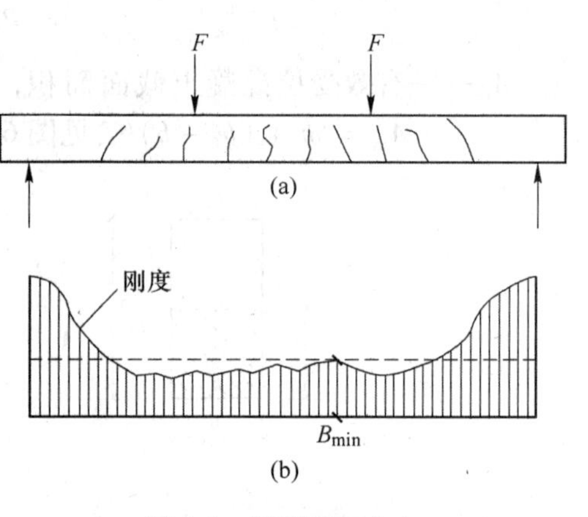

图6.2 梁的刚度分布

对于存在异号弯矩的连续梁、框架梁或带悬挑的支梁，以正弯矩区段的最大正弯矩和负弯矩区段的最小负弯矩截面所对应的截面刚度来计算。

对于计算跨度内的支座截面弯曲刚度不大于两倍或不小于一半的跨中截面弯曲刚度的连续梁，可看作等刚度构件，可取跨中最大弯矩截面的弯曲刚度计算挠度值。

按《规范》要求，挠度验算应满足

$$f < f_{lim} \tag{6.7}$$

式中 f_{lim}——挠度允许值，按表6.1采用；

f——计算的挠度。

当跨间为同号弯矩时，由下式求挠度

$$f = \alpha\frac{M_k l_0^2}{B} \tag{6.8}$$

式中 α——挠度系数（与荷载系数、支承条件有关），承受均布荷载的简支梁$\alpha = \frac{5}{48}$。

表6.1 受弯构件的挠度限值

构件类型		挠度限值
吊车梁	手动吊车	$l_0/500$
	电动吊车	$l_0/600$

续表 6.1

构件类型		挠度限值
屋盖、楼盖及楼梯构件	当 $l_0 < 7\text{m}$ 时	$l_0/200$（$l_0/250$）
	当 $7\text{m} \leqslant l_0 \leqslant 9\text{m}$ 时	$l_0/250$（$l_0/300$）
	当 $l_0 > 9\text{m}$ 时	$l_0/300$（$l_0/400$）

注：1. 表中 l_0 为构件的计算跨度；计算悬臂构件的挠度限值时，其计算跨度 l_0 按实际悬臂长度的 2 倍取用。
2. 表中括号内的数值适用于使用上对挠度有较高要求的构件。
3. 如果构件制作时预先起拱，且使用上也允许，则在验算挠度时，可将计算所得的挠度值减去起拱值；对预应力混凝土构件，也可减去预加力所产生的反拱值。
4. 构件制作时的起拱值和预加力所产生的反拱值，不宜超过构件在相应荷载组合作用下的计算挠度值。

6.1.4 提高受弯构件刚度的措施

当挠度不满足要求时，说明截面刚度不足，应采取措施提高受弯构件刚度。

由式（6.5）可以看出，当弯矩一定时，受弯构件刚度 B 值的大小主要由短期刚度和考虑荷载长期作用对挠度增大的影响系数 θ 决定。B 值随 B_s 值增大而增大，随 θ 值增大而减小。因此当受弯构件的挠度 f 不满足规范要求时，可以考虑采取以下措施：

（1）增大构件截面尺寸（高度 h）；

（2）采用预应力钢筋混凝土结构施加预应力；

（3）增大受压钢筋的配筋率 ρ'，提高截面的长期刚度；

（4）增大配筋量或提高混凝土强度等级；

（5）改变截面形状，如采用 T 形或 I 形截面，从而增加受压。

其中，增大构件截面高度和施加预应力是最有效的措施，其次是增大钢筋的配筋量，其他措施效果不明显。

【例 6.1】 某一作用有均布荷载的矩形截面简支梁，截面尺寸 $b \times h = 250\text{mm} \times 500\text{mm}$，计算长度 $l_0 = 6\text{m}$，采用 C30 混凝土，受拉钢筋为 HRB400 级 4⌀18mm，受压钢筋 HRB400 级 2⌀12mm，箍筋为 HPB300 级 ϕ6mm，环境类别为一类。按标准组合计算的跨中弯矩 $M_k = 100\text{kN} \cdot \text{m}$，按荷载准永久组合计算的跨中弯矩 $M_q = 80\text{kN} \cdot \text{m}$。允许挠度值 $f_{\lim} = \dfrac{l_0}{250}$，试验算挠度是否满足要求。

解： 根据已知条件查表得到材料计算参数：

$E_s = 2.1 \times 10^5 \text{N/mm}^2, A_s = 1017\text{mm}^2, f_{tk} = 2.01\text{N/mm}^2, E_c = 3.0 \times 10^4 \text{N/mm}^2$。

（1）基本参数。

构件环境类别为一级，保护层厚度取 25，箍筋直径为 6mm，则构件有效计算高度

$$h_0 = 500 - (25 + 6 + 18/2) = 460\text{mm}$$

$$\alpha_E = \frac{E_s}{E_c} = \frac{2.1 \times 10^5}{3.0 \times 10^4} = 7$$

$$\rho = \frac{A_s}{bh_0} = \frac{1017}{250 \times 460} = 0.00884$$

由于为矩形截面，$\gamma_f' = 0$

$$\rho_{te} = \frac{A_s}{0.5bh} = \frac{1017}{0.5 \times 250 \times 500} = 0.0163$$

$$\sigma_{sq} = \frac{M_q}{0.87h_0A_s} = \frac{80 \times 10^6}{0.87 \times 460 \times 1017} = 196.6\text{N/mm}^2$$

$$\psi = 1.1 - 0.65\frac{f_{tk}}{\rho_{te}\sigma_{sq}} = 1.1 - \frac{0.65 \times 2.01}{0.0163 \times 196.6} = 0.692$$

(2) 短期刚度。

$$B_s = \frac{E_sA_sh_0^2}{1.15\psi + 0.2 + \dfrac{6\alpha_E\rho}{1 + 3.5\gamma_f'}} = \frac{2.1 \times 10^5 \times 1017 \times 460^2}{1.15 \times 0.692 + 0.2 + 6 \times 7 \times 0.00884}$$

$$= 3.306 \times 10^{13}\text{N/mm}^2$$

(3) 刚度和挠度。

由于 $\dfrac{\rho'}{\rho} = \dfrac{A_s'}{A_s} = \dfrac{226}{1017} = 0.222$，

$$\theta = 2.0 - 0.4\frac{\rho'}{\rho} = 2.0 - 0.4 \times 0.222 = 1.91$$

$$B = \frac{M_k}{M_k + (\theta - 1)M_q}B_s = \frac{100}{100 + (1.91 - 1) \times 80} \times 3.306 \times 10^{13} = 1.913 \times 10^{13}\text{N/mm}^2$$

$$f = \alpha\frac{M_kl_0^2}{B} = \frac{5}{48} \times \frac{100 \times 10^6 \times 6000^2}{1.913 \times 10^{13}} = 19.6\text{mm} < \frac{6000}{250} = 24\text{mm}$$

满足要求。

6.2 钢筋混凝土构件裂缝宽度验算

由于混凝土的抗拉强度很低，大约为抗压强度的10%，因此一般的工业建筑与民用建筑中受拉应力作用的钢筋混凝土构件一般带裂缝工作。本节主要讨论由荷载引起的正截面裂缝的验算。

(1) 产生裂缝原因。引起构件产生裂缝的原因有以下两类：

一类是由荷载引起的裂缝，包括正截面裂缝、斜截面裂缝和黏结裂缝。

另一类是由非荷载因素引起的裂缝，如材料的收缩、温度变化、混凝土碳化，以及地基不均匀沉降等引起的裂缝。

很多裂缝的产生往往是由几种因素共同作用的结果。调查表明，工程中结构的裂缝属于由非荷载因素为主引起的约占80%，属于由荷载为主引起的约占20%。非荷载因素引起的裂缝十分复杂，目前主要通过构造措施（如设加强钢筋、变形缝、后浇带等）进行控制。

(2) 裂缝带来的危害。构件中的裂缝对建筑安全造成危害，有以下三个方面：

1) 裂缝会加速混凝土的碳化和钢筋的锈蚀，降低结构的耐久性；

2) 裂缝会造成储液池等结构物渗漏现象的发生，从而影响正常使用；

3) 裂缝过宽影响建筑物外观，造成使用者的不安全感。

由于裂缝对建筑可能带来的危害，因此需要对构件的裂缝开展宽度进行限制。目前，对于正常使用极限状态的裂缝控制存在两个方面的问题：一是临界裂缝宽度的限值；二是裂缝宽度的计算。本节主要对裂缝宽度的计算进行讨论。

6.2.1 裂缝的发展规律

（1）裂缝的类型。在荷载作用下钢筋混凝土会产生三种类型的裂缝：

1）正裂缝：轴心受拉构件产生的全截面贯通的裂缝，受弯构件纯弯区段的受拉区；

2）斜裂缝：受扭构件，受弯构件的剪弯区段等；

3）粘结裂缝：沿纵向受力钢筋。

（2）裂缝的发展规律。目前主要研究成果集中在正裂缝问题，即轴心受拉构件和纯弯构件的裂缝问题。如图 6.3 所示，以轴心受拉构件为例对裂缝的发展规律进行说明。

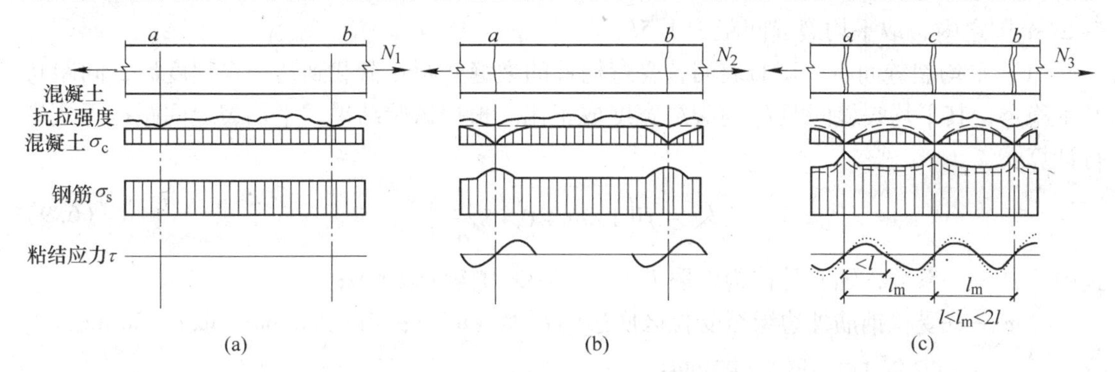

图 6.3　裂缝的发展过程示意图

（a）裂缝出现前；（b）第一批裂缝；（c）第二批裂缝

图 6.3 为钢筋混凝土轴心受拉构件的裂缝发展过程示意图。如图 6.3（a）所示，当轴向拉力较小时，还没有出现裂缝。此阶段中，由于钢筋和混凝土之间的黏结作用，钢筋与混凝土的应变沿构件的长度近似均匀分布。

由于混凝土材料的非均匀性，混凝土实际抗拉强度分布存在不均匀性，如图 6.3（a）所示。随着荷载不断增大，在混凝土抗拉强度最弱的截面 a—a 和 b—b 处，将会出现第一批裂缝，如图 6.3（b）所示。当裂缝出现时，截面 a—a 和 b—b 处的混凝土退出工作，钢筋承担所有荷载，截面处应力重分布，混凝土应力 σ_c 降为零，钢筋应力 σ_s 增大；而截面 a—a 和 b—b 间的原来张紧的混凝土向中间收缩，此时由于钢筋与混凝土间的黏结应力 τ 阻止混凝土的收缩，钢筋拉应力传递给混凝土。裂缝外的截面处，随距裂缝距离增大，钢筋应力 σ_s 不断减小，混凝土应力 σ_c 不断增大。由图 6.3（b）中粘结应力分布情况可知，距裂缝截面一定距离 l 后，粘结应力减小为零，此时钢筋与混凝土具有相同拉伸应变时，即又恢复为均匀分布状态，均匀段的混凝土拉应力 σ_c 小于混凝土抗拉强度。裂缝截面 a—a 一侧黏结应力作用长度为 l，称为传递长度。

第一批裂缝出现后，当荷载继续增大，裂缝截面 a—a 和 b—b 间混凝土应力逐渐增大，当均匀段的混凝土拉应力超过另一薄弱面 c—c 处的混凝土抗拉强度时，在截面 c—c 处会产生第二批裂缝。如图 6.3（c）所示，与第一批裂缝出现时一致，新的裂缝截面处应力重分布，混凝土应力 σ_c 降为零，钢筋应力 σ_s 增大；裂缝截面 c—c 两侧的钢筋与混凝土的发展与第一批截面类似，距裂缝截面的距离越远，由于粘结应力影响，钢筋应力越小，混凝土应力越大。

随着荷载继续增大，裂缝分布达到稳定状态，两条相邻裂缝间的混凝土应力小于混凝土抗拉强度，即不会产生新的裂缝，裂缝间距趋于稳定。

6.2.2 平均裂缝宽度计算

裂缝开展宽度是指受拉钢筋重心水平处构件侧表面上混凝土的裂缝宽度。对于轴心受拉构件，裂缝截面处的裂缝宽度可以认为是钢筋与混凝土在单位长度上的相对滑动距离在粘结力在两条相邻裂缝间的累积。而钢筋与混凝土在单位长度上的相对滑动距离等于两者的应变差 $\Delta\varepsilon = \varepsilon_s - \varepsilon_c$。由于裂缝宽度存在较大的离散性，分析时采用平均裂缝宽度，在此之前，需先确定平均裂缝间距 l_m。根据研究，裂缝间距与粘结长度 l 相关，裂缝间距在 $l \sim 2l$ 范围之内，取平均裂缝间距为 $1.5l$。

（1）平均裂缝间距。试验表明，受弯构件的裂缝间距在荷载到达一定程度后，间距将基本稳定，其平均裂缝间距 l_m 与裂缝宽度成正比。根据试验结果，平均裂缝间距按下式进行计算：

$$l_m = \beta\left(1.9c + 0.08\frac{d_{eq}}{\rho_{te}}\right) \tag{6.9}$$

式中 β——系数，轴心受拉构件取1.1，其他受力构件取1.0；

c——受拉钢筋外边缘至受拉区底边的距离（mm）：当 $c<20$mm，取 $c=20$mm；当 $c>65$mm，取 $c=65$mm；

d_{eq}——受拉区纵向钢筋的等效直径，mm，

$$d_{eq} = \frac{\sum n_i d_i^2}{\sum n_i v_i d_i} \tag{6.10}$$

d_i——受拉区第 i 种纵向钢筋公称直径（mm）；

n_i——受拉区第 i 种纵向钢筋的根数；

v_i——第 i 种纵向钢筋的相对粘结特征系数，光圆钢筋 $v_i = 0.7$，带肋钢筋 $v_i = 1.0$。

由式（6.9）和式（6.10）可知，平均裂缝间距 l_m 主要与钢筋直径、配筋率及粘结强度相关。

（2）平均裂缝宽度。根据平均裂缝间距，利用理论推导可以得到纯弯段的平均裂缝宽度公式

$$\omega_m = \alpha_c \psi \frac{\sigma_{sk}}{E_s} l_m \tag{6.11}$$

式中 α_c——考虑裂缝间混凝土自身伸长对裂缝宽度的影响系数。受弯、偏心受压构件，取 $\alpha_c = 0.77$，对其他构件取 $\alpha_c = 0.85$；

ψ——裂缝间纵向受拉钢筋重心处的拉应变不均匀系数，具体见上节内容；

σ_{sk}——荷载效应标准组合下的构件裂缝截面纵向受拉钢筋重心处的拉应力。

（3）裂缝截面处纵向受拉钢筋的应力 σ_{sk}。σ_{sk} 为按荷载效应标准组合计算的构件裂缝截面处纵向受拉钢筋的应力，可按裂缝截面处力的平衡求出。下面分别列出轴心受拉、受弯、偏心受拉以及偏心受压构件的 σ_{sk}。

1）根据轴心受拉构件裂缝截面处的应力平衡条件（图6.4），可得

$$\sigma_{sk} = \frac{N_k}{A_s} \tag{6.12}$$

式中　N_k——按荷载效应标准组合计算的轴向拉力值；

A_s——纵向钢筋截面面积。

2）根据受弯构件裂缝截面处的应力平衡条件（图6.5），对受压区合力点取矩，可得

$$\sigma_{sk} = \frac{M_k}{A_s \eta h_0} \tag{6.13}$$

式中　h_0——截面有效高度；

η——内力臂系数，一般取0.87。

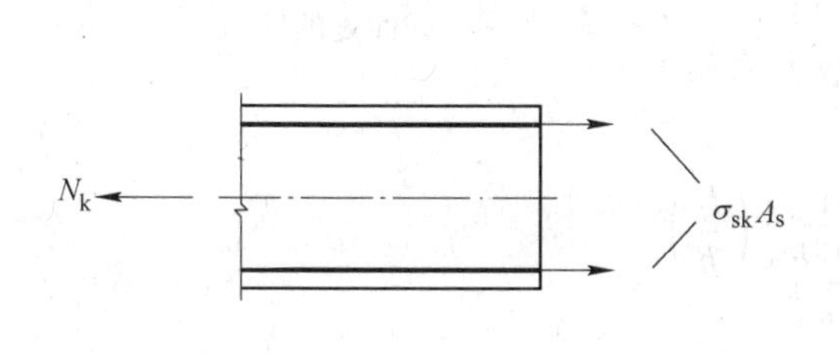

图6.4　轴向受拉构件裂缝截面处的应力

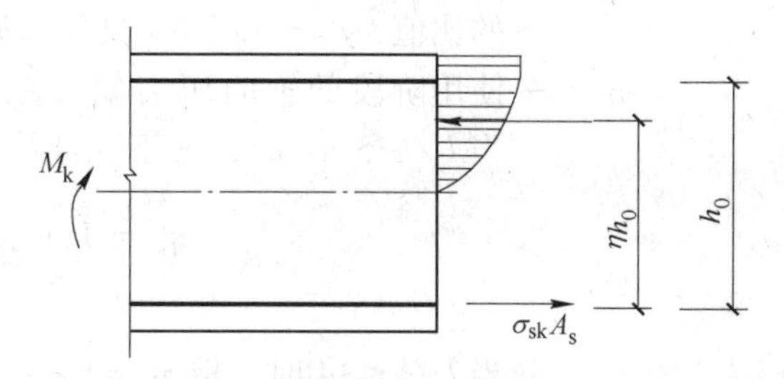

图6.5　受弯构件裂缝截面处的应力

3）偏心受拉构件分为大偏心受拉构件和小偏心受拉构件，如图6.6所示，对于大偏心受拉构件近似有 $\eta h_0 = h_0 - a_s'$，则偏心受拉构件 σ_{sk} 为：

$$\sigma_{sk} = \frac{N_k e'}{A_s(h_0 - a_s')} \tag{6.14}$$

式中　e'——轴向拉力作用点至受压区或受拉较小边纵向钢筋合力点的距离，

$$e' = e_0 + y_c - a_s'$$

e_0——荷载效应标准组合下的初始偏心距；

y_c——截面重心至受压区或受拉较小边缘的距离。

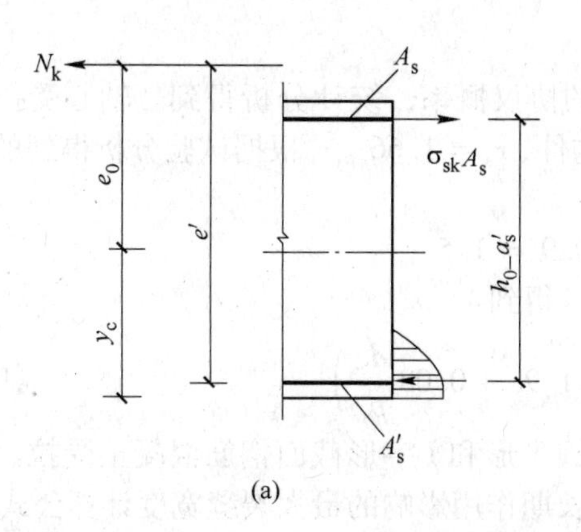

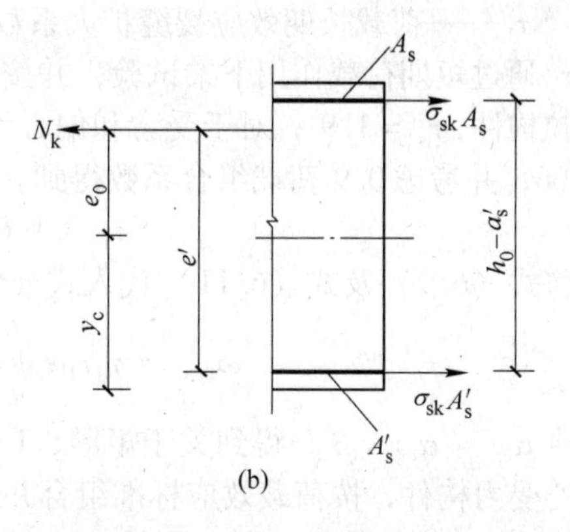

图6.6　偏心受拉构件裂缝截面处的应力

（a）大偏心受拉构件；（b）小偏心受拉构件

4）根据偏心受压构件裂缝截面处的应力平衡条件（图6.7），可得

$$\sigma_{sk} = \frac{N_k(e-z)}{A_s z} \tag{6.15}$$

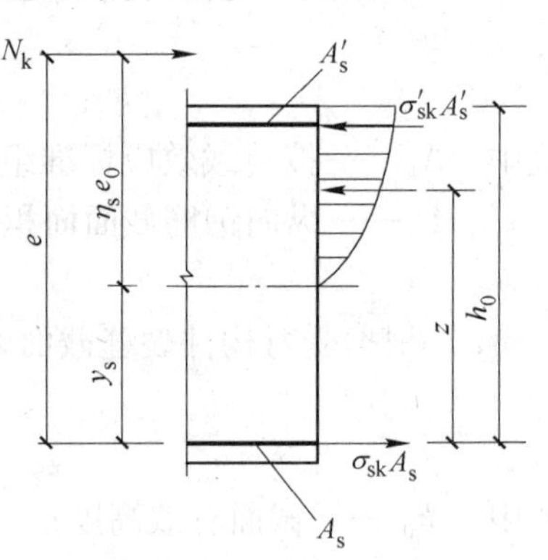

图6.7 偏心受压构件裂缝截面处的应力

式中 N_k——按荷载效应标准组合计算的轴向力值；

A_s——取受拉区纵向钢筋截面面积；

z——为纵向受拉钢筋合力点至截面受压区合力点的距离，且不大于 $0.87h_0$，可近似取 $z=\left[0.87-0.12(1-\gamma_f')\left(\frac{h_0}{e}\right)^2\right]h_0$；

$e=\eta_s e_0 + y_s$；

γ_f'——受压翼缘截面面积与腹板有效截面面积的比值，$\gamma_f'=(b_f'-b)h_f'/(bh_0)$；

η_s——使用阶段的轴向压力偏心距增大系数，当 $l_0/h>14$ 时，按下式计算：

$$\eta_s = 1+\frac{1}{\frac{4000e_0}{h}}\left(\frac{l_0}{h}\right)^2$$

当 $l_0/h\leqslant 14$ 时，取 $\eta_s=1.0$；

y_s——截面重心至纵向受拉钢筋合力点的距离。

6.2.3 最大裂缝宽度验算及控制措施

（1）最大裂缝宽度计算。影响建筑外观和结构耐久性的是最大裂缝宽度 ω_{max}，因此需要进行计算，并按《规范》规定进行验算。

由于混凝土的非均质性，裂缝存在较大的离散性，且受到荷载长期作用影响下，均会导致裂缝扩大。因此，要得到最大裂缝宽度需要对平均裂缝宽度 ω_m 进行短期效应裂缝离散性及荷载长期效应裂缝扩大的修正，分别乘以相应的扩大系数 τ_s 和 τ_l，即

$$\omega_{max} = \tau_s \tau_l \omega_m \tag{6.16}$$

式中 τ_s——荷载短期效应裂缝扩大系数；

τ_l——荷载长期效应裂缝扩大系数。

τ_s 通过短期荷载作用下梁试验，并按5%的协议概率，统计分析得到。轴心受拉和偏心受拉构件，$\tau_s=1.9$；对于受弯和偏心受压构件，$\tau_s=1.66$。τ_l 根据试验分析得到的平均值1.66，并考虑0.9荷载组合系数得到。

$$\tau_l = 1.66\times 0.9 = 1.5$$

将式（6.9）及式（6.11）代入式（6.16）得到

$$\omega_{max} = \tau_s \tau_l \alpha_c \psi \frac{\sigma_{sk}}{E_s}\beta\left(1.9c+0.08\frac{d_{eq}}{\rho_{te}}\right) \tag{6.17}$$

令 $\alpha_{cr}=\alpha_c\tau_s\tau_l\beta$，得到关于矩形、T形、倒T形和I字形截面钢筋混凝土受拉、受弯和偏心受力构件，按荷载效应标准组合并考虑长期作用影响的最大裂缝宽度计算公式

$$\omega_{max} = \alpha_{cr}\psi \frac{\sigma_{sk}}{E_s}\left(1.9c+0.08\frac{d_{eq}}{\rho_{te}}\right) \tag{6.18}$$

式中 α_{cr} ——构件受力特征系数，见表6.2。

表6.2 构件受力特征系数

类 型	α_{cr}	
	钢筋混凝土构件	预应力混凝土构件
受弯、偏心受压	1.9	1.5
偏心受拉	2.4	—
偏心受拉	2.7	2.2

（2）最大裂缝宽度的验算。对于裂缝控制等级为三的构件，《规范》规定，按荷载效应标准组合并考虑长期作用影响计算时，构件的最大裂缝宽度不应超过规定的最大裂缝宽度限值，即

$$\omega_{max} \leqslant \omega_{lim} \tag{6.19}$$

式中 ω_{lim} ——允许最大裂缝宽度，mm，按表6.3采用。

表6.3 结构构件的裂缝控制等级及最大裂缝宽度的限值 （mm）

<table>
<tr><th rowspan="2">环境类别</th><th colspan="2">钢筋混凝土结构</th><th colspan="2">预应力混凝土结构</th></tr>
<tr><th>裂缝控制等级</th><th>ω_{lim}</th><th>裂缝控制等级</th><th>ω_{lim}</th></tr>
<tr><td>一</td><td rowspan="4">三级</td><td>0.30（0.40）</td><td rowspan="2">三级</td><td>0.20</td></tr>
<tr><td>二 a</td><td rowspan="3">0.20</td><td>0.10</td></tr>
<tr><td>二 b</td><td>二级</td><td>—</td></tr>
<tr><td>三 a、三 b</td><td>一级</td><td>—</td></tr>
</table>

注：1. 对处于年平均相对湿度小于60%地区一类环境下的受弯构件，其最大裂缝宽度限值可采用括号内的数值。
2. 在一类环境下，对钢筋混凝土屋架、托架及需作疲劳验算的吊车梁，其最大裂缝宽度限值应取为0.20mm；对钢筋混凝土屋面梁和托梁，其最大裂缝宽度限值应取为0.30mm。
3. 在一类环境下，对预应力混凝土屋架，托架及双向板体系，应按二级裂缝控制等级进行验算；对一类环境下的预应力混凝土屋面梁、托架、单向板，应按表中二a级环境的要求进行验算：在一类和二a类环境下需作疲劳验算的预应力混凝土吊车梁，应按裂缝控制等级不低于二级的构件进行验算。
4. 表中规定的预应力混凝土构件的裂缝柱制等级和最大裂缝宽度限值仅适用于正截面的验算；预应力混凝土构件的斜截面裂缝控制验算应符合《规范》第7章的有关规定。
5. 对于烟囱、筒仓和处于液体压力下的结构．其裂缝控制要求应符合专门标准的有关规定。
6. 对处于四、五类环境下的结构构件，其裂缝控制要求应符合专门标准的有关规定。
7. 表中的最大裂缝宽度限制为用于验算荷载作用引起的最大裂缝宽度。

（3）裂缝宽度控制措施。由式（6.18）可知，裂缝宽度受到钢筋应力、钢筋直径与外形、混凝土保护层厚度以及配筋率等因素的影响，其中主要影响因素是钢筋应力。因此，当裂缝宽度验算不满足规范要求时，需采取相应措施来控制裂缝宽度。

1）采用低等级钢筋。普通钢筋混凝土构件，如果钢筋强度增大，则构件中钢筋应力增大，从而裂缝宽度增大。

2）对于光面钢筋，用小直径钢筋代替大直径钢筋：钢筋表面积增大，则钢筋与混凝土间的粘结力增大，从而裂缝间距减小，控制裂缝宽度。由于带肋钢筋黏结强度很高，此时减小钢筋直径对控制裂缝宽度作用不大。

3）用带肋钢筋替代光面钢筋是减小裂缝宽度的有效措施：带肋钢筋的黏结强度比光面钢筋大很多，采用带肋钢筋能有效减小粘结长度 l，从而控制平均裂缝间距 l_m，从而控制裂缝宽度。

4）减小混凝土保护层厚度。

5）采用预应力混凝土构件是控制裂缝宽度的最有效办法。由于预应力能有效减小作用在构件钢筋上的拉应力，从而减小裂缝宽度，甚至不出现裂缝。

【例 6.2】 某处于室内正常环境中的矩形截面简支梁，其截面尺寸 $b \times h = 200\text{mm} \times 500\text{mm}$，按荷载效应标准组合计算的跨中弯矩为 $M_k = 165\text{kN} \cdot \text{m}$，采用 C30 混凝土，钢筋采用 4 根 20mm 的 HRB400 级钢筋，箍筋直径 6mm，最大裂缝宽度限值 $\omega_{lim} = 0.3\text{mm}$。验算梁的最大裂缝宽度。

解： 计算参数：

受弯构件：
$$\alpha_{cr} = 1.9$$

$$f_{tk} = 2.01\text{N/mm}^2,\ E_s = 2.0 \times 10^5\text{N/mm}^2,\ A_s = 1256\text{mm}^2$$

C30 混凝土，保护层厚度取 20mm，则

$$c = 20 + 6 = 26\text{mm}$$

$$h_0 = 500 - (26 + 18/2) = 465\text{mm}$$

$$d_{eq} = \frac{\sum n_i d_i^2}{\sum n_i v_i d_i} = d = 20\text{mm}$$

$$\rho_{te} = \frac{A_s}{0.5bh} = \frac{1256}{0.5 \times 200 \times 500} = 0.0251$$

$$\sigma_{sk} = \frac{M_k}{0.87h_0A_s} = \frac{165 \times 10^6}{0.87 \times 465 \times 1256} = 324.7\text{N/mm}^2$$

$$\psi = 1.1 - 0.65\frac{f_{tk}}{\rho_{te}\sigma_{sk}} = 1.1 - \frac{0.65 \times 2.01}{0.0251 \times 324.7} = 0.940$$

$$\omega_{max} = \alpha_{cr}\psi\frac{\sigma_{sk}}{E_s}\left(1.9c + 0.08\frac{d_{eq}}{\rho_{te}}\right)$$

$$= 1.9 \times 0.940 \times \frac{324.7}{2 \times 10^5}\left(1.9 \times 20 + 0.08 \times \frac{20}{0.0251}\right)$$

$$= 0.294\text{mm} < 0.3\text{mm}$$

满足要求。

需要注意的是，由于仅有 18mm 直径的 HRB400 钢筋，其有效直径即为 18mm。在计算轴心受拉构件、偏心受拉构件及偏心受压构件需按不同公式，计算裂缝截面处纵向受拉钢筋的应力 σ_{sk} 和 α_{cr}。

6.3 混凝土结构的耐久性

工程结构应该满足安全性、适用性和耐久性的要求。在世界范围内存在大量钢筋混凝土结构，由于耐久性不足导致结构达不到设计使用年限，钢筋混凝土耐久性问题已经成为影响结构使用寿命的重要原因。据统计，在发达国家由于混凝土耐久性问题引起工程维修、拆除和重建的费用占 GDP 比重高达 2%~4%。而在我国经济发展中建设的桥梁、跨海

大桥、海底隧道和超高层建筑等，将会面临由耐久性带来的安全问题。

混凝土结构耐久性指在预定作用和预期的维护与工作环境下，在预定的使用时间内，结构及其部件能维持其所需的最低性能要求的能力。所谓正常维护，是指不因耐久性问题而需花费过高的维修费用；设计使用年限，也称设计使用寿命，例如，保证使用 50 年、100 年等，这可根据建筑物的重要程度或业主需要而定。指定的工作环境，是指建筑物所在地区的环境及工业生产形成的环境等。

因此在设计时，在设计混凝土结构时，除了进行承载力计算、变形和裂缝验算外，还必须进行耐久性设计。

6.3.1　耐久性主要影响因素

影响混凝土结构耐久性因素，可分为内部因素和外部因素两类。内部因素有混凝土强度、密实性、水泥用量、水灰比、氯离子、碱含量、外加剂用量、保护层厚度等；外部因素有环境温度、环境湿度、CO_2含量、侵蚀性介质等。此外，由于结构设计上的缺陷、施工质量差及维修不当等导致的质量问题也是影响结构耐久性的因素。

混凝土结构在以上因素作用下，使得结构中材料性能腐蚀或劣化，从而降低耐久性，最终导致结构的破坏。

下面主要对混凝土的碳化、钢筋的锈蚀、碱骨料反应和冻融破坏四个方面导致材料的腐蚀（劣化）原理和影响因素进行分析。

（1）混凝土的碳化。混凝土孔隙中存在的碱性物质 $Ca(OH)_2$ 在钢筋表面生成一层薄层致密的牢固吸附在钢筋表面的氧化膜，保护钢筋不被腐蚀，也称为钝化膜。由于混凝土多孔介质的特性及可能存在的裂缝，使得大气中的 CO_2 不断渗入混凝土中，与孔隙中液相 $Ca(OH)_2$ 发生中和反应，使混凝土孔隙内 pH 值下降，混凝土中性化而降低其碱度，这个过程就是混凝土的碳化。碳化对混凝土本身是无害的，反而会使混凝土变得坚硬，但会对钢筋产生不利影响。

由于大气中的 CO_2 由混凝土构件表面不断向内部渗透，导致混凝土碳化不断向内部扩散，当混凝土的碳化发展至钢筋表面时，将会破坏钢筋表面的钝化膜，使得钢筋开始腐蚀。实验表明，碳化深度 d_c 与时间 t 存在以下关系：

$$d_c = \alpha\sqrt{t} \tag{6.20}$$

式中　α——混凝土渗透性、相对湿度及大气中二氧化碳密度的函数。

根据研究，一般混凝土 50 年的平均碳化深度仅为 15mm，没有穿透混凝土保护层，钝化膜没有被破坏。当其他条件不变的情况下，由式（6.20）可知，当保护层厚度为 7.5mm 时碳化至钢筋表面仅需 12.5 年，即保护层缩小一半，碳化时间减小至四分之一。

一般环境相对湿度在 70%~85% 时，最容易发生混凝土碳化。干燥状态混凝土缺少碳化反应的液相条件，而饱和状态混凝土缺少 CO_2 气体渗入通道，因此均不易发生混凝土碳化。

混凝土胶结料中 $Ca(OH)_2$ 含量越高，CO_2 的吸收量越大，碳化速度越慢。混凝土强度等级越高，由于结构密实，孔隙率低，孔径小，减少 CO_2 渗透，降低混凝土碳化速度。这是因为设计或施工水胶比过大，振捣不密实等原因，混凝土出现蜂窝、裂纹等缺陷，增

大 CO_2 渗透，从而加快混凝土碳化速度。

（2）钢筋的锈蚀。当混凝土的碳化破坏了钢筋表面钝化膜后，当钢材表面从空气中吸收溶有 CO_2、O_2 或 SO_2 的水分，形成一种电解质的水膜时，会在钢筋的表面层的晶体界面或组成钢筋的成分之间构成无数微电池。阳极和阴极反应构成电化学腐蚀，结果生成 $Fe(OH)_2$，并在空气中进一步被氧化成 $Fe(OH)_3$，又进一步生成铁锈，铁锈体积是原体积的2～4倍，使得保护层膨胀开裂缝，加速锈蚀速度。

氯离子也会破坏钢筋表面钝化膜，并加速锈蚀过程，对钢筋锈蚀影响很大，需要严格控制混凝土中氯离子的含量，一般氯离子的含量不应大于水泥用量的1.0%。

钢筋锈蚀产生的体积膨胀会对混凝土保护层产生膨胀应力，使得混凝土保护层出现顺筋开裂，直至混凝土保护层脱落，加速锈蚀。同时，钢筋锈蚀不仅使钢筋截面面积减小，混凝土结构构件的承载能力降低，而且也降低混凝土与钢筋间的粘结性能。

控制混凝土的锈蚀主要从以下三个方面：

1）增大混凝土保护层厚度。混凝土碳化深度和氯离子侵入深度都与时间的平方根成正比。和前述碳化过程类似，当环境条件不变时，若保护层的厚度减少一半，则钢筋锈蚀所需时间将为原来的四分之一。

2）减小混凝土的水胶比。水胶比决定混凝土渗透性，水胶比过大将显著增大混凝土的渗透性，而减小水胶比将减少氧气的渗入量，可以有效减小锈蚀量。研究表明，钢筋相对锈蚀量与水胶比和保护层厚度有很大关系：当保护层厚度为20mm时，水胶比从0.62降低到0.49，锈蚀量减少了52%；当水胶比为0.49时，保护层厚度从20mm增加到38mm时，锈蚀量减少了55%。

3）确保混凝土的养护质量。混凝土养护不良对构件内部混凝土质量的影响不大，但混凝土养护不足（即混凝土表面早期干燥），将会增大表层混凝土的渗透性（增大5～10倍）。

（3）碱骨料反应。碱骨料反应是混凝土骨料中某些活性物质与混凝土微孔中的碱性溶液（来自水泥、外加剂、掺和料及水）在混凝土内部发生的化学反应，化学反应产生碱硅酸盐凝胶，当其吸水时会发生膨胀，从而导致混凝土的膨胀和开裂，产生严重的龟裂状裂缝。碱骨料反应在混凝土内部可以潜伏十几年或几十年，一旦扩展至混凝土表面，意味着损伤已经无法修复。

混凝土暴露在潮湿环境、混凝土含碱量超标及用活性碱骨料这三个条件是引起混凝土结构开裂和破坏的必要条件。如果控制其中任何一个条件，将会大大减小混凝土结构的破坏的可能性。潮湿环境中，对重要结构及部位采取相应的设计措施；使用低碱水泥或掺加掺合料水泥来减小混凝土中碱的含量，以及严格限制使用钠盐和钠盐外加剂；如骨料是碱活性，则应尽量选用低碱水泥或掺加掺合料水泥。

（4）冻融破坏。寒冷地区，混凝土的冻融破坏是影响耐久性的重要原因。混凝土孔隙中的水结冰使得水的体积膨胀即孔隙体积膨胀，造成混凝土孔壁膨胀变形过程中产生拉应力，产生微裂缝。当环境或外部因素（如道路融雪）使得温度升高，造成孔隙中的冰融化。而后再经过多次冻融交替，最终微裂缝累积扩大，最终导致混凝土结构破坏。

因此在寒冷地区，可以通过采用合适材料，如硅酸盐水泥和普通硅酸盐水泥、质量密实粒径较小粗骨料及适量水胶比，严格控制含泥量，掺入适量的减水剂、防冻剂、引气剂等措施来提高混凝土的抗冻性。

6.3.2 耐久性设计

在我国，根据影响耐久性的主要影响因素进行耐久性设计。混凝土结构耐久性设计基本内容为以下六个部分。

（1）确定环境类别。混凝土结构耐久性与结构使用的环境有密切关系。同一结构在强腐蚀环境下要比在一般大气环境中使用寿命短。使用环境分类可使设计者针对不同的环境种类采用相应的对策。《规范》提出把结构使用环境分为五大类，如表6.4所示。

表6.4 混凝土结构的工作环境类别

环境类别	条　件
一	室内干燥环境 永久的无侵蚀性静水浸没环境
二 a	室内潮湿环境；非严寒和非寒冷地区的露天环境；非严寒和非寒冷地区与无侵蚀性的水或土直接接触的环境；寒冷和寒冷地区的冰冻线以下与无侵蚀性的水或土直接接触的环境
二 b	干湿交替环境 水位频频变动区环境 严寒和寒冷地区的露天环境 严寒和寒冷地区的冰冻线以上与无侵蚀性的水或土直接接触的环境
三 a	严寒和寒冷地区冬季水位变动区环境 受除冰盐影响环境 海风环境
三 b	盐渍土环境 受除冰盐作用环境 海岸环境
四	海洋环境
五	受人为或自然的侵蚀性物质影响的环境

注：1. 室内潮湿环境是指经常暴露在湿度大于75%的环境。
2. 严寒和寒冷地区的划分应符合现行国家标准《民用建筑热工设计规范》JGJ24的有关规定。
3. 海岸环境为距海岸线100m以内；室内潮湿环境为距海岸线100m以外、300m以内，但应考虑主导风向及结构所处迎风、背风部位等因素的影响。
4. 受除冰盐影响环境为受除冰盐盐雾影响的环境；受除冰盐作用环境指被除冰盐溶液溅射的环境以及使用除冰盐地区的洗车房、停车楼等建筑。

（2）混凝土结构的使用年限。在我国，混凝土结构设计的使用年限按照《建筑结构可靠度设计统一标准》确定，一般可分为50年和100年，也可以根据工程业主的要求确定，见表2.8。

（3）混凝土材料的耐久性要求。影响结构耐久性的另一个重要因素是混凝土的质量。控制水胶比、减小渗透性、提高混凝土的强度等级、增加混凝土的密实性，以及控制混凝土中氯离子和碱的含量等，对于混凝土的耐久性起着非常重要的作用。

耐久性对混凝土质量的主要要求如下：

一类、二类和三类环境中，设计使用年限为50年的结构的混凝土应符合表6.5的规定。

表6.5 结构混凝土耐久性的基本要求

<table>
<tr><th>环境类别</th><th>最大水胶比</th><th>最低强度等级
强度等级</th><th>最大氯离子含量
/%</th><th>最大碱含量
/kg·m^{-3}</th></tr>
<tr><td>一</td><td>0.60</td><td>C20</td><td>0.30</td><td>不限制</td></tr>
<tr><td>二a</td><td>0.55</td><td>C25</td><td>0.20</td><td rowspan="5">3.0</td></tr>
<tr><td>二b</td><td>0.50（0.55）</td><td>C30（C25）</td><td>0.15</td></tr>
<tr><td>三a</td><td>0.45（0.50）</td><td>C35（C30）</td><td>0.15</td></tr>
<tr><td>三b</td><td>0.40</td><td>C40</td><td>0.10</td></tr>
</table>

注：处于严寒和寒冷地区二b、三a类环境中的混凝土应使用引气剂、并可采用括号内有关参数。

一类环境中，设计使用年限为100年的结构的混凝土应符合下列规定：

1）钢筋混凝土结构的最低混凝土强度等级为C30，预应力混凝土结构的最低混凝土强度等级为C40；

2）混凝土中的最大氯离子含量为0.06%；

3）宜使用非碱活性骨料；当使用碱活性骨料时，混凝土中的最大碱含量为3.0kg/m^3；

4）混凝土保护层厚度不应小于的规定的1.4倍；当采取有效的表面防护措施时，混凝土保护层厚度可适当减少。

二类和三类环境中，设计使用年限为100年的混凝土结构，应采取专门有效措施。

四类和五类环境中的混凝土结构，其耐久性要求应符合有关标准的规定。

（4）确定保护层厚度。混凝土保护层厚度应符合《规范》规定；当采取一定有效的表面防护措施时，混凝土保护层厚度可以适应减小。保护层厚度不能过度增大，否则不但增加工程造价，还会增大裂缝宽度。因此，常采取表面防护措施，如采用防护覆盖层，并规定维修年限。

（5）耐久性技术措施。

1）预应力混凝土结构中的预应力筋应根据具体情况采取表面防护、管道灌浆、加大混凝土保护层厚度等措施，外露的锚固端应采取封锚和混凝土表面处理等有效措施；

2）有抗渗要求的混凝土结构，混凝土的抗渗等级应符合有关标准的要求；

3）严寒及寒冷地区的潮湿环境中，结构混凝土应满足抗冻要求，混凝土抗冻等级应符合有关标准的要求；

4）处于二、三类环境中的悬臂构件宜采用悬臂梁—板的结构形式，或在其上表面增设防护层；

5）处于二、三环境中的结构构件，其表面的预埋件、吊钩、连接件等金属部件应采取可靠的防锈措施；

6）处在三类环境中的混凝土结构构件，可采用阻锈剂、环氧树脂涂层钢筋或其他具有耐腐蚀性能的钢筋、采取阴极保护措施或采用可更换的构件等措施。

（6）结构在设计使用年限内的检测与维护要求。对于混凝土结构耐久性，除了在设计和施工过程中确保质量外，在设计使用年限内还需要合理的使用，定期进行检查与后期维护。

1）建立定期检测、维修制度；

2）设计中可更换的混凝土构件应按规定更换；

3）构件表面的防护层，应按规定维护或更换；

4）结构出现可见的耐久性缺陷时，应及时进行处理。

对临时性混凝土结构，可不考虑混凝土的耐久性要求。

复习思考题

6-1　混凝土构件变形过大造成的影响有哪些？

6-2　构件受弯变形有几个阶段？简述每个阶段的特点。

6-3　简述裂缝间纵向受拉钢筋应变不均匀系数 ψ 的物理意义。

6-4　构件挠度变形不满足要求时，采取的措施有哪些？

6-5　简要说明混凝土结构裂缝的成因及其危害。

6-6　简述裂缝的发展过程及机理。

6-7　裂缝宽度的影响因素有哪些？简述减小裂缝宽度的措施及相应措施的原理。

6-8　影响混凝土结构耐久性的主要因素有哪些？简述提高混凝土结构的耐久性的措施。

6-9　某作用有均布荷载的矩形截面简支梁，截面尺寸 $b \times h = 220\text{mm} \times 500\text{mm}$，计算长度 $l_0 = 6\text{m}$，采用C25混凝土，受拉钢筋为HRB400级4⌀18mm，箍筋为HPB300级⌀6mm，环境类别为一类。按标准组合计算的跨中弯矩 $M_k = 110\text{kN}\cdot\text{m}$，按荷载准永久组合计算的跨中弯矩 $M_q = 90\text{kN}\cdot\text{m}$。验算挠度是否满足要求。

6-10　处于一类环境中的某矩形简支梁，计算跨度 $l_0 = 6.5\text{m}$，截面尺寸为 $b \times h = 200\text{mm} \times 400\text{mm}$。梁承受均布荷载，活荷载标准值 $q_k = 15\text{kN/m}$，准永久系数 $\varphi_q = 0.5$；采用C25混凝土，纵向受拉钢筋为HRB335级，4⌀18。验算梁的挠度是否满足要求。

6-11　某轴心受拉钢筋混凝土构件，其截面为矩形，尺寸为200mm×200mm，采用C30混凝土，纵向钢筋采用HRB400，4⌀18，所处环境为一类。荷载效应标准组合的轴向拉力 $N_k = 150\text{kN}$。试验算该构件的裂缝宽度。

6-12　某处于室内正常环境中的钢筋混凝土简支梁，其截面为矩形，截面尺寸 $b \times h = 220\text{mm} \times 500\text{mm}$，采用C30混凝土，纵向受力钢筋采用HRB335钢筋，4⌀16，荷载效应标准组合的跨中弯矩 $M_k = 105\text{kN}\cdot\text{m}$。试验算该梁裂缝宽度。

预应力混凝土构件

7.1 预应力混凝土概述

7.1.1 预应力混凝土的概念

钢筋混凝土构件是钢筋和混凝土结合在一起共同工作的，其最大缺点是抗裂性能差。因混凝土的极限拉应力很小，在使用荷载作用下受拉区混凝土开裂，构件刚度降低，变形增大，裂缝的存在使构件不适应高湿度和侵蚀性环境。为控制变形和裂缝宽度，可以加大构件截面尺寸和用钢量，但却不经济。因为自重太大时，构件能承受自重以外的有效荷载减少，因而不适用于大跨度、重荷载的结构。另外，提高混凝土强度等级和钢筋强度对改善构件的抗裂和变形性能效果也不大，这是由于采用高强度等级的混凝土，其抗拉强度提高较少的缘故；对于使用时容许裂缝宽度为0.2～0.3mm的构件，受拉钢筋应力只能达到150～250MPa，即在钢筋混凝土结构中采用高强度的钢筋是不能充分发挥作用的。

预应力混凝土是改善构件抗裂性能的有效途径。在混凝土构件承受荷载之前，对其受拉区预先施加压应力，就成为预应力混凝土结构。也可以说，预应力混凝土是根据需要，人为地引入某一数值和分布的内应力，用于全部或部分抵消外荷载应力的一种钢筋混凝土。预压应力可以部分或全部抵消外荷载产生的拉应力，可以减少甚至避免裂缝的出现。

现举两例说明预应力混凝土的基本原理。

如图7.1（a）所示简支梁，承受外荷载之前，先在梁的受拉区施加一对偏心预压力N_p，梁截面混凝土中产生预压应力，如图7.1（b）所示；按荷载标准值p_k计算，梁跨中截面应力如图7.1（c）所示。将图7.1（b）、（c）叠加得梁跨中截面应力分布如图7.1（d）所示。由此可知，通过人为控制预压力N_p的大小，可以使梁截面受拉边缘混凝土产生压应力、零应力或很小的拉应力，以满足不同的裂缝控制要求，从而改变普通钢筋混凝土梁原有的裂缝状态，成为预应力混凝土受弯构件。

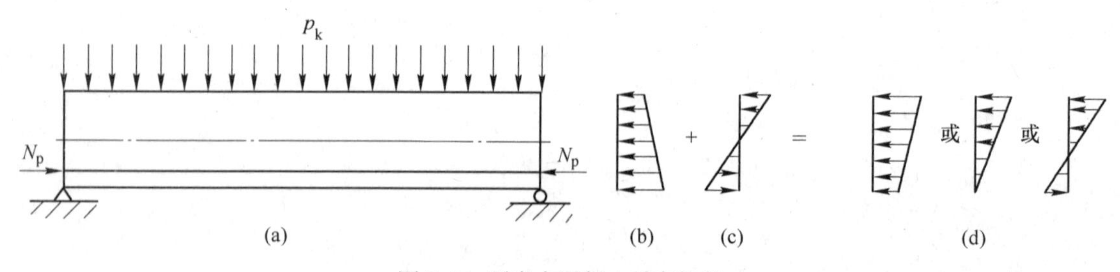

图7.1 预应力混凝土受弯构件

再如图7.2所示轴心受拉构件，承受外荷载之前，先对其施加轴心预压力N_p，则构件截面上混凝土受到均匀预压应力的作用；在荷载标准组合值N_k作用下，构件截面上又受到均匀拉应力的作用。将上述预压应力和外荷载拉应力叠加，等于该构件截面混凝土的最终应力值。通过人为控制预压力 N_p 的大小，可以使混凝土最终应力为压应力、零应力或是很小的拉应力，以满足不同的裂缝控制要求。这就成为预应力混凝土轴心受拉构件。

图 7.2 预应力混凝土轴心受拉构件

根据上述简支梁和轴心受拉构件的分析，对于采用高强度钢筋的预应力混凝土构件，可以用三种不同的概念来理解和分析其特性：

(1) 预加应力使混凝土在使用状态下成为弹性材料。经过预压混凝土，使原来抗拉强度低、抗压强度高的脆性材料变成一种既能抗压又能抗拉的弹性材料。这里，混凝土被看作承受两个力系，就是内部预应力和外部荷载。如果预应力所产生的压应力能够将外部荷载所产生的拉应力全部抵消，则在正常使用状态下混凝土没有裂缝甚至不出现拉应力。在这两个力系的作用下，混凝土构件的应力、应变及变形均可按材料力学公式计算，并可在需要时采用叠加原理。

(2) 预加应力使高强钢筋和高强混凝土结合并发挥各自的特长。可以将预应力混凝土看作高强钢筋和混凝土两种材料的一种协调受力。预应力混凝土构件中的高强钢筋只有在与混凝土结合之前预先张拉，使得在外荷载作用下受拉的混凝土预压、储备抗拉能力，才能使受拉的高强度钢筋进一步发挥其作用。因此，预加应力是一种充分利用高强度钢筋的抗拉能力、改变混凝土工作状态的有效手段。

(3) 预加应力实现荷载平衡。可以将预加应力的作用视为对混凝土构件预先施加与外力荷载方向相反的荷载，用于抵消部分或全部外荷载效应的一种方法。取混凝土为脱离体，通过调整预应力筋的位置、线形，可对混凝土构件造成预期的横向力。

7.1.2 预应力的施加方法

构件中配有预应力筋，通常通过机械张拉预应力筋给混凝土施加预应力。按照张拉预应力筋与浇筑混凝土的先后次序，可将预应力分为先张法和后张法两种。

(1) 先张法。先张法要求设置台座，钢筋先在台座上张拉并锚固，然后支模和浇捣混凝土，待混凝土达到一定的强度后放松和剪断钢筋。钢筋放松后将产生弹性回缩，而钢筋与混凝土之间的粘结力阻止其回缩，因而对构件产生预应力。先张法的主要工序如图 7.3 所示。

(2) 后张法。后张法要求在制作构件时预留孔道，待混凝土达到一定的强度后在孔道内穿入钢筋，并按照设计要求张拉钢筋，然后用锚具在构件端部将钢筋锚固，阻止钢筋回缩，从而对构件施加预应力。钢筋锚固完毕后，为了使预应力筋与混凝土牢固结合并共同工作，防止预应力筋锈蚀，应对孔道进行压力灌浆。为确保灌浆密实，在远离灌浆孔的适当部位应预留出气孔。后张法的主要工序如图 7.4 所示。

将先张法和后张法对比可知，先张法的生产工序少，工艺简单，不需要工作锚具，成本较低，质量易保证，适合于工厂化成批生产中、小型预应力构件。后张法不需要台座，比较灵活，张拉工作可以在工地施工作业面上进行。但是，后张法生产工序多、操作较麻

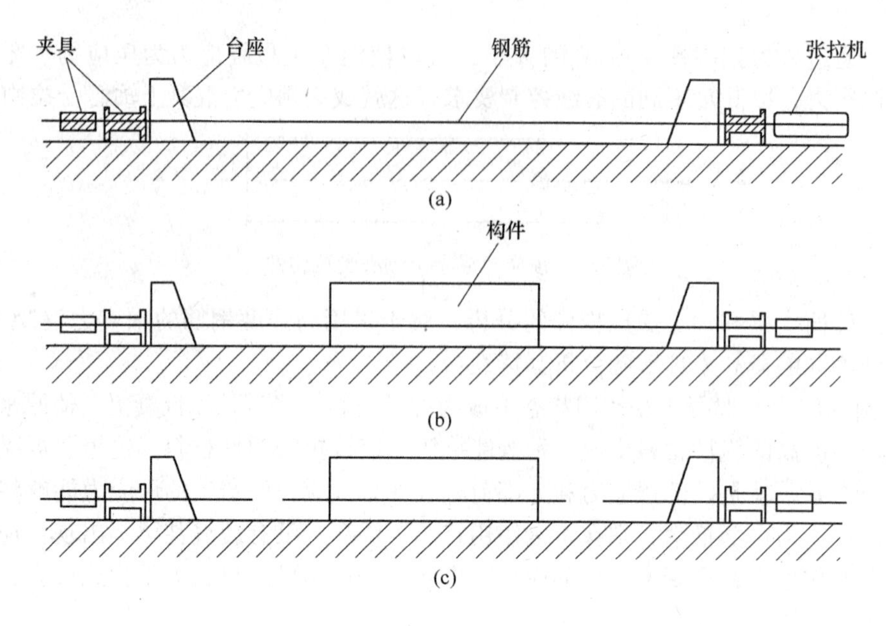

图7.3 先张法工序示意图

(a) 张拉钢筋；(b) 支模并浇筑混凝土；(c) 放松并剪断预应力钢筋

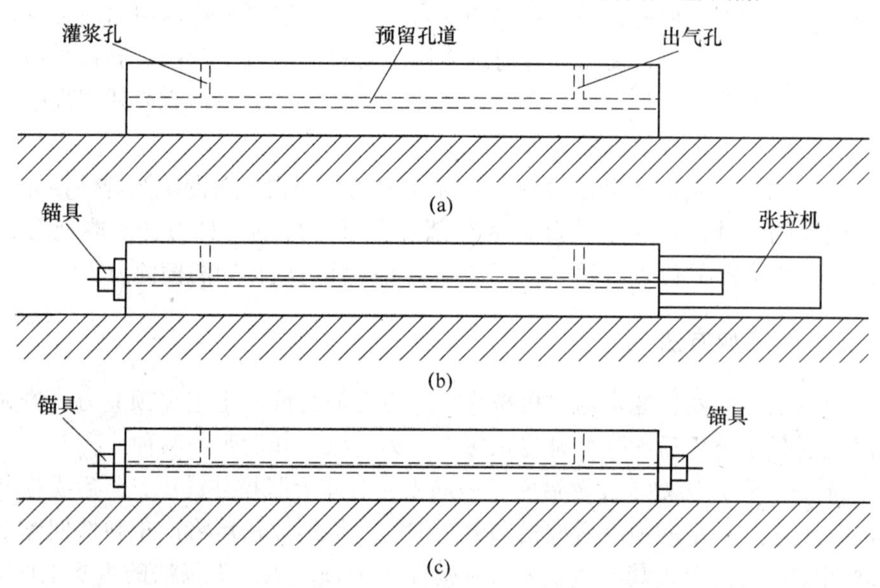

图7.4 后张法工序示意图

(a) 制作混凝土构件；(b) 张拉钢筋；(c) 张拉端锚固并对孔道灌浆

烦，对锚具要求高，成本较贵。因此，后张法适用于运输不便的大、中型构件，常用于复杂和现浇的大型建筑结构，如连续构件、曲线形结构、壳体和桥梁结构等。

先张法和后张法，其本质区别在于对混凝土构件施加预应力的途径，先张法通过预应力筋与混凝土之间的粘结力施加预应力；而后张法则通过锚具施加预应力。

7.1.3 预应力混凝土的特点

在预应力混凝土中，是通过张拉预应力钢筋给混凝土施加预压应力的，预应力筋受到很高的拉应力，混凝土主要处于受压应力状态。因此，可以更好地发挥钢筋与混凝土各自的优势，是两种材料的理想结合。预应力混凝土与钢筋混凝土相比，有如下优点：

(1) 抗裂性好。由于承受外荷载之前预应力混凝土构件的受拉区已有预加压应力存在，故在外荷载作用下，只有当混凝土的预压应力被全部抵消变为受拉且拉应变超过混凝土的极限拉应变时，构件才会开裂。而钢筋混凝土构件中不存在预加压应力，开裂荷载的大小是由混凝土的极限抗拉强度（普通混凝土构件的抗拉强度为预应力混凝土构件的1/17 ~ 1/8）决定的，抗裂能力很低。

(2) 变形小、刚度大。预应力混凝土构件正常使用时，在荷载标准组合下可能不开裂或裂缝很小，混凝土基本处于弹性阶段，构件的刚度比普通混凝土构件大。

(3) 能充分利用高强度材料。钢筋混凝土构件不能充分利用高强度材料。而预应力混凝土构件中，钢筋先被预拉，然后在外荷载作用下钢筋拉应力进一步增大，因而始终处于高拉应力状态，能够有效利用高强度钢筋；钢筋的强度越高，所需要的钢筋面积越少。所以应该尽可能采用高强度等级的混凝土，以便于与高强度钢筋相配合，减小构件的截面尺寸。

(4) 扩大了构件的应用范围。因预应力混凝土能改善构件的开裂性能，因而可用于有防水、抗渗透及抗腐蚀要求的环境；使用高强度材料，构件轻巧，刚度大、变形小，能用于大跨度、重荷载及承受重复荷载的结构。

综上所述，预应力混凝土构件有很多优点，但也有一定局限性，因而并不能完全代替钢筋混凝土构件。预应力混凝土具有施工工序多、对施工技术要求高，且需要张拉设备、锚夹具及劳动力费用高等特点，适用于大跨度及重荷载结构；钢筋混凝土结构由于施工方便，造价较低等特点，应用于允许带裂缝工作的一般工程结构，仍然具有强大的优势。

7.1.4 预应力混凝土的分类

根据制作、设计和施工的特点，预应力混凝土可分为不同的类型：

(1) 先张法预应力混凝土和后张法预应力混凝土。先张法是制作预应力混凝土构件时，先张拉预应力钢筋后浇筑混凝土的一种施加预应力的方法；后张法是先浇灌混凝土，待混凝土达到规定强度后再张拉预应力钢筋的一种施加预应力的方法。

(2) 全预应力混凝土和部分预应力混凝土。在使用荷载作用下，构件截面混凝土不出现拉应力，为全截面受压，称为全预应力混凝土。部分预应力混凝土是在使用荷载作用下，构件截面混凝土允许出现拉应力或开裂，但对裂缝宽度加以限制。

(3) 有粘结预应力与无粘结预应力。有粘结预应力，是指沿预应力筋全长均与周围混凝土粘结、握裹在一起的预应力混凝土结构。先张法预应力结构及预留孔道穿筋压浆的后张预应力结构均属这一类。

无粘结预应力，是指预应力筋收缩、滑动自由，不与周围混凝土粘结的预应力混凝土结构。这种结构的预应力筋表面涂有防锈材料，外套防老化的塑料管，防止与混凝土粘结。无粘结预应力混凝土结构通常与后张预应力工艺相结合使用。

7.1.5 锚具和夹具

在施工制作预应力混凝土构件的过程中，用于锚固预应力筋的工具通常分为锚具和夹具两种类型。

锚具是指在后张法结构或构件中，用于保持预应力的拉力并将其传递到混凝土上的永久性锚固装置。它永远锚固在构件端部，与构件联成一体共同受力，不能取下重复使用。锚具的种类很多，国标《预应力筋用锚具、夹具和连接器》（GB/T 14370—2007）将锚具分为张拉端锚具和固定端锚具两类。按锚固方式的不同，又分为夹片式、支承式、锥塞式和握裹式4种基本类型。支承式锚具有钢丝束镦头锚具、精轧螺纹钢筋锚具，握裹式锚具有挤压锚和压花锚等。

预应力锚具的选用，可根据预应力筋品种和锚固部位的不同，以及锚具的锚固性能和结构的受力条件按表7.1选用。

表7.1 预应力锚具选用表

预应力筋品种	张拉端	固定端	
		安装在结构外部	安装在结构内部
钢绞线	夹片锚具 压接锚具	夹片锚具 挤压锚具 压接锚具	压花锚具 挤压锚具
单根钢丝	夹片锚具 镦头锚具	夹片锚具 镦头锚具	镦头锚具
钢丝束	镦头锚具 冷（热）铸锚	冷（热）铸锚	镦头锚具
预应力螺纹钢筋	螺母锚具	螺母锚具	螺母锚具

夹具是指在先张法构件施工时，用于保持预应力筋的拉力并将其固定在生产台座（或设备）上的临时性锚固装置；在后张法结构或构件施工时，在张拉千斤顶或设备上夹持预应力筋的临时性工具锚。夹具可以取下重复使用。

7.2 张拉控制应力和预应力损失

7.2.1 预应力筋的张拉控制应力

张拉控制应力是指在张拉预应力筋时所控制达到的最大应力值，其值为张拉设备（如千斤顶油压表）所指示的总张拉力除以预应力筋截面面积得出的应力值，以 σ_{con} 表示。

张拉控制应力 σ_{con} 是施工时张拉预应力筋的依据，取值应适当。当构件截面尺寸及配筋量一定时，张拉控制应力越大，在构件受拉区建立的混凝土预应力也越大，则构件使用时的抗裂能力也越高。但是，若张拉控制应力过大，则个别钢筋可能屈服或者被拉断。同时，在施工阶段可能会引起构件某些部位受到拉力（称为预拉区）甚至开裂，还可能使后张法构件端部混凝土产生局部受压破坏。此时，构件开裂荷载与破坏荷载相近，一旦出现裂缝，将很快破坏，即可能出现无预兆的脆性破坏。另外，张拉控制应力过大，还会增大预应力筋的松弛损失。综上所述，对张拉控制应力应规定上限值。同时，为了保证构件中能建立必要的有效预应力，张拉控制应力也不能过小，即张拉控制应力应规定下限值。

《混凝土结构设计规范》（GB 50010—2010）规定预应力筋的张拉控制应力应符合下列规定。

消除应力钢丝、钢绞线：

$$\sigma_{con} \leqslant 0.75 f_{ptk} \tag{7.1}$$

中强度预应力钢丝：

$$\sigma_{con} \leqslant 0.70 f_{ptk} \tag{7.2}$$

预应力螺纹钢筋：

$$\sigma_{con} \leqslant 0.85 f_{pyk} \tag{7.3}$$

式中　f_{ptk}——预应力筋极限强度标准值，见表2.6；

f_{pyk}——预应力螺纹筋屈服强度标准值。

消除应力钢丝、钢绞线、中强度预应力钢丝的张拉应力值不应小于$0.4 f_{ptk}$；预应力螺纹钢筋的张拉控制应力值不宜小于$0.5 f_{pyk}$。

当符合下列情况之一时，上述张拉控制应力限值可提高$0.05 f_{ptk}$或$0.05 f_{pyk}$：

（1）要求提高构件在施工阶段的抗裂性能而在使用阶段受压区（即预拉区）内设置的预应力筋；

（2）要求部分抵消由于应力松弛、摩擦、钢筋分批张拉以及预应力筋与张拉台座之间的温差等因素产生的预应力损失。

7.2.2　各种预应力损失

由于各种因素的影响，从张拉预应力筋开始直至构件使用的整个过程中，预应力筋的张拉控制应力在逐渐降低，同时，混凝土所建立的预压应力也将逐渐降低，这种预应力降低的现象称为预应力损失。经损失后预应力筋的应力才会在混凝土中建立相应的有效应力。因此，只有正确认识和计算预应力筋的预应力损失值，才能比较准确地估计混凝土中的预应力水平。下面分别讨论引起预应力损失的原因、损失值的计算以及减少预应力损失的措施。

（1）张拉端锚具变形和预应力筋内缩引起的预应力损失σ_{l1}。无论先张法临时固定预应力筋还是后张法张拉完毕锚固预应力筋，在张拉端由于锚具的压缩变形，锚具与垫板之间、垫板与垫板之间、垫板与构件之间的裂缝被挤紧，或由于钢筋、钢丝、钢绞线在锚具内的滑移，使得被拉紧的预应力筋松动缩短从而引起预应力损失。

预应力直线钢筋由于锚具变形和预应力钢筋内缩引起的预应力损失值σ_{l1}，应按以下公式计算：

$$\sigma_{l1} = \frac{a}{l} E_s \tag{7.4}$$

式中　a——张拉端锚具变形和预应力筋内缩值，可按表7.2采用，mm；

l——张拉端至锚固端之间的距离，mm；

E_s——预应力筋的弹性模量，N/mm^2。

表 7.2 钢筋变形和预应力筋内缩值 (mm)

锚具类别		a
支承式锚具（钢丝束镦头锚具等）	螺帽缝隙	1
	每块后加垫板的缝隙	1
夹片式锚具	有顶压时	5
	无顶压时	6~8

注：1. 表中的锚具变形和钢筋内缩值也可根据实测资料确定；

2. 其他类型的锚具变形和钢筋内缩值应根据实测数据确定。

块体拼成的结构，其预应力损失尚应计入块体间填缝的预压变形。当采用混凝土或砂浆为填缝材料时，每条填缝的预压变形值可取为 1mm。

后张法构件曲线预应力筋或折线预应力筋，由于锚具变形和预应力筋内缩引起的预应力损失值 σ_{l1}，应根据曲线预应力筋或折线预应力筋与孔道壁之间反向摩擦影响长度 l_f 范围内的预应力筋变形值等于锚具变形和预应力筋内缩值的条件确定。对常用弧形的后张法曲线预应力筋，当其对应的圆心角 $\theta \leqslant 45°$ 时，预应力损失 σ_{l1} 可按下列公式计算：

$$\sigma_{l1} = 2\sigma_{con} l_f \left(\frac{\mu}{r_c} + \kappa \right) \left(1 - \frac{x}{l_f} \right) \tag{7.5}$$

$$l_f = \sqrt{\frac{aE_s}{1000\sigma_{con}(\mu/r_c + \kappa)}} \tag{7.6}$$

式中 r_c ——圆弧形曲线预应力筋的曲率半径，m；

μ ——预应力筋与孔道壁之间的摩擦系数，按表 7.3 采用；

κ ——考虑孔道每米长度局部偏差的摩擦系数，按表 7.3 采用；

x ——张拉端至计算截面的距离，m；

E_s ——预应力筋的弹性模量，N/mm^2。

表 7.3 摩擦系数

孔道成型方式	κ	μ	
		钢绞线、钢丝束	预应力螺纹钢筋
预埋金属波纹管	0.0015	0.25	0.50
预埋塑料波纹管	0.0015	0.15	—
预埋钢管	0.0010	0.30	—
抽芯成型	0.0014	0.55	0.60
无粘结预应力筋	0.0040	0.09	—

注：摩擦系数也可根据实测数据确定。

为了减小这项损失，可采取以下措施：选择自身变形小和使预应力筋内缩值小的锚具、夹具；尽量减少垫板的块数，因为每增加一块垫板，a 值增加 1mm；增加先张拉端至锚固端之间的长度。对于先张法，通常选用长的台座，即长线法生产。

（2）预应力筋与孔道壁之间的摩擦引起的预应力损失 σ_{l2}。当采用后张法张拉预应力筋时，预应力筋将沿孔道壁滑移而产生摩擦力，使预应力筋的应力形成在张拉端提高，向跨中方向逐渐减小的现象，即为摩擦损失 σ_{l2}。摩擦损失主要由孔道的弯曲和孔道局部偏差两部分影响产生。计算公式为：

$$\sigma_{l2} = \sigma_{con}\left(1 - \frac{1}{e^{\kappa x + \mu\theta}}\right) \tag{7.7}$$

式中　θ——从张拉端至计算截面曲线孔道部分切线的夹角之和，rad；

x——从张拉端至计算截面的孔道长度，可近似取该段孔道在纵轴上的投影长度，m。

当 $\kappa x + \mu\theta \leqslant 0.3$ 时，σ_{l2} 可按如下近似公式计算：

$$\sigma_{l2} = (\kappa x + \mu\theta)\sigma_{con} \tag{7.8}$$

当采用夹片式群锚体系时，在 σ_{con} 中宜扣除锚口摩擦损失。张拉端锚口摩擦损失，按实测值或厂家提供的数据确定。

为了减小这项损失，可采取以下措施：用两端张拉，减小 x 值；采用一端张拉，另一端补拉，即先在张拉端张拉预应力筋到 σ_{con} 后锚固，再将张拉设备移到另一端并张拉到 σ_{con}；在设计时尽可能地避免使用曲线配筋以减小 σ_{l2}值；采用“超张拉”工艺，从应力为零开始张拉至 1.03 σ_{con}，或从应力为零开始张拉至 1.05 σ_{con}，持荷 2min 后，卸载至 σ_{con}。

由于超张拉5%左右，可使构件其他截面应力也相应提高，当张拉力回降至 σ_{con} 时，钢筋因要回缩而受到反向摩擦力的作用，且随着距张拉端距离的增加，反向摩擦力的积累逐渐增大。这样，跨中截面的预应力就因超张拉而得到稳定的提高。

（3）混凝土加热养护时预应力筋与承受拉力的设备之间的温差引起的预应力损失 σ_{l3}。制作先张法构件时，为了缩短生产周期，常采用蒸汽养护，促使混凝土快速凝固。当新浇筑的混凝土尚未结硬时，加热升温，预应力筋伸长，但两端的台座因与地面相接触，温度基本上不升高，台座间距离保持不变，即由于预应力筋与台座间形成温差，使预应力筋内部张拉力降低，预应力下降。降温时，混凝土已结硬并与预应力筋结成整体，钢筋应力不能恢复原值，于是就产生了预应力损失 σ_{l3}。

预应力损失 σ_{l3} 的发生，也可以这样理解：当加热升温时预应力筋先产生自由伸长 Δl，原应力值保持不变；随后又施加了一个压应力，将钢筋压回原长，则该压应力就是预应力损失 σ_{l3}。相应的压应变为：

$$\varepsilon = \frac{\Delta l}{l} = \frac{l\alpha\Delta t}{l} = \alpha\Delta t \tag{7.9}$$

式中　α——钢筋的温度线膨胀系数，约为 1.0×10^{-5}/℃；

Δt——预应力筋与台座间的温差，℃；

l——台座间的距离，mm。

取钢筋的弹性模量 $E_s = 2.0 \times 10^5 \text{N/mm}^2$，则有：

$$\sigma_{l3} = E_s\varepsilon = 2.0 \times 10^5 \times 1.0 \times 10^{-5}\Delta t = 2\Delta t \tag{7.10}$$

式中，σ_{l3}以“N/mm^2”计。

由式（7.10）可知，若温度一次升高 75～80℃时，则 $\sigma_{l3} = 150 \sim 160\text{N/mm}^2$，预应力损失太大。通常采用两阶段升温养护来减少温差损失：先升温 20～25℃，待混凝土强度达到 $7.5 \sim 10\text{N/mm}^2$后，混凝土与预应力筋之间已具有足够的粘结力而成整体；当再次升温时，二者可共同变形，不再引起预应力损失。因此，计算时取 $\Delta t = 20 \sim 25$℃。当在钢模上生产预应力构件时，钢模和预应力筋同时被加热，无温差，则该项损失为零。

（4）预应力筋应力松弛引起的预应力损失 σ_{l4} 。预应力筋的应力松弛是指预应力筋在高应力状态下长度不变，钢筋应力随时间的增加而降低的现象。它具有以下特点：

1）预应力筋张拉控制应力越高，其应力松弛越大，同时松弛速度也越快；

2）预应力筋的应力松弛损失一般在张拉初期发展较快，24h 可完成总松弛量的50%~80%，此后发展较慢而逐渐趋于稳定；

3）预应力筋松弛量的大小主要与预应力筋种类有关；

4）预应力筋松弛随温度升高而增加。

根据应力松弛的上述特点，可以采用超张拉的方法减小松弛损失。超张拉时可采取以下两种张拉程序：第一种为 $0 \rightarrow 1.03\sigma_{con} \rightarrow \sigma_{con}$ ；第二种为 $0 \rightarrow 1.05\sigma_{con} \rightarrow \sigma_{con}$ ，持荷2min。其原理是：高应力（超张拉）下短时间内发生的损失在低应力下需要较长时间，持荷2min可使相当一部分松弛损失发生在预应力筋锚固之前，则锚固后损失减小。

预应力筋的应力松弛损失应按下列规定计算：

1）对消除应力钢丝、钢绞线：

①普通松弛时：

$$\sigma_{l4} = 0.4\left(\frac{\sigma_{con}}{f_{ptk}} - 0.5\right)\sigma_{con} \tag{7.11}$$

②低松弛时：

当 $\sigma_{con} \leqslant 0.7f_{ptk}$ 时

$$\sigma_{l4} = 0.125\left(\frac{\sigma_{con}}{f_{ptk}} - 0.5\right)\sigma_{con} \tag{7.12}$$

当 $0.7f_{ptk} < \sigma_{con} \leqslant 0.8f_{ptk}$ 时

$$\sigma_{l4} = 0.2\left(\frac{\sigma_{con}}{f_{ptk}} - 0.575\right)\sigma_{con} \tag{7.13}$$

2）中强度预应力钢丝： $$\sigma_{l4} = 0.08\sigma_{con} \tag{7.14}$$

3）预应力螺纹钢筋： $$\sigma_{l4} = 0.03\sigma_{con} \tag{7.15}$$

当 $\sigma_{con}/f_{ptk} \leqslant 0.5$ 时，实际的松弛损失值已很小，为简化计算，预应力筋的应力松弛损失值可取为零。

考虑时间影响的预应力筋应力松弛所引起的预应力损失值，可由式（7.11）~式（7.15）计算的预应力损失值 σ_{l4} 乘以《规范》附录中相应的系数确定。

为了减小 σ_{l4} 的值，可采取超张拉工艺或低松弛的高强钢材。

（5）混凝土的收缩和徐变引起的预应力损失 σ_{l5} 。混凝土在空气中结硬时体积收缩，而在预应力作用下，混凝土沿压力方向又发生徐变。收缩、徐变都导致预应力混凝土构件的长度缩短，预应力筋也随之回缩，产生预应力损失 σ_{l5} 。由于收缩和徐变均使预应力筋回缩，二者难以分开，所以通常合在一起考虑。混凝土收缩、徐变引起的预应力损失很大，在曲线配筋的构件中，约占总损失的30%；在直线配筋的构件中可达60%。

混凝土收缩、徐变引起受拉区和受压区纵向预应力筋的预应力损失值 σ_{l5}（N/mm^2）、σ'_{l5}（N/mm^2）可按下列方法确定：

1）在一般情况下，对先张法、后张法构件的预应力损失值可按下列公式计算。一般情况，先张法构件的预应力损失为：

$$\sigma_{l5} = \frac{60 + 340\dfrac{\sigma_{pc}}{f'_{cu}}}{1 + 15\rho} \tag{7.16}$$

$$\sigma'_{l5} = \frac{60 + 340\dfrac{\sigma'_{pc}}{f'_{cu}}}{1 + 15\rho'} \tag{7.17}$$

后张法构件的预应力损失为：

$$\sigma_{l5} = \frac{55 + 300\dfrac{\sigma_{pc}}{f'_{cu}}}{1 + 15\rho} \tag{7.18}$$

$$\sigma'_{l5} = \frac{55 + 300\dfrac{\sigma'_{pc}}{f'_{cu}}}{1 + 15\rho'} \tag{7.19}$$

式中 σ_{pc}，σ'_{pc}——分别为受拉区、受压区预应力筋在各自合力点处的混凝土法向压应力；

f'_{cu}——施加预应力时的混凝土立方体抗压强度；

ρ，ρ'——分别为受拉区、受压区预应力筋和普通钢筋的配筋率。对于先张法构件，$\rho = (A_p + A_s)/A_0$，$\rho' = (A'_p + A'_s)/A_0$；对于后张法构件，$\rho = (A_p + A_s)/A_n$，$\rho' = (A'_p + A'_s)/A_n$；对于对称配置预应力筋和普通钢筋的构件，配筋率 ρ、ρ' 应按钢筋总截面面积的一半计算。

计算受拉区、受压区预应力筋在各自合力点处的混凝土法向压应力 σ_{pc}、σ'_{pc} 时，预应力损失值仅考虑混凝土预压前（第一批）的损失，其普通钢筋中的应力 σ_{l5}、σ'_{l5} 值应取为零，σ_{pc}、σ'_{pc} 值不得大于 $0.5f'_{cu}$；当 σ'_{pc} 为拉应力时，则式（7.17）、式（7.19）中的 σ'_{pc} 应取为零。计算混凝土法向应力 σ_{pc}、σ'_{pc} 时，可根据构件制作情况考虑自重的影响。

若结构处于年平均相对湿度低于40%的环境下，σ_{l5} 及 σ'_{l5} 值应增加30%。

2）对重要的结构构件，当需要考虑与时间相关的混凝土收缩、徐变预应力损失值时，可按《混凝土结构设计规范》（GB 50010—2010）附录K进行计算。

由于后张法构件在开始施加预应力时，混凝土已完成部分收缩，故后张法的 σ_{l5} 比先张法的低。为了减少此项损失，可采取所有能减少混凝土收缩和徐变的措施。

（6）用螺旋式预应力筋作配筋的环形构件，由于混凝土局部挤压引起的预应力损失 σ_{l6}

环形构件混凝土由于受螺旋式预应力筋的挤压而发生局部压陷，使得预应力筋的环径将有所减小，预应力筋中的拉应力就会随之而降低，引起预应力损失 σ_{l6}。

σ_{l6} 的大小与环形构件的直径成反比。构件直径 d 越小，预应力损失 σ_{l6} 越大。当构件直径 d 较大时，这项损失可以忽略不计。为简化计算，《混凝土结构设计规范》（GB 50010—2010）规定：

当构件直径 $d \leq 3\text{m}$ 时，$\sigma_{l6} = 30\text{N/mm}^2$；

当构件直径 $d > 3\text{m}$ 时，$\sigma_{l6} = 0$。

7.2.3 预应力损失值组合

上述各项预应力损失内容，对先张法构件和后张法构件并不相同。一般情况下，先张法构件的预应力损失有 σ_{l1} 、σ_{l2} 、σ_{l3} 、σ_{l4} 、σ_{l5} ，后张法构件预应力损失有 σ_{l1} 、σ_{l2} 、σ_{l4} 、σ_{l5}（当为环形构件时还有 σ_{l6} ）。

预应力筋的有效应力 σ_{pe}定义为：张拉控制应力 σ_{con} 扣除相应预应力损失 σ_l 并考虑混凝土弹性压缩引起的预应力筋应力降低后，在预应力筋内存在的预拉应力。因为各项预应力损失是先后发生的，所以有效预应力值也随不同受力阶段而变。将预应力损失按各受力阶段进行组合，可计算不同阶段预应力筋的有效预拉应力值，进而计算在混凝土中建立的有效预应力 σ_{pe}。

在实际计算中，以“预压”为界，把预应力损失分成两批。所谓“预压”，对先张法，是指放松预应力筋，开始给混凝土施加预应力的时刻；对后张法，因为是在混凝土构件上张拉预应力筋，混凝土从张拉钢筋开始就受到预压，故这里的“预压”特指张拉预应力筋至 σ_{con} 并加以锚固的时刻。预应力混凝土构件在各阶段的预应力损失值宜按表 7.4 的规定进行组合。

表 7.4　各阶段预应力损失值的组合

预应力损失值的组合	先张法构件	后张法构件
混凝土预压前（第一批）的损失	$\sigma_{l1}+\sigma_{l2}+\sigma_{l3}+\sigma_{l4}$	$\sigma_{l1}+\sigma_{l2}$
混凝土预压后（第二批）的损失	σ_{l5}	$\sigma_{l4}+\sigma_{l5}+\sigma_{l6}$

对于先张法，当预应力筋张拉完毕固定在台座上时，有应力松弛损失；而实际上，切断钢筋后，预应力筋与混凝土间靠粘结传力，在构件两端之间，预应力筋长度也基本保持不变，还要发生部分应力松弛损失。因此，先张法构件由于钢筋应力松弛引起的损失值 σ_{l4} 加在第一批和第二批损失中各占一定的比例，如需区分，可根据实际情况确定。一般将 σ_{l4} 全部计入第一批损失中。

第一批损失记为 $\sigma_{l\text{I}}$ ，第二批损失记为 $\sigma_{l\text{II}}$ 。在后面的混凝土预应力计算公式的通式中，预应力损失的通用符号为 σ_l ，它既可以表示全部损失 $\sigma_{l\text{I}}+\sigma_{l\text{II}}$ ，也可以表示第一批损失 $\sigma_{l\text{I}}$ ，视具体情况而定。

考虑到预应力损失计算值与实际值的差异，并为了保证预应力混凝土构件具有足够的抗裂能力，应对预应力总损失值作最低限值的规定。《混凝土结构设计规范》(GB 50010—2010）规定，当计算求得的预应力总损失值小于下列数值时，应按下列数值取用。

先张法构件：100N/mm^2；

后张法构件：80N/mm^2。

7.3　预应力混凝土轴心受拉构件设计

7.3.1　轴心受拉构件各阶段应力分析

预应力混凝土轴心受拉构件一般分为两个阶段：施工阶段和使用阶段。构件内存在两个力系：构件制作时施加的内部预应力和使用阶段施加的外荷载。

7.3.1.1　先张法轴心受拉构件

A　施工阶段

(1）切断预应力筋前（即混凝土预压前）。完成第一批预应力损失 $\sigma_{l\text{I}}$ ，此时：

预应力筋应力为 $\sigma_{pe} = \sigma_{con} - \sigma_{l\text{I}}$

混凝土应力为 $\sigma_{pc} = 0$

普通筋应力为 $\sigma_{s} = 0$

（2）放松预应力筋时，由于钢筋与混凝土之间具有了粘结力，所以两者变形必须协调（$\varepsilon_c = \varepsilon_s$）。设混凝土获得的预压应力为 $\sigma_{pc\text{I}}$，则预应力筋的预应力相应减少 $\alpha_{E_p}\sigma_{pc\text{I}}$，此时：

混凝土应力为 $\sigma_{pc\text{I}}$

预应力筋应力为 $\sigma_{pe\text{I}} = \sigma_{con} - \sigma_{l\text{I}} - \alpha_{E_p}\sigma_{pc\text{I}}$

普通筋应力为 $\sigma_{s\text{I}} = \alpha_{E_s}\sigma_{pc\text{I}}$

其中，α_{E_p} 为预应力筋弹性模量 E_p 与混凝土弹性模量 E_c 之比，即 $\alpha_{E_p} = E_p/E_c$，α_{E_s} 为普通钢筋弹性模量 E_s 和混凝土弹性模量 E_c 之比，即 $\alpha_{E_s} = E_s/E_c$。

由内力平衡条件（图 7.5）可得：$\sigma_{pe\text{I}} A_p = \sigma_{s\text{I}} A_s + \sigma_{pc\text{I}} A_c$，将各应力值代入上式中，得 $(\sigma_{con} - \sigma_{l\text{I}} - \alpha_{E_p}\sigma_{pc\text{I}})A_p = \alpha_{E_s}\sigma_{pc\text{I}} A_s + \sigma_{pc\text{I}} A_c$，解得混凝土获得的预压应力为：

$$\sigma_{pc\text{I}} = \frac{(\sigma_{con} - \sigma_{l\text{I}})A_p}{A_c + \alpha_{E_s}A_s + \alpha_{E_p}A_p} = \frac{(\sigma_{con} - \sigma_{l\text{I}})A_p}{A_0} \tag{7.20}$$

式中 A_p ——预应力筋的截面面积；

A_s ——普通钢筋的截面面积；

A_0 ——构件的换算截面面积，$A_0 = A_c + \alpha_{E_s}A_s + \alpha_{E_p}A_p$。对于矩形截面先张法轴心受拉构件，混凝土截面面积为 $A_c = A - A_p - A_s$，$A = bh$ 为构件的毛截面面积。

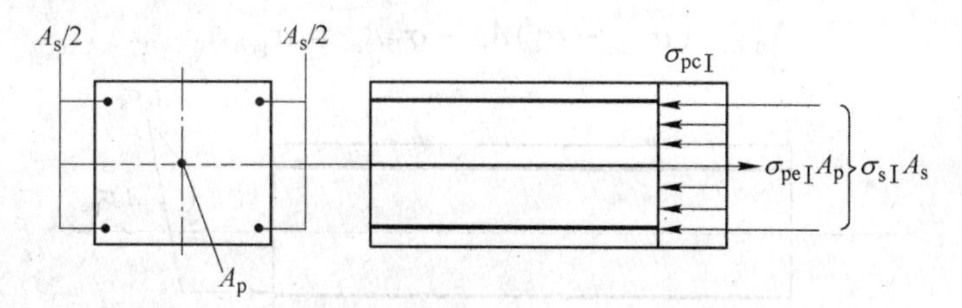

图 7.5 先张法构件切断预应力筋时的受力情况

先张法构件放松预应力筋时，混凝土受到的预压应力达到最大值。此时的应力状态，可作为施工阶段对构件进行承载能力计算的依据。另外，$\sigma_{pc\text{I}}$ 还用于计算 σ_{l5}。

（3）完成第二批预应力损失后。由于第二批预应力损失的产生，完成了预应力的总损失 $\sigma_l = \sigma_{l\text{I}} + \sigma_{l\text{II}}$，使预应力筋的拉应力和混凝土的预压应力进一步降低，设混凝土的预压应力由 $\sigma_{pc\text{I}}$ 降低到 $\sigma_{pc\text{II}}$，则预应力筋的预应力由 $\sigma_{pe\text{I}}$ 降低到 $\sigma_{pe\text{II}}$。此时：

混凝土应力为 $\sigma_{pc\text{II}}$

预应力筋应力为 $\sigma_{pe\text{II}} = \sigma_{con} - \sigma_l - \alpha_{E_p}\sigma_{pc\text{II}}$

普通钢筋应力为 $\sigma_{s\text{II}} = \alpha_{E_s}\sigma_{pc\text{II}} + \sigma_{l5}$

在普通钢筋应力 $\sigma_{s\text{II}}$ 中，σ_{l5} 指普通钢筋在混凝土收缩与徐变过程中，由于阻碍混凝土收缩、徐变的发展所增加的压应力值。

由内力平衡条件（图 7.6）得：$\sigma_{pe\text{II}} A_p = \sigma_{s\text{II}} A_s + \sigma_{pc\text{II}} A_c$，将各应力值代入上式得：$(\sigma_{con} - \sigma_l - \alpha_{E_p}\sigma_{pc\text{II}})A_p = (\alpha_{E_s}\sigma_{pc\text{II}} + \sigma_{l5})A_s + \sigma_{pc\text{II}} A_c$，解得：

$$\sigma_{pc\mathrm{II}}=\frac{(\sigma_{con}-\sigma_l)A_p-\sigma_{l5}A_s}{A_0} \tag{7.21}$$

式（7.21）给出了先张法构件中最终建立的混凝土有效预压应力。

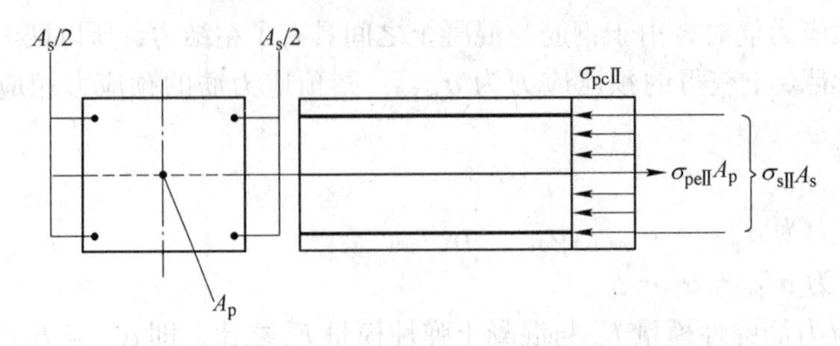

图7.6 先张法构件完成全部预应力损失后的受力情况

B 使用阶段

指从施加外荷载开始的阶段。

（1）加载至混凝土预压应力被抵消时。设此时外荷载产生的轴心拉力为 N_0（图7.7），相应预应力筋的有效应力为 σ_{p0}，则有：

$$\sigma_{pc}=0$$

$$\sigma_{pe}=\sigma_{p0}=\sigma_{con}-\sigma_l$$

$$\sigma_s=\sigma_{l5}$$

平衡条件为 $N_0=\sigma_{pe}A_p-\sigma_sA_s$，将 σ_{pe}、σ_s 代入该式并利用式（7.21）可得：

$$N_0=(\sigma_{con}-\sigma_l)A_p-\sigma_{l5}A_s=\sigma_{pc\mathrm{II}}A_0 \tag{7.22}$$

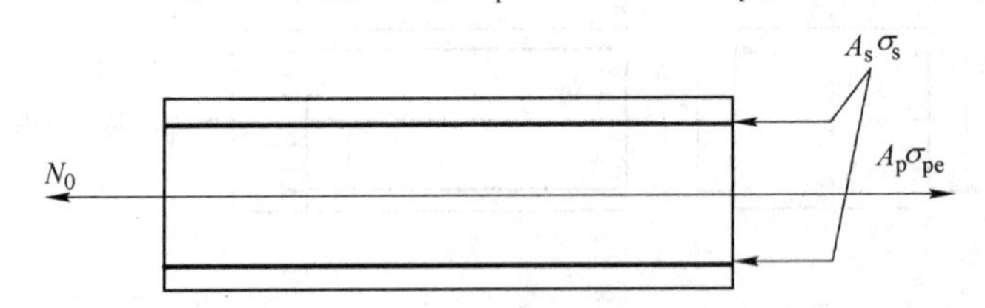

图7.7 混凝土的消压状态

此时，构件截面上混凝土的应力为零，相当于普通钢筋混凝土构件还没有受到外荷载的作用，但预应力混凝土构件已能承担外荷载产生的轴向拉力 N_0。

（2）继续加载至混凝土即将开裂时。随着轴向拉力的继续增大，构件截面上混凝土将转而受拉，当拉应力达到混凝土抗拉强度标准值 f_{tk} 时，构件截面即将开裂，设相应的轴向拉力为 N_{cr}，如图7.8所示。此时：

混凝土拉应力为 $\sigma_{pc}=f_{tk}$

预应力筋应力为 $\sigma_{pe}=\sigma_{con}-\sigma_l+\alpha_{E_p}f_{tk}$

普通钢筋应力为 $\sigma_s=\alpha_{E_s}f_{tk}-\sigma_{l5}$

由图7.8可列出平衡式为：

$$N_{cr}=\sigma_{pe}A_p+f_{tk}A_c+\sigma_sA_s$$

即：

$$N_{cr}=(\sigma_{con}-\sigma_l+\alpha_{E_p}f_{tk})A_p+f_{tk}A_c+(\alpha_{E_s}f_{tk}-\sigma_{l5})A_s$$

$$= (\sigma_{con} - \sigma_l)A_p - \sigma_{l5}A_s + f_{tk}(A_c + \alpha_{E_p}A_p + \alpha_{E_s}A_s)$$
$$= \sigma_{pcII}A_0 + f_{tk}A_0 = N_0 + f_{tk}A_0$$
$$= (\sigma_{pcII} + f_{tk})A_0 \tag{7.23}$$

式中　N_{cr}——预应力混凝土轴心所受拉力。

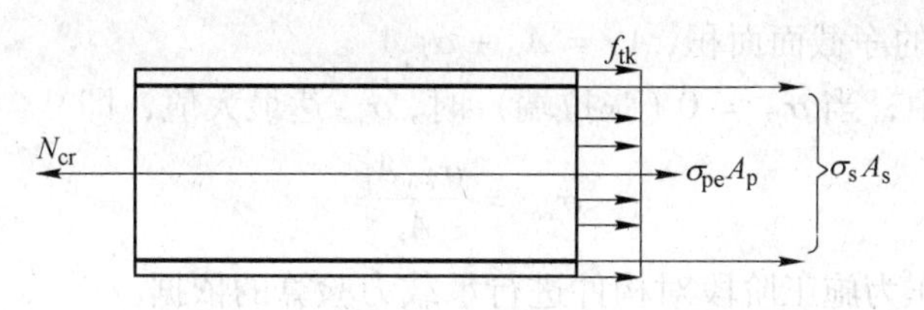

图 7.8　即将开裂时的受力示意图

构件即将开裂时所能承受的轴向力为 N_{cr} 。由式（7.23）可知，因为预应力 σ_{pcII} 的作用，预应力混凝土轴心受拉构件比普通混凝土轴心受拉构件的抗裂能力大了许多。

（3）加载直至构件破坏。由于轴心受拉构件的裂缝沿正截面贯通，则开裂后裂缝截面混凝土完全退出工作。随着荷载继续增大，当裂缝截面上预应力筋及普通钢筋的拉应力先后到达各自的抗拉强度设计值时，贯通裂缝突然加宽，构件破坏。相应的轴向拉力极限值（即极限承载力）为 N_u 。此时可列出平衡式为：

$$N_u = f_{py}A_p + f_yA_s \tag{7.24}$$

由式（7.24）可以看出，对构件施加预应力并不能提高构件的承载力，但由于预应力混凝土构件可以采用高强度的预应力筋，所以对同样截面尺寸的构件，当采用高强度的预应力筋时，预应力混凝土构件的承载力还是可以有一定的提高。

7.3.1.2　后张法轴心受拉构件

后张法与先张法不同，由于后张法是在混凝土构件上张拉预应力筋，张拉过程中，混凝土也产生弹性压缩，因而在预应力筋应力达到 σ_{con} 以前（测力仪表还在计数），这种弹性压缩对预应力筋的应力没有影响。后张法构件施工制作阶段，一般不考虑混凝土弹性压缩引起预应力筋的应力变化，近似认为，从完成第二批预应力损失的时刻开始，预应力筋才与混凝土协调变形，此时，混凝土的起点压应力为 σ_{pcII} ，而预应力筋的拉应力为 $\sigma_{con} - \sigma_l$ 。因此，在混凝土应力达到 σ_{pcII} 以前，预应力筋的应力只扣除预应力损失；而在混凝土应力达到 σ_{pcII} 以后，预应力筋应力除扣除预应力损失外，还应考虑由于混凝土弹性变形引起的钢筋应力改变量，其值等于相应时刻混凝土应力相对于 σ_{pcII} 改变量的 α_{E_p} 倍。

A　施工阶段

（1）在构件上张拉预应力筋至 σ_{con} ，同时压缩混凝土，应力图形如图 7.9 所示。在张拉预应力筋过程中，沿构件长度方向各截面均产生了数值不等的摩擦损失 σ_{l2} 。将预应力筋张拉到 σ_{con} 时，设混凝土应力为 σ_{cc} 。此时，任一截面处有：

$$\sigma_{pc} = \sigma_{cc}$$
$$\sigma_{pe} = \sigma_{con} - \sigma_{l2}$$
$$\sigma_s = \alpha_{E_s}\sigma_{cc}$$

由平衡条件，得

$$\sigma_{pe}A_p = \sigma_{pc}A_c + \sigma_sA_s$$

即
$$(\sigma_{con}-\sigma_{l2})A_p=\sigma_{cc}A_c+\alpha_{E_s}\sigma_{cc}A_s$$
解得
$$\sigma_{cc}=\frac{(\sigma_{con}-\sigma_{l2})A_p}{A_c+\alpha_{E_s}A_s}=\frac{(\sigma_{con}-\sigma_{l2})A_p}{A_n} \tag{7.25}$$
式中　A_n——构件的净截面面积，$A_n=A_c+\alpha_{E_s}A_s$。

在式（7.25）中，当 $\sigma_{l2}=0$（张拉端）时，σ_{cc} 达最大值，即
$$\sigma_{cc}=\frac{\sigma_{con}A_p}{A_n} \tag{7.26}$$
式（7.26）可作为施工阶段对构件进行承载力验算的依据。

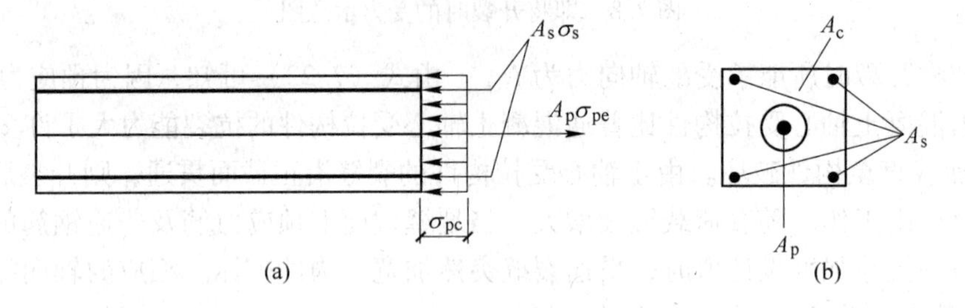

图7.9　后张法构件截面预应力

（2）完成第一批预应力损失。当张拉完毕，将预应力钢筋锚固于构件上时，又发生了 σ_{l1}，至此第一批预应力损失 $\sigma_{lI}=\sigma_{l1}+\sigma_{l2}$ 完成。此时 $\sigma_{pc}=\sigma_{pcI}$，$\sigma_{pe}=\sigma_{con}-\sigma_{l1}$，$\sigma_s=\alpha_{E_s}\sigma_{pcI}$，代入平衡式得
$$(\sigma_{con}-\sigma_{l1})A_p=\sigma_{pcI}A_c+\alpha_{E_s}\sigma_{pcI}A_s$$
解得
$$\sigma_{pcI}=\frac{(\sigma_{con}-\sigma_{lI})A_p}{A_c+\alpha_{E_s}A_s}=\frac{(\sigma_{con}-\sigma_{lI})A_p}{A_n} \tag{7.27}$$
预压应力 σ_{pcI} 可用于计算 σ_{l5}。

（3）完成第二批预应力损失。第二批损失 $\sigma_{lII}=\sigma_{l4}+\sigma_{l5}$。此时，$\sigma_{pc}=\sigma_{pcII}$，$\sigma_{pe}=\sigma_{con}-\sigma_l$，$\sigma_s=\alpha_{E_s}\sigma_{pcII}+\sigma_{l5}$，代入平衡式，可解得
$$\sigma_{pcII}=\frac{(\sigma_{con}-\sigma_l)A_p-\sigma_{l5}A_s}{A_n} \tag{7.28}$$
应力 σ_{pcII} 即为后张法构件中最终建立的混凝土有效预压应力。

B　使用阶段

（1）加荷至混凝土预压应力抵消时

消压外力为
$$N_0=\sigma_{pcII}A_0 \tag{7.29}$$
后张法构件与先张法构件的 N_0 相同，但式（7.22）与式（7.29）中 σ_{pcII} 的计算公式不同。

（2）继续加荷至混凝土即将开裂。开裂荷载按下式计算
$$N_{cr}=(\sigma_{pcII}+f_{tk})A_0 \tag{7.30}$$
式（7.30）形式上与式（7.23）完全相同，不同点在于 σ_{pcII} 计算公式不同。式

(7.30) 可以作为使用阶段对构件进行抗裂验算的依据。

(3) 加荷至构件破坏，后张法预应力混凝土构件开裂后，混凝土退出工作，荷载由预应力筋和非预应力钢筋承担。当荷载继续增大，破坏时预应力钢筋和普通钢筋的拉应力分别达到f_{py}、f_y，根据力的平衡条件，可得

$$N_u = f_{py}A_p + f_yA_s \tag{7.31}$$

N_u 是使用阶段对构件进行承载力极限状态计算的依据。

7.3.2 轴心受拉构件设计计算

预应力混凝土轴心受拉构件的设计内容主要包括使用阶段承载力计算和抗裂验算，施工阶段（制作、运输、安装）承载力验算，以及后张法构件锚具垫板下局部受压承载力验算等。

7.3.2.1 使用阶段正截面承载力计算

为保证构件在使用阶段具有足够的安全性，故承载能力极限状态的计算，荷载效应及材料强度均采用设计值。计算公式如下

$$\gamma_0 N \leqslant N_u = f_{py}A_p + f_yA_s \tag{7.32}$$

式中 γ_0 ——结构重要性系数；

N ——轴向拉力设计值；

N_u ——构件截面所能承受的轴向拉力设计值；

f_{py} ——预应力筋的抗拉强度设计值；

f_y ——普通钢筋的抗拉强度设计值。

应用式（7.32）计算时，一个方程只能求解一个未知量。一般是先按构件要求或经验定出普通钢筋的数量（此时 A_s 已知），再由公式求解 A_p 。

7.3.2.2 使用阶段正截面抗裂验算

轴心受拉构件，应按所处的环境类别和结构类别选用相应的裂缝控制等级，并按下列规定进行混凝土拉应力或正截面裂缝宽度验算。因属正常使用极限状态的验算，故荷载应采用标准组合或准永久组合，材料强度采用标准值。

(1) 裂缝控制等级为一级的构件。在荷载标准组合下应符合下列规定

$$\sigma_{ck} - \sigma_{pc} \leqslant 0 \tag{7.33}$$

要求在荷载标准组合 N_k 下，克服了有效预压应力后，使构件截面混凝土不出现拉应力。其中，σ_{pc}按式（7.21）或式（7.28）计算，并扣除全部预应力损失。由 $N_k - N_0 \leqslant 0$ ，得 $N_k - \sigma_{pc}A_0 \leqslant 0$ ，令 $\sigma_{ck} = N_k/A_0$ ，即得式（7.33）。

(2) 裂缝控制等级为二级的构件。在荷载标准组合下应符合下列规定

$$\sigma_{ck} - \sigma_{pc} \leqslant f_{tk} \tag{7.34}$$

式中 N_k ——按荷载标准组合计算的轴向拉力值；

σ_{ck} ——荷载标准组合下的混凝土法向应力，无论先张法或后张法轴心受拉构件均为 $\sigma_{ck} = N_k/A_0$ ；

σ_{pc} ——扣除全部预应力损失后混凝土的预压应力，按式（7.21）或式（7.28）计算；

f_{tk} ——混凝土轴心抗拉强度标准值；

A_0 ——构件的换算截面面积。

要求在荷载标准组合 N_k 下，克服了混凝土有效预压应力后，构件截面混凝土可以出现拉应力但不能开裂。由 $N_k - N_{cr} \leqslant 0$，即 $N_k - (\sigma_{pc} + f_{tk})A_0 \leqslant 0$，得到式（7.34）。

（3）裂缝控制等级为三级的构件。按荷载标准组合并考虑长期作用影响计算的最大裂缝宽度，应符合下列规定

$$\omega_{max} \leqslant \omega_{lim} \tag{7.35}$$

式中 ω_{max} ——按荷载标准组合并考虑长期作用影响计算的最大裂缝宽度；

ω_{lim} ——最大裂缝宽度限值，查《混凝土结构设计规范》(GB 50010—2010）确定。

对环境类别为二a类的三级预应力混凝土构件，在荷载准永久组合下尚应符合下列规定

$$\sigma_{cq} - \sigma_{pc} \leqslant f_{tk} \tag{7.36}$$

式中 σ_{cq} ——荷载准永久组合下抗裂验算截面边缘的混凝土法向应力，$\sigma_{cq} = \dfrac{N_q}{A_0}$，$N_q$ 为按荷载准永久组合计算的轴向拉力值。

预应力混凝土轴心受拉构件，按荷载标准组合并考虑长期作用影响的最大裂缝宽度（mm），可按下列公式计算

$$\omega_{max} = \alpha_{cr}\psi \frac{\sigma_{sk}}{E_s}\left(1.9c_s + 0.08\frac{d_{eq}}{\rho_{te}}\right) \tag{7.37}$$

$$\psi = 1.1 - 0.65\frac{f_{tk}}{\rho_{te}\sigma_{sk}} \tag{7.38}$$

$$d_{eq} = \frac{\sum n_i d_i^2}{\sum n_i v_i d_i} \tag{7.39}$$

$$\rho_{te} = \frac{A_s + A_p}{A_{te}} \tag{7.40}$$

式中 α_{cr} ——构件受力特征系数，对预应力混凝土轴心受拉构件取2.2；

ψ ——裂缝间轴向受拉钢筋应变不均匀系数，当 $\psi < 0.2$ 时，取 $\psi = 0.2$；当 $\psi > 1.0$ 时，取 $\psi = 1.0$；

σ_{sk} ——按荷载标准组合计算的预应力混凝土构件纵向受拉钢筋的等效应力，对轴心受拉构件，$\sigma_{sk} = \dfrac{N_k - N_{p0}}{A_s + A_p}$；

N_{p0} ——混凝土法向预应力等于零时预应力筋及非预应力钢筋的合力，

$$N_{p0} = \sigma_{p0}A_p - \sigma_{l5}A_s \tag{7.41}$$

σ_{p0} ——受拉区预应力钢筋合力点处混凝土法向应力等于零时的预应力筋应力，N/mm^2，按下式计算：先张法为 $\sigma_{p0} = \sigma_{con} - \sigma_l$；后张法为 $\sigma_{p0} = \sigma_{con} - \sigma_l + \alpha_{E_p}\sigma_{pcII}$；

E_s ——钢筋的弹性模量，N/mm^2；

c_s ——最外层纵向受拉钢筋外边缘至受拉区底边的距离，当 $c_s < 20mm$ 时，取 $c_s = 20mm$；则当 $c_s > 65mm$ 时，取 $c_s = 65mm$；

ρ_{te} ——按有效受拉混凝土截面面积计算的纵向受拉钢筋构件配筋率，在最大裂缝宽度计算中，$\rho_{te}<0.01$ 时，取 $\rho_{te}=0.01$；

A_{te} ——有效受拉混凝土截面面积，对轴心受拉构件，取构件截面面积 mm^2；

A_s ——受拉区纵向普通钢筋截面面积，mm^2；

A_p ——受拉区纵向预应力筋截面面积，mm^2；

d_{eq} ——受拉区纵向钢筋的等效直径，mm；

d_i ——受拉区第 i 种纵向钢筋的公称直径，mm；对于有粘结预应力钢绞线的直径取为 $\sqrt{n_1}d_{p1}$，其中 d_{p1} 为单根钢绞线的公称直径，n_1 为单束钢绞线根数；

n_i ——受拉区第 i 种纵向钢筋的根数，对于有粘结预应力钢绞线，取为钢绞线束数；

v_i ——受拉区第 i 种纵向钢筋的相对粘结特性系数，按表 7.5 采用。

表 7.5 钢筋的相对粘结特性系数

钢筋类别	钢筋		先张法预应力筋		后张法预应力筋			
	光圆钢筋	带肋钢筋	带肋钢筋	螺旋肋钢丝	钢绞丝	带肋钢筋	钢绞线	光面钢丝
v_i	0.7	1.0	1.0	0.8	0.6	0.8	0.5	0.4

注：对环氧树脂涂层带肋钢筋，其相对粘结特性系数应按表中系数的 0.8 倍取用。

抗裂验算计算截面的位置，当沿构件长度方向各截面尺寸相同时，取混凝土预压应力 σ_{pc}最小处。先张法轴心受拉构件，应验算两端预应力传递长度范围内的截面，混凝土预压应力取值应在 0 与 σ_{pc}之间线性内插；后张法轴心受拉构件，抗裂验算计算截面的位置应取锚固端。

7.3.2.3 施工阶段混凝土轴心受压承载力验算

预应力混凝土轴心受拉构件，在先张法切断预应力筋或后张法张拉预应力筋结束时，混凝土受到的压应力达到最大值，因此应对此施工阶段的承载力进行验算，即应满足下式要求

$$\sigma_{cc}\leqslant 0.8f'_{ck} \tag{7.42}$$

式中 σ_{cc} ——相应施工阶段计算截面边缘纤维的混凝土压应力；

f'_{ck} ——与放张（先张法）或张拉预应力筋（后张法）时混凝土立方体抗压强度相对应的抗压强度标准值。

对先张法取
$$\sigma_{cc}=\frac{(\sigma_{con}-\sigma_{lI})A_p}{A_0}$$

对后张法取
$$\sigma_{cc}=\frac{\sigma_{con}A_p}{A_n}$$

7.3.2.4 后张法构件端部锚固区锚具垫板下局部受压承载力计算

后张法构件预压力是通过锚具、垫板传递给混凝土的，锚具、垫板下一定范围内存在很大的局部压应力，这种压应力需要经过一定的扩散长度（大约等于构件截面的边长）后才能均匀地分布到构件的全截面，如图 7.10 所示。对后张法预应力混凝土构件，不论是轴心受拉构件、受弯构件还是其他构件，都需验算锚固区局部受压承载力。

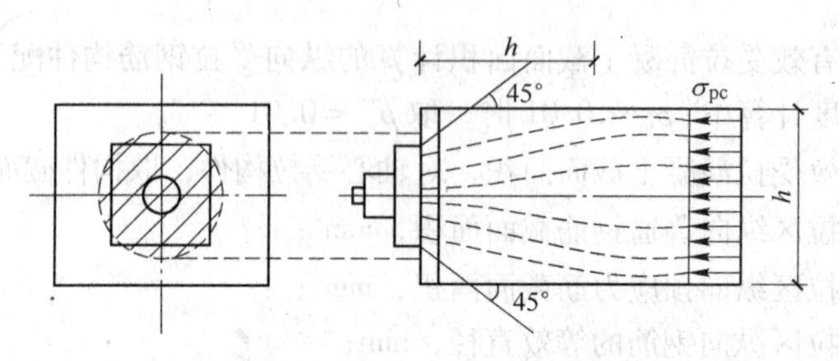

图7.10　后张法构件端部局部受压

为了确保构件锚具下的局部受压承载力及控制裂缝宽度，在预应力筋锚具下和张拉设备的支承处，需配置方格网式或螺旋式间接钢筋（图7.11）。

当配置间接钢筋且其核心面积 $A_{cor} > A_l$ 时，局部受压承载力计算公式为

$$F_l \leqslant 0.9(\beta_c\beta_l f_c + 2\alpha\rho_v\beta_{cor} f_{yv})A_{ln} \tag{7.43}$$

当配置方格网式钢筋时［图7.11（a）］，其体积配筋率 ρ_v 的计算公式为

$$\rho_v = \frac{n_1A_{s1}l_1 + n_2A_{s2}l_2}{A_{cor}s} \tag{7.44}$$

此时，钢筋网两个方向上单位长度内钢筋截面面积的比值不宜大于1.5。

当配置螺旋式钢筋时，如图7.11（b）所示，体积配筋率 ρ_v 的计算式为

$$\rho_v = \frac{4A_{ss1}}{d_{cor}s} \tag{7.45}$$

式中　F_l——局部受压面上作用的局部荷载或局部压力设计值，对后张法预应力混凝土构件应取 $F_l = 1.2\sigma_{con}A_p$；

α——钢筋对混凝土约束的折减系数，取值查表7.6；

β_c——混凝土强度影响系数，取值查表7.6；

A_l——混凝土的局部受压面积，当有垫板时，应考虑预应力沿锚具边缘在垫板中按45°角扩散后传至混凝土的受压面积（图7.10）；

A_{ln}——混凝土的局部受压净面积，对后张法构件，应在混凝土局部受压面积中扣除孔道、凹槽部分的面积；

β_l——混凝土局部受压时的强度提高系数，$\beta_l = \sqrt{A_b/A_l}$；

β_{cor}——配置间接钢筋的局部受压承载力提高系数，按计算 β_l 的公式计算，但将 A_b 以 A_{cor} 代替，当 $A_{cor} > A_b$ 时，应取 $A_{cor} = A_b$；当 $A_{cor} \leqslant 1.25A_l$ 时，取 $\beta_{cor} = 1.0$；A_b 为局部受压的计算底面积，可由局部受压面积与计算底面积按同心、对称的原则确定，对常用情况可按图7.12采用；

A_{cor}——方格网式或螺旋式间接钢筋内表面范围内的混凝土核心面积，其形心应与 A_l 的形心重合，计算中仍按同心、对称的原则取值；

f_c——混凝土轴心抗压强度设计值，在后张法预应力混凝土构件的张拉阶段验算中，应根据相应阶段的实际轴心抗压强度值取用；

f_{yv}——间接钢筋的抗拉强度设计值；

ρ_v——间接钢筋的体积配筋率（核心面积范围内单位混凝土体积所含间接钢筋的体积）；

n_1，A_{s1} ——分别为方格网沿 l_1 方向的钢筋根数、单根钢筋的截面面积；

n_2，A_{s2} ——分别为方格网沿 l_2 方向的钢筋根数、单根钢筋的截面面积；

A_{ss1} ——单根螺旋式间接钢筋的截面面积；

d_{cor} ——螺旋式间接钢筋内表面范围内的混凝土截面直径；

s ——方格网式或螺旋式间接钢筋的间距，宜取 30 ~ 80mm。

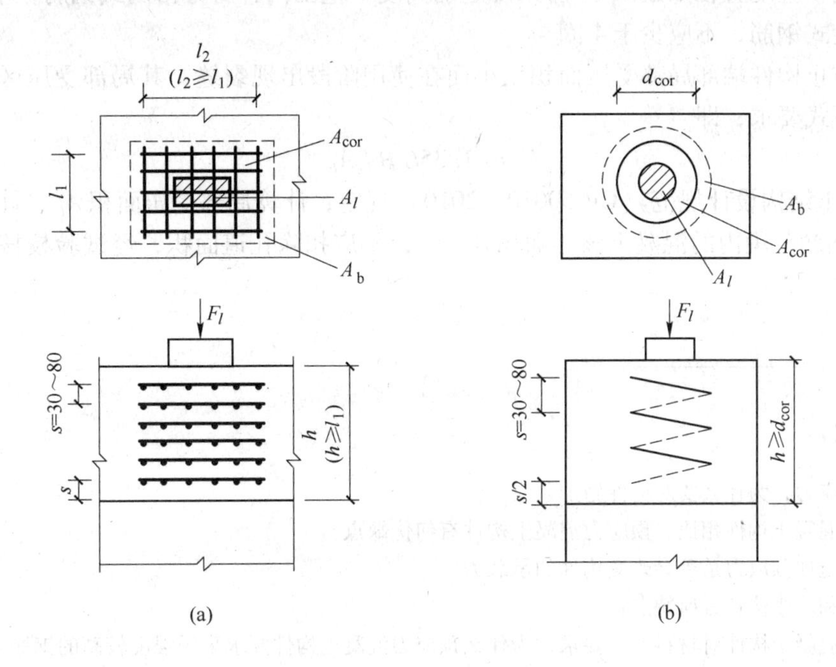

图 7.11　局部受压区的间接钢筋

（a）方格网式配筋；（b）螺旋式配筋

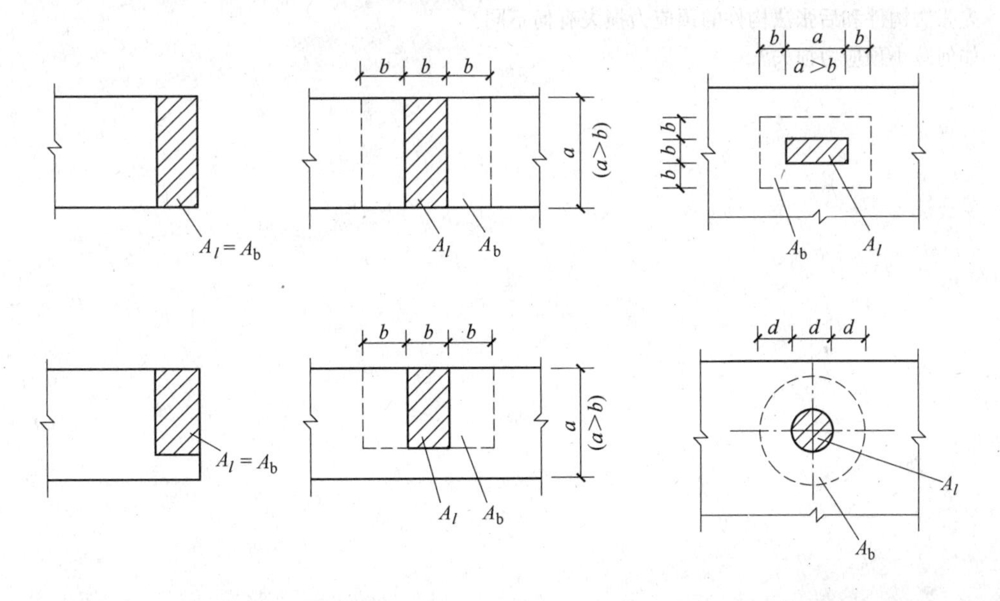

图 7.12　局部受压的计算底面积

表7.6 系数β_c、α

混凝土强度等级	≤C50	C55	C60	C65	C70	C75	C80
β_c	1.0	0.967	0.933	0.9	0.867	0.833	0.8
α	1.0	0.975	0.95	0.925	0.9	0.875	0.85

间接钢筋应配置在如图7.11所示规定的高度 h 范围内：对方格网式钢筋，不应少于4片；对螺旋式钢筋，不应少于4圈。

为了防止构件端部局部受压面积太小而在使用阶段出现裂缝，其局部受压区的截面尺寸应符合下式要求，即

$$F_l \leqslant 1.35\beta_c\beta_l f_c A_{ln} \tag{7.46}$$

《混凝土结构设计规范》(GB 50010—2010）规定，计算局部受压面积 A_l 、计算底面积 A_b 和间接钢筋范围内的混凝土核心面积 A_{cor} 时，不应扣除孔道面积，经试验校核，这样计算比较合适。

复习思考题

7-1 何谓预应力，为什么要对构件施加预应力？

7-2 与钢筋混凝土构件相比，预应力混凝土构件有何优缺点？

7-3 对构件施加预应力是否会改变构件的承载力？

7-4 先张法和后张法各有何特点？

7-5 预应力混凝土构件对材料有何要求，为什么预应力混凝土构件要求采用强度较高的钢筋和混凝土？

7-6 何谓张拉控制应力，为什么要对钢筋的张拉应力进行控制？

7-7 何谓预应力损失，有哪些因素引起预应力损失？

7-8 先张法构件和后张法构件的预应力损失有何不同？

7-9 如何减小预应力损失？

混凝土框架结构

8.1　框架结构的组成与布置

8.1.1　框架结构体系

框架结构是由梁和柱连接而成的承重结构体系，如图8.1所示。框架结构中梁和柱的连接处称为框架节点，一般为刚性连接，有时也可以将部分节点做成铰连接或半铰连接。柱支座通常设计成固定支座，必要时也可设计为铰支座。为有利于结构受力，框架梁宜拉通、对直，框架柱宜纵横对齐、上下对正，梁柱轴线宜在同一竖向平面内。

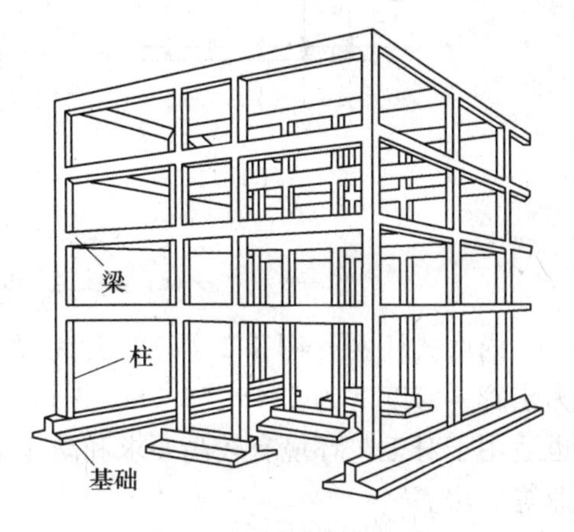

图8.1　框架结构体系

框架结构的房屋墙体不承重，仅起到围护和分隔作用，通常采用较轻质的墙体材料，以减轻房屋的自重，降低地震作用。墙体与框架梁、柱间应有可靠的连接，以增强结构的侧移刚度。

由于框架结构建筑平面布置灵活，可做成需要较大空间的会议室、餐厅、办公室及工作车间、实验室等，也可以加隔墙获得较小的房间，如办公室、旅馆等。梁和柱可以做成预制构件，也可以现浇，立面富于变化。同时，经过合理设计，框架结构可以具有良好的延性和抗震性能。但是，梁、柱都是线性构件，截面惯性矩小，因此框架结构的侧向刚度比较小。当用于比较高的建筑时，需要比较大的梁柱截面尺寸才能满足结构侧向刚度要求，不仅有效使用空间减小，还造成材料浪费。所以，框架结构不适用于高度很大的房屋建筑。

按照施工方法，钢筋混凝土框架结构可分为装配式、装配整体式和现浇式混凝土框架3种类型。本章重点讲述现浇式钢筋混凝土框架结构。

8.1.2　框架结构的布置

框架结构的布置主要是确定柱网布置、选择结构承重方案和设置变形缝的位置，不仅需要保证结构的受力合理、施工简单，还要满足建筑平面及使用要求。框架的布置对结构的安全性、实用性、经济性影响很大。因此，结构设计中应根据建筑物的高度、荷载情况以及建筑的使用和造型等要求，确定一个合理的结构布置方案。

8.1.2.1　柱网的布置

框架结构布置首先确定柱网。柱网即柱的排列方式，柱网布置就是确定平面框架的跨度和间距。柱网布置是根据生产工艺及使用要求，并力求做到平面形状整齐简单，尺寸尽量符合建筑模数，使之有利于建筑构件的统一化和定型化。

常用的柱网布置方式有内廊式、等跨式、对称不等跨式等几种，如图 8.2 所示。

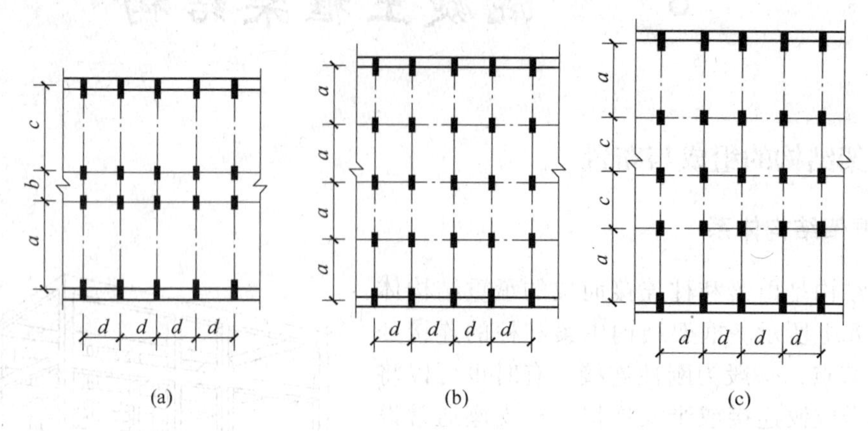

图 8.2 框架结构柱网布置图

（a）内廊式；（b）等跨式；（c）对称不等跨式

内廊式柱网［图 8.2（a）］常为对称三跨，边跨跨度常为 6.0m、6.6m、6.9m，中跨为走廊，跨度常为 2.4m、2.7m、3.0m。内廊式柱网适用于旅馆、宿舍、办公室等建筑，也适用于对工艺环境有较高要求和防止工艺相互干扰的工业厂房，如仪表、电子和电气工业等厂房。

等跨式柱网［图 8.2（b）］的柱距通常为 6.0m、7.5m、9.0m，12.0m 等，适用于仓库、商店、食堂等建筑，也可用于对工艺要求有大统间、便于布置生产流水线的厂房。

对称不等跨柱网［图 8.2（c）］适用于建筑平面宽度较大的厂房，常用的柱网尺寸有 (5.8 +6.2 +6.2 +5.8)m ×6.0m、(7.5 +7.5 +12.0 +7.5 +7.5)m ×6.0m、(8.0 +12.0 +8.0)m ×6.0m 等。

近年来，由于建筑体型的多样化，出现了一些非矩形的平面形状，这使得柱网布置更为复杂，如图 8.3 所示。

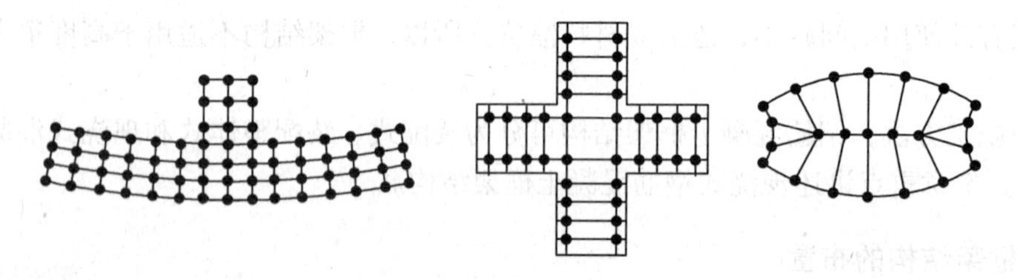

图 8.3 框架结构平面布置图

8.1.2.2 承重框架的布置

框架结构是一个空间受力体系。其传力路径为：楼板将楼面荷载传递给梁，由梁传递给柱子，再由柱子传到基础，基础传给地基。为计算分析方便起见，可把实际框架结构看成纵横两个方向的平面框架。沿建筑物长轴方向的框架称为纵向框架，沿建筑物短轴方向的框架称为横向框架。纵向框架和横向框架分别承受各自方向上的水平荷载作用。根据楼面竖向荷载传递路线的不同，承重框架的布置方案有横向框架承重、纵向框架承重和纵横向框架混合承重等几种。

（1）横向框架承重方案。横向框架承重方案就是以框架横梁作为楼盖的主梁，纵向用连系梁相连，楼面荷载主要由横向框架梁承担，如图 8.4（a）所示。横向承重框架因有较高截面的梁、柱和刚性节点，故具有较大的横向刚度；同时，纵向次梁的截面尺寸和柱截面较小，但纵向框架的跨数较多，所以纵向刚度也比较好，足以承受纵向水平荷载。这种方案不仅结构布置合理，还有利于房屋内的采光、通风和建筑立面处理，在实际结构中应用广泛。

（2）纵向框架承重方案。纵向框架承重方案就是以框架纵梁作为楼盖的主梁，横向用连系梁相连，楼面荷载主要由纵向框架梁承担，如图 8.4（b）所示。由于横梁截面尺寸较小，有利于设备管线的穿行，可获得较高的室内净空，也可以利用纵向刚度来调整房屋纵向地基的不均匀沉降。但是，这类房屋的横向刚度较差，在一般民用建筑中较少采用。

（3）纵横向框架混合承重方案。纵横向框架混合承重方案就是框架的纵梁、横梁均作为楼盖的主梁，楼面荷载由纵、横向框架梁共同承担。当采用预制板楼盖时，其布置如图 8.4（c）所示；当采用现浇楼盖时，常采用现浇双向板或井式楼盖，其布置如图 8.4（d）所示。当楼面上作用有较大荷载，或楼面有较大开洞，或当柱网布置为正方形或接近正方形时，常采用这一方案。这种结构布置具有较好的整体工作性能，对抗震有利。

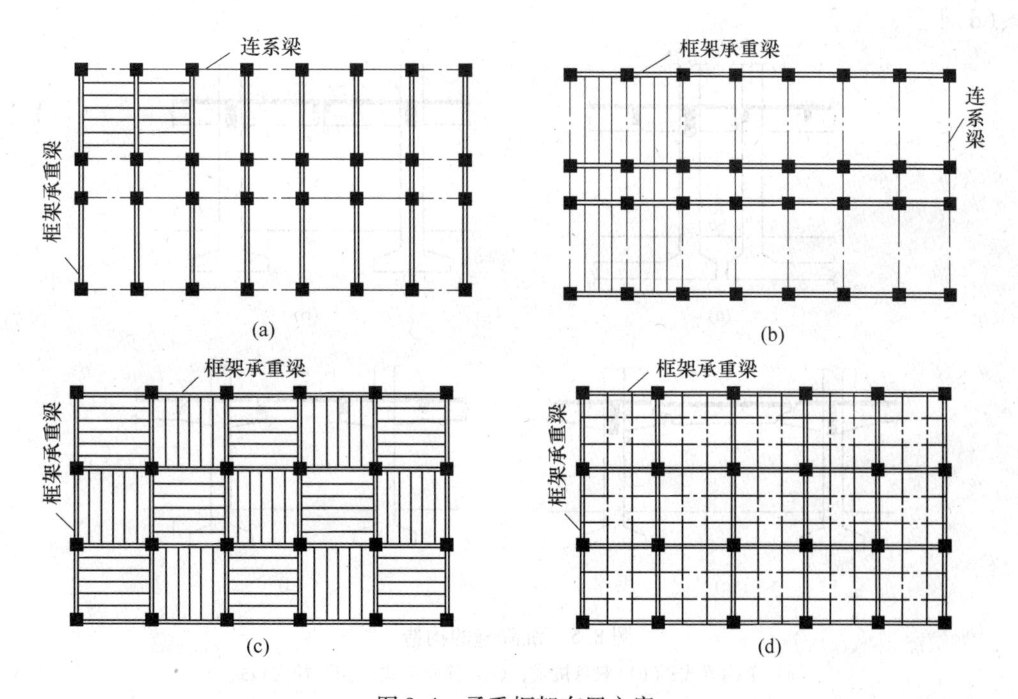

图 8.4　承重框架布置方案

8.1.2.3　变形缝的设置

当钢筋混凝土框架结构的体型尺寸较大、高低错落、平面形状复杂或地基不均匀时，常用变形缝将其分割，以使框架结构受力合理。变形缝可分为伸缩缝、沉降缝、防震缝三种。

（1）伸缩缝。建筑构件因温度和湿度等因素的变化会产生胀缩变形。为此，通常在建筑物适当的部位设置垂直缝隙，自基础以上将房屋的墙体、楼板层、屋顶等构件断开，将建筑物分离成几个独立的部分，以便随温度变化而自由伸缩。

对于框架结构温度缝最大间距，应按表8.1要求设置。对于屋面板上部无保温的框架结构，其温度缝间距可按表中露天情况取用。位于气候干燥地区，夏季炎热且暴雨频繁的地区，以及经常处于高温作用下的地区，可按使用经验适当缩小温度缝间距。

表8.1　钢筋混凝土框架结构温度缝最大间距　（m）

结构类别	室内或土中	露天
装配式结构	75	50
现浇式结构	55	35

（2）沉降缝。同一建筑物高低相差悬殊，上部荷载分布不均匀，或建在不同地基土壤上时，为避免不均匀沉降使墙体或其他结构部位开裂而设置的建筑构造缝。沉降缝将建筑物或构筑物从基础、墙体、楼板至顶部完全竖向分隔成段，以此避免各段不均匀下沉而产生的裂缝。

沉降缝通常设置在建筑高低、荷载或地基承载力差别很大的各部分之间，以及在新旧建筑的连接处，可采用挑梁方案［图8.5（a）、（b）］或预制梁、板铰支方案［图8.5（c）、（d）］。

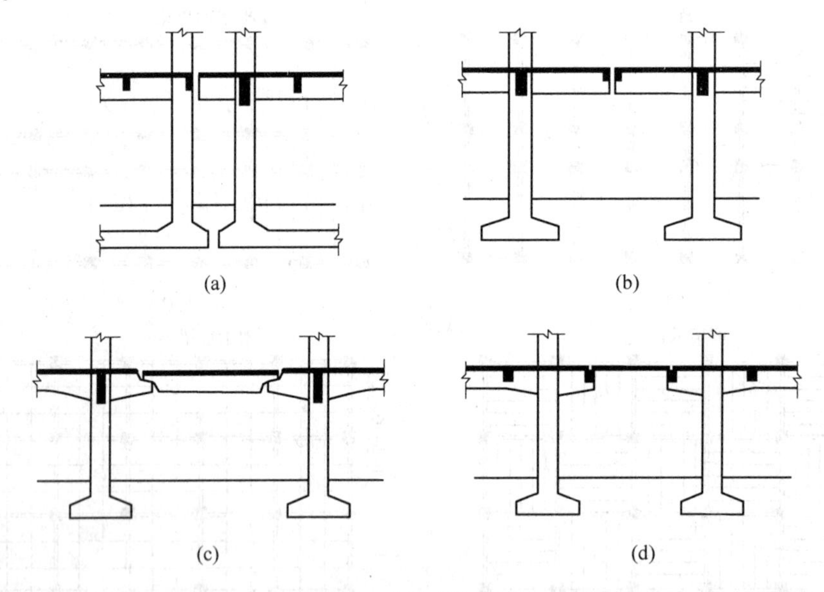

图8.5　沉降缝的构造

（a）单挑梁式；（b）双悬挑式；（c）简支梁式；（d）简支板式

（3）防震缝。防震缝的作用是将大型建筑物分隔为较小的部分，形成相对独立的防震单元，防止地震时房屋因各部分的振动不协调，发生相互碰撞而破坏。当建筑平面复杂（如L形、T形、U形）、各部分形体变化较大、房屋有错层，以及结构刚度或荷载变化较大等，均应在其变化处设置防震缝。框架结构防震缝的最小宽度应满足表8.2的要求。

表 8.2 钢筋混凝土框架防震缝最小缝宽 (mm)

设防烈度	6 度	7 度	8 度	9 度
最小缝宽	$4H+10$	$5H-5$	$7H-35$	$10H-80$

注：表中 H 为相邻结构单元中较低单元的屋面高度，以 m 计。当 $H<15\text{m}$ 时，取 $H=15\text{m}$。

在抗震设防区，沉降缝和伸缩缝须满足防震缝要求。有很多建筑物对这三种接缝进行综合考虑，即所谓的“三缝合一”。三缝合一，即缝宽按照抗震缝宽度处理，基础按沉降缝断开。这样可以减少房屋设缝的数量，提高建筑物的整体性、降低建筑立面处理的难度。

8.2 结构荷载计算

作用在框架结构上的荷载主要有两种：一种是竖向荷载，包括结构自重和楼（屋）面活荷载；另一种是水平荷载，包括风荷载和地震作用。

在房屋建筑中，竖向荷载往往占主要地位，但也要考虑水平荷载的影响，特别是地震作用。随着建筑物高度的增加，水平荷载产生的内力越来越大，会直接影响到结构设计的合理性和经济性，成为控制荷载。

8.2.1 竖向荷载

竖向荷载包括恒荷载、楼（屋）面活荷载。

（1）恒荷载。恒荷载包括构件自重、建筑构造层以及固定设备等的自重。

（2）楼面活荷载。包括楼面和屋面的使用活荷载，如楼面的人群或家具荷载、屋面的雪荷载、积灰荷载等。《建筑结构荷载规范》规定，在设计楼面梁、柱和基础时，要考虑楼面活荷载的折减系数，见表 8.3。这是因为在楼面上同时作用全部活荷载标准值的可能性是很小的。而且，面积越大，层数越多，可能性越小。

表 8.3 活荷载按楼层数的折减系数

梁、柱、基础计算截面以上楼层数	1	2~3	4~5	6~8	9~20	>20
计算截面以上楼层活荷载总合的折减系数	1.0（0.9）	0.85	0.70	0.65	0.60	0.55

注：当楼面梁的从属面积（梁两侧各延伸 1/2 间距范围内的实际面积）超过 25m^2，采用括号内的系数。

8.2.2 风荷载

风遇到建筑物时，在建筑物的表面形成的压力和吸力称为风荷载。风荷载的大小不仅与风的性质、风速、风向有关，还和建筑物的周围环境、地形、地貌有关，也与建筑物本身的高度和体型有关。

垂直于建筑物表面上的风荷载标准值 ω_k，可按下式计算：

$$\omega_k = \beta_z \mu_s \mu_z \omega_0$$

式中 ω_k——风荷载标准值，kN/m^2；

β_z——z 高度处的风振系数；

μ_s——风荷载体型系数；

μ_z——风压高度变化系数；

ω_0——基本风压，kN/m^2。

（1）基本风压 ω_0。在《建筑结构荷载规范》中，基本风压是根据当地比较空旷平坦的地面上离地10m的高度上，所测得的50年一遇10min最大平均风压确定的，也可按该规范附录D中全国基本风压分布图近似确定。

（2）风振系数 β_z。由于风对建筑物的作用是不规则的，风压随风速、风向的紊乱变化而不停地改变，因此通常把风压的平均值看成稳定的压力作用在建筑物上，使其产生静位移。而实际上风压是在平均风压上下波动的，特别是高度较大、刚度较小的高层建筑，波动风压会产生不可忽略的动力效应，所以计算时用风振系数 β_z 来考虑风压对建筑物产生的动力效应。当房屋高度大于30m，或高宽比大于1.5时，以及对于构架、塔架、烟囱等高耸结构，均考虑风振。对于30m以下且高宽比小于1.5的房屋建筑，可以不考虑波动风压影响，此时风振系数取 $\beta_z=1.0$。

（3）风压高度变化系数 μ_z。基本风压是根据标准风速确定的，而风速的大小是随高度和地面的粗糙度变化的。地面粗糙度可分为A、B、C、D四类：

A类指近海海面和海岛、海岸、湖岸及沙漠地区；

B类指田野、乡村、丛林、丘陵以及房屋比较稀疏的乡镇和城市郊区；

C类指有密集建筑群的城市市区；

D类指有密集建筑群且房屋较高的城市市区。

因此，对于平坦或稍有起伏的地形，需要利用风压高度变化系数 μ_z 对基本风压进行调整，其值按表8.4确定。

表8.4　风压高度变化系数 μ_z

离地高度/m 地面粗糙度	5	10	15	20	30	40	50	60
A	1.17	1.38	1.52	1.63	1.80	1.92	2.03	2.12
B	1.00	1.00	1.14	1.25	1.42	1.56	1.67	1.77
C	0.74	0.74	0.74	0.84	1.00	1.13	1.25	1.35
D	0.62	0.62	0.62	0.62	0.62	0.73	0.84	0.93

（4）风荷载体型系数 μ_s。风经过建筑物时，对建筑物不同的部位会产生不同的效果，往往正面为压力，侧面和背面为吸力。空气流动还会产生涡流，对建筑物的局部也会产生较大的力。因此，风对建筑物表面的作用力并不等于基本风压值，其大小应随建筑物平面、立面形状的不同而改变。风载体形系数其实就是这个各面上的风压力平均值与基本风压的比值。图8.6给出了几种形状建筑物的风荷载体型系数。

8.2.3　地震作用

多层框架结构，当建筑物高度不超过40m，且质量和刚度沿高度分布比较均匀时，适宜采用底部剪力法计算水平地震作用，详见《建筑抗震设计规范》。

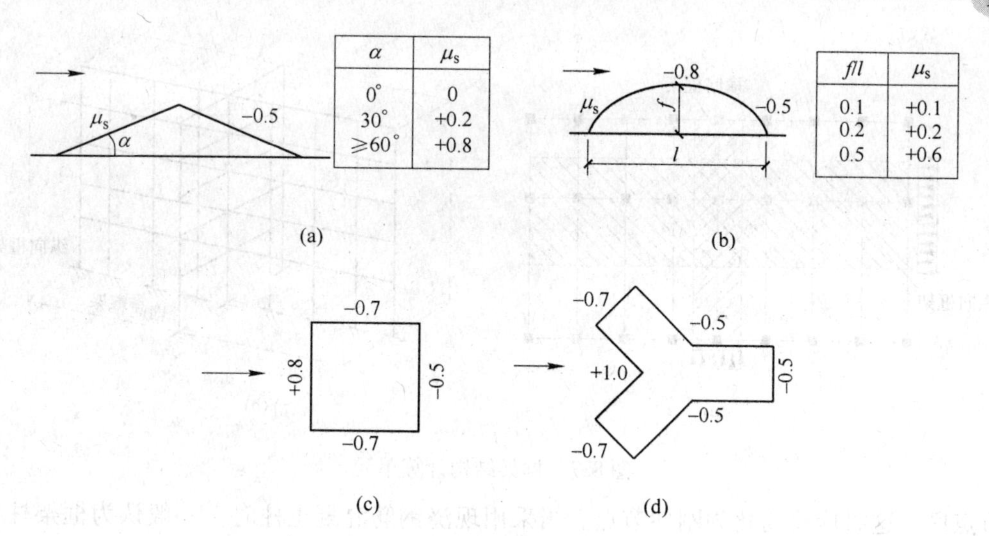

图 8.6 风荷载体型系数 μ_s

（a）封闭式落地式双坡屋面；（b）封闭式落地式拱型屋面；（c）正多边形平面；（d）Y 形平面

8.3 竖向荷载作用下的内力近似计算方法

框架的内力计算方法很多，如弯矩分配法、迭代法等。当结构的跨数和层数较多时，用上述方法进行手算仍比较复杂。因此，在实际工程设计中，尤其是在初步设计阶段，往往采用一些更为简化的计算方法。

8.3.1 框架结构计算简图

8.3.1.1 计算单元

框架结构是一个空间受力体系。由于纵向和横向结构布置基本上是均匀的，竖向荷载和水平荷载也基本上是均匀的。在实际工程设计中，常常忽略结构纵向和横向的联系，将空间结构简化为平面结构进行内力分析。在横向水平荷载作用下，按横向框架计算，在纵向水平荷载作用下，按纵向框架计算。

在实际工程设计时，通常选一榀或几榀有代表性的纵、横向框架进行内力分析，以减轻设计工作量。根据楼盖结构的梁板布置，各榀框架独自承担作用于其上的荷载，并按此划分纵、横向框架的平面计算单元。计算单元的宽度取框架左、右侧各一半的柱距，如图 8.7 所示。边列柱计算单元的宽度可取一侧跨度的一半。

8.3.1.2 计算简图

（1）杆件轴线。在框架结构设计中，梁柱的位置是以杆件的轴线确定的。等截面柱的轴线取该截面的形心线，变截面柱的轴线取其小截面的形心线；横梁的轴线原则上取截面的形心线，如图 8.8（a）所示。

在结构设计中，相邻柱子轴线之间的距离是框架梁的跨度。

框架结构低层的层高，取基础顶面至二层楼板顶面之间的距离；其余各楼层的层高，为本层楼面到上层楼面之间的距离。

（2）节点的简化。梁柱之间的连接用节点表示。框架节点的简化应根据实际施工方案和构造措施确定。在现浇钢筋混凝土结构中，梁、柱内的纵向受力钢筋都将穿过节点或锚

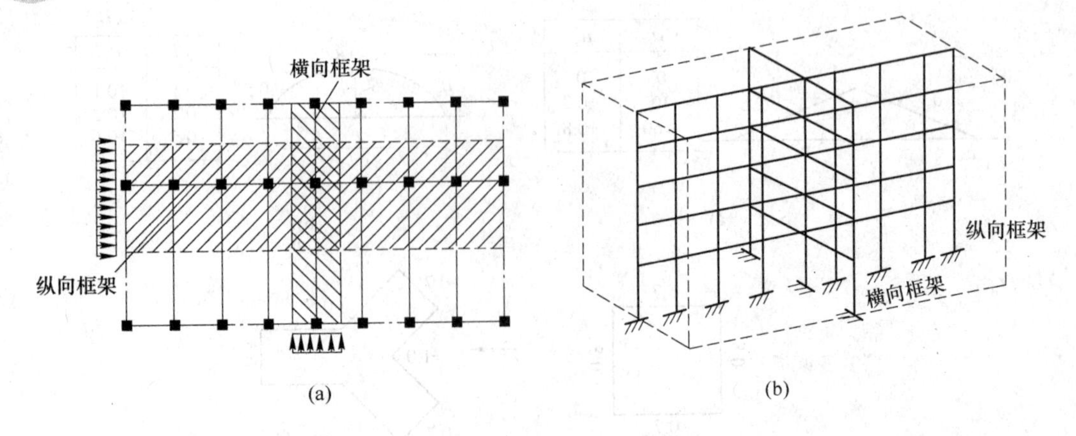

图8.7 框架结构计算单元

入节点区，这时应将简化为刚性节点。当采用现浇钢筋混凝土柱时，一般认为框架柱在基础顶面处为固定端连接，可将其设计为固定支座，如图8.8（b）所示。

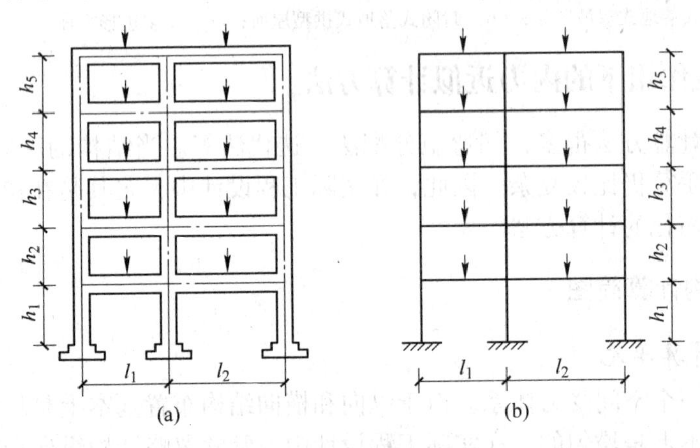

图8.8 框架结构计算简图

（3）梁、柱构件的惯性矩。计算框架梁的惯性矩时，应考虑楼板的影响。一般情况下，框架梁跨中承受正弯矩，楼板处于受压区，楼板对梁的惯性矩的影响较大；而在框架节点附近，梁承受负弯矩，楼板处于受拉区，楼板对梁的惯性矩的影响较小。在工程设计中，通常假定梁的截面惯性矩 I_b 沿轴线不变，并按表8.5取值。

表8.5 框架梁的截面惯性矩 I_b

框架类别	现浇整体式	装配式	装配整体式
中间框架梁	$2I_0$	I_0	$1.5I_0$
边框架梁	$1.5I_0$	I_0	$1.2I_0$

注：表中 I_0 为按矩形截面计算的截面惯性矩。

8.3.2 竖向荷载作用下的内力近似计算

在竖向荷载作用下，多层框架的内力精确值可用力法、位移法等结构力学方法计算得到。然而，这些方法往往计算过程繁复，需要借助计算机进行求解。在工程设计中，也常采用简化的计算方法手工计算框架内力的近似解。本节介绍分层法和弯矩二次分配法的基本概念和计算步骤。

8.3.2.1　分层法

（1）计算假定。通常，多层或高层框架在竖向荷载作用下的侧移较小，可近似按无侧移刚架进行分析。此外，当某层框架梁作用有竖向荷载时，该层梁及相邻柱子中可产生较大弯矩和剪力，而其他各层的梁、柱所产生的内力较小，且梁的线刚度越大，衰减越快。因此，在计算竖向荷载作用下的框架结构内力时，可采用以下假定：

1）忽略框架在竖向荷载作用下的侧移和由侧移引起的弯矩；

2）每层横梁上的荷载仅对本层梁及其相连柱的弯矩产生影响，对其他各层梁、柱的弯矩影响忽略不计；

3）假定相邻层上、下柱的远端为固定端。

（2）计算要点。根据上述假定，多层框架在竖向荷载作用下可以分层计算。

1）将各层梁及其相连的上下柱所组成的开口框架作为一个计算单元，如图 8.9 所示。每个开口框架包括本层梁和与之相连的上、下层柱，上下柱端均为固定支承。

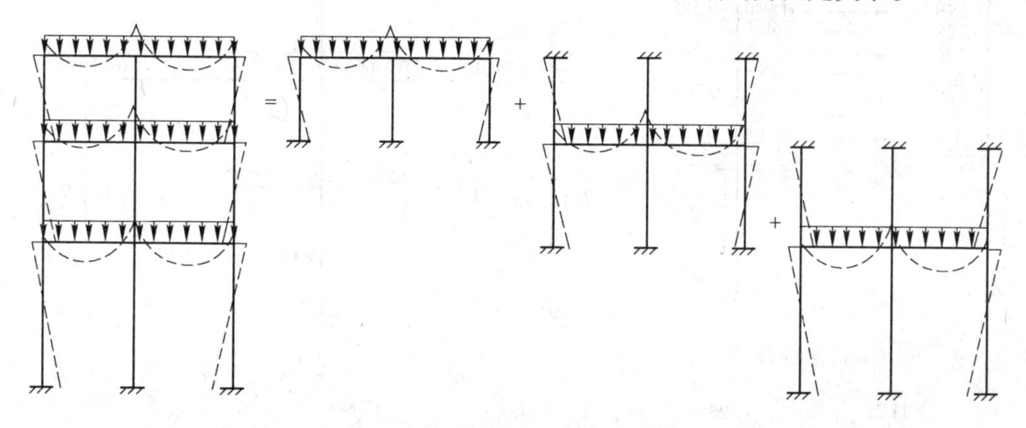

图 8.9　分层法计算示意图

2）除底层柱外，其他层柱的线刚度均乘以 0.9 的折减系数，梁不折减。

3）采用弯矩分配法计算各计算单元的杆端弯矩。除底层柱传递系数为 1/2 外，其他层柱传递系数为 1/3，梁不变。

4）除低层柱外，其他各层柱都同属于上、下两层。因此，每根柱的最后弯矩应为相邻两个分层单元相应柱的弯矩叠加。

5）由于框架节点最终弯矩是不平衡的，但一般误差不大。若提高精度，可对不平衡弯矩进行一次分配。

6）适用于节点处梁柱线刚度之比 $\Sigma i_{梁}/\Sigma i_{柱} \geqslant 3$，且结构与荷载沿高度比较均匀的多层框架。

【例 8.1】　试用分层法计算图 8.10（a）所示框架在竖向荷载作用下的弯矩，并绘制弯矩图。图中括号内为相对线刚度值。

解：（1）将整个框架分解为两个开口框架［图 8.10（b）、（c）］，并将第二层柱的线刚度乘以系数 0.9 予以折减。

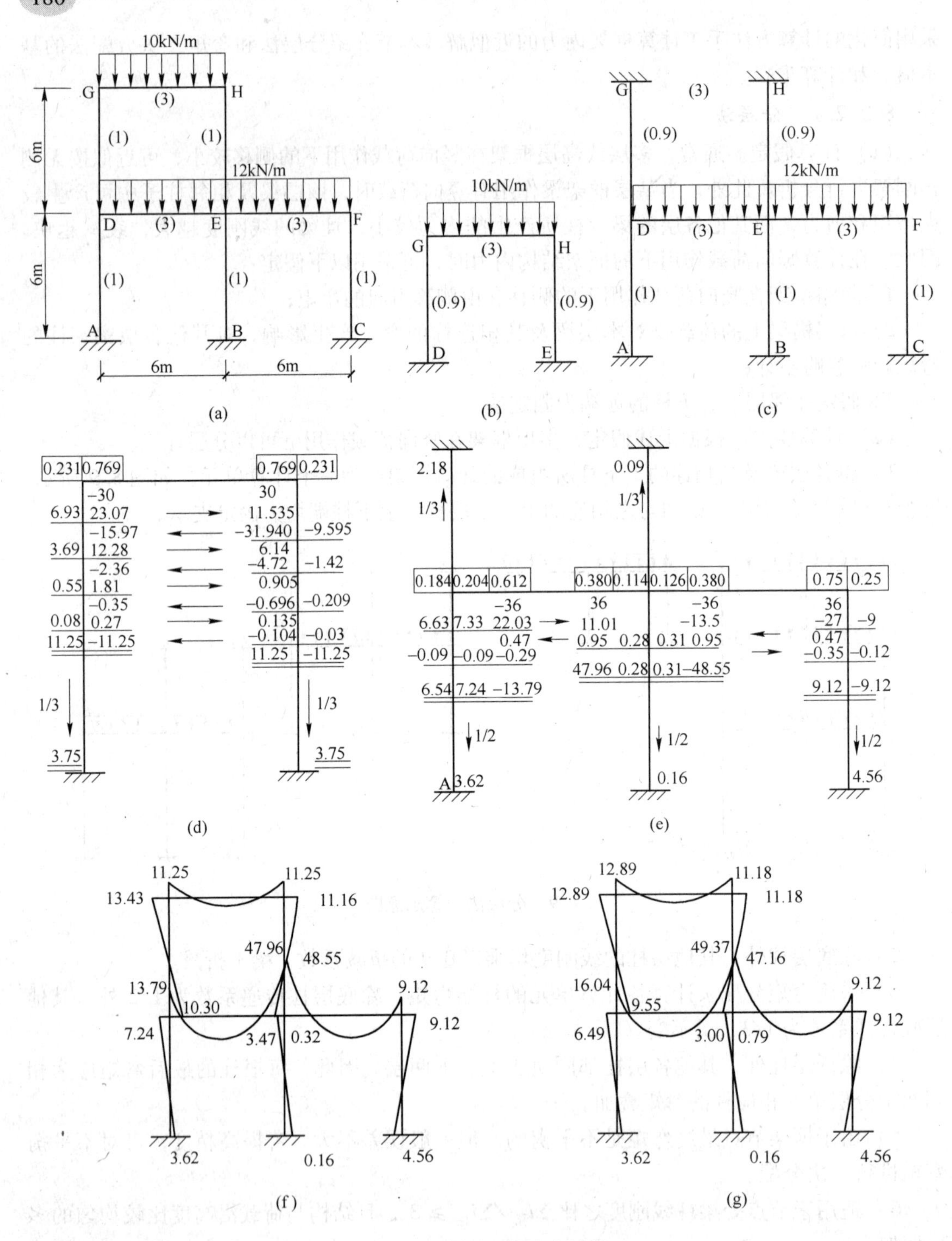

图 8.10　例 8.1 的内力计算

（2）计算顶层框架。

1）计算各节点弯矩分配系数 $\mu=\dfrac{i}{\sum i}$，分别填入结点处方格，见图 8.10（d）。

节点 G

$$\mu_{GH}=\frac{3}{3+0.9}=0.769,\ \mu_{GD}=\frac{0.9}{3+0.9}=0.231$$

节点 H

$$\mu_{HG}=\mu_{GH}=0.769,\ \mu_{HE}=\mu_{GD}=0.231$$

2）计算固端弯矩。

$$M_{GH}=-M_{HG}=-\frac{ql^2}{12}=-30\text{kN}\cdot\text{m}$$

3）弯矩分配法计算。

梁的传递系数为1/2，柱的传递系数为1/3，见图8.10（d）。

（3）计算顶层框架。

1）计算各节点弯矩分配系数$\mu=\frac{i}{\sum i}$，分别填入结点处方格，见图8.10（e）。

节点 D

$$\mu_{DA}=\frac{1}{3+1+0.9}=0.204,\ \mu_{DE}=\frac{3}{3+1+0.9}=0.612$$

$$\mu_{DG}=\frac{0.9}{3+1+0.9}=0.184$$

节点 E

$$\mu_{EB}=\frac{1}{3+3+1+0.9}=0.126,\ \mu_{ED}=\mu_{EF}=\frac{3}{3+3+1+0.9}=0.380$$

$$\mu_{EH}=\frac{0.9}{3+3+1+0.9}=0.114$$

2）计算固端弯矩。

$$M_{DE}=-M_{ED}=M_{EF}=-M_{FE}=-\frac{ql^2}{12}=-36\text{kN}\cdot\text{m}$$

3）弯矩分配法计算。

梁的传递系数为1/2，柱的传递系数为1/3，见图8.10（e）。

（4）绘制最后弯矩图。叠加图8.10（d）、（e），得出各杆件的计算结果，见图8.10（f）。对于结点处不平衡弯矩，可在节点处重新分配一次，使之平衡。并根据静力平衡条件或叠加法，可求出跨中弯矩，绘制框架各杆件弯矩图，见图8.10（g）。

8.3.2.2　弯矩二次分配法

弯矩分配法由于要考虑任一节点的不平衡弯矩对框架结构所有杆件的影响，计算比较复杂。根据在分层法中的计算可知，多层框架某节点的不平衡弯矩不仅对其相邻节点影响较大，对其他节点的影响较小，因而可将弯矩分配法简化为各节点的弯矩二次分配和对其相交杆件远端的弯矩一次传递，称之为弯矩二次分配法。具体计算步骤如下：

（1）根据各杆件的线刚度计算各节点的杆端弯矩分配系数；

（2）计算每一跨横梁在竖向荷载作用下的固端弯矩；

（3）将各节点的不平衡弯矩同时进行第一次分配，并将所有杆端的分配同时向其远端传递（传递系数均为1/2）；

（4）将各节点传递弯矩而产生的新的不平衡弯矩进行第二次分配，再一次使各节点处于平衡状态；

（5）将各杆端的固端弯矩、分配弯矩和传递弯矩叠加，即得各杆端最终弯矩值。

【例8.2】 用弯矩二次分配法计算例8.1框架弯矩，并绘制弯矩图。

解：（1）计算各节点弯矩分配系数 $\mu = \frac{i}{\sum i}$，分别填入结点处方格，见图8.11（a）。

节点G

$$\mu_{GH} = \frac{3}{3+1} = 0.75, \mu_{GD} = \frac{1}{3+1} = 0.25$$

节点H

$$\mu_{HG} = \mu_{GH} = 0.75, \mu_{HE} = \mu_{GD} = 0.25$$

节点D

$$\mu_{DA} = \frac{1}{3+1+1} = 0.2, \mu_{DE} = \frac{3}{3+1+1} = 0.6, \mu_{DG} = \frac{1}{3+1+1} = 0.2$$

节点E

$$\mu_{EB} = \mu_{EH} = \frac{1}{3+3+1+1} = 0.125, \mu_{ED} = \mu_{EF} = \frac{3}{3+3+1+1} = 0.375$$

节点F

$$\mu_{FE} = \frac{3}{3+1} = 0.75, \mu_{FC} = \frac{1}{3+1} = 0.25$$

（2）计算固端弯矩。

$$M_{GH} = -M_{HG} = -\frac{ql^2}{12} = -30\text{kN} \cdot \text{m}$$

$$M_{DE} = -M_{ED} = M_{EF} = -M_{FE} = -\frac{ql^2}{12} = -36\text{kN} \cdot \text{m}$$

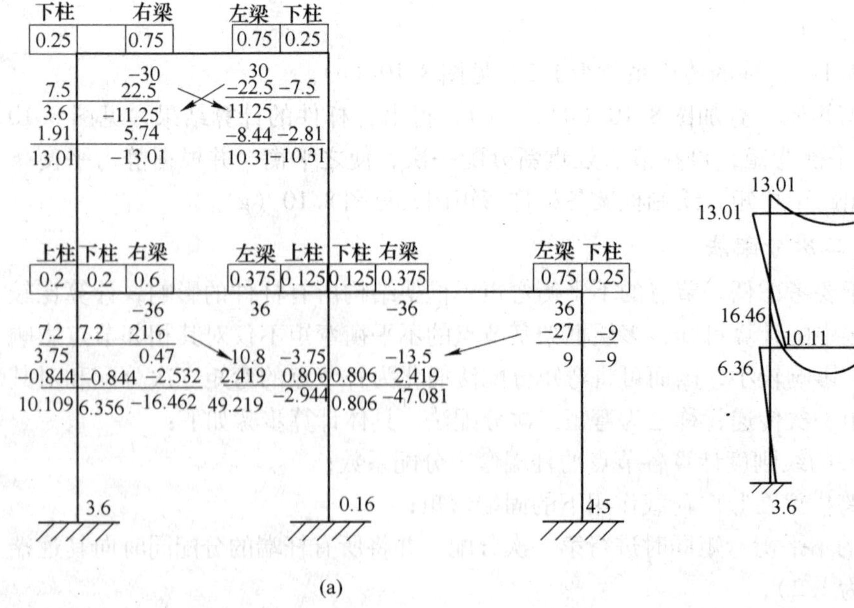

图8.11 例8.2的内力计算

（3）弯矩分配法计算。弯矩分配时，将各节点处的不平衡力矩同时进行分配并向远处传递，再在节点分配一次即可结束。各层梁、柱的传递系数均为1/2，如图8.11（a）所示。

（4）绘制最后弯矩图。根据静力平衡条件或叠加法，可求出跨中弯矩，绘制框架各杆件弯矩图，见图8.11（b）。

8.4 水平荷载作用下的内力近似计算

8.4.1 反弯点法

作用在多层多跨框架上的水平荷载，一般均能简化为节点水平集中荷载，其弯矩图如图8.12所示。由图可见，各杆件的弯矩图均呈直线形，且各杆件均有一个弯矩为零的点，即反弯点。当然，各柱的反弯点位置未必相同。如果能确定反弯点的位置及相应的剪力，则柱和梁的弯矩都可确定。所以对在水平荷载作用下的框架近似计算，一是需确定各柱间的剪力分配系数，二是要确定各柱的反弯点位置。

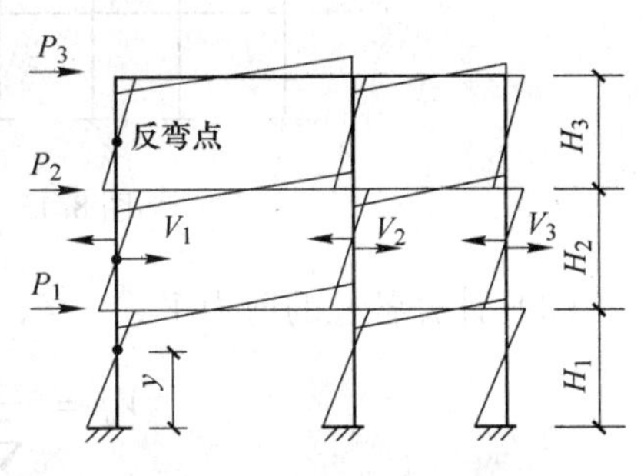

图8.12 框架在水平荷载作用下的弯矩图

为了计算方便，作如下假定：

（1）确定各柱间的剪力分配系数时，假定梁的线刚度与柱的线刚度之比为无限大。

（2）确定各柱的反弯点位置时，假定低层各柱的反弯点位于距柱底2/3层高处；其余各层柱的反弯点在层高中点处。

（3）梁端弯矩可由节点平衡条件求得，并按节点左右梁的线刚度进行分配。

一般认为，当梁的线刚度i_b与柱的线刚度i_c之比超过3时，反弯点法的计算结果误差能够满足工程设计的精度要求，否则误差较大。

由结构力学可知，两端固定的杆件，当两端产生相对位移$\Delta u=1$时，需要在柱顶施加的水平力即为抗侧移刚度D_{ij}，表示为

$$D_{ij}=\frac{12i_{ij}}{h_{ij}^2} \tag{8.1}$$

式中 D_{ij}——第i层第j柱的抗侧移刚度；

i_{ij}——第i层第j柱的线刚度；

h_{ij}——第i层第j柱的高度。

反弯点法的计算步骤如下：

（1）计算各层柱的总剪力V_i。根据第一条假定，框架同层各柱的相对侧移Δu相等，将框架（n层，每层m个柱子）沿第i层各柱的反弯点处切开，如图8.13所示，其剪力为

$$V_i=\sum_{j=1}^{m}V_{ij}=\sum_{i=1}^{n}F_i \tag{8.2}$$

式中 V_i——第i层柱的总剪力；

V_{ij}——第i层第j柱的剪力；

F_i——作用在各楼层上的水平力。

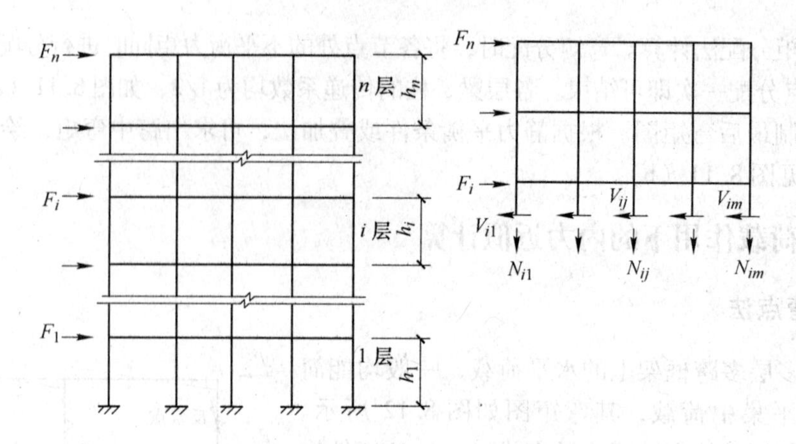

图 8.13 框架反弯点处的内力示意图

（2）计算各柱的剪力 V_{ij}。

$$V_{ij}=\frac{D_{ij}}{\sum\limits_{j=1}^{m}D_{ij}}V_i(j=1,2,3,\cdots,m) \tag{8.3}$$

（3）计算各柱的柱端弯矩。

底层柱

$$M_{1jc}^{上}=V_{1j}\cdot\frac{h_{1j}}{3},\quad M_{1jc}^{下}=V_{1j}\cdot\frac{2h_{1j}}{3} \tag{8.4}$$

其余各层柱

$$M_{ijc}^{上}=M_{ijc}^{下}=V_{ij}\cdot\frac{h_{ij}}{2} \tag{8.5}$$

式中 $M_{1jc}^{上}$，$M_{1jc}^{下}$——底层柱上、下端弯矩；

$M_{ijc}^{上}$，$M_{ijc}^{下}$——其余各层柱上、下端弯矩。

（4）计算梁端弯矩。

由节点平衡和假定（3），即可求得梁端弯矩，见图 8.14：

$$M_{jb}^{左}=(M_{jc}^{上}+M_{jc}^{下})\frac{i_{jb}^{左}}{i_{jb}^{左}+i_{jb}^{右}}$$

$$M_{jb}^{右}=(M_{jc}^{上}+M_{jc}^{下})\frac{i_{jb}^{右}}{i_{jb}^{左}+i_{jb}^{右}} \tag{8.6}$$

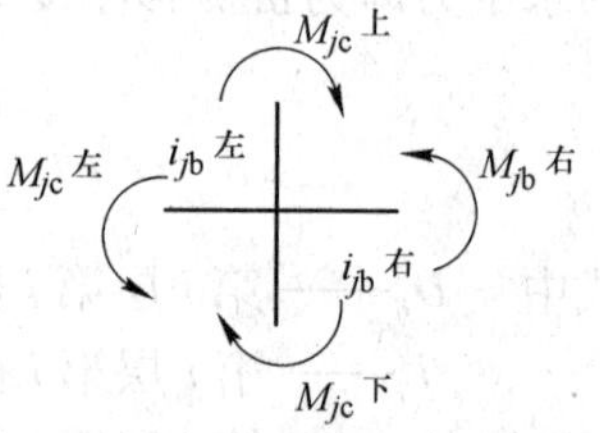

图 8.14 节点平衡示意图

式中 $M_{jb}^{左}$，$M_{jb}^{右}$——分别为节点处左、右的梁端弯矩；

$M_{jc}^{上}$，$M_{jc}^{下}$——分别为其余各层柱上、下端弯矩；

$i_{jb}^{左}$，$i_{jb}^{右}$——分别为节点处左、右的线刚度。

以各梁为隔离体，将梁的左右端弯矩之和除以该梁的跨长，可以得到梁端剪力；自上而下逐层叠加节点作用的梁端剪力，即可得到柱的轴力值。

【例 8.3】 用反弯点法求图 8.15 所示框架的弯矩图，图中括号内数字为各杆的相对线刚度。

解：（1）求各柱在反弯点处的剪力值。

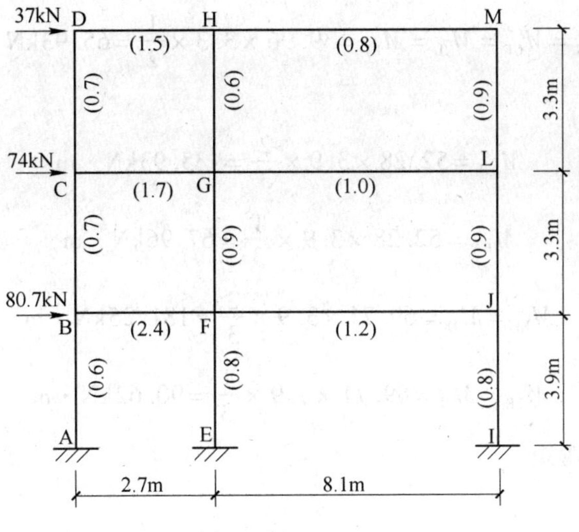

图 8.15 例 8.3 图

第三层

$$V_{CD}=\frac{0.7}{0.7+0.6+0.9}\times 37=11.77\text{kN}$$

$$V_{GH}=\frac{0.6}{2.2}\times 37=10.09\text{kN}$$

$$V_{LM}=\frac{0.9}{2.2}\times 37=15.14\text{kN}$$

第二层

$$V_{BC}=\frac{0.7}{0.7+0.9+0.9}\times(37+74)=31.08\text{kN}$$

$$V_{FG}=V_{JL}=\frac{0.9}{2.5}\times(37+74)=39.96\text{kN}$$

第一层

$$V_{AB}=\frac{0.6}{0.6+0.8+0.8}\times(37+74+80.7)=52.28\text{kN}$$

$$V_{EF}=V_{IJ}=\frac{0.8}{2.2}\times(37+74+80.7)=69.71\text{kN}$$

（2）求各柱端弯矩。

第三层

$$M_{CD}=M_{DC}=11.77\times 3.3\times\frac{1}{2}=19.42\text{kN}\cdot\text{m}$$

$$M_{GH}=M_{HG}=10.09\times 3.3\times\frac{1}{2}=16.65\text{kN}\cdot\text{m}$$

$$M_{LM}=M_{ML}=15.14\times 3.3\times\frac{1}{2}=24.98\text{kN}\cdot\text{m}$$

第二层

$$M_{BC}=M_{CB}=31.08\times 3.3\times\frac{1}{2}=51.28\text{kN}\cdot\text{m}$$

$$M_{FG}=M_{GF}=M_{JL}=M_{LJ}=39.96\times3.3\times\frac{1}{2}=65.93\text{kN}\cdot\text{m}$$

第一层

$$M_{AB}=52.28\times3.9\times\frac{2}{3}=135.93\text{kN}\cdot\text{m}$$

$$M_{BA}=52.28\times3.9\times\frac{1}{3}=67.96\text{kN}\cdot\text{m}$$

$$M_{EF}=M_{IJ}=69.71\times3.9\times\frac{2}{3}=181.25\text{kN}\cdot\text{m}$$

$$M_{FE}=M_{JI}=69.71\times3.9\times\frac{1}{3}=90.62\text{kN}\cdot\text{m}$$

（3）求各梁梁端弯矩。

第三层

$$M_{DH}=M_{DC}=19.42\text{kN}\cdot\text{m}$$

$$M_{HD}=\frac{1.5}{1.5+0.8}\times16.65=10.86\text{kN}\cdot\text{m}$$

$$M_{HM}=\frac{0.8}{1.5+0.8}\times16.65=5.79\text{kN}\cdot\text{m}$$

$$M_{MH}=M_{ML}=24.98\text{kN}\cdot\text{m}$$

第二层

$$M_{CG}=M_{CD}+M_{CB}=19.42+51.28=70.70\text{kN}\cdot\text{m}$$

$$M_{GC}=\frac{1.7}{1.7+1.0}\times(16.65+65.93)=51.99\text{kN}\cdot\text{m}$$

$$M_{GL}=\frac{1.0}{1.7+1.0}\times(16.65+65.93)=30.59\text{kN}\cdot\text{m}$$

$$M_{LG}=M_{LM}+M_{LJ}=24.98+65.93=90.91\text{kN}\cdot\text{m}$$

第一层

$$M_{BF}=M_{BC}+M_{BA}=51.28+67.96=119.24\text{kN}\cdot\text{m}$$

$$M_{FB}=\frac{2.4}{2.4+1.2}\times(65.93+90.62)=104.36\text{kN}\cdot\text{m}$$

$$M_{FJ}=\frac{1.2}{2.4+1.2}\times(65.93+90.62)=52.18\text{kN}\cdot\text{m}$$

$$M_{JF}=M_{JL}+M_{JI}=65.93+90.62=156.55\text{kN}\cdot\text{m}$$

（4）绘制框架弯矩图（图8.16）。

8.4.2 *D* 值法

由上可知，用反弯点法计算框架各柱弯点处的剪力值仅与各柱间的线刚度比有关，而反弯点位置是个定值。在实际工程中，梁、柱线刚度之比往往较小，如果当框架柱的线刚度较大，上、下层的层高变化大，而且上、下层梁的线刚度变化亦大时，用反弯点法计算框架在水平荷载作用下的内力，其误差较大。因此要考虑上述各种因素对框架内力的影响，提出修正框架柱的侧移刚度与调整框架柱的反弯点位置的方法。由于修正后的侧移刚

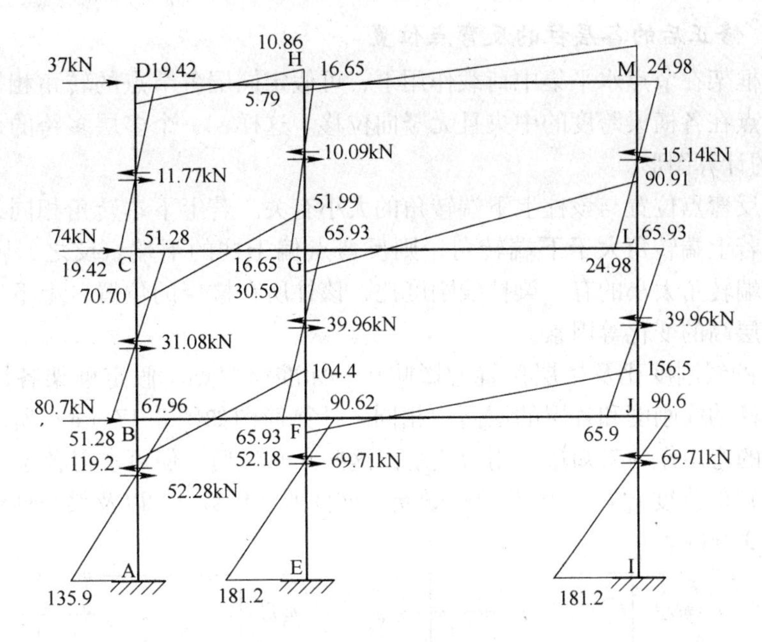

图 8.16 例 8.3 弯矩图（图中弯矩单位为 kN · m）

度以 D 表示，故此方法常称为 D 值法，亦有称为“改进反弯点法”。

8.4.2.1 修正后的柱侧移刚度 D

修正后的柱侧移刚度 D 值为

$$D_{ij} = \alpha_c \frac{12 i_{ijc}}{h_{ij}^2} \tag{8.7}$$

式中 α_c——考虑梁柱线刚度之比对侧移刚度的影响系数。当框架横梁的线刚度为无穷大时，$\alpha_c = 1$。表 8.6 列出了各种情况下 α_c 的计算公式。

表 8.6 柱侧向刚度修正系数

位置		边柱		中柱		α_c
		简图	$\overline{K}$	简图	$\overline{K}$	
一般层		i_2, i_c, i_4	$\overline{K} = \dfrac{i_2 + i_4}{2i_c}$	i_1, i_2, i_3, i_c, i_4	$\overline{K} = \dfrac{i_1 + i_2 + i_3 + i_4}{2i_c}$	$\alpha_c = \dfrac{\overline{K}}{2 + \overline{K}}$
低层	固接	i_2, i_c	$\overline{K} = \dfrac{i_2}{i_c}$	i_1, i_2, i_c	$\overline{K} = \dfrac{i_1 + i_2}{i_c}$	$\alpha_c = \dfrac{0.5 + \overline{K}}{2 + \overline{K}}$
	铰接	i_2, i_c	$\overline{K} = \dfrac{i_2}{i_c}$	i_1, i_2, i_c	$\overline{K} = \dfrac{i_1 + i_2}{i_c}$	$\overline{K} = \dfrac{i_1 + i_2}{i_c}$

8.4.2.2 修正后的各层柱的反弯点位置

多层多跨框架在节点水平集中荷载作用下，可假定同层各节点的转角相等，即认为各层横梁的反弯点在各横梁跨度的中央且无竖向位移。这样，一个多层多跨的框架可化简成图 8.17 所示的计算图形。

各层柱的反弯点位置与该柱上下端转角的大小有关。若上下端转角相同，反弯点就在柱高的中央；若上端转角大于下端转角，则反弯点偏于柱的下端；反之，则偏于柱的上端。影响柱两端转角大小的有：梁柱线刚度比，该柱所在楼层的位置，上下层横梁线刚度比以及上下层层高的变化等因素。

（1）梁柱的线刚度比及楼层位置的影响——标准反弯点。假定框架各层横梁的线刚度、框架各层柱的线刚度和各层的层高均相同，计算简图如图 8.17（a）所示，将柱在各层下端截面处的弯矩作为未知量，用力法解出这些未知量后，便可求得各层柱反弯点（称为标准反弯点）的高度 y_0h。y_0 值与总层数 m、该柱所在层数 n，以及梁与柱线刚度比 $\overline{K}$ 有关，可查附表 3 与附表 4。

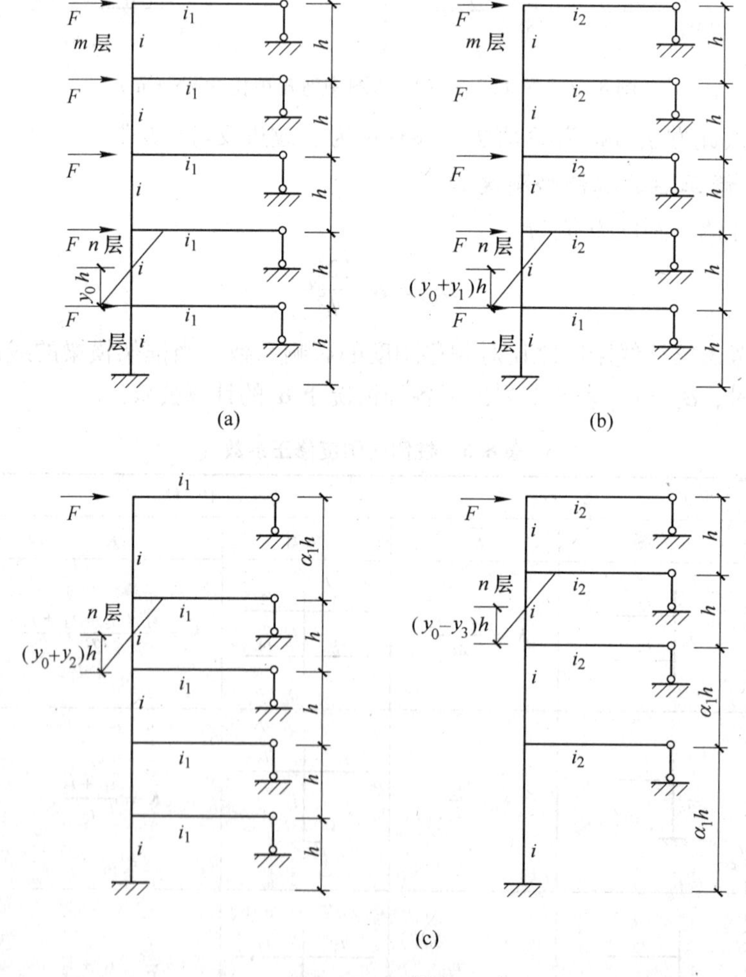

图 8.17 *D* 值法

（2）上下横梁线刚度比的影响。若某层柱的上下横梁线刚度不同，则该层柱的反弯点位置就不同于标准反弯点位置而必须加以修正。这个修正值就是 $y_1 h$。

y_1是按图 8.17（b）所示的各层柱承受剪力的情况下求得，分析方法同上。y_1值可根据上下横梁线刚度比 α_1及梁柱线刚度比 $\overline{K}$ 查附表 5.1。

（3）层高变化的影响。若某层柱位于层高变化的楼层中，则此柱的反弯点位置亦不同于标准反弯点位置。上层层高较高时，反弯点向上移动至 $y_2 h$；下层层高较高时，反弯点则向下移动至 $y_3 h$。

y_2与 y_3亦是按上述分析方法，以图 8.17（c）作为计算简图，且假定各柱承受等剪力情况下求得。其值可根据上下层层高变化之比 α_1或 α_2查附表 5.2。对底层可不考虑 y_3的修正值；对顶层可不考虑 y_2的修正值。

综上所述，修正后的柱反弯点高度 yh 可由下式求得

$$yh = (y_0 + y_1 + y_2 + y_3)h \tag{8.8}$$

当各层框架柱的侧移刚度 D 与各层柱的反弯点位置 yh 确定后，与反弯点法一样，便可求得各柱在反弯点处的剪力值及各杆件的弯矩图。

【例 8.4】 试用 D 值法分析例 8.3 所示的框架，并绘出弯矩图。

解：（1）求各柱在反弯点处的剪力值。

	CD	GH	LM	
第三层	$\overline{K}=\frac{1.5+1.7}{2\times0.7}=2.286$ $D=\frac{2.286}{2+2.286}\times0.7\left(\frac{12}{3.3^2}\right)$ $=0.3734\left(\frac{12}{3.3^2}\right)$ $V=37\times\frac{0.3734}{1.079}=12.80\text{kN}$	$\overline{K}=\frac{1.5+0.8+1.7+1.0}{2\times0.6}$ $=4.166$ $D=\frac{4.166}{2+4.166}\times0.6\left(\frac{12}{3.3^2}\right)$ $=0.4054\left(\frac{12}{3.3^2}\right)$ $V=37\times\frac{0.4054}{1.079}=13.9\text{kN}$	$\overline{K}=\frac{0.8+1.0}{2\times0.9}=1.000$ $D=\frac{1.000}{2+1.000}\times0.9\left(\frac{12}{3.3^2}\right)$ $=0.3000\left(\frac{12}{3.3^2}\right)$ $V=37\times\frac{0.3}{1.079}=10.29\text{kN}$	$\sum D=1.079\left(\frac{12}{3.3^2}\right)$
	BC	FG	JL	
第二层	$\overline{K}=\frac{1.7+2.4}{2\times0.7}=2.929$ $D=\frac{2.929}{2+2.929}\times0.7\left(\frac{12}{3.3^2}\right)$ $=0.4160\left(\frac{12}{3.3^2}\right)$ $V=(37+74)\left(\frac{0.416}{1.33}\right)$ $=34.72\text{kN}$	$\overline{K}=\frac{1.7+1.0+2.4+1.2}{2\times0.6}$ $=4.166$ $D=\frac{3.5}{2+3.5}\times0.9\left(\frac{12}{3.3^2}\right)$ $=0.5727\left(\frac{12}{3.3^2}\right)$ $V=(37+74)\left(\frac{0.5727}{1.33}\right)$ $=47.8\text{kN}$	$\overline{K}=\frac{1.0+1.2}{2\times0.9}=1.222$ $D=\frac{1.222}{2+1.222}\times0.9\left(\frac{12}{3.3^2}\right)$ $=0.3413\left(\frac{12}{3.3^2}\right)$ $V=(37+74)\left(\frac{0.3413}{1.33}\right)$ $=28.48\text{kN}$	$\sum D=1.330\left(\frac{12}{3.3^2}\right)$
	AB	EF	IJ	
第一层	$\overline{K}=\frac{2.4}{0.6}=4.000$ $D=\frac{0.5+4.0}{2+4.0}\times0.6\left(\frac{12}{3.9^2}\right)$ $=0.4500\left(\frac{12}{3.9^2}\right)$ $V=191.7\left(\frac{0.45}{1.522}\right)=56.68\text{kN}$	$\overline{K}=\frac{2.4+1.2}{0.8}=4.500$ $D=\frac{0.5+4.5}{2+4.5}\times0.8\left(\frac{12}{3.9^2}\right)$ $=0.6154\left(\frac{12}{3.9^2}\right)$ $V=191.7\times\left(\frac{0.6154}{1.522}\right)=77.51\text{kN}$	$\overline{K}=\frac{1.2}{0.8}=1.500$ $D=\frac{0.5+1.5}{2+1.5}\times0.8\left(\frac{12}{3.9^2}\right)$ $=0.457\left(\frac{12}{3.9^2}\right)$ $V=191.7\times\left(\frac{0.457}{1.522}\right)=57.56\text{kN}$	$\sum D=1.522\left(\frac{12}{3.9^2}\right)$ ($\sum F=37+74+80.7$ $=191.7$)

（2）求各柱的反弯点高度 yh。

	CD	GH	LM
第三层	$\overline{K}=2.286\quad y_0=0.41$ $a_1=\frac{1.5}{1.7}=0.8824\quad y_1=0$ $a_3=1\quad y_3=0$ $y=0.41+0+0=0.41$	$\overline{K}=4.166\quad y_0=0.45$ $a_2=\frac{1.5+0.8}{1.7+1.0}=0.8519$ $y_2=0\quad a_3=1\quad y_3=0$ $y=0.45+0+0=0.45$	$\overline{K}=1.0\quad y_0=0.35$ $a_2=\frac{0.8}{1.0}=0.8\quad y_2=0$ $a_3=1.0\quad y_3=0$ $y=0.35+0+0=0.35$
	BC	FG	JL
第二层	$\overline{K}=2.929\quad y_0=0.50$ $a_2=\frac{1.7}{2.4}=0.7083\quad y_1=0$ $a_2=1.0\quad y_2=0$ $a_3=\frac{3.9}{3.3}=1.182\quad y_3=0$ $y=0.50+0+0+0=0.50$	$\overline{K}=3.500\quad y_0=0.50$ $a_2=\frac{1.7+1.0}{2.4+1.0}=0.7941\quad y_1=0$ $a_2=1.0\quad y_2=0$ $a_3=\frac{3.9}{3.3}=1.182\quad y_3=0$ $y=0.50+0+0+0=0.50$	$\overline{K}=1.222\quad y_0=0.45$ $a_1=\frac{1.0}{1.2}=0.8333\quad y_1=0$ $a_2=1.0\quad y_2=0$ $a_3=\frac{3.9}{3.3}=1.182\quad y_3=0$ $y=0.45+0+0+0=0.45$
	AB	EF	IJ
第一层	$\overline{K}=4.000\quad y_0=0.55$ $a_2=\frac{3.3}{3.9}=0.8462\quad y_2=0$ $y=0.55+0=0.55$	$\overline{K}=4.500\quad y_0=0.55$ $a_2=\frac{3.3}{3.9}=0.8462\quad y_2=0$ $y=0.55+0=0.55$	$\overline{K}=1.500\quad y_0=0.575$ $a_2=\frac{3.3}{3.9}=0.8462\quad y_2=0$ $y=0.575+0=0.575$

（3）求各柱的杆端弯矩。

第三层

$$M_{CD}=12.80\times0.41\times3.3=17.32\text{kN}\cdot\text{m}$$
$$M_{DC}=12.80\times(1-0.41)\times3.3=24.92\text{kN}\cdot\text{m}$$
$$M_{GH}=13.90\times0.45\times3.3=20.64\text{kN}\cdot\text{m}$$
$$M_{HG}=13.90\times(1-0.45)\times3.3=25.23\text{kN}\cdot\text{m}$$
$$M_{LM}=10.29\times0.35\times3.3=11.88\text{kN}\cdot\text{m}$$
$$M_{ML}=10.29\times(1-0.35)\times3.3=22.07\text{kN}\cdot\text{m}$$

第二层

$$M_{BC}=M_{CB}=34.72\times0.50\times3.3=57.29\text{kN}\cdot\text{m}$$
$$M_{FG}=M_{GF}=47.80\times0.50\times3.3=78.87\text{kN}\cdot\text{m}$$
$$M_{JL}=28.48\times0.45\times3.3=42.25\text{kN}\cdot\text{m}$$
$$M_{LJ}=28.48\times(1-0.45)\times3.3=51.69\text{kN}\cdot\text{m}$$

第一层

$$M_{AB}=56.68\times0.55\times3.9=121.6\text{kN}\cdot\text{m}$$
$$M_{BA}=56.68\times(1-0.55)\times3.9=99.47\text{kN}\cdot\text{m}$$
$$M_{EF}=77.51\times0.55\times3.9=166.3\text{kN}\cdot\text{m}$$
$$M_{FE}=77.51\times(1-0.55)\times3.9=136.0\text{kN}\cdot\text{m}$$
$$M_{IJ}=57.56\times0.575\times3.9=129.1\text{kN}\cdot\text{m}$$

$$M_{JI}=57.56\times(1-0.575)\times3.9=95.41\text{kN}\cdot\text{m}$$

（4）求各横梁的杆端弯矩。

第三层

$$M_{DH}=M_{DC}=24.92\text{kN}\cdot\text{m}$$

$$M_{HD}=\frac{1.5}{1.5+0.8}\times25.23=16.45\text{kN}\cdot\text{m}$$

$$M_{HM}=\frac{0.8}{1.5+0.8}\times25.23=8.776\text{kN}\cdot\text{m}$$

$$M_{MH}=M_{ML}=22.07\text{kN}\cdot\text{m}$$

第二层

$$M_{CG}=M_{CD}+M_{CB}=17.32+57.29=74.61\text{kN}\cdot\text{m}$$

$$M_{GC}=\frac{1.7}{1.7+1.0}\times(20.64+78.87)=62.65\text{kN}\cdot\text{m}$$

$$M_{GL}=\frac{1.0}{1.7+1.0}\times(20.64+78.87)=36.86\text{kN}\cdot\text{m}$$

$$M_{LG}=M_{LM}+M_{LJ}=11.88+51.69=63.57\text{kN}\cdot\text{m}$$

第一层

$$M_{BF}=M_{BC}+M_{BA}=57.29+99.47=156.8\text{kN}\cdot\text{m}$$

$$M_{FB}=\frac{2.4}{2.4+1.2}\times(78.87+136.0)=143.2\text{kN}\cdot\text{m}$$

$$M_{FJ}=\frac{1.2}{2.4+1.2}\times(78.87+136.0)=71.62\text{kN}\cdot\text{m}$$

$$M_{JF}=M_{JL}+M_{JI}=42.29+95.41=137.7\text{kN}\cdot\text{m}$$

（5）绘出框架各杆的弯矩（图 8.18）。

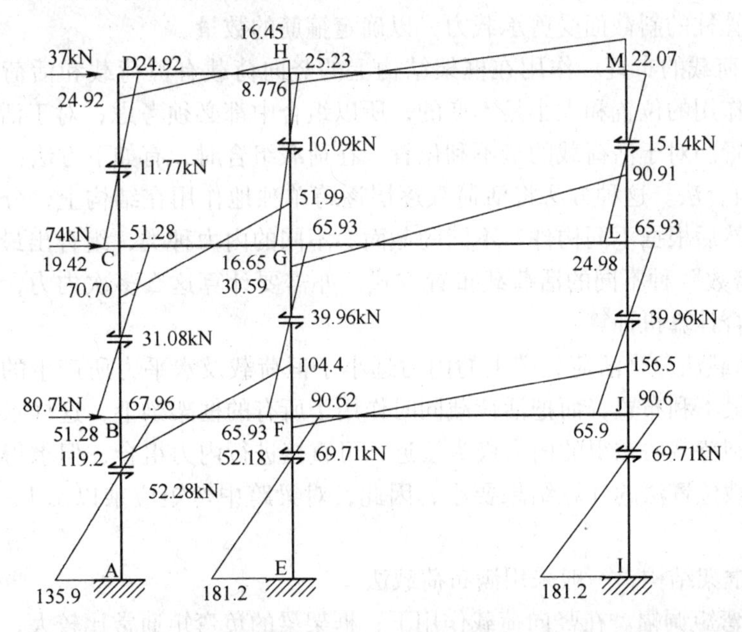

图 8.18 框架弯矩图（图中杆端弯矩单位为 kN·m）

8.5　荷载最不利组合及构造要求

8.5.1　荷载最不利组合

（1）控制截面。梁、柱构件的内力沿轴线会发生变化。为便于施工，构件的配筋一般不随内力的改变而改变。设计时，常选用内力较大或截面尺寸改变处作为控制截面，并按照控制截面内力进行配筋计算。

对于框架梁，最大正弯矩一般作用在跨中，而最大负弯矩及最大剪力作用在支座处，所以取跨中和支座作为控制截面，如图8.19所示；对于框架柱，最大弯矩发生在柱子的上下端，故取柱子的顶面和底面作为控制截面。

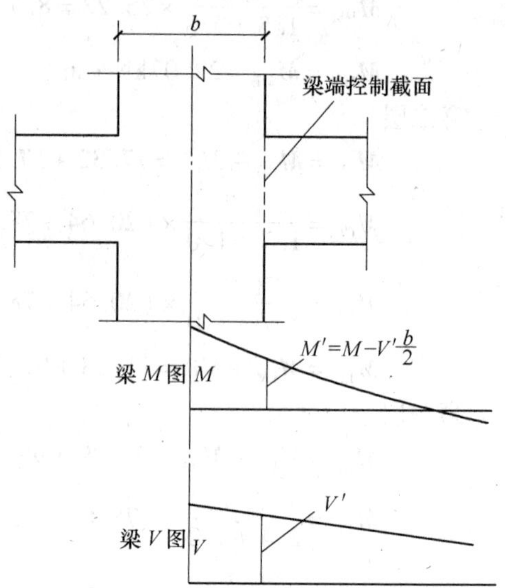

图8.19　梁端控制截面弯矩和剪力

（2）最不利组合。对于框架梁，梁端截面处的最不利内力有最大负弯矩、最大剪力和有可能出现的最大正弯矩；跨间截面的最不利内力是最大正弯矩和有可能出现的最大负弯矩。

对于框架柱，控制截面的最不利内力组合一般有以下几种：

1）$|M|_{max}$及相应的N和V。

2）N_{max}及相应的M和V。

3）N_{min}及相应的M和V。

4）$|V|_{max}$及相应的M和N。

前三组内力组合是用来计算柱的正截面承载力，以确定纵向钢筋的数量；第四组内力组合是用来计算柱的斜截面受剪承载力，以确定箍筋的数量。

（3）竖向荷载的布置。作用在框架结构上的竖向荷载有恒荷载和活荷载。对于恒荷载，其对结构作用的位置和大小是不变的，所以组合中都必须考虑；对于活荷载，则要考虑其最不利位置。对于活荷载的最不利位置，在荷载组合时，有如下方法：

1）分跨组合法。这种方法将活荷载逐层逐跨单独地作用在结构上，分别计算出整个结构的内力，然后根据不同构件、不同的截面、不同的内力种类，组合出最不利内力。共有："层数×跨数"种不同的活荷载布置方式，亦需要计算这么多次内力，过程简单，但工作量大，适合计算机计算。

2）满布荷载法。当活荷载产生的内力远小于恒荷载及水平力所产生的内力时，可不考虑活荷载的最不利布置，而把活荷载同时作用于所有的框架梁上，这样求得的内力在支座处与按最不利荷载法求得的内力极为接近，可直接进行内力组合，但求得的梁跨中弯矩却比最不利荷载位置法的计算结果要小，因此，对梁跨中弯矩应乘以1.1～1.2的系数予以增大。

对于高层框架结构，一般采用满布荷载法。

（4）梁端弯矩调幅。在竖向荷载作用下，框架梁的负弯矩通常比较大，而按照框架结构的合理破坏形式，在梁端是允许出现塑性铰的。同时，为便于浇捣混凝土，希望节点处梁的负钢筋放得少一些；对于装配式或装配整体式框架，节点非绝对刚性，梁端实际弯矩将小于其弹性计算值。因此，框架设计时，一般需要人为减少梁端负弯矩，即对梁端弯矩进行调幅，减少节点附近梁顶面的配筋量，如图8.20所示。

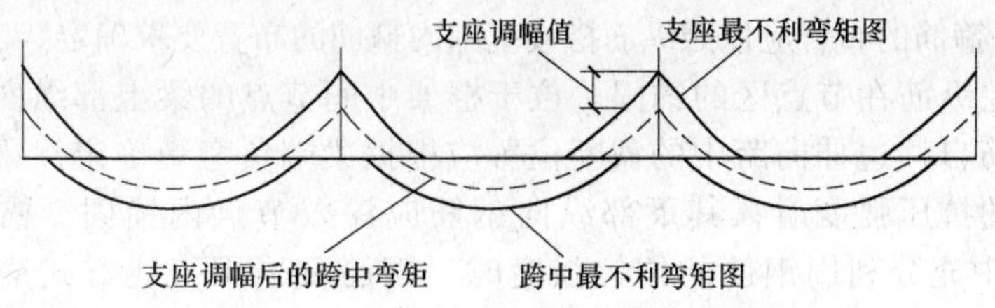

图8.20 梁端弯矩调幅图

对于现浇整体式框架结构，梁端弯矩调幅β可取0.8～0.9；对于装配整体式框架结构，可取0.7～0.8。

梁端弯矩调幅后，经过塑性应力重分布，在相应荷载作用下其跨中弯矩必将增加，这时，必须校核梁的静力平衡条件，即：调幅后梁端弯矩M_A、M_B的平均值与跨中最大正弯矩M_C之和，应大于按简支梁计算的跨中弯矩M_0。

$$\frac{|M_A + M_B|}{2} + M_C \geqslant M_0 \tag{8.9}$$

按照我国有关规范规定，梁端弯矩调幅只对竖向荷载作用下的内力进行。因此，弯矩调幅应在内力组合之前完成。

8.5.2 现浇框架的构造要求

（1）材料强度。框架节点区的混凝土强度等级不低于框架柱的混凝土强度等级。

钢筋的塑性性能对结构材料的延性有较大影响。框架梁和柱中的纵向受力钢筋宜选用HRB400、HRB500级钢筋，箍筋宜选用HRB335、HRB400级钢筋。

（2）截面尺寸。框架梁截面高度不宜大于梁的净跨，框架梁的截面宽度不宜小于200mm，且截面高度和截面宽度的比值不宜大于4，以保证梁平面外的稳定性。

（3）配筋数量。为使柱的屈服弯矩远大于开裂弯矩，《规范》要求，非抗震设计时，纵向受压钢筋每侧配筋率不应小于0.2%，柱中全部纵向受力钢筋的配筋率，对HRB335、HRB400级钢筋，不应大于5%。为使柱的截面核心区混凝土有较好的约束，非抗震设计时，柱的纵向受力钢筋间距不应大于350mm。

框架梁梁端配筋率不应小于2.5%，梁的顶面和底面均应有一定的钢筋通梁全长布置。

如果在节点区配置数量过多的梁端负弯矩钢筋，以承受静力荷载为主的顶层端节点将发生核心区混凝土的斜向压碎。因此，应对节点区内的配筋数量加以限制。规范规定，在框架顶层端节点处，梁的上部纵筋截面面积应满足

$$A_s \leqslant 0.35\beta_c f_c b_b h_0 / f_y \tag{8.10}$$

式中 b_b——梁腹板宽度；

h_0——梁截面有效高度；

β_c——混凝土强度影响系数，当混凝土强度≤C50时，$\beta_c=1.0$；当混凝土强度等级为C80时，$\beta_c=0.8$，其间按直线内插法取用。

（4）箍筋。在框架节点范围内应设置水平箍筋，箍筋的布置应符合柱中箍筋的构造要求，且间距不宜大于250mm。对四边均有梁与之相连的中间节点，节点内可只设置沿周边的矩形箍筋，而不设复合箍筋。当顶层端节点内设有梁上部纵筋和柱外侧纵筋的搭接接头时，节点内水平箍筋的布置应依照纵筋搭接范围内箍筋的布置要求确定。

（5）梁、柱纵筋在节点区的锚固。位于框架中间节点的梁上部纵向钢筋应贯穿中间节点，该钢筋自柱边伸向跨中的截断位置应根据梁端负弯矩确定。梁下部当计算中充分利用钢筋的抗压强度时，其下部纵向钢筋应深入节点内锚固，锚固长度不小于$0.7l_a$。当计算中充分利用钢筋的抗拉强度时，钢筋可采用直线方式锚固在节点或支座内，锚固长度不小于钢筋的受拉锚固长度l_a，如图8.21（a）所示。在弯矩较小的节点或支座外梁，钢筋可设置搭接接头，搭接的起止点距节点的距离不应小于$1.5h_0$，如图8.21（b）所示。

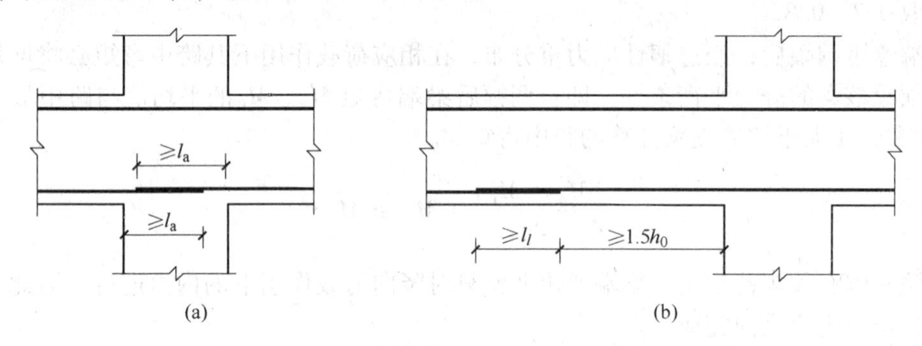

图8.21 梁下部纵向钢筋在中间节点或中间支座范围的锚固与搭接
（a）节点中的直线锚固；（b）节点或支座范围外的搭接

框架中间层端节点梁纵向钢筋的锚固要求如图8.22所示。当柱截面高度足够时，框架梁的上部纵筋可用直线方式深入节点，当柱截面高度不足时，将其伸至节点外边向下弯折。下部钢筋同中间节点。

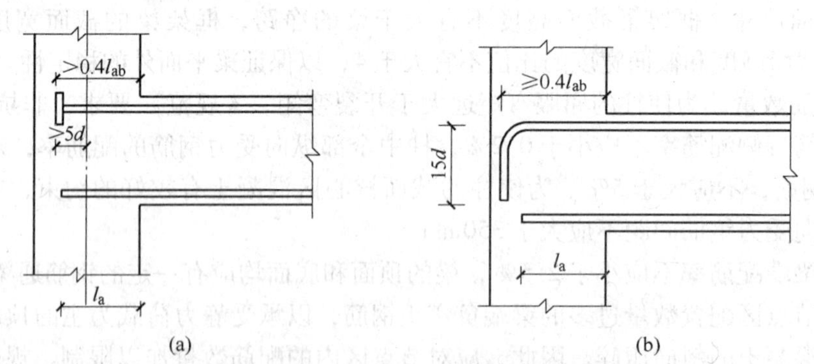

图8.22 框架中间层端节点梁纵向钢筋的锚固
（a）钢筋端部加锚头锚固；（b）钢筋末端90°弯折锚固

框架顶层端节点，可将柱外侧纵筋弯入梁内作为梁上部纵向受力钢筋使用，亦可将梁上部纵向钢筋和柱外侧纵向钢筋在顶层端节点及其附近部位搭接，如图8.23所示。

框架顶层中间节点柱的纵向钢筋的锚固形式如图8.24所示。锚固长度l_a、l_{ab}的确定见第3章。搭接长度l_l的确定见式（9.16）。

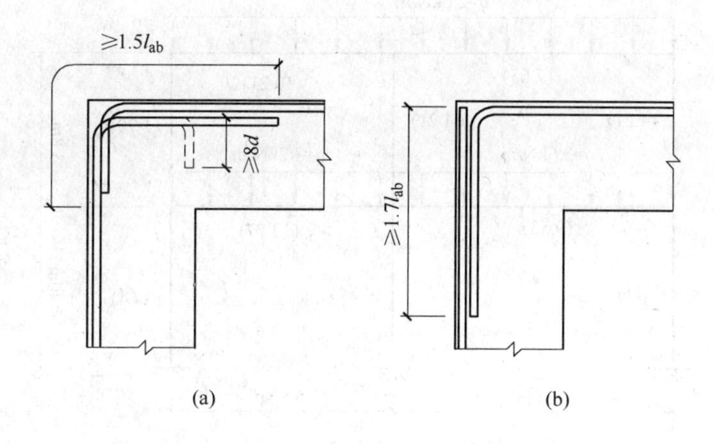

图 8. 23 梁上部纵向钢筋和柱外侧纵向钢筋在顶层端节点的搭接
（a）搭接接头沿顶层端节点外侧及梁端顶部布置；（b）搭接接头沿节点外侧直线布置

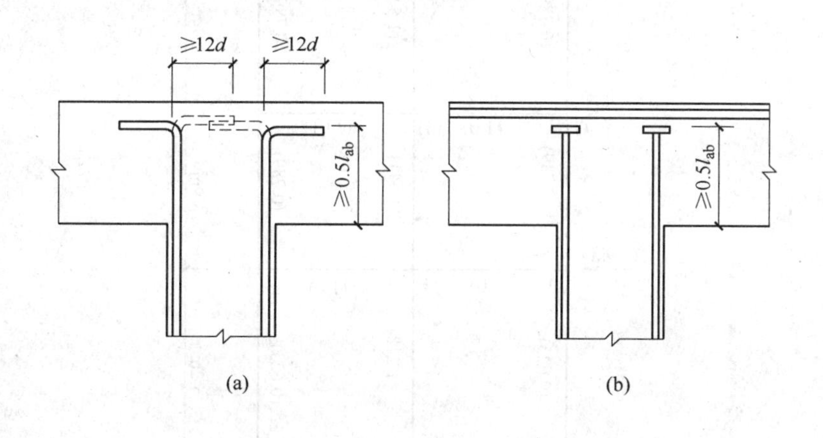

图 8. 24 顶层中节点柱纵向钢筋的锚固
（a）柱纵向钢筋 90°弯折锚固；（b）柱纵向钢筋端头加锚板锚固

复习思考题

8-1 如何确定框架结构的计算简图？

8-2 分层法采用了哪些基本假定？简述其计算步骤。

8-3 什么是反弯点法，其基本假定有哪些？

8-4 D 值法和反弯点法的区别是什么？

8-5 水平荷载作用下，框架结构的侧移由哪两部分组成？

8-6 图 8. 25 所示一个两层两跨框架，用分层法和弯矩二次分配法作出框架的弯矩图，括号内数字表示每根杆线刚度的相对值。

8-7 分别用反弯点法和 D 值法计算图 8. 26 所示三层两跨框架，并绘制出框架的弯矩图，括号内数字表示每根杆线刚度的相对值。

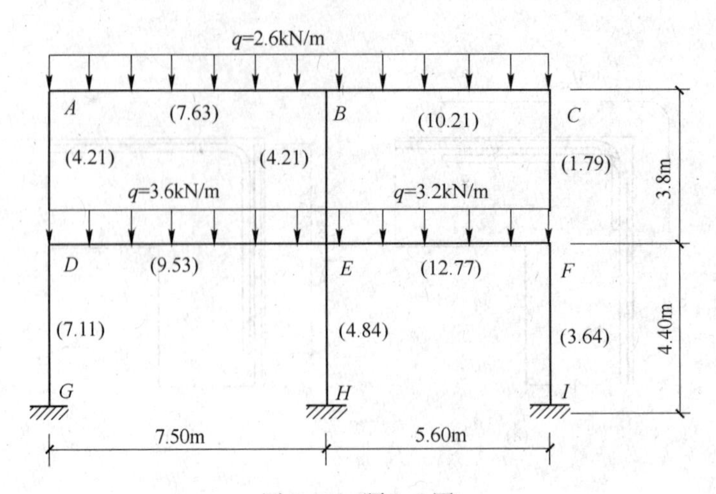

图8.25　题8-6图

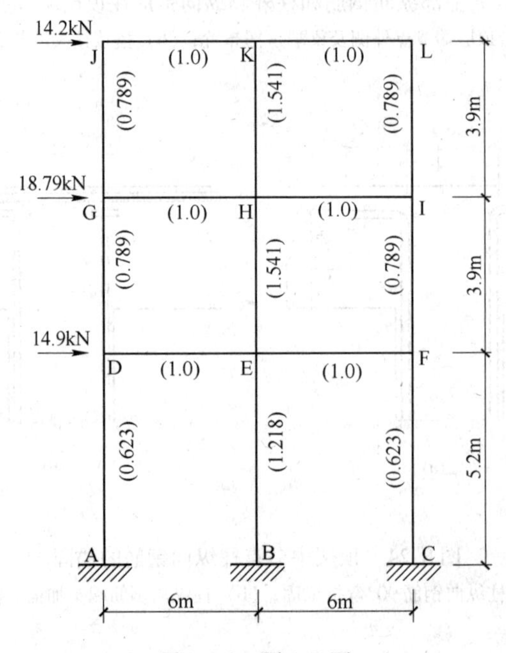

图8.26　题8-7图

框架抗震设计

9.1　抗震设计思想

9.1.1　抗震设防目标

（1）抗震设防。抗震设防是指对建筑物进行抗震设计和采取抗震构造措施，以达到抗震的效果。抗震设防的依据是抗震设防烈度。

抗震设防烈度（seismic fortification intensity）是按国家规定的权限批准作为一个地区抗震设防依据的地震烈度。

一般情况下，抗震设防烈度必须按国家规定的权限审批、颁发和文件（图件）确定。一般情况下，抗震设防烈度可采用中国地震动参数区划图的地震基本烈度。对已编制抗震设防区划的城市，可按批准的抗震设防烈度或设计地震动参数进行抗震设防。抗震设防烈度6度及以上地区的建筑必须进行抗震设计。

（2）设防目标。由于地震的随机性，一栋建筑物在其使用期限内，可能会遭受多次不同烈度的地震。从概率的观点来看，遭遇最多的地震应是低于所在地区基本烈度的地震，但也不能排除遭遇高于基本烈度的地震的可能性。因此，在建筑使用寿命期间，对不同频度和强度的地震，应要求建筑物具有不同的抵抗能力。即对一般较小的地震，由于其发生的可能性大，因此要求遭遇到这种多遇地震时，结构不受损坏，这在技术上和经济上都是可以做到的。对于罕遇的强烈地震，由于其发生的可能性小，如果要求结构在遭遇到这种强烈地震时完全不损坏，这在经济上是不合算的，比较合理的做法是，应允许损坏，但在任何情况下，不应导致建筑倒塌。

基于这一思想，结合我国目前的具体情况，《建筑抗震设计规范》（GB 50011—2010）（以下简称《抗震规范》）提出了“三水准”的抗震设防目标：

第一水准：当遭受到低于本地区抗震设防烈度的多遇地震的影响时，建筑一般不受损坏或不需维修可继续使用（此时建筑处于正常使用状态，从结构抗震角度分析，可以视为弹性体系，采用弹性反应谱进行弹性分析）。

第二水准：当遭受相当于本地区抗震设防烈度的地震影响时，建筑物可能损坏，经一般修理或不经修理仍可继续使用（此时结构进入非弹性工作阶段，但非弹性体系的变形或结构体系的损坏仍控制在可修复的范围内）。

第三水准：当遭受到高于本地区抗震设防烈度预估的罕遇地震影响时，建筑不致倒塌或发生危及生命的严重破坏（结构有较大的非弹性变形，但应控制在规定的范围内）。

也可将其简称为“小震不坏、中震可修、大震不倒”。

（3）小震和大震。根据地震危险性分析，认为我国地震烈度的概率密度函数符合极值Ⅲ型分布，其分布状况如图9.1所示。其中，I_m为多遇地震烈度（小震烈度），I_o为基本烈度，I_k为罕遇地震烈度（大震烈度）。

根据我国对华北、西南及西北地区的45个城镇的地震烈度概率分析，基本烈度为50年设计基准期内超越概率为10%的地震烈度；多遇地震烈度或小震烈度在50年内的超越概率为63.2%，小震烈度比基本烈度约低1.55度；罕遇地震烈度或大震烈度在50年内的超越概率则约为2%。

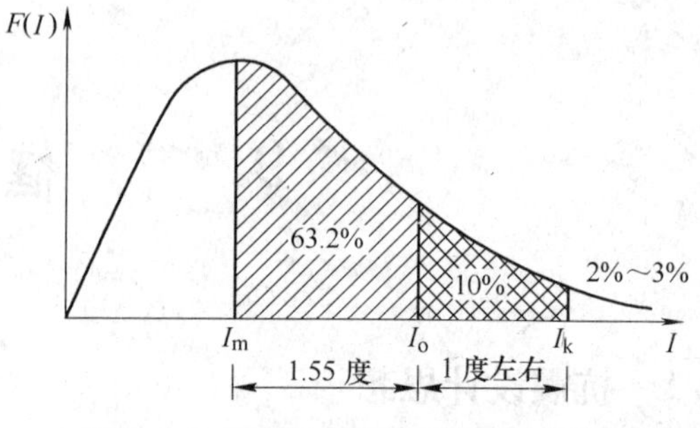

图9.1　三种烈度的超越概率示意图

9.1.2　建筑结构抗震设计方法

在进行建筑抗震设计时，原则上应满足三水准抗震设防目标的要求，在具体做法上，为了简化计算，《抗震规范》采取了二阶段设计法，即：

第一阶段设计是在方案布置符合抗震原则的前提下，按小震作用效应和其他荷载效应的基本组合验算结构物件的承载能力，以及在小震作用下验算结构的弹性变形，以满足第一水准抗震设防目标的要求。

第二阶段设计是考虑在大震作用下验算结构的弹塑性变形，以满足第三水准抗震设防目标的要求。

至于第二水准抗震设防目标的要求，《抗震规范》是以抗震构造措施来加以保证的。

9.1.3　抗震设计基本要求

抗震设计的要求是通过地震作用的取值和抗震措施的采取来实现的。但由于地震的随机性，加之建筑物的动力特性、所在场地、材料及结构风力的不确定性，地震时造成的破坏程度很难准确预测。因此，为了保证结构具有足够的可靠性，在进行抗震设计时，必须综合考虑多种因素的影响，着重从建筑物的总体上进行抗震设计，这就是结构的概念设计。概念设计主要考虑以下的因素：场地条件和场地土的稳定性；建筑物的平、立面图布置及其外形尺寸；抗震结构体系的选取、抗侧力构件的布置以及结构质量的分布；非结构构件与主体结构的关系及其两者之间的锚拉；材料与施工质量等。

（1）建筑物的抗震设防类别。将建筑物分为四类：

甲类建筑物——特别重要的建筑物，如遇地震破坏，会导致严重后果（如产生放射性物质、大爆炸）的建筑物；

乙类建筑物——重要的建筑物，如城市的生命线工程的建筑和地震时救灾需要的建筑物等；

丙类建筑物——甲、乙类以外的一般建筑物，如大量的一般民用与工业建筑等；

丁类建筑物 ——次要的建筑物，如遇地震破坏，不易造成人员伤亡和较大经济损失的建筑物等。

（2）抗震设计的基本要求。抗震设计的基本要求包括：

1）选择有利于抗震的场地。选择建筑场地时，应根据工程需要，掌握地震活动情况和工程地质的有关资料，做综合评价。宜选择有利的地段，如开阔平坦的坚硬场地土或密实均匀的中硬场地土等；避开不利地段，如软弱土、易液化土、非岩质陡坡、采空区、半填半挖地基等，无法避开时应采取适当的抗震措施；不应在危险地段建造甲、乙两类建筑，如地震时可能发生滑坡、崩塌、地陷、地裂、泥石流等及发震断裂带上可能发生的地表错位的部位等地段。

2）选择利于抗震的地基和基础。地基和基础设计应符合下列要求：同一结构单元不宜设置在性质截然不同的地基土上，也不宜部分采用天然地基、部分采用桩基。当地基有软弱黏性土、液化土、新近填土或严重不均匀土层时，宜加强基础的整体性和刚性。

3）选择对抗震有利的建筑平面和立面布置。在建筑和结构布置时，建筑物平面和立面布置应简单、规则。建筑物的质量和刚度在平、立面上的分布应力求均匀、对称、连续，尽量避免结构的错层和断层，必要时设置防震缝。建筑物防震缝的设置，应根据建筑的类型、结构体系和建筑体型等具体情况及实际需要将建筑分成规则的结构单元。当体型复杂的建筑不设防震缝时，应选用符合实际结构的计算模型，进行较精细的抗震分析，估计其局部应力和变形及扭转影响，判明其易损部位，采取措施提高抗震能力。

4）选择合理的抗震结构体系。抗震结构体系应根据建筑物的重要性、设防烈度和施工等因素，经过技术、经济条件比较综合确定。

在选择建筑结构体系时，应符合以下要求：

①应具有明确的结构计算简图和合理的地震作用传递途径。

②宜有多道抗震防线，应避免因部分结构或构件破坏而导致整个结构体系丧失抗震能力。

③应具备必要的强度，良好的变形能力和耗能能力。

④宜具有合理的刚度和强度分布，避免因局部削弱或突变形成薄弱部位，引起应力集中或塑性变形集中；对可能出现的薄弱部位，应采取措施提高抗震能力。

5）处理好非结构构件和主体结构的关系。在抗震设计中，处理好非结构构件和主体结构的关系，对于防止附加震害、减少地震损失是十分必要的。对于女儿墙、雨棚、挑檐等附属构件，应与主体结构有可靠的连接和锚固，避免地震时倒塌伤人或砸坏重要设备；围护墙和隔墙应考虑对结构抗震的不利和有利影响，应避免不合理的设置而导致主体结构的破坏；装饰贴面或悬吊较重的装饰物，应有可靠的防护措施。

9.2　建筑结构抗震验算

9.2.1　结构抗震承载力验算

（1）地震作用方向。地震时，地面将发生水平运动和竖向运动，从而引起结构的水平振动、竖向振动和扭转振动。

抗震设计时，通常认为水平地震作用对结构起主要作用，仅对高烈度区的大跨、长悬臂、高耸结构及高层建筑等结构才考虑竖向地震作用。对于水平地震作用引起的扭转影响，一般只对质量和刚度明显不均匀、不对称的结构才加以考虑。

（2）重力荷载代表值。计算地震作用时，建筑的重力荷载代表值应取结构和构配件自重标准值和各可变荷载组合值之和，即

$$G_E = G_k + \Sigma\psi_{ki} Q_{ki} \tag{9.1}$$

式中　G_k——结构或构件的永久荷载标准值；

Q_{ki}——结构或构件的第 i 个可变荷载标准值；

ψ_{ki}——第 i 个可变荷载的组合值系数，应按表9.1采用。

表9.1　组合值系数

可变荷载种类		组合值系数
雪荷载		0.5
屋面积灰荷载		0.5
屋面活荷载		不计入
按实际情况计算的楼面活荷载		1.0
按等效均布荷载计算的楼面活荷载	藏书库、档案库	0.8
	其他民用建筑	0.5

（3）结构构件截面的抗震验算。在结构抗震设计的第一阶段，即多遇地震下的抗震承载力验算中，结构构件截面抗震验算，应满足下列设计表达式：

$$S \leqslant R/\gamma_{RE}$$

式中　S——结构构件内力组合设计值，包括组合的弯矩、轴力和剪力设计值；

R——结构构件承载力设计值；

γ_{RE}——承载力抗震调整系数，除另有规定外，应按表9.2采用。当仅计算竖向地震作用时，各类结构构件承载力抗震调整系数均应采用1.00。

表9.2　混凝土结构承载力抗震调整系数

结构构件		受力状态	γ_{RE}
梁		受弯	0.75
柱	轴压比小于0.15	偏压	0.75
	轴压比不小于0.15	偏压	0.80
抗震墙		偏压	0.85
其他各类构件		受剪、偏拉	0.85

结构构件的地震作用效应和其他荷载效应的基本组合，应按下式计算：

$$S=\gamma_G S_{GE}+\gamma_{Eh}S_{Ehk}+\gamma_{Ev}S_{Evk}+\psi_w\gamma_w S_{wE} \tag{9.2}$$

式中　γ_G——重力荷载分项系数，一般情况应采用1.2，当重力荷载效应对构件承载能力有利时，不应大于1.0；

γ_{Eh}，γ_{Ev}——分别为水平、竖向地震作用分项系数，应按表9.3采用；

γ_w——风荷载分项系数，应采用1.4；

S_{GE}——重力荷载代表值的效应，为重力荷载代表值乘以相应的增大系数或调整系数；

S_{Ehk}——水平地震作用标准值的效应，应乘以相应的增大系数或调整系数；

S_{Evk}——竖向地震作用标准值的效应，应乘以相应的增大系数或调整系数；

S_{wE}——风荷载标准值的效应；

ψ_w——风荷载组合值系数，一般结构取0.0，风荷载起控制作用的建筑应采用0.20。

表 9.3　地震作用分项系数

地 震 作 用	γ_{Eh}	γ_{Ev}
仅计算水平地震作用	1.3	0.0
仅计算竖向地震作用	0.0	1.3
同时计算水平与竖向地震作用（水平地震为主）	1.3	0.5
同时计算水平与竖向地震作用（竖向地震为主）	0.5	1.3

9.2.2　结构抗震变形验算

结构的抗震变形验算包括在多遇地震作用下的变形验算与在罕遇地震作用下的变形验算。前者属于第一阶段的抗震设计方法，后者属于第二阶段的抗震设计内容。

（1）多遇地震作用下的结构抗震变形验算。各类结构应进行多遇地震作用下的抗震变形验算，其楼层内最大的弹性层间位移应符合下式要求：

$$\Delta u_e \leqslant [\theta_e] H$$

式中　Δu_e——多遇地震作用标准值产生的楼层内最大的弹性层间位移；计算时，除以弯曲变形为主的高层建筑外，可不扣除结构整体弯曲变形；应计入扭转变形，各作用分项系数均应采用 1.0；钢筋混凝土结构构件的截面刚度可采用弹性刚度；

$[\theta_e]$——弹性层间位移角限值，宜按表 9.4 采用；

H——计算楼层层高。

表 9.4　弹性层间位移角限值

结 构 类 型	$[\theta_e]$
钢筋混凝土框架	1/550
钢筋混凝土框架-抗震墙、板柱-抗震墙、框架-核心筒	1/800
钢筋混凝土抗震墙、筒中筒	1/1000
钢筋混凝土框支层	1/1000
多、高层钢结构	1/250

（2）罕遇地震作用下的结构抗震变形验算。结构抗震设计要求结构在罕遇地震时不发生倒塌。通常，罕遇地震的地面运动加速度峰值是多遇地震的 4 ~ 6 倍。因此，在多遇地震烈度下处于弹性阶段的结构，在罕遇地震烈度下势必进入弹塑性阶段。

经过第一阶段抗震设计的结构，构件已具备必要的延性，多数结构可以满足在罕遇地震下不倒塌的要求，但对于一些处于特殊条件的结构，仍需计算强震作用下的变形，以校核结构的抗震安全性。对弹塑性阶段结构的地震位移反应分析可采用静力弹塑性分析方法或弹塑性时程分析法等。对不超过 12 层且层刚度无突变的钢筋混凝土框架和排架结构、单层钢筋混凝土柱厂房可采用《抗震规范》中的简化计算法进行分析。

9.3　框架结构抗震设计与构造

9.3.1　结构选型

不同的结构体系，其抗震性能和使用效果也不同。在考虑地震烈度、场地土、抗震性能、使用要求及经济效果等因素的基础上，《抗震规范》对地震区多高层房屋的使用最大高度进行了规定。由于框架结构抗侧移刚度较差，在地震区一般用于十层左右体型较简单、刚度较均匀的建筑物。对于层数较多、体型复杂、刚度不均匀的建筑物，为减小侧移变形、减轻震害，应采用中等刚度的框架—剪力墙结构或剪力墙结构。

楼盖在其平面内的刚度应足够大，以使水平地震力能通过楼盖平面进行分配和传递。因此，应优先选用现浇楼盖，其次是装配整体式楼盖，最后才是装配式楼盖。

选择结构体系时，要注意选择合理的基础形式。基础应有足够的埋深，采用天然地基时，可不小于建筑高度的1/15；采用桩基时，可不小于建筑高度的1/18，桩的长度不计入基础埋置深度。建筑物宜设置地下室。震害调查表明，设置有地下室的建筑，其地下室的震害较轻，也可减轻整个建筑物的震害。当基础落在基岩上时，埋深可根据工程具体情况确定，可不设地下室，但应采取地锚等措施。主楼与裙房相连且采用天然地基，在多遇地震作用下主楼基础底面不宜出现零应力区。

9.3.2 结构布置

（1）平面布置和竖向布置。多高层钢筋混凝土结构房屋结构平面布置力求简单规则；结构的主要抗侧力构件应对称均匀布置。为抵抗不同方向的地震作用，承重框架宜双向设置。

因为结构角部扭转应力大、受力复杂，容易造成破坏。因此，作为应急疏散使用的楼梯间不宜设在结构单元的两端及拐角处。

结构的竖向布置应使其质量沿高度方向均匀分布，避免结构刚度突变，以免造成薄弱层。宜将框架梁设置在同一标高处，尽可能不采用复式框架，避免出现错层和夹层，造成短柱破坏。尽可能降低建筑物的重心，以利结构的整体稳定性。

（2）防震缝布置。国内外的许多震害表明，多层建筑在造型复杂，质量和刚度分布差异显著，地质条件变化较大时，在地震作用下，由于结构各部位产生的变形不协调，导致结构一些部位破坏。在这种情况下，设置防震缝，将基础顶面以上的结构断开，把房屋分成若干独立的单元体，使其在地震作用下互不影响。《混凝土结构设计规范》要求以下情况宜设防震缝：

1）平面形状复杂而无加强措施。

2）房屋有较大错层。

3）各部分结构的刚度或荷载相差悬殊。

当需要同时设置伸缩缝、沉降缝和防震缝时，应三缝合一，其宽度应符合防震缝的要求。

《抗震规范》规定，防震缝最小宽度应符合下列要求：

1）框架结构房屋的防震缝宽度，当高度不超过15m时可采用70mm；超过15m时6度、7度、8度和9度相应每增加高度5m、4m、3m和2m，宜加宽20mm。

2）框架-剪力墙结构房屋，其防震缝宽度可采用框架结构房屋规定数值的70%，但不宜小于70mm。

3）防震缝两侧结构体系不同时，防震缝宽度按不利体系考虑，并按低的房屋高度计算缝宽。

当8度、9度框架结构房屋防震缝两侧结构层高相差较大时，防震缝两侧框架柱的箍筋应沿房屋全高加密，并可根据需要在缝两侧沿房屋全高各设置不少于两道垂直于防震缝的抗撞墙。抗撞墙的布置宜避免加大扭转效应，其长度可不大于1/2层高，抗震等级可同框架结构；框架构件的内力应按设置和不设置抗撞墙两种计算模型的不利情况取值。

防震缝宽度不够，相邻结构仍可能局部碰撞而损坏，而防震缝过宽会给建筑处理造成困难，故高层建筑宜选用合理的建筑结构方案，不设防震缝。

(3) 结构布置中的其他要求。框架结构和框架-抗震墙结构中，框架和抗震墙均应双向设置，柱中线与抗震墙中线、梁中线与柱中线之间偏心距大于柱宽的1/4时，应计入偏心的影响。

甲、乙类建筑以及高度大于24m的丙类建筑，不应采用单跨框架结构；高度不大于24m的丙类建筑不宜采用单跨框架结构。

采用装配整体式楼、屋盖时，应采取措施保证楼、屋盖的整体性及其与抗震墙的可靠连接。装配整体式楼、屋盖采用配筋现浇面层加强时，其厚度不应小于50mm。

楼梯间宜采用现浇钢筋混凝土楼梯。对于框架结构，楼梯间的布置不应导致结构平面特别不规则；楼梯构件与主体结构整浇时，应计入楼梯构件对地震作用及其效应的影响，应进行楼梯构件的抗震承载力验算；宜采取构造措施，减少楼梯构件对主体结构刚度的影响。楼梯间两侧填充墙与柱之间应加强拉结。

9.3.3 材料

按抗震设计要求，混凝土材料应符合以下要求：

(1) 混凝土。混凝土结构的混凝土强度等级不宜过高，否则将降低构件的延性；混凝土强度等级也不能过低，过低则会减弱混凝土与钢筋的粘结作用导致钢筋在反复荷载作用下产生滑移。

有抗震设防要求的混凝土结构的混凝土强度等级应符合下列要求：设防烈度为9度时，混凝土强度等级不宜超过C60；设防烈度为8度时，混凝土强度等级不宜超过C70。当按一级抗震等级设计框架梁、柱、节点核心区时，混凝土强度等级不应低于C30；当按二、三级抗震等级设计时，混凝土强度等级不应低于C20。

(2) 钢筋。钢筋的变形性能直接影响结构构件在地震作用下的延性，为了使得构件中产生的塑性铰具有良好的变形能力，来吸收和耗散地震能量，结构构件中应采用延性较好的钢筋。普通纵向受力钢筋宜采用HRB400、HRB335级热轧钢筋；箍筋宜选用HRB335、HRB400级热轧钢筋。

为了使得结构出现塑性铰以后截面具有足够的转动能力，钢筋不致过早拉断，按一、二级抗震等级设计中，要求纵向受力钢筋的屈强比大于1.25，即要求钢筋的抗拉强度实测值比屈服强度的实测值至少高出25%。为了实现“强柱弱梁”、“强剪弱弯”的设计原则，对一、二级抗震等级的框架结构，要求钢筋实际的屈服强度不能超过钢筋强度的标准值过大，钢筋屈服强度实测值与强度标准值的比值不应大于1.3。

9.3.4　抗震等级

钢筋混凝土房屋应根据设防类别、烈度、结构类型和房屋高度采用不同的抗震等级，并应符合相应的计算和构造措施要求。丙类建筑的抗震等级应按表9.5确定。

钢筋混凝土房屋抗震等级的确定，应符合下列要求：

（1）设置少量抗震墙的框架结构，在规定的水平力作用下，底层框架部分所承担的地震倾覆力矩大于结构总地震倾覆力矩的50%时，其框架的抗震等级应按框架结构确定，抗震墙的抗震等级可与其框架的抗震等级相同。

（2）裙房与主楼相连，除应按裙房本身确定抗震等级外，相关范围不应低于主楼的抗震等级；主楼结构在裙房顶板对应的相邻上下各一层应适当加强抗震构造措施。裙房与主楼分离时，应按裙房本身确定抗震等级。

（3）当地下室顶板作为上部结构的嵌固部位时，地下一层的抗震等级应与上部结构相同，地下一层以下抗震构造措施的抗震等级可逐层降低一级，但不应低于四级。地下室中无上部结构的部分，抗震构造措施的抗震等级可根据具体情况采用三级或四级。

（4）当甲、乙类建筑按规定提高一度确定其抗震等级，而房屋的高度超过表9.5相应规定的上界时，应采取比相应抗震等级更有效的抗震构造措施。

表9.5　现浇钢筋混凝土框架结构的抗震等级

<table>
<tr><th colspan="2" rowspan="2">结构类型</th><th colspan="10">设防烈度</th></tr>
<tr><th colspan="2">6</th><th colspan="3">7</th><th colspan="3">8</th><th colspan="2">9</th></tr>
<tr><td rowspan="3">框架结构</td><td>高度/m</td><td>≤24</td><td>>24</td><td>≤24</td><td colspan="2">>24</td><td>≤24</td><td colspan="2">>24</td><td colspan="2">≤24</td></tr>
<tr><td>框架</td><td>四</td><td>三</td><td>三</td><td colspan="2">二</td><td>二</td><td colspan="2">一</td><td colspan="2">一</td></tr>
<tr><td>大跨度框架</td><td colspan="2">三</td><td colspan="3">二</td><td colspan="3">一</td><td colspan="2">一</td></tr>
<tr><td rowspan="3">框架-抗震墙结构</td><td>高度/m</td><td>≤60</td><td>>60</td><td>≤24</td><td>25~60</td><td>>60</td><td>≤24</td><td>25~60</td><td>>60</td><td>≤24</td><td>25~50</td></tr>
<tr><td>框架</td><td>四</td><td>三</td><td>四</td><td>三</td><td>二</td><td>三</td><td>二</td><td>一</td><td>二</td><td>一</td></tr>
<tr><td>抗震墙</td><td colspan="2">三</td><td>三</td><td colspan="2">二</td><td>二</td><td colspan="2">一</td><td colspan="2">一</td></tr>
<tr><td rowspan="2">抗震墙结构</td><td>高度/m</td><td>≤80</td><td>>80</td><td>≤24</td><td>25~80</td><td>>80</td><td>≤24</td><td>25~80</td><td>>80</td><td>≤24</td><td>25~60</td></tr>
<tr><td>抗震墙</td><td>四</td><td>三</td><td>四</td><td>三</td><td>二</td><td>三</td><td>二</td><td>一</td><td>二</td><td>一</td></tr>
</table>

注：表中“一、二、三、四”即“抗震等级为一级、二级、三级、四级”的简称。

9.3.5　框架结构梁柱截面设计

9.3.5.1　地震作用效应的调整

通过内力组合得出的设计内力，还需进行调整以满足“强柱弱梁、强剪弱弯、强节点弱构件”的原则。

（1）根据“强柱弱梁”原则的调整。为保证在地震作用下梁端的破坏先于柱端的破坏，同一节点处的柱端的弯矩设计值应略大于梁端的弯矩设计值或抗弯能力。

一、二、三、四级框架的梁柱节点处，除框架顶层和柱轴压比小于0.15者及框支梁与框支柱的节点外，柱端组合的弯矩设计值应符合下式要求：

$$\sum M_C = \eta_C \sum M_b \tag{9.3}$$

一级的框架结构和9度的一级框架可不符合上式要求，但应符合下式要求：

$$\sum M_{C} = 1.2\sum M_{bua} \tag{9.4}$$

式中 $\sum M_{C}$——节点上下柱端截面顺时针或反时针方向组合的弯矩设计值之和，上下柱端的弯矩设计值，可按弹性分析分配；

$\sum M_{b}$——节点左右梁端截面反时针或顺时针方向组合的弯矩设计值之和，一级框架节点左右梁端均为负弯矩时，绝对值较小的弯矩应取零；

$\sum M_{bua}$——节点左右梁端截面反时针或顺时针方向实配的正截面抗震受弯承载力所对应的弯矩值之和，根据实配钢筋面积（计入梁受压筋和相关楼板钢筋）和材料强度标准值确定；

η_{C}——框架柱端弯矩增大系数；对框架结构，一、二、三、四级可分别取1.7、1.5、1.3、1.2；其他结构类型中的框架，一级可取1.4，二级可取1.2，三、四级可取1.1。

当反弯点不在柱的层高范围内时，柱端截面组合的弯矩设计值可乘以上述柱端弯矩增大系数。

一、二、三、四级框架结构的底层，柱下端截面组合的弯矩设计值，应分别乘以增大系数1.7、1.5、1.3和1.2。底层柱纵向钢筋应按上下端的不利情况配置。

（2）根据“强剪弱弯”原则的调整。为保证在地震作用下弯曲破坏先于剪切破坏发生，对同一杆件，其剪力设计值应略大于按设计弯矩或实际弯矩或实际抗弯承载力及梁上荷载反算出的剪力。

1）框架梁设计剪力的调整。一、二、三级的框架梁和抗震墙的连梁，其梁端截面组合的剪力设计值应按下式调整：

$$V = \eta_{vb}(M_{b}^{l} + M_{b}^{r})/l_{n} + V_{Gb} \tag{9.5}$$

一级的框架结构和9度的一级框架梁、连梁可不按上式调整，但应符合下式要求：

$$V = 1.1(M_{bua}^{l} + M_{bua}^{r})/l_{n} + V_{Gb} \tag{9.6}$$

式中 V——梁端截面组合的剪力设计值；

l_{n}——梁的净跨；

V_{Gb}——梁在重力荷载代表值（9度时高层建筑还应包括竖向地震作用标准值）作用下，按简支梁分析的梁端截面剪力设计值；

M_{b}^{l}，M_{b}^{r}——分别为梁左右端反时针或顺时针方向组合的弯矩设计值，一级框架两端弯矩均为负弯矩时，绝对值较小的弯矩应取零；

M_{bua}^{l}，M_{bua}^{r}——分别为梁左右端反时针或顺时针方向实配的正截面抗震受弯承载力所对应的弯矩值，根据实配钢筋面积（计入受压筋和相关楼板钢筋）和材料强度标准值确定；

η_{vb}——梁端剪力增大系数，一级可取1.3，二级可取1.2，三级可取1.1。

2）框架柱设计剪力的调整。一、二、三、四级的框架柱和框支柱组合的剪力设计值应按下式调整：

$$V = \eta_{vc}(M_{c}^{b} + M_{c}^{t})H_{n} \tag{9.7}$$

一级的框架结构和9度的一级框架可不按上式调整，但应符合下式要求：

$$V = 1.2(M_{cua}^{b} + M_{cua}^{t})H_{n} \tag{9.8}$$

式中　V——柱端截面组合的剪力设计值；

H_n——柱的净高；

M_c^b，M_c^t——分别为柱的上下端顺时针或反时针方向截面组合的弯矩设计值；

M_{cua}^b，M_{cua}^t——分别为偏心受压柱的上下端顺时针或反时针方向实配的正截面抗震受弯承载力所对应的弯矩值，根据实配钢筋面积、材料强度标准值和轴压力等确定；

η_{vc}——柱剪力增大系数；对框架结构，一、二、三、四级可分别取 1.5、1.3、1.2、1.1；对其他结构类型的框架，一级可取 1.4，二级可取 1.2，三、四级可取 1.1。

一、二、三、四级框架的角柱，经上述调整后的组合弯矩设计值、剪力设计值尚应乘以不小于 1.10 的增大系数。

（3）节点核心区的抗震验算。在竖向荷载和地震作用下，框架梁柱节点主要承受柱传来的轴向力、弯矩、剪力和梁传来的弯矩、剪力，如图 9.2 所示。节点区的破坏形式为由主拉应力引起的剪切破坏。如果节点未设箍筋或箍筋不足，则由于其剪切能力不足，节点区出现多条交叉斜裂缝，斜裂缝之间的混凝土受压破碎，柱内纵向钢筋屈服。

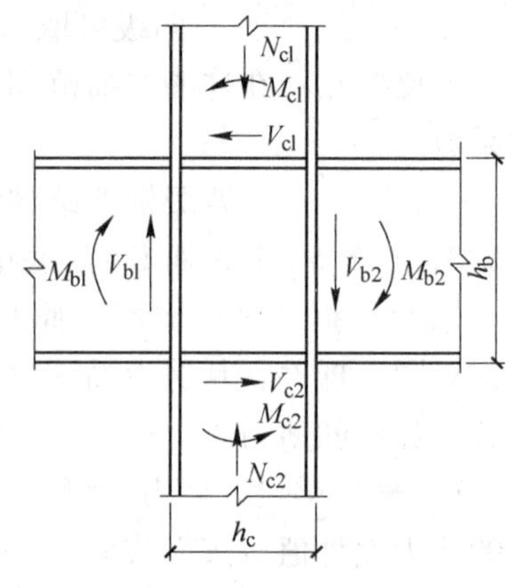

图 9.2　节点区的受力

框架节点核心区的抗震验算应符合下列要求：

1）一、二、三级框架的节点核心区应进行抗震验算；四级框架节点核心区可不进行抗震验算，但应符合抗震构造措施的要求。

2）核心区截面抗震验算方法应符合《抗震规范》的规定。

9.3.5.2　配筋及构造

（1）截面尺寸限制条件。钢筋混凝土结构的梁、柱、抗震墙和连梁，其截面组合的剪力设计值应符合下列要求：

1）跨高比大于 2.5 的梁和连梁及剪跨比大于 2 的柱和抗震墙，考虑地震组合的剪力设计值 V 应满足：

$$V \leqslant \frac{1}{\gamma_{RE}}(0.20 f_c b h_0) \tag{9.9}$$

2）跨高比不大于 2.5 的连梁、剪跨比不大于 2 的柱和抗震墙、部分框支抗震墙结构的框支柱和框支梁，以及落地抗震墙的底部加强部位：

$$V \leqslant \frac{1}{\gamma_{RE}}(0.15 f_c b h_0) \tag{9.10}$$

剪跨比应按下式计算：

$$\lambda = M_c / (V_c h_0) \tag{9.11}$$

式中　λ——剪跨比，应按柱端或墙端截面组合的弯矩计算值 M_c、对应的截面组合剪力计算值 V_c 及截面有效高度 h_0 确定，并取上下端计算结果的较大值；反弯点位于柱高中部的框架柱可按柱净高与 2 倍柱截面高度之比计算；

f_c——混凝土轴心抗压强度设计值；

b——梁、柱截面宽度或抗震墙墙肢截面宽度；圆形截面柱可按面积相等的方形截面柱计算；

h_0——截面有效高度，抗震墙可取墙肢长度。

（2）框架的基本抗震构造措施。

1）框架梁构造要求。抗震结构中的梁的截面宽度不宜小于200mm，截面高宽比不宜大于4，净跨与截面高度之比不宜小于4。

采用扁梁的楼、屋盖应现浇，梁中线宜与柱中线重合，扁梁应双向布置。扁梁的截面尺寸应符合下列要求，并应满足现行有关规范对挠度和裂缝宽度的规定：

$$b_b \leqslant 2b_c \tag{9.12}$$

$$b_b \leqslant b_c + h_b \tag{9.13}$$

$$h_b \geqslant 16d \tag{9.14}$$

式中 b_c——柱截面宽度，圆形截面取柱直径的0.8倍；

b_b，h_b——分别为梁截面宽度和高度；

d——柱纵筋直径。

框架梁的钢筋配置，还应符合以下规定：

① 梁端计入受压钢筋的混凝土受压区高度和有效高度之比，一级不应大于0.25，二、三级不应大于0.35。

② 梁端截面的底面和顶面纵向钢筋配筋量的比值，除按计算确定外，一级不应小于0.5，二、三级不应小于0.3。

③ 梁端纵向受拉钢筋的配筋率不宜大于2.5%。沿梁全长顶面、底面的配筋，一、二级不应少于2ϕ14，且分别不应少于梁顶面、底面两端纵向配筋中较大截面面积的1/4；三、四级不应少于2ϕ12。

④ 一、二、三级框架梁内贯通中柱的每根纵向钢筋直径，对框架结构不应大于矩形截面柱在该方向截面尺寸的1/20，或纵向钢筋所在位置圆形截面柱弦长的1/20；对其他结构类型的框架不宜大于矩形截面柱在该方向截面尺寸的1/20，或纵向钢筋所在位置圆形截面柱弦长的1/20。

在反复地震作用下，钢筋与混凝土之间粘结作用较单调加载时有所降低。因此，框架结构的抗震设计应比非抗震设计有更为严格的锚固长度和搭接长度要求。纵向钢筋的最小锚固长度 l_{aE}应按表9.6采用。l_a为非抗震时纵向钢筋锚固长度。

表9.6 抗震时钢筋的最小锚固长度 l_{aE}

最小锚固长度	一、二级抗震	三级抗震	四级抗震
	$1.15l_a$	$1.05l_a$	$1.0l_a$

梁端加密区的箍筋肢距，一级不宜大于200mm和20倍箍筋直径的较大值，二、三级不宜大于250mm和20倍箍筋直径的较大值，四级不宜大于300mm。梁端箍筋加密区的长度、箍筋最大间距和最小直径应按表9.7采用，当梁端纵向受拉钢筋配筋率大于2%时，表中箍筋最小直径数值应增大2mm。

表9.7　梁端箍筋加密区的长度、箍筋的最大间距和最小直径

抗震等级	加密区长度（采用较大值）/mm	箍筋最大间距（采用最小值）/mm	箍筋最小直径/mm
一	$2h_b$，500	$h_b/4$，$6d$，100	10
二	$1.5h_b$，500	$h_b/4$，$8d$，100	8
三	$1.5h_b$，500	$h_b/4$，$8d$，150	8
四	$1.5h_b$，500	$h_b/4$，$8d$，150	6

注：1. d为纵向钢筋直径，h_b为梁截面高度。

2. 箍筋直径大于12mm、数量不少于4肢且肢距不大于150mm时，一、二级的最大间距允许适当放宽，但不得大于150mm。

2）框架柱的构造要求。框架柱是弯、压、剪复合受力构件，为了防止柱发生脆性的剪切破坏，使其具有较好的延性，要求柱的截面长边与短边的边长比不宜大于3，剪跨比宜大于2。同时，截面的宽度和高度，四级或不超过2层时不宜小于300mm，一、二、三级且超过2层时不宜小于400mm；圆柱的直径，四级或不超过2层时不宜小于350mm，一、二、三级且超过2层时不宜小于450mm。

为保证地震时柱的延性破坏，引入轴压比概念。轴压比n指柱组合的轴压力设计值N与柱的全截面面积A_c和混凝土轴心抗压强度设计值f_c乘积之比值。当n较小时，为大偏心受压构件，呈延性破坏；当n较大时，为小偏心受压构件，呈脆性破坏，此时箍筋对延性的影响变小。因此，规范中要求柱轴压比不宜超过表9.8的限定；建造于Ⅳ类场地且较高的高层建筑，柱轴压比限值应适当减小。

表9.8　柱轴压比限值

结构类型	抗震等级			
	一	二	三	四
框架结构	0.65	0.75	0.85	0.90
框架-抗震墙、板柱-抗震墙、框架-核心筒、筒中筒	0.75	0.85	0.90	0.95
部分框支抗震墙	0.6	0.70	—	

注：1. 对不进行地震作用计算的结构，可取无地震作用组合的轴力设计值计算。

2. 表内限值适用于剪跨比大于2、混凝土强度等级不高于C60的柱；剪跨比不大于2的柱，轴压比限值应降低0.05；剪跨比小于1.5的柱，轴压比限值应专门研究并采取特殊构造措施。

3. 沿柱全高采用井字复合箍且箍筋肢距不大于200mm、间距不大于100mm、直径不小于12mm，或沿柱全高采用复合螺旋箍、螺旋间距不大于100mm、箍筋肢距不大于200mm、直径不小于12mm，或沿柱全高采用连续复合矩形螺旋箍、螺旋净距不大于80mm、箍筋肢距不大于200mm、直径不小于10mm，轴压比限值均可增加0.10；上述三种箍筋的最小配箍特征值，均应按增大的轴压比由表9.11确定。

4. 在柱的截面中部附加芯柱，其中另加的纵向钢筋的总面积不少于柱截面面积的0.8%，轴压比限值可增加0.05；此项措施与“注3”的措施共同采用时，轴压比限值可增加0.15，但箍筋的体积配箍率仍可按轴压比增加0.10的要求确定。

5. 柱轴压比不应大于1.05。

柱的纵向钢筋宜对称配置；对于截面边长大于400mm的柱，纵向钢筋间距不宜大于200mm。

试验研究表明，柱屈服位移角主要受纵向受拉钢筋配筋率影响，并且大致随配筋率的增加线性增大，为提高柱端屈服弯矩的变形能力，框架柱中全部纵向受力钢筋的配筋率不应小于表9.9规定的数值，同时每侧配筋率不应小于0.2%；对建造于Ⅳ类场地且较高的高层建筑，最小总配筋率应增加0.1%。柱总配筋率不应大于5%；剪跨比不大于2的一级框架的柱，每侧纵向钢筋配筋率不宜大于1.2%。边柱、角柱及抗震墙端柱在小偏心受拉时，柱内纵筋总截面面积应比计算值增加25%。

表9.9 框架柱截面纵向钢筋的最小总配筋率 （%）

类 别	抗震等级			
	一	二	三	四
中柱和边柱	1.0	0.8	0.7	0.6
角柱、框支柱	1.1	0.9	0.8	0.7

注：1. 钢筋强度标准值小于400MPa时，表中数值应增加0.1，钢筋强度标准值为400MPa时，表中数值应增加0.05。

2. 混凝土强度等级高于C60时，上述数值应相应增加0.1。

当柱承受轴向压力时，箍筋可以起到抵抗剪力、约束混凝土、防止纵筋压屈的作用。箍筋的形式和间距都对核心混凝土的约束有一定影响。

普通矩形箍筋在四个转角区域对混凝土提供有效的约束，在直线段，混凝土横向膨胀，可引起箍筋外鼓无法提供有效约束；螺旋箍筋均匀受拉，对核心混凝土可以提供均匀的侧压力；复合箍使箍筋的肢距减小，在每一个箍筋相交点处都有纵筋对箍筋提供支点，纵筋和箍筋构成网络式骨架，提高箍筋的约束效果。

研究发现，箍筋的间距如果大于柱的截面尺寸，对核心混凝土几乎没有约束。箍筋间距越小，对核心混凝土的约束越均匀，约束效果越显著。因此，柱箍筋在塑性铰区域内应加密，加密区箍筋的最大间距和最小直径，应按表9.10采用。当一级框架柱的箍筋直径大于12mm且箍筋肢距不大于150mm、二级框架柱的箍筋直径不小于10mm且箍筋肢距不大于200mm时，除底层柱下端外，最大间距允许采用150mm；当三级框架柱的截面尺寸不大于400mm时，箍筋最小直径可采用6mm；当四级框架柱剪跨比不大于2时，箍筋直径不应小于8mm。

表9.10 柱箍筋加密区的箍筋最大间距和最小直径

抗震等级	箍筋最大间距/mm（采用较小值）	箍筋最小直径/mm
一	$6d$，100	10
二	$8d$，100	8
三	$8d$，150（柱根100）	8
四	$8d$，150（柱根100）	6（柱根8）

注：1. d为柱纵筋最小直径。

2. 柱根指底层柱下端箍筋加密区。

柱的箍筋加密范围，应按下列规定采用：柱端，取截面高度（圆柱直径）、柱净高的1/6和500mm三者的最大值；底层柱的下端不小于柱净高的1/3；刚性地面上下各

500mm；剪跨比不大于2的柱、因设置填充墙等形成的柱净高与柱截面高度之比不大于4的柱、框支柱、一级和二级框架的角柱，取全高。

柱箍筋加密区的箍筋肢距，一级不宜大于200mm，二、三级不宜大于250mm，四级不宜大于300mm。至少每隔一根纵向钢筋宜在两个方向有箍筋或拉筋约束；采用拉筋复合箍时，拉筋宜紧靠纵向钢筋并钩住箍筋。

在柱箍筋加密区范围内，箍筋的体积配箍率应符合下式要求：

$$\rho_v \geqslant \lambda_v f_c / f_{yv} \tag{9.15}$$

式中 ρ_v——柱箍筋加密区的体积配箍率，一级不应小于0.8%，二级不应小于0.6%，三、四级不应小于0.4%；计算复合螺旋箍的体积配箍率时，其非螺旋箍的箍筋体积应乘以折减系数0.80；

f_c——混凝土轴心抗压强度设计值，强度等级低于C35时，应按C35计算；

f_{yv}——箍筋或拉筋抗拉强度设计值；

λ_v——最小配箍特征值，宜按表9.11采用。

表9.11　柱箍筋加密区的箍筋最小配箍特征值

抗震等级	箍筋形式	柱轴压比								
		≤0.3	0.4	0.5	0.6	0.7	0.8	0.9	1.0	1.05
一	普通箍、复合箍	0.10	0.11	0.13	0.15	0.17	0.20	0.23	—	—
	螺旋箍、复合或连续复合矩形螺旋箍	0.08	0.09	0.11	0.13	0.15	0.18	0.21	—	—
二	普通箍、复合箍	0.08	0.09	0.11	0.13	0.15	0.17	0.19	0.22	0.24
	螺旋箍、复合或连续复合矩形螺旋箍	0.06	0.07	0.09	0.11	0.13	0.15	0.17	0.20	0.22
三、四	普通箍、复合箍	0.06	0.07	0.09	0.11	0.13	0.15	0.17	0.20	0.22
	螺旋箍、复合或连续复合矩形螺旋箍	0.05	0.06	0.07	0.09	0.11	0.13	0.15	0.18	0.20

注：普通箍指单个矩形箍和单个圆形箍，复合箍指由矩形、多边形、圆形箍或拉筋组成的箍筋；复合螺旋箍指由螺旋箍与矩形、多边形、圆形箍或拉筋组成的箍筋；连续复合矩形螺旋箍指用一根通长钢筋加工而成的箍筋。

剪跨比不大于2的柱宜采用复合螺旋箍或井字复合箍，其体积配箍率不应小于1.2%，9度一级时不应小于1.5%。

为避免柱箍筋加密区外抗剪能力突然降低很多，而导致柱中段破坏，在柱的非加密区，箍筋的体积配箍率不宜小于加密区的50%，对一、二级框架柱，箍筋间距不应大于10倍纵向钢筋直径，对三、四级框架柱不应大于15倍纵向钢筋直径。

3）框架节点核心区的构造要求。框架节点核心区箍筋的最大间距和最小直径与框架柱的配置要求相同；一、二、三级框架节点核心区配箍特征值分别不宜小于0.12、0.10和0.08，且体积配箍率分别不宜小于0.6%、0.5%和0.4%。柱剪跨比不大于2的框架节点核心区，体积配箍率不宜小于核心区上、下柱端的较大体积配箍率。

4）钢筋的连接。受力钢筋的接头应尽量设置在受力较小处，避开结构受力较大的关键部位。在抗震设计时，应避开梁端、柱端箍筋加密范围，如必须在该区域连接，则应采用机械连接或焊接。在同一跨度或同一层高内的同一受力钢筋上宜少设连接接头，不宜设置2个或2个以上接头。接头位置宜互相错开，同一连接区段内纵向受拉钢筋接头百分率不宜大于50%，受压时接头百分率可不受限制。

轴心受拉及小偏心受拉杆件（如桁架和拱的拉杆）的纵向受力钢筋不得采用绑扎搭接接头。当受拉钢筋的直径 $d>25\text{mm}$ 及受压钢筋的直径 $d>28\text{mm}$ 时，不宜采用绑扎搭接接头。

搭接长度不宜小于下式的计算值，且不应小于300mm。

非抗震设计
$$l_l=\zeta_l l_a \tag{9.16}$$

抗震设计
$$l_{lE}=\zeta_l l_{aE} \tag{9.17}$$

式中　l_a——非抗震设计时，受拉钢筋的锚固长度，按第3章规定确定；

l_{aE}——抗震设计时，受拉钢筋的锚固长度，根据表9.6确定；

ζ_l——受拉钢筋搭接长度修正系数，统一连接区段搭接钢筋面积百分率不大于25%、50%、100%，分别取1.2、1.4和1.6。

在抗震设计中，梁柱纵向钢筋在核心区的锚固要求与非抗震设计的框架相似，可按照第8章的要求，将受拉钢筋锚固长度 l_a、l_{ab} 按照抗震设计中的抗拉钢筋锚固长度 l_{aE}、l_{abE} 考虑即可。

5）砌体填充墙的构造要求。砌体填充墙在平面和竖向的布置，宜均匀对称，避免形成薄弱层或短柱。砌体的砂浆强度等级不应低于M5，实心块体的强度等级不宜低于MU2.5，空心块体的强度等级不宜低于MU3.5；墙顶应与框架梁密切结合。

当考虑实心砖填充墙的抗侧力作用时，即砌体抗震墙，其墙的厚度不得小于240mm，砂浆强度等级不得低于M5，墙应嵌砌于框架平面内，并与梁柱紧密结合，宜采用先砌墙后浇框架的施工方法。

砌体填充墙框架应沿框架柱高每隔500～600mm设置2ϕ6拉筋。钢筋伸入填充墙内长度，6、7度时宜沿墙全长贯通，8、9度时应全长贯通。当墙长大于5m时，墙顶与梁宜有拉结措施；当墙长超过8m或层高2倍时，宜设置钢筋混凝土构造柱；当墙高超过4m时，宜在墙体半高位置处设置与柱连接且沿墙全长贯通的钢筋混凝土水平系梁。

楼梯间和人流通道的填充墙，尚应采用钢丝网砂浆面层加强。

复习思考题

9-1　多高层钢筋混凝土结构的抗震等级划分的依据是什么，有何意义？

9-2　抗震设防的目标是什么？

9-3　如何理解小震、中震和大震？

9-4　防震缝的设置需要注意哪些问题？

9-5　为什么要限制框架柱的轴压比？

9-6 抗震设计为什么要尽量满足“强柱弱梁”、“强剪弱弯”、“强节点弱构件”的原则，如何满足这些原则?

9-7 框架柱的箍筋有哪些作用?

9-8 框架结构在什么部位应加密箍筋，有何作用?

9-9 为什么要限制框架梁、柱和核心区的剪压比，为什么高跨比不大于 2.5 的梁、剪跨比不大于 2 的柱的剪压比限制要严一些?

9-10 梁柱核心区的可能破坏形态是什么，如何避免核心区的破坏?

第3篇

钢结构设计

建筑钢材被广泛应用在现代工程的建筑结构中，具有强度高、塑性和韧性好，能承受冲击和振动荷载，易于加工和装配的优点。钢材品种繁多，其主要化学成分为铁和少量的碳，其中含有少量的锰、硅等有利元素及硫、磷、氧、氮、氢等有害杂质元素。

钢材是生铁经过转炉等冶炼工艺，浇注成钢锭，再经过碾压、锻压制成。建筑钢材按照化学成分不同，可以将钢材分为碳素钢和合金钢。按照规格进行划分，建筑钢材分为钢结构的各种型材（如圆钢、角钢、工字钢等）、钢板和用于钢筋混凝土中的各种钢筋、钢丝等。

钢结构的连接

10.1 钢结构连接方法

钢结构是由钢板、型钢等通过某种连接方式组成基本构件，各构件再通过一定的安装连接而形成的整体结构。连接部位应有足够的强度、刚度及延性。被连接构件间应按设计要求保持正确的相互位置，以满足传力和使用要求。连接的加工和安装比较复杂、费工、费时，因此选定合适的连接方案和节点构造是钢结构设计中重要的环节。连接设计不合理会影响结构的造价、质量、安全和寿命。钢结构的连接方法主要可分为焊接、铆接、螺栓连接（图10.1）。

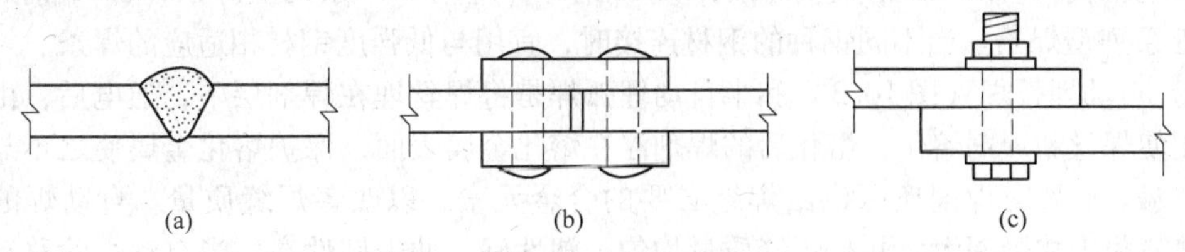

图10.1 钢结构的连接方法
（a）焊缝连接；（b）铆钉连接；（c）螺栓连接

（1）焊缝连接。焊缝连接是钢结构最主要的连接方法，其优点是构造简单、不削弱构件截面、节约钢材、加工方便、易于采用自动化操作、连接的密封性好、刚度大。其缺点是焊接残余应力和残余变形对结构有不利影响，而且低温冷脆问题也比较突出。目前，焊缝连接可广泛用于桥梁、工业与民用建筑物、构筑物等钢结构的连接，但少数直接承受动荷载结构的某些连接，如重级工作制吊车梁、柱以及制动梁的相互连接、桁架式桥梁的节点连接，不宜采用焊缝连接。

（2）铆钉连接。铆钉连接的优点是塑性和韧性较好，传力可靠，质量易于检查，适用于直接承受动载结构的连接。缺点是构造复杂，用钢量多，因此目前已经很少采用。

（3）螺栓连接。螺栓连接也是钢结构最主要的连接方法，主要包括普通螺栓连接和高强度螺栓连接两大类。

1）普通螺栓连接适用于安装连接和需要经常拆装的钢结构。其优点是施工简单、拆装方便，缺点是用钢量多。

2）高强度螺栓连接和普通螺栓连接的主要区别是：普通螺栓扭紧螺帽时螺栓产生的预拉力很小，由板面挤压力产生的摩擦力可以忽略不计。普通螺栓连接抗剪时主要是依靠孔壁承压和螺栓杆抗剪来传力。而高强度螺栓除了其材料强度高之外，螺栓杆被施加很大的预拉力，使被连接构件的接触面之间产生挤压力，因此板面之间垂直于螺栓杆方向受剪时有很大的摩擦力，来阻止其相互滑移，以达到传递外力的目的，因而变形较小。其具有连接紧密、受力良好、耐疲劳、可拆换、安装简单以及动力荷载作用下不易松动等优点，目前在桥梁、工业与民用建筑结构中得到广泛应用。

10.2 焊接连接

10.2.1 焊接连接的特性

10.2.1.1 常用焊接方法

钢结构中一般采用的焊接方法有电弧焊、电渣焊、气体保护焊和电阻焊等。

（1）电弧焊是钢结构中最常用的焊接方法，操作比较简单、质量比较可靠。电弧焊可分为手工电弧焊、自动埋弧焊和半自动埋弧焊。

1）手工电弧焊（图10.2）是通电后在涂有焊药的焊条与焊件间产生电弧而提供热源，使焊条熔化，滴落在焊件上被电弧所吹成的小凹槽熔池中，与焊件熔化部分结成焊缝，并由焊条药皮形成的熔渣和气体覆盖熔池，防止空气中的氧、氮等有害气体与熔化的液体金属接触而形成脆性易裂的化合物。手工电弧焊的焊条应与焊件金属强度相适应，对于Q235钢焊件应用FA3系列型焊条，Q345钢焊件应用E50系列型焊条，Q390钢焊件应用E55系列型焊条。当不同钢种的钢材连接时，宜用与低强度钢材相适应的焊条。

2）自动埋弧焊（图10.3）和半自动埋弧焊是将焊丝埋在焊剂层下，通电后，由电弧的作用使焊丝和焊剂熔化。熔化后的焊剂浮在熔化金属表面，保护熔化金属使之不与外界空气接触。必要时焊剂还可供给焊缝必要的合金元素，以改善焊缝质量。自动焊的电流大、热量集中故熔深大，并且焊缝质量均匀，塑性好，冲击韧性高。半自动焊除移动由人工操作外，其余过程与自动焊相同，焊缝质量介于自动焊与手工焊之间。自动、半自动埋弧焊所采用的焊丝和焊剂，要保证其熔敷金属的抗拉强度不低于相应手工焊焊条的数值，对Q235钢焊件，可采用H08、H08A等焊丝；对Q345钢焊件，可采用H08A、H08MnA和H10Mn2焊丝。对Q390钢焊件可采用H08MnA、H10Mn2和H08MnMoA焊丝。

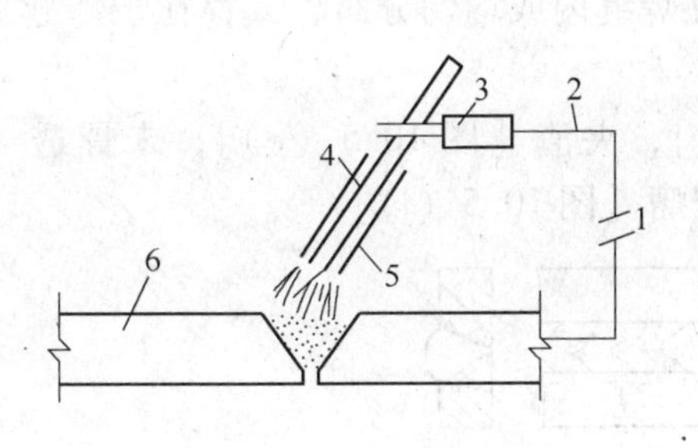

图 10.2　手工电弧焊

1—电源；2—导线；3—夹具；4—焊条；5—药皮；6—焊件

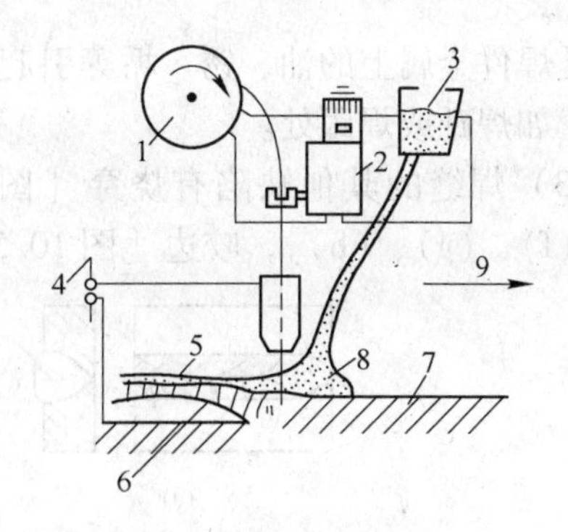

图 10.3　自动埋弧焊

1—焊丝转盘；2—转动焊丝的电动机；3—焊剂漏斗；4—电源；5—熔化的金属；6—焊缝金属；7—焊件；8—焊剂；9—移动方向

（2）电渣焊是利用电流通过熔渣所产生的电阻来熔化金属，焊丝作为电极伸入并穿过渣池，使渣池产生电阻热将焊件金属及焊丝熔化，沉积于熔池中，形成焊缝。电渣焊一般在立焊位置进行，目前多用熔嘴电渣焊，以管状焊条作为熔嘴，焊丝从管内递进。《钢结构焊接技术规范》（JGJ 81）规定：焊接钢板厚度 t 为 20 ~ 60mm 范围时，可用 1 根熔嘴和 1 根填充丝，t > 60 ~ 100mm 范围内各用 2 根，t >100mm 则各用 3 根。熔嘴周围有均匀涂层，厚 1.5 ~ 3.0mm。填充丝在焊接 Q235 钢时用 H08MnA，焊接 Q345 钢时用 H08MnMoA。

（3）气体保护焊是用焊枪中喷出的惰性气体代替焊剂，焊丝可自动送入，如 CO_2 气体保护焊是以 CO_2 作为保护气体，使被熔化的金属不与空气接触。这种焊接方式有电弧加热集中、熔化深度大、焊接速度快、焊缝强度高、塑性好的特点。CO_2 气体保护焊采用高锰、高硅型焊丝，具有较强的抗锈蚀能力，焊缝不易产生气孔，适用于低碳钢、低合金钢的焊接。气体保护焊既可用手工操作，也可进行自动焊接。气体保护焊在操作时应采取避风措施，否则容易出现焊坑、气孔等缺陷。

（4）电阻焊（图 10.4）是利用电流通过焊件接触点表面的电阻所产生的热量来熔化金属，再通过压力使其焊合。在一般钢结构中电阻焊只适用于板叠厚度不大于 12mm 的焊接。对冷弯薄壁型钢构件，电阻焊可用来缀合壁厚不超过 3.5mm 的构件，如将两个冷弯槽钢或 C 形钢组合为 I 形截面构件。

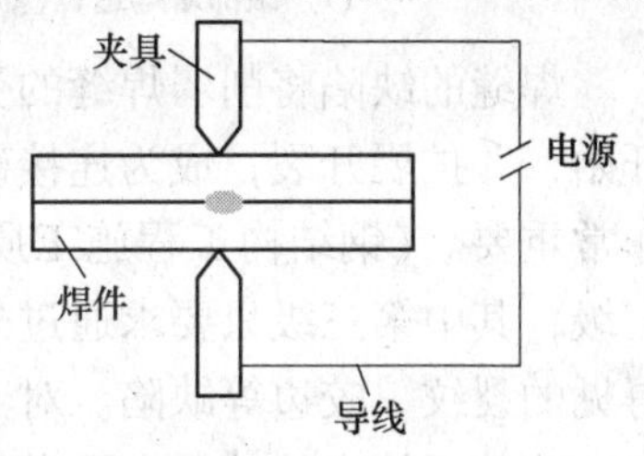

图 10.4　电阻焊

10.2.1.2　焊缝缺陷

焊缝中可能存在裂纹、气孔、烧穿和未焊透等缺陷，严重时会影响钢结构的力学性能和使用要求。焊缝缺陷主要包括：

（1）裂纹［图 10.5（a）、（b）］是焊缝连接中最危险的缺陷。按裂缝产生的时间不同，可分为热裂纹和冷裂纹。前者是在焊接时产生的，后者是在焊缝冷却过程中产生的。产生裂纹的原因很多，如钢材的化学成分不当，未采用合适的电流、弧长、施焊速度、焊条和施焊次序等。当采用合理的施焊方法时，则可以减少焊接应力，避免出现裂纹，如进行预热、缓慢冷却或焊后热处理等。

（2）气孔［图 10.5（c）］是由空气侵入或受潮的药皮熔化时产生气体而形成的，也可能是焊件金属上的油、锈、垢等引起的。气孔在焊缝内或均匀分布，或存在于焊缝某一部位，如焊趾或焊跟处。

（3）焊缝的其他缺陷有烧穿［图10.5（d）］，夹渣［图10.5（e）］，未焊透［图10.5（f）、（g）、（h）］，咬边［图10.5（i）］，焊瘤［图10.5（j）］等。

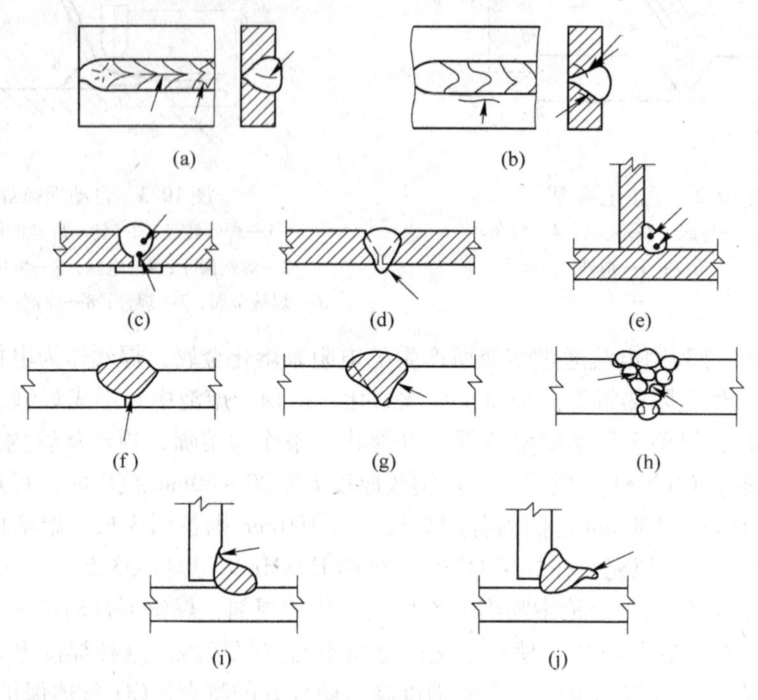

图10.5 焊缝缺陷

（a）热裂纹分布示意；（b）冷裂纹分布示意；（c）气孔；（d）烧穿；（e）夹渣；（f）跟部未焊透；（g）边缘未熔合；（h）焊缝层间未熔合；（i）咬边；（j）焊瘤

焊缝的缺陷将削弱焊缝的受力面积，而且在缺陷处形成应力集中，裂缝往往先从那里开始，并扩展开裂，成为连接破坏的根源，对结构安全使用很不利。因此，焊缝质量检查非常重要。《钢结构工程施工质量验收规范》（GB 50205）规定，焊缝质量检查标准分为三级，其中第三级只要求通过外观检查，即检查焊缝实际尺寸是否符合设计要求和有无看得见的裂纹、咬边等缺陷。对于重要结构或要求焊缝金属强度等于被焊金属强度的对接焊缝，在外观检查的基础上再做无损检验，即必须进行一级或二级质量检验。其中二级要求用超声波检验每条焊缝的20%长度，一级要求用超声波检验每条焊缝全部长度，以便揭示焊缝内部所有缺陷。对于焊缝缺陷的控制和处理，要严格按照现行国家标准《钢焊缝手工超声波探伤方法和探伤结果分级》（GB 11345）执行。对承受动载的重要构件焊缝，还应增加射线探伤。

10.2.1.3 焊缝形式及焊缝连接形式

A 焊缝形式

（1）对接焊缝按所受力的方向，可分为对接正焊缝和对接斜焊缝，如图10.6（a）、（b）所示。角焊缝长度方向垂直于力作用方向的称为正面角焊缝，平行于力作用方向的称为侧面角焊缝，如图10.6（c）所示。

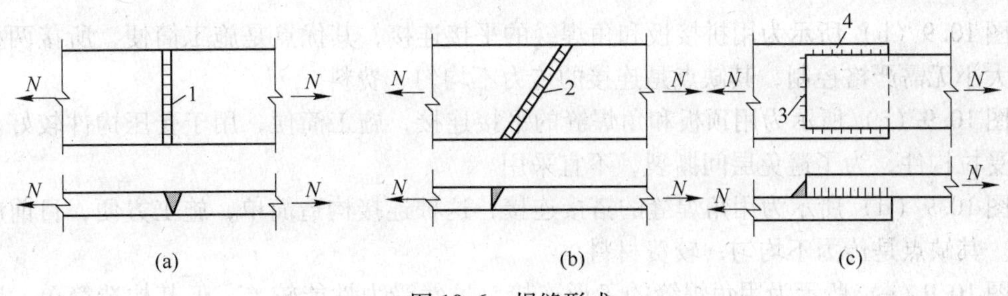

图 10.6　焊缝形式

1—对接正焊缝；2—对接斜焊缝；3—正面角焊缝；4—侧面角焊缝

（2）焊缝按沿长度方向的分布情况来分，有连续角焊缝和断续角焊缝两种形式，如图 10.7 所示。连续角焊缝受力性能较好，为主要的角焊缝形式。断续角焊缝容易引起应力集中，重要结构中应避免采用，它只用于一些次要构件的连接或次要焊缝中，断续焊缝的间断距离 L 不宜太长，一般在受压构件中不应大于 $15t$，在受拉构件中不应大于 $30t$，t 为较薄构件的厚度。以免因距离过大使连接不易紧密，潮气易侵入而引起锈蚀。

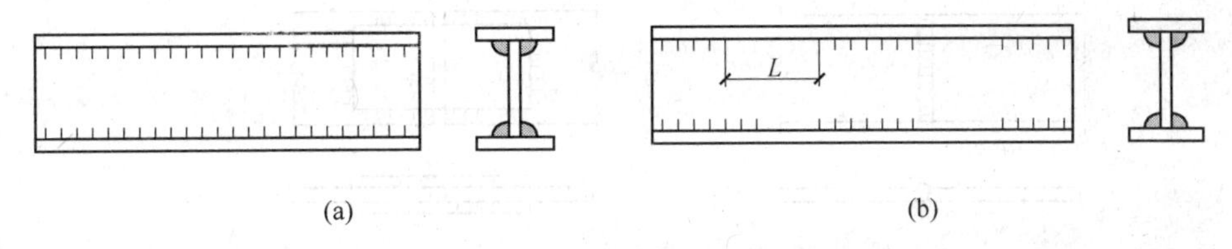

图 10.7　连续角焊缝和断续角焊缝

（a）连续角焊缝；（b）断续角焊缝

（3）焊缝按施焊位置分俯焊（平焊）、立焊、横焊、仰焊几种，如图 10.8 所示。

俯焊的施焊工作方便，质量最易保证。立焊、横焊的质量和生产效率比俯焊要差一些。仰焊的操作条件最差，焊缝质量最不易保证，因此应尽量避免采用仰焊焊缝。

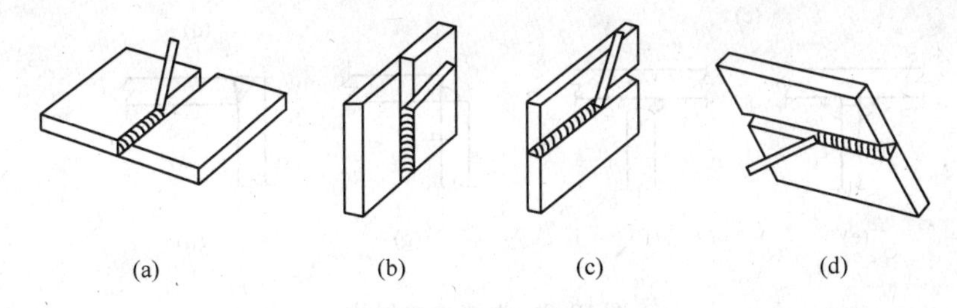

图 10.8　焊缝施焊位置

（a）俯焊；（b）立焊；（c）横焊；（d）仰焊

B　焊缝连接形式

焊缝连接形式按被连接构件间的相对位置分为平接、搭接、T 形连接和角接 4 种。这些连接所采用的焊缝形式主要有对接焊缝和角焊缝。

图 10.9（a）所示为用对接焊缝的平接连接，其优点是节省材料，传力均匀，没有明显的应力集中，承受动力荷载的性能较好，当符合一、二级焊缝质量检验标准时，焊缝和被焊构件的强度相等。其缺点是焊件边缘需要加工，对被连接两板的间隙和坡口尺寸有严格的要求。

图10.9（b）所示为用拼接板和角焊缝的平接连接，其优点是施工简便，所接两板的间隙大小无需严格控制，其缺点是连接的传力不均匀、费料。

图10.9（c）所示为用顶板和角焊缝的平接连接，施工简便，用于受压构件较好。而对于受拉构件，为了避免层间撕裂，不宜采用。

图10.9（d）所示为用角焊缝的搭接连接，这种连接构造简单，施工方便，目前应用广泛。其缺点是传力不均匀，较费材料。

图10.9（e）所示为用角焊缝的T形连接，虽然受力性能较差，但其构造简单，因此应用也较广泛。

图10.9（f）所示为焊透的T形连接，其焊缝形式为对接与角接的组合连接，性能与对接焊缝相同。在重要的结构中用它来代替图10.9（e）的连接。长期实践证明这种要求焊透的T形连接焊缝，即使有未焊透现象，但因腹板边缘经过加工，焊缝收缩后使翼缘和腹板顶得十分紧密，因此焊缝受力情况大为改善，一般能保证使用要求。

图10.9（g）、（h）所示为用角焊缝和对接焊缝的角接连接。

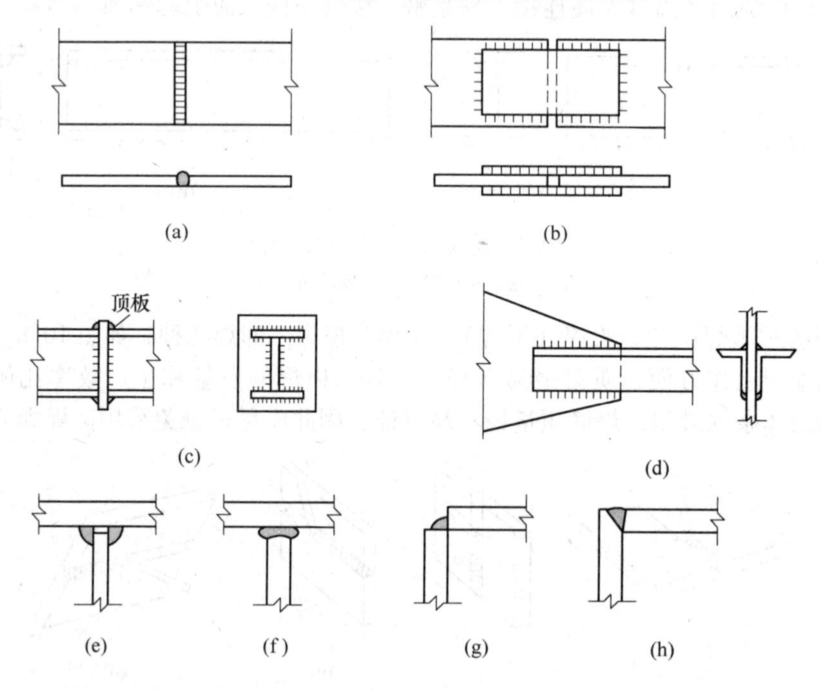

图10.9　焊缝连接形式

10.2.1.4　焊缝符号及标注

在钢结构施工图上要用焊缝符号标明焊缝形式、尺寸和辅助要求。焊缝符号由指引线和表示焊缝截面形状的基本符号组成，必要时可加上辅助符号、补充符号和焊缝尺寸符号等。

A　焊缝符号

（1）指引线一般由箭头线和基准线所组成。基准线一般应与图纸的底边相平行，特殊情况也可与底边相垂直，如图10.10所示。

（2）基本符号用以表示焊缝截面形状，符号的线条宜粗于指引线，常用的某些基本符号见表10.1。

表 10.1　常用焊缝基本符号

名称	封底焊缝	对接焊缝					角焊缝	塞焊缝与槽焊缝	点焊缝
		I 形焊缝	V 形焊缝	单边 V 形焊缝	带钝边的 V 形焊缝	带钝边的 U 形焊缝			
符号	 ⌓	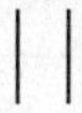 ||	V	V	 Y	 Ụ	◺	⊓	○

注：单边 V 形与角焊缝的竖边画在符号的左边。

（3）辅助符号用以表示焊缝表面形状特征，如对接焊缝表面余高部分需加工使之与焊件表面齐平，则需在基本符号上加一短划，即为辅助符号，见表 10.2。

（4）补充符号是为了补充说明焊缝的某些特征而采用的符号，如带有垫板，三面或四面围焊及工地施焊等。钢结构中常用的辅助符号和补充符号摘录于表 10.2。

表 10.2　焊缝符号中的辅助符号和补充符号

名称		焊缝示意图	符号	示例
辅助符号	平面符号		—	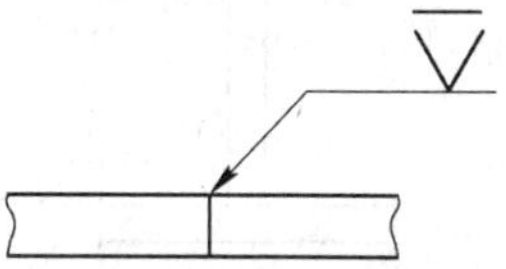
	凹面符号	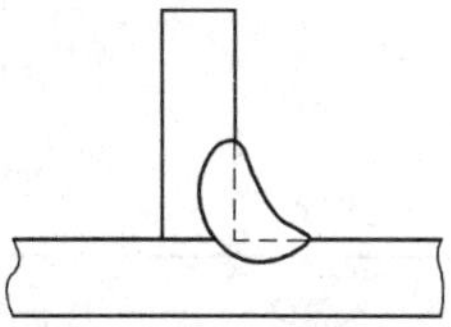	◡	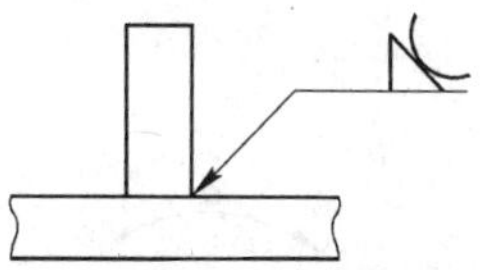
补充符号	三面围焊符号	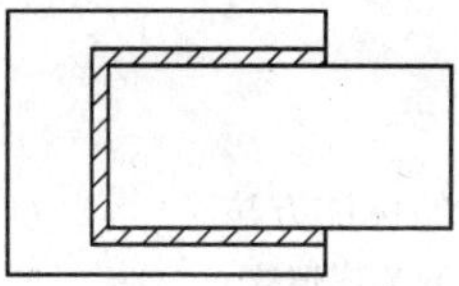	 ⊏	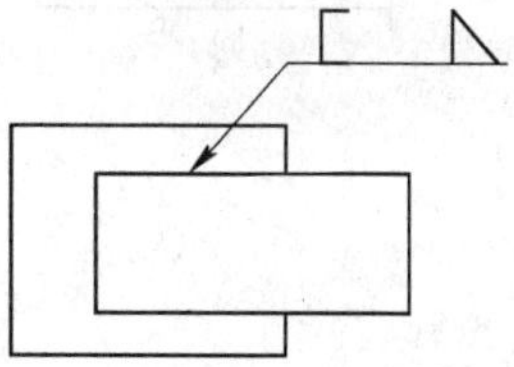
	周围焊缝符号	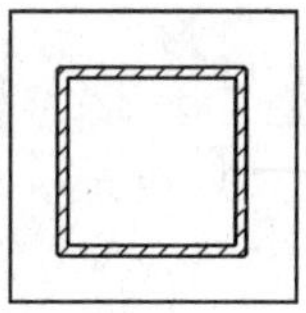	 ○	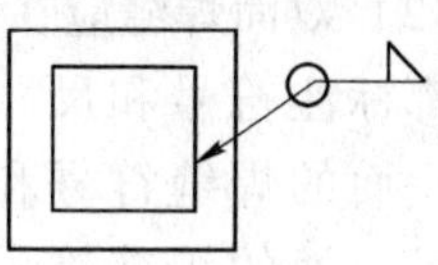
	现场焊符号		⚑	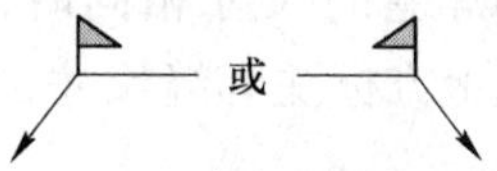 或
	焊缝底部有垫板的符号	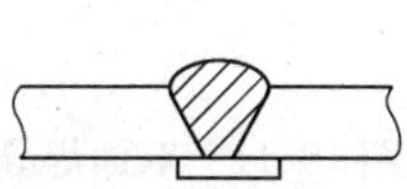	▭	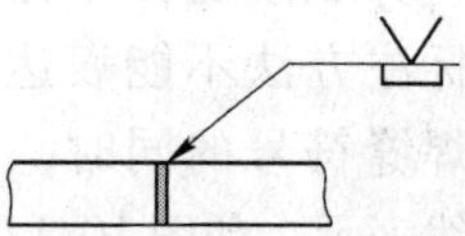

续表 10.2

名称		焊缝示意图	符号	示例
补充符号	相同焊缝符号			
	尾部符号			

注：1. 现场焊的旗尖指向基准线的尾部；

2. 尾部符号用以标注需说明的焊接工艺方法和相同焊缝数量符号。

B 焊缝的标注方式

（1）对于单面焊缝，当引出线的箭头指向对应焊缝所在的一面时，应将焊缝符号和尺寸标注在基准线的上方；当箭头指向对应焊缝所在的另一面时，应将焊缝符号和尺寸标注在基准线的下方，如图 10.10 所示。

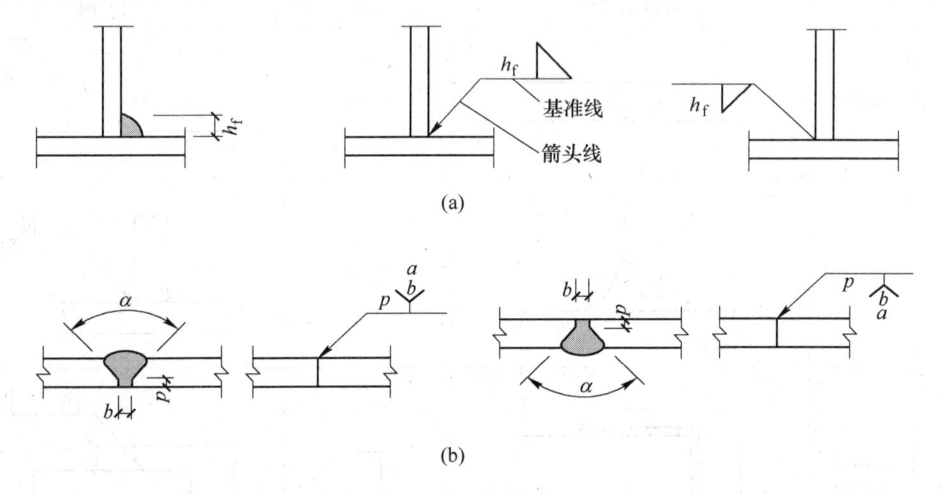

图 10.10 单面焊缝的标注方法

（a）单面角焊缝；（b）Y 形焊缝

（2）双面焊缝应在基准线的上、下方都标注符号和尺寸。上方表示箭头一面的焊缝符号和尺寸，下方表示另一面的焊缝符号和尺寸；当两面焊缝的尺寸相同时，只需在基准线上方标注焊缝尺寸，如图 10.11 所示。

（3）当焊缝分布比较复杂或用上述标注方法不能表达清楚时，在标注焊缝符号的同时，可在图形上加栅线表示，如图 10.12 所示。

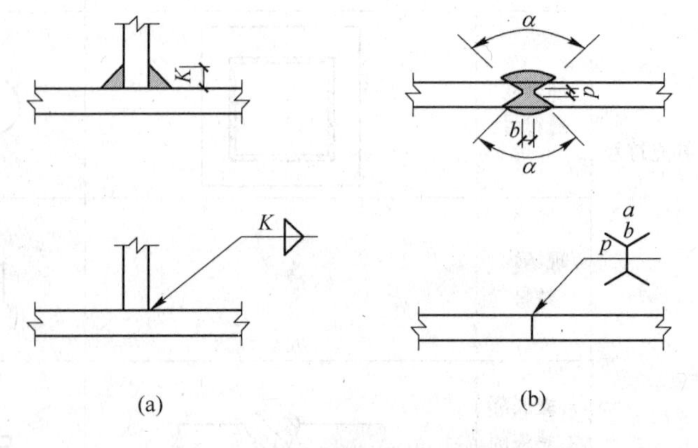

图 10.11 双面焊缝的标注方法

（a）双面角焊缝；（b）双 Y 形焊缝

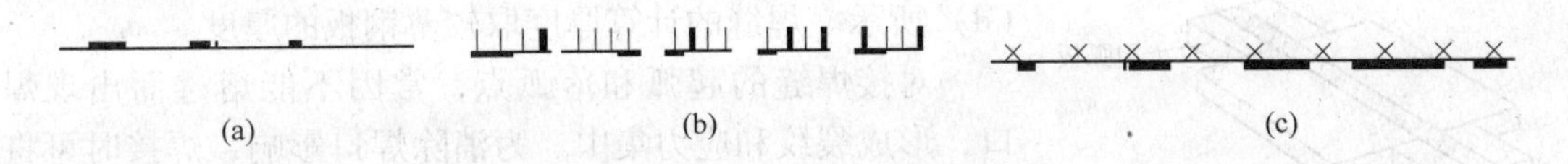

图 10.12　栅线表示

（a）正面焊缝；（b）背面焊缝；（c）安装焊缝

10.2.2　对接焊缝的构造和计算

10.2.2.1　对接焊缝的构造要求

对接焊缝按坡口形式分为 I 形焊缝、V 形焊缝、带钝边单边 V 形焊缝、带钝边 V 形焊缝（也叫 Y 形焊缝）、带钝边 U 形焊缝、带钝边双单边 V 形焊缝和双 Y 形焊缝等，后二者过去分别称为 K 形焊缝和 X 形焊缝，如图 10.13 所示。

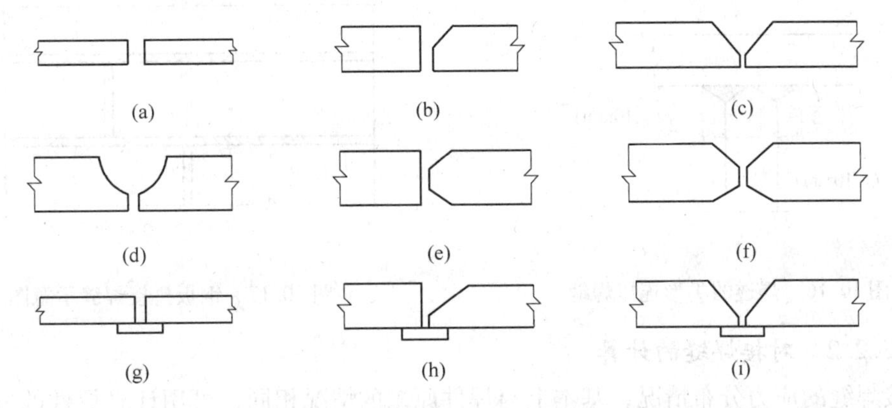

图 10.13　对接焊缝坡口形式

（a）I 形焊缝；（b）带钝边单边 V 形焊缝；（c）Y 形焊缝；（d）带钝边 U 形焊缝；（e）带钝边双单边 V 形焊缝；（f）双 Y 形焊缝；（g）～（i）加垫板 I 形、带钝边单边 V 形和 Y 形焊缝

当焊件厚度 t 很小（$t \leqslant 10$mm），可采用不切坡口的 I 形焊缝。对于一般厚度（$t = 10 \sim 20$mm）的焊件，可采用有斜坡口的带钝边单边 V 形焊缝或 Y 形焊缝，以便斜坡口和焊缝跟部共同形成一个焊条能够运转的施焊空间，使焊缝易于焊透。对于较厚的焊件（$t > 20$mm），应采用带钝边 U 形焊缝或带钝边双单边 V 形焊缝，或双 Y 形焊缝。对于 Y 形焊缝和带钝边 U 形焊缝的跟部还需要清除焊根并进行补焊。对于没有条件清根和补焊者，要事先加垫板［图 10.13（g）、（h）、（i）］，以保证焊透。关于坡口的形式与尺寸可参看现行行业标准《建筑钢结构焊接技术规程》（JGJ 81—2002）。

在钢板宽度或厚度有变化的连接中，为了减少应力集中，应从板的一侧或两侧做成坡度不大于 1:2.5（承受静力荷载者）或 1:4（需要计算疲劳者）的斜坡（图 10.14），形成平缓的过渡。如板厚相差不大于 4mm 时，可不做斜坡，如图 10.14

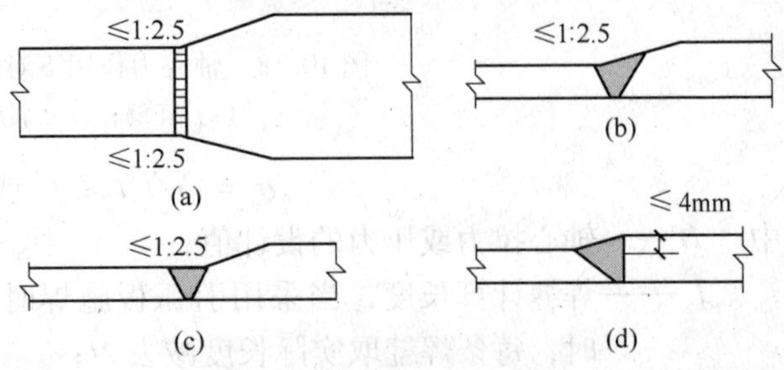

图 10.14　承受静力荷载的不同宽度或厚度的钢板拼接

（a）钢板宽度不同；（b），（c）钢板厚度不同；（d）不做斜坡

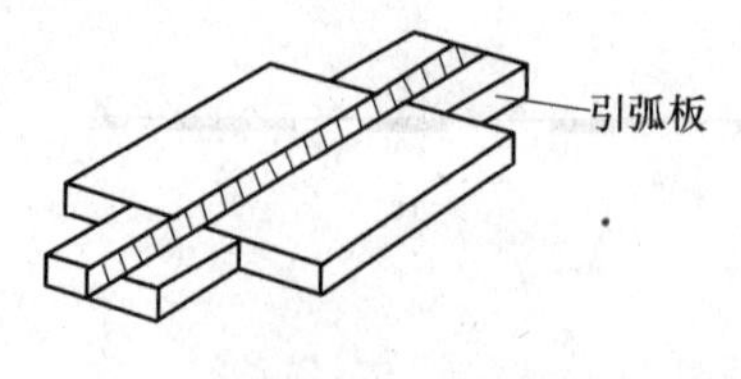

图 10.15 引弧板

(d) 所示。焊缝的计算厚度取较薄钢板的厚度。

对接焊缝的起弧和落弧点，常因不能熔透而出现焊口，形成裂纹和应力集中。为消除焊口影响，焊接时可将焊缝的起点和终点延伸至引弧板（图 10.15）上，焊后将引弧板切除，并用砂轮将表面磨平。

对于焊透的T形连接焊缝（对接与角接组合焊缝），其构造要求如图 10.16 所示。钢板的拼接采用对接焊缝时，纵横两方向的对接焊缝，可采用十字形交叉或T形交叉。当为T形交叉时，交叉点间的距离不得小于200mm，且拼接料的长度和宽度不宜小于300mm（图 10.17）。在直接承受动载的结构中，为提高疲劳强度，应将对接焊缝的表面磨平，打磨方向应与应力方向平行。垂直于受力方向的焊缝应采用焊透的对接焊缝，不宜采用部分焊透的对接焊缝。

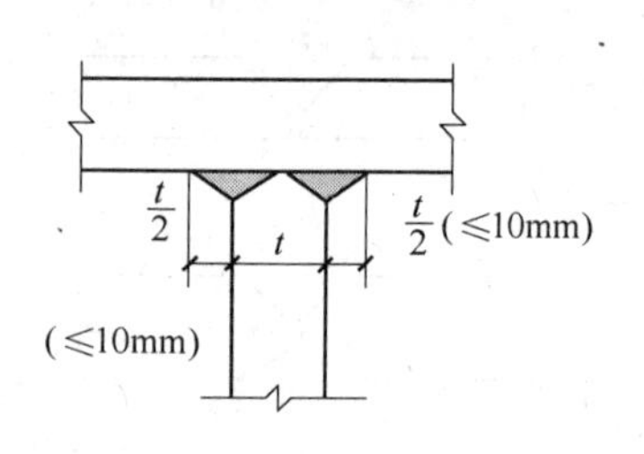

图 10.16 焊透的T形连接焊缝

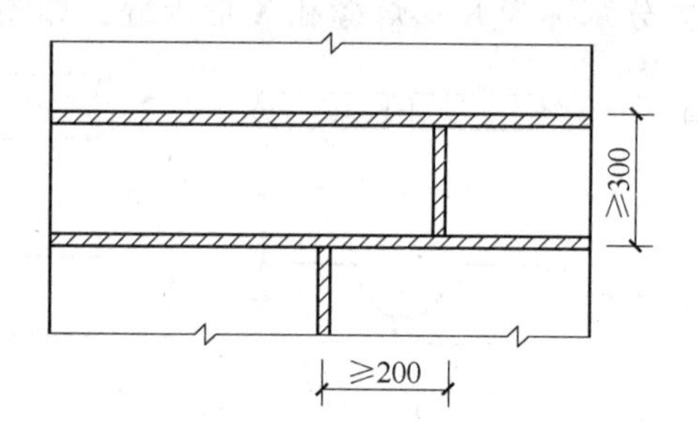

图 10.17 钢板拼接焊缝示意图

10.2.2.2 对接焊缝的计算

对接焊缝的应力分布情况，基本上与焊件原来的情况相同，可用计算焊件的方法进行计算。对于重要的构件，按一、二级标准检验焊缝质量，焊缝和构件等强，不必另行计算。

(1) 受力的对接焊缝（图 10.18）应按式（10.1）进行计算。

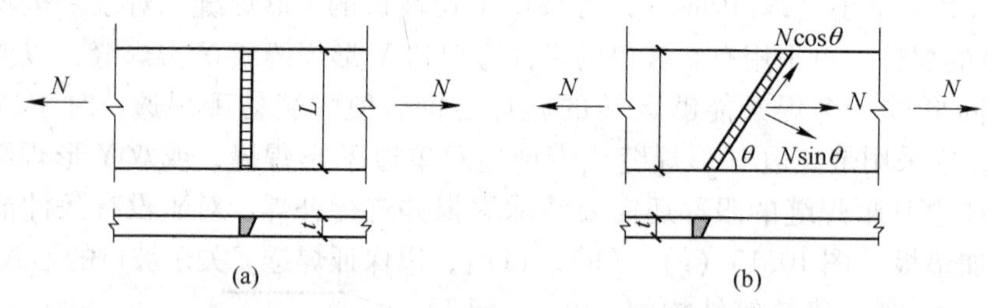

图 10.18 轴心力作用下对接焊缝连接

(a) 正缝；(b) 斜缝

$$\sigma = N/l_{w}t \leqslant f_{t}^{w} \text{ 或 } f_{c}^{w} \tag{10.1}$$

式中 N——轴心拉力或压力的设计值；

l_{w}——焊缝计算长度，当采用引弧板施焊时，取焊缝实际长度；当未采用引弧板时，每条焊缝取实际长度减去 $2t$；

t——在对接连接中为连接件的较小厚度，不考虑焊缝的余高；在T形连接中为腹板厚度；

f_t^w, f_c^w ——分别为对接焊缝的抗拉、抗压强度设计值，抗压焊缝和一、二级抗拉焊缝同母材，三级抗拉焊缝为母材的85%，可由附表6查得。

当正缝连接的强度低于焊件的强度时，为了提高连接的承载能力，可改用斜缝，如图10.18（b）所示。规范规定当斜缝和作用力间夹角 θ 符合 $\tan\theta \leqslant 1.5$ 时，可不计算焊缝强度。

（2）受剪的对接焊缝计算：矩形截面的对接焊缝，其正应力与剪应力的分布分别为三角形与抛物线形，如图10.19所示，应分别计算正应力和剪应力。

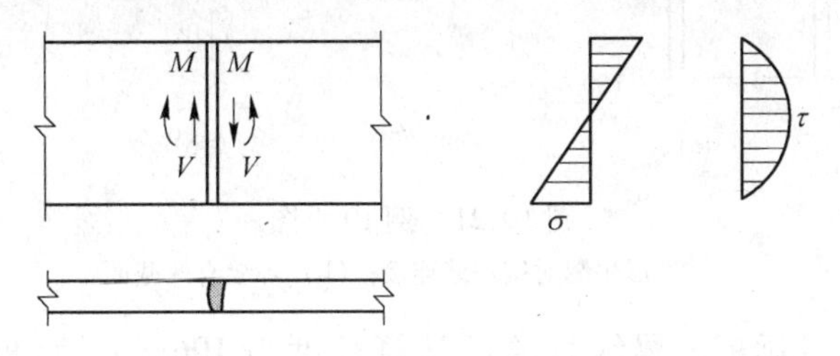

图10.19　受弯受剪的对接连接

$$\sigma = \frac{M}{W_n} \leqslant f_t^w \tag{10.2}$$

$$\tau = \frac{VS_w}{I_w l} \leqslant f_v^w \tag{10.3}$$

式中　W_n ——焊缝截面的截面模量；

I_w ——焊缝截面对其中和轴的惯性矩；

S_w ——焊缝截面在计算剪应力处以上部分对中和轴的面积矩；

f_v^w ——对接焊缝的抗剪强度设计值，由附表6查得。

I字形、箱形、T形等构件，在腹板与翼缘交接处（图10.20）焊缝截面同时受有较大的正应力 σ_1 和较大的剪应力 τ_1。

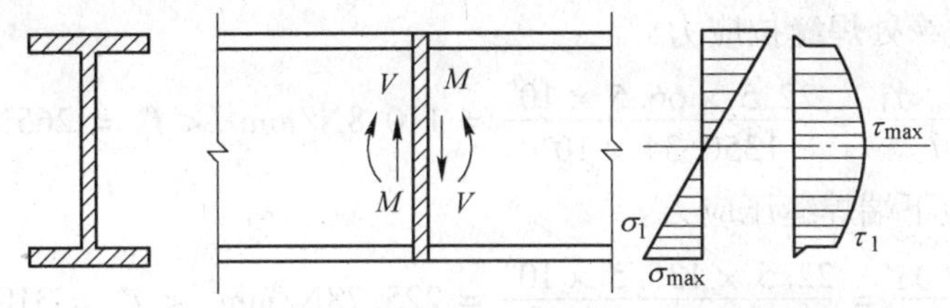

图10.20　受弯、剪的I形截面对接焊缝

对此类截面构件，除应分别验算焊缝截面最大正应力和剪应力外，还应按下式验算。当焊缝质量为一、二级时可不必计算。

$$\sqrt{\sigma_1^2 + 3\tau_1^2} \leqslant 1.1 f_t^w \tag{10.4}$$

式中　σ_1，τ_1 ——分别为验算点处（腹板、翼缘交接点）焊缝截面正应力和剪应力。

（3）轴力、弯矩、剪力共同作用时，对接焊缝的最大正应力为轴力和弯矩引起的应力之和，剪应力按式（10.3）验算，折算应力仍按式（10.4）验算。

【例10.1】　计算图10.21所示对接焊缝，已知牛腿翼缘宽度为130mm，厚度为12mm，腹板高200mm，厚10mm。牛腿承受竖向力设计值 $V = 150\text{kN}$，$e = 150\text{mm}$。钢材为Q345，焊条E50型，施焊时无引弧板，焊缝质量标准为三级。

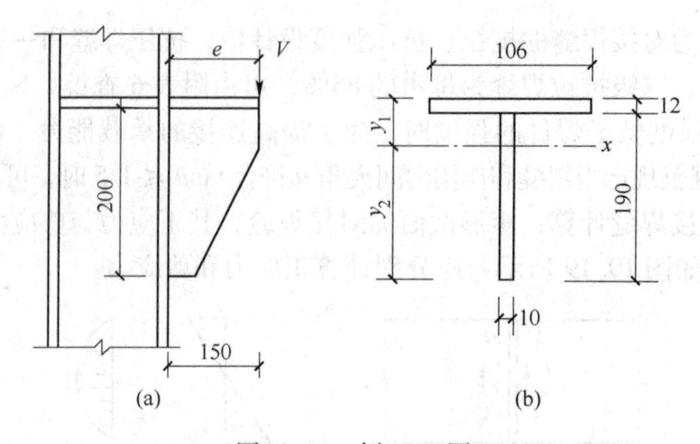

图 10.21 例 10.1 图

（a）T形牛腿对接焊缝连接；（b）焊缝有效截面

解：因施焊时无引弧板，翼缘焊缝的计算长度为 106mm，腹板焊缝的计算长度为 190mm。焊缝的有效截面如图 10.21（b）所示。

（1）焊缝有效截面形心轴计算。

$$y_1 = \frac{10.6 \times 1.2 \times 0.6 + 19.0 \times 1.0 \times 10.7}{10.6 \times 1.2 + 19.0 \times 1.0} = 6.65\text{cm}$$

$$y_2 = 19.0 + 1.2 - 6.65 = 13.55\text{cm}$$

（2）焊缝有效截面惯性矩。

$$I_x = \frac{1}{12} \times 19.0^3 + 19.0 \times 1 \times 4.05^2 + \frac{10.6}{12} \times 1.2^3 + 10.6 \times 1.2 \times 6.05^2 = 1350.34\text{cm}^4$$

（3）V 力在焊缝形心处产生剪力 $V = 150\text{kN}$ 和弯矩。

$$M = V \cdot e = 150 \times 0.15 = 22.5\text{kN} \cdot \text{m}$$

验算翼缘上边缘处焊缝拉应力

$$\sigma_t = \frac{M \cdot y_1}{I_x} = \frac{22.5 \times 66.5 \times 10^6}{1350.34 \times 10^4} = 110.8\text{N/mm}^2 < f_t^w = 265\text{N/mm}^2$$

（4）验算腹板下端焊缝压应力。

$$\sigma_c = \frac{M \cdot y_2}{I_x} = \frac{22.5 \times 135.5 \times 10^6}{1350.34 \times 10^4} = 225.78\text{N/mm}^2 < f_c^w = 310\text{N/mm}^2$$

为简化计算，可认为剪力由腹板焊缝单独承担，剪应力按均匀分布考虑：

$$\tau = \frac{V}{A_W} = \frac{150 \times 10^3}{190 \times 10} = 78.95\text{N/mm}^2$$

（5）腹板下端点正应力、剪应力均较大，故需验算腹板下端点的折算应力。

$$\sigma = \sqrt{225.78^2 + 3 \times 78.95^2} = 263.96\text{N/mm}^2 < 1.1 f_t^w = 1.1 \times 265 = 291.5\text{N/mm}^2$$

焊缝强度满足要求。

10.2.3 角焊缝的构造和计算

10.2.3.1 角焊缝的构造和强度

（1）角焊缝的应力分布。角焊缝两焊脚边的夹角 α 一般为 90°，即直角角焊缝，如图

10.22（a）~（d）所示。夹角 $\alpha > 135°$ 或 $<60°$ 的斜角角焊缝，如图 10.22（e）~（g）所示，除钢管结构外，不宜用作受力焊缝。各种角焊缝的焊脚尺寸 h_f 均示于图 10.22，其中图 10.22（b）的不等边角焊缝以较小焊脚尺寸为 h_f。

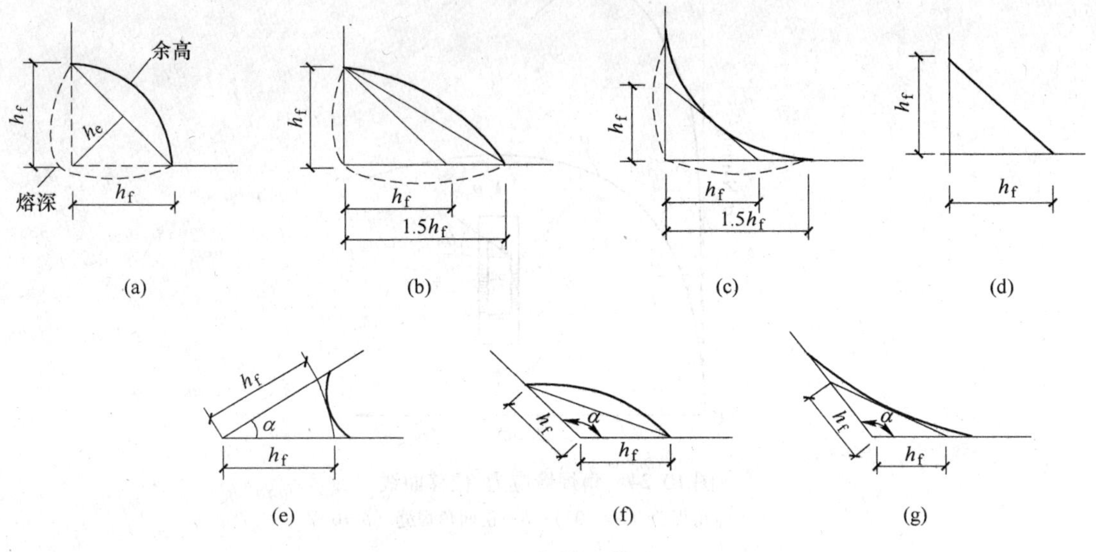

图 10.22 角焊缝截面图

1）侧面角焊缝主要承受剪力作用。在弹性阶段，应力沿焊缝长度方向分布不均匀，两端大而中间小，见图 10.23（a）。图 10.23（b）表示焊缝越长剪应力分布越不均匀。但由于侧面角焊缝的塑性较好，两端出现塑性变形，产生应力重分布，在规范规定长度范围内，应力分布可趋于均匀。不难理解，在图 10.23（a）所示连接范围内，板的应力分布也是不均匀的。

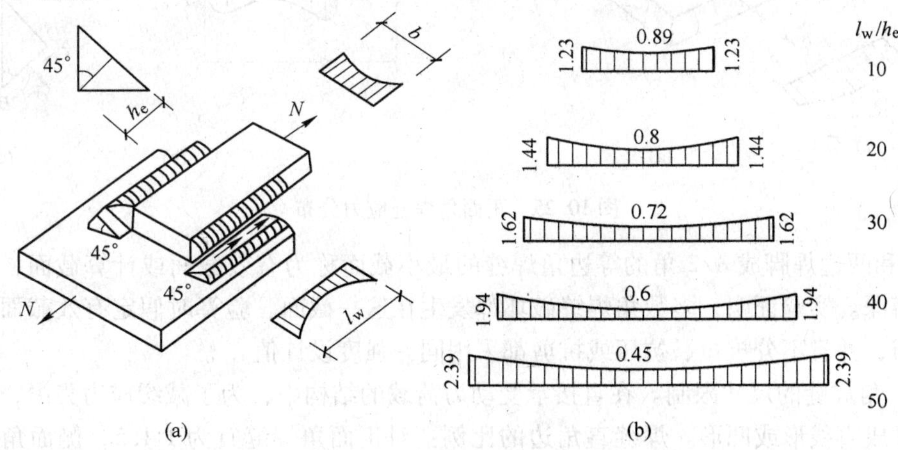

图 10.23 侧面角焊缝应力分布

2）正面角焊缝的应力状态比侧面角焊缝复杂，其破坏强度比侧面角焊缝的要高，但塑性变形要差一些，如图 10.24 所示。在外力作用下，由于力线弯折，产生较大的应力集中，焊缝跟部应力集中最为严重，如图 10.25（b）所示，故破坏总是首先在跟部出现裂缝，然后扩展至整个截面。正面角焊缝焊脚截面 AB 和 BC 上都有正应力和剪应力，如图

10.25（b）所示，且分布不均匀，但沿焊缝长度的应力分布则比较均匀，两端的应力略比中间的小，如图10.25（a）所示。

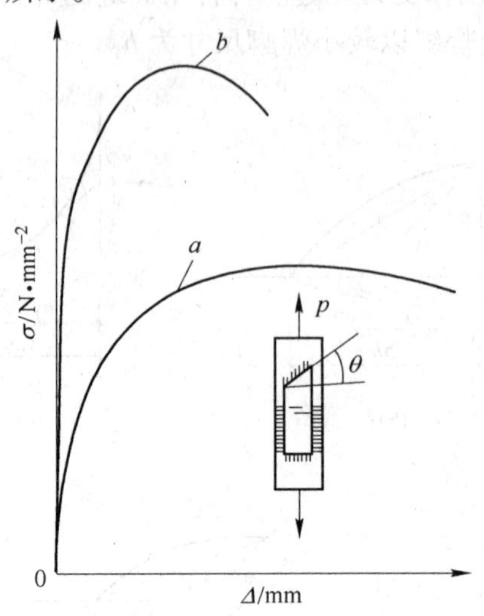

图10.24 角焊缝应力-位移曲线

a—侧面角焊缝（$\theta=90°$）；b—正面角焊缝（$\theta=0°$）

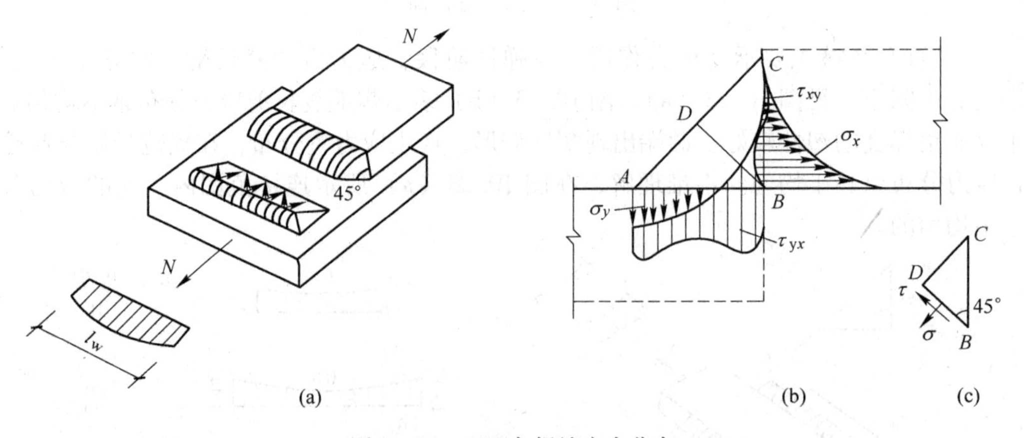

图10.25 正面角焊缝应力分布

3）和两边焊脚成 $\alpha/2$ 角的等边角焊缝的最小截面称为有效截面或计算截面，不计入余高和熔深。实验证明，多数角焊缝破坏都发生在这一截面。验算时假定有效截面上应力均匀分布，并且不分抗拉、抗压或抗剪都采用同一强度设计值 f_t^w。

（2）角焊缝的尺寸限制。在直接承受动力荷载的结构中，为了减缓应力集中，角焊缝表面应做成直线形或凹形。焊缝直角边的比例：对正面角焊缝宜为1:1.5，侧面角焊缝可为1:1，如图10.26（a）所示。

1）角焊缝的焊脚尺寸不宜过小，也不宜过大。角焊缝的焊脚尺寸 h_f 不应过小，以保证焊缝的最小承载能力，并防止焊缝因冷却过快而产生裂纹。焊缝的冷却速度和焊件的厚度有关，焊件越厚则焊缝冷却越快，在焊件刚度较大的情况下，焊缝也容易产生裂纹。因此，规范规定：角焊缝的焊脚尺寸 h_f 不得小于 $1.5\sqrt{t}$，t 为较厚焊件厚度（单位取mm），如图 10.26（b）所示；对自动焊，最小焊脚尺寸可减小 1mm；对 T 形连接的单面角焊缝，应增加 1mm；当焊件厚度小于 4mm 时，则取与焊件厚度相同。

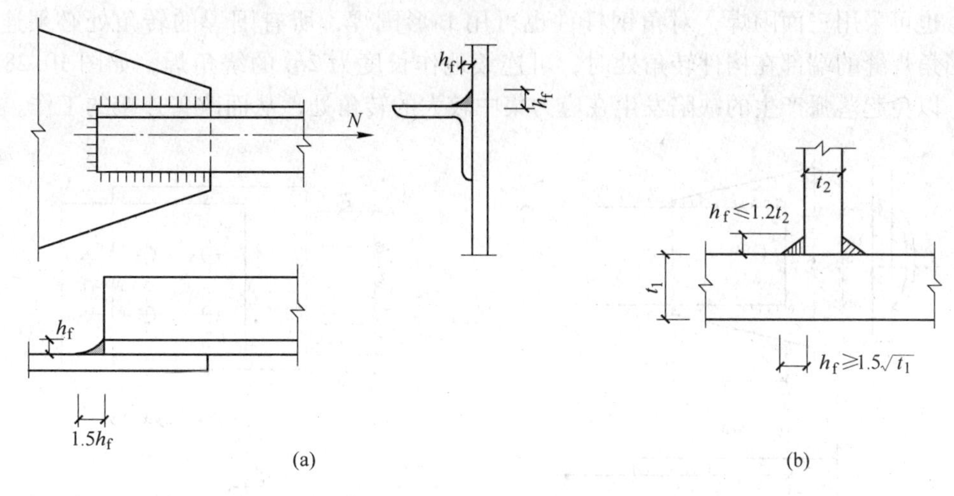

图 10.26 角焊缝焊脚尺寸

角焊缝的焊脚尺寸 h_f，如果太大，则焊缝收缩时将产生较大的焊接变形，且热影响区扩大，容易产生脆裂，较薄焊件容易烧穿。因此，规范规定：钢管结构除外，角焊缝的焊脚尺寸不宜大于较薄焊件厚度的 1.2 倍。如图 10.27（a）所示。但板件的边缘焊缝最大 h_f，应符合下列要求：当 $t \leqslant 6$mm 时，$h_f \leqslant t$，如图 10.27（c）所示；当 $t > 6$mm 时，$h_f = t - (1 \sim 2)$mm，如图 10.27（b）所示。

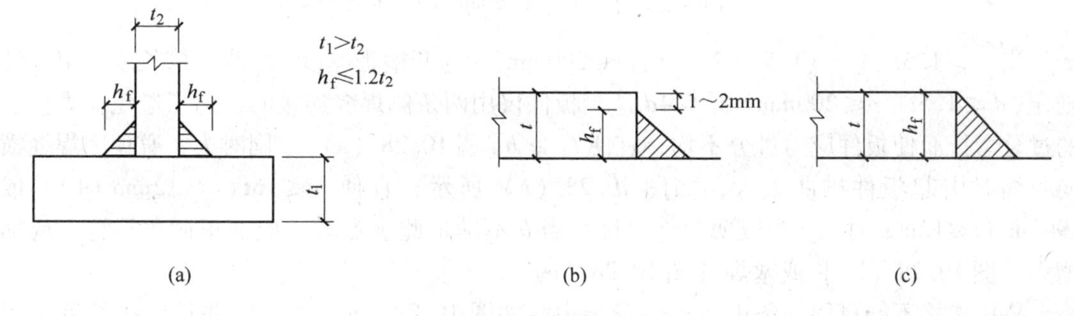

图 10.27 角焊缝最大 h_f

当两焊件厚度相差悬殊，用等焊脚尺寸无法满足最大、最小焊缝厚度要求时，可用不等焊脚尺寸，按满足图 10.27（b）所示要求采用。

2）角焊缝长度 l_w 也有最大和最小的限制。焊缝的厚度大而长度过小时，会使焊件局部加热严重，且起落弧坑相距太近，加上一些可能产生的缺陷，使焊缝不够可靠。因此，侧面角焊缝或正面角焊缝的计算长度不得小于 $8h_f$ 和 40mm。另外，如图 10.23 所示，当侧面角焊缝的应力沿其长度分布并不均匀，两端大，中间小，而且它的长度与厚度之比越大，其差别也就越大。当此比值过大时，焊缝端部应力就会达到极值而破坏，而中部焊缝还未充分发挥其承载能力。这种现象对承受动力荷载的构件尤为不利。因此，侧面角焊缝的计算长度不宜大于 $60h_f$。如大于上述数值，其超过部分在计算中不予考虑。但内力沿侧面角焊缝全长分布，其计算长度不受此限。例如，梁及柱的翼缘与腹板的连接焊缝，屋架中弦杆与节点板的连接焊缝，梁的支承加劲肋与腹板的连接焊缝。

（3）角焊缝的其他构造要求。杆件与节点板的连接焊缝（图10.28），一般采用两面侧焊，也可采用三面围焊，对角钢杆件也可用L形围焊，所有围焊的转角处必须连续施焊。当角焊缝的端部在构件转角处时，可连续地作长度为$2h_f$的绕角焊，如图10.28（c）所示，以免起落弧产生的缺陷发生在应力集中较大的转角处，从而改善连接的工作。

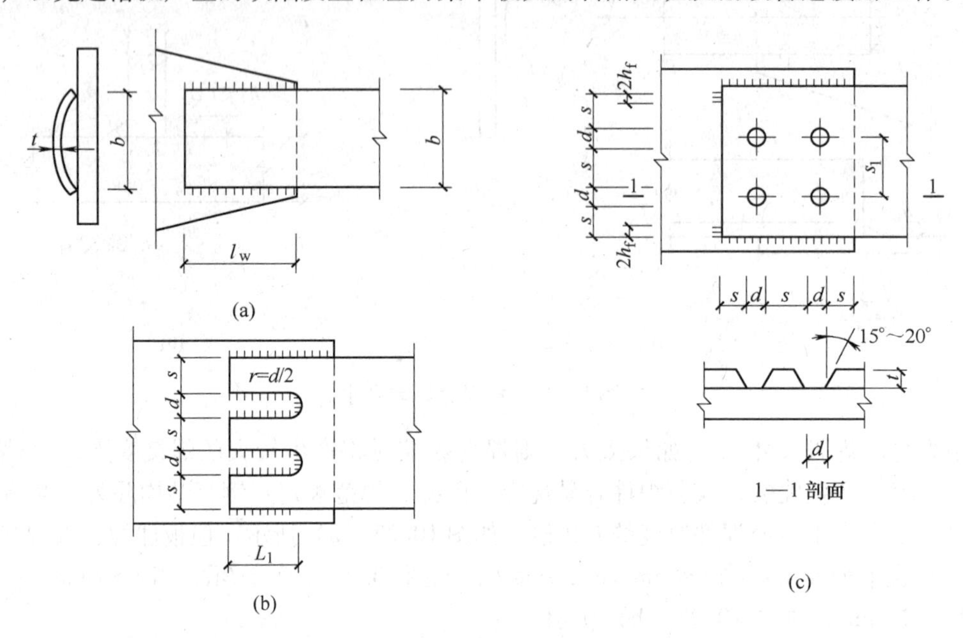

图10.28 由槽焊、塞焊防止板件拱曲

当$d > 1.5t$，$s = (1.5 \sim 2.5)t$且$\leqslant 200\text{mm}$，t为开槽板厚度；L_1为开槽长度，由设计确定；$d \leqslant 1.5t$，$s \leqslant 200\text{mm}$，$s_1 > 4d$。当板件仅用两条侧焊缝连接时，为了避免应力传递的过分弯折而使板件应力过分不均，宜使$l_w \geqslant b$［图10.28（a）］。同时为了避免因焊缝横向收缩时引起板件拱曲太大，如图10.28（a）所示，宜使$b \leqslant 16t$（$t > 12\text{mm}$时），或190mm（$t \leqslant 12\text{mm}$时），t为较薄焊件厚度。当b不满足此规定时，应加正面角焊缝，或加槽焊［图10.28（b）］或塞焊［图10.28（c）］。

搭接连接不能只用一条正面角焊缝传力，如图10.29（a）所示，并且搭接长度不得小于焊件较小厚度的5倍，同时不得小于25mm。

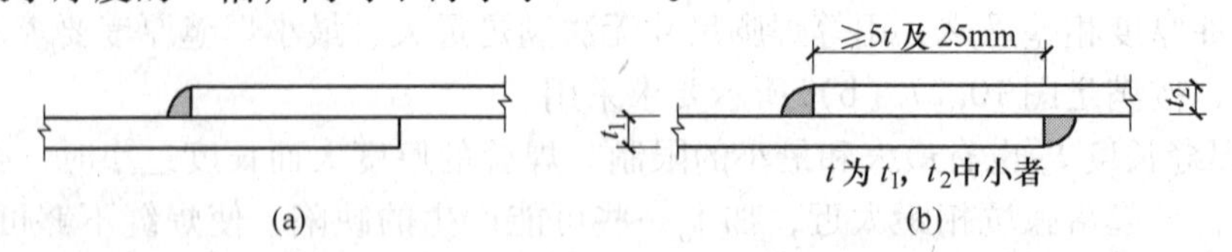

图10.29 搭接连接要求

10.2.3.2 角焊缝计算的基本公式

如图10.30（a）所示，当角焊缝连接在三向轴力作用下，角焊缝所受之力如图10.30（b）所示，在有效截面$BDEF$上的应力可用$\sigma_\perp$、$\tau_\perp$、$\tau_{//}$表示，其中$\sigma_\perp$、$\tau_\perp$为垂直于焊缝长度方向的正应力和剪应力，$\tau_{//}$为平行于焊缝长度方向的剪应力。实验证明，角焊缝在复杂应力作用下的强度条件可和母材一样用下式表示：

$$\sqrt{\sigma_{\perp}^{2}+3(\tau_{\perp}^{2}+\tau_{//}^{2})}\leqslant\sqrt{3}f_{t}^{w} \tag{10.5}$$

式中，f_t^w 是角焊缝的强度设计值，把它看做是剪切强度，因而乘以$\sqrt{3}$。

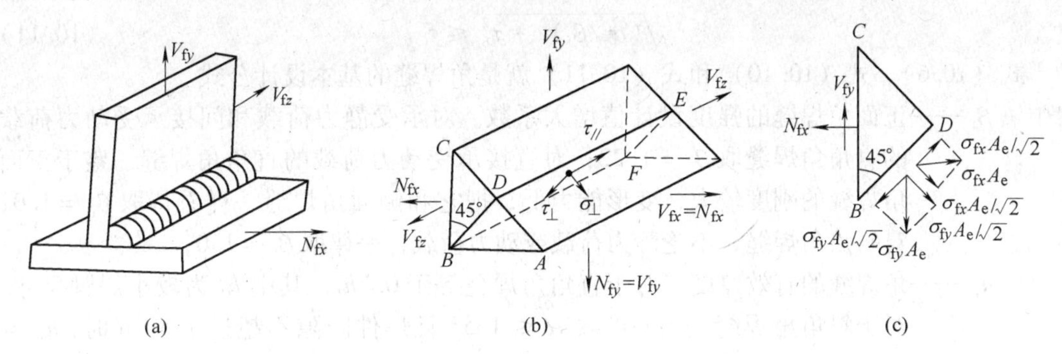

图 10.30 角焊缝应力分析

为了便于计算角焊缝，对于如图 10.30（b）所示的有效截面 $BDEF$ 上的正应力 $\sigma_{\perp}$ 和剪应力 $\tau_{\perp}$，改用两个垂直于焊脚 CB 和 BA，并在有效截面上分布的应力 σ_{fx} 和 σ_{fy} 表示，同时剪应力 $\tau_{//}$ 的符号改用 τ_{fz} 表示。计算时不考虑诸力的偏心作用，而且认为有效截面上的诸应力都是均匀分布的，有效截面积为 A_e。在图 10.30（b）和（c）中，$N_{fx}=\sigma_{fx}A_e$，$V_{fy}=\sigma_{fy}A_e$，$V_{fy}=\tau_{fz}A_e$。

根据平衡条件 $\sigma_{\perp}A_e=N_{fx}/\sqrt{2}+N_{fy}/\sqrt{2}=\sigma_{fx}A_e/\sqrt{2}+\sigma_{fy}A_e/\sqrt{2}$

这样 $$\sigma_{\perp}=\sigma_{fx}/\sqrt{2}+\sigma_{fy}/\sqrt{2}$$

而 $\tau_{\perp}=\sigma_{fy}/\sqrt{2}-\sigma_{fx}/\sqrt{2}$，$\tau_{//}=\tau_{fz}$，把 $\sigma_{\perp}$、$\tau_{\perp}$ 和 $\tau_{//}$ 代入式（10.5）可以得到

$$\sqrt{(\sigma_{fz}/\sqrt{2}+\sigma_{fy}/\sqrt{2})^{2}+3[(\sigma_{fy}/\sqrt{2}-\sigma_{fx}/\sqrt{2})^{2}+\tau_{fz}{}^{2}]}\leqslant\sqrt{3}f_{f}^{w}$$

化简得：

$$\sqrt{\frac{2}{3}\sigma_{fx}^{2}+\sigma_{fy}^{2}-\sigma_{fx}\sigma_{fy}+\tau_{fz}^{2}}\leqslant f_{f}^{w} \tag{10.6}$$

当 $\sigma_{fx}=\sigma_{fy}=0$ 时，即只有平行于焊缝长度方向的轴心力作用，为侧面角焊缝受力情况。去掉轴脚标 z，其设计公式为

$$\tau_{f}=N/(h_{e}\sum l_{w})\leqslant f_{f}^{w} \tag{10.7}$$

当 σ_{fy}（或 σ_{fx}）$=\tau_{fz}=0$ 时，即只有垂直于焊缝长度方向的轴心力作用，为正面角焊缝受力情况。去掉轴脚标 x（或 y），其设计公式为

$$\sigma_{f}=N/(h_{e}\sum l_{w})\leqslant 1.22f_{f}^{w} \tag{10.8}$$

亦即正面角焊缝的承载能力高于侧面角焊缝，这是两者受力性能不同所决定的。

当 σ_{fy}（或 σ_{fx}）$=0$ 时，即具有平行和垂直于焊缝长度的轴心力同时作用于焊缝的情况，同理去掉轴脚标 x（或 y）、z，其设计公式为

$$\sqrt{(\sigma_{f}/1.22)^{2}+\tau_{f}^{2}}\leqslant f_{f}^{w} \tag{10.9}$$

当作用力不与焊缝长度平行或垂直时，有效截面上的应力可分解为平行和垂直于焊缝长度方向的两种应力，然后按式（10.9）进行计算。

若用β_f代1.22，则式（10.8）和式（10.9）为

$$\sigma_f = N/(h_e \sum l_w) \leqslant \beta_f f_f^w \tag{10.10}$$

和

$$\sqrt{(\sigma_f/\beta_f)^2 + \tau_f^2} \leqslant f_f^w \tag{10.11}$$

式（10.6）、式（10.10）和式（10.11）就是角焊缝的基本设计公式。

式中 β_f——正面角焊缝的强度设计值增大系数。对承受静力荷载和间接承受动力荷载的直角角焊缝取$\beta_f=1.22$；对直接承受动力荷载的直角角焊缝，鉴于正面角焊缝的刚度较大，变形能力低，把它和侧面角焊缝一样看待取$\beta_f=1.0$；对斜角角焊缝，不论静力荷载或动力荷载，一律取$\beta_f=1.0$；

h_e——角焊缝的有效厚度。对于直角角焊缝等于$0.7h_f$，其中h_f为较小焊脚尺寸。对于斜角角焊缝，当$60° \leqslant \alpha \leqslant 135°$且焊件间隙不超过1.5mm时，$h_e = h_f\cos\frac{\alpha}{2}$［图10.22(e)、(f)、(g)］，式中$\alpha$为两焊脚边的夹角。当间隙大于1.5mm时，$h_f$需要折减，详见GB 50017规范；

$\sum l_w$——两焊件间角焊缝计算长度总和。每条焊缝取实际长度减去$2h_f$，以考虑扣除施焊时起弧落弧处形成的弧坑缺陷。对圆孔或槽孔内的焊缝，取有效厚度中心线实际长度。

圆钢与平板、圆钢与圆钢之间的焊缝（图10.31），其有效厚度h_e可按下式计算

圆钢与平板：$$h_e = 0.7h_f$$

圆钢与圆钢：$$h_e = 0.1(d_1 + 2d_2) - a$$

式中 d_1,d_2——分别为大、小圆钢直径，mm；

a——焊缝表面至两个圆钢公切线距离。

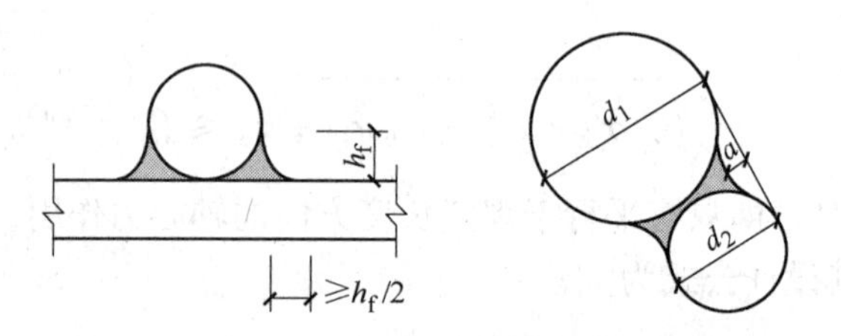

图10.31 圆钢与平板、圆钢与圆钢间焊缝

10.3 螺栓连接

10.3.1 普通螺栓连接的构造和计算

10.3.1.1 普通螺栓分级及排列

（1）普通螺栓分为A级、B级和C级螺栓。A、B级螺栓一般用45号钢和35号钢制成。A、B两级的区别只是尺寸不同，其中A级包括$d \leqslant 24$mm，且$L \leqslant 150$mm的螺栓，B级包括$d > 24$mm或$L > 150$mm的螺栓，d为螺杆直径，L为螺杆长度。A、B级螺栓需要机械加工，尺寸准确，要求Ⅰ类孔，栓径和孔径的公称尺寸相同，容许偏差为0.18～

0.25mm 间隙。这种螺栓连接传递剪力的性能较好，变形很小，但制造和安装比较复杂，价格昂贵，目前在钢结构中较少采用。C 级螺栓一般用 Q235 钢制成，设计规范未作栓径和孔径之差的规定，加工粗糙，尺寸不够准确，通常多取 1.5 ~ 2.0mm，只要求Ⅱ类孔，成本低。由于螺栓杆与螺孔存在着较大的间隙，传递剪力时，连接较早产生滑移，但传递拉力的性能仍较好，所以 C 级螺栓广泛用于承受拉力的安装连接，不重要的连接或用作安装时的临时固定。

Ⅰ类孔的精度要求为连接板组装时，孔口精确对准，孔壁平滑，孔轴线与板面垂直。质量达不到Ⅰ类孔要求的都为Ⅱ类孔。

（2）普通螺栓的排列，螺栓在构件上的排列可以是并列或错列（图 10.32），排列时应考虑下列要求：

1）受力要求，为避免钢板端部不被剪断，螺栓的端距不应小于 $2d_0$，d_0 为螺栓孔径。对于受拉构件，各排螺栓的栓距和线距不应过小，否则螺栓周围应力集中相互影响较大，且对钢板的截面削弱过多，从而降低其承载能力。对于受压构件，沿作用力方向的栓距不宜过大，否则在被连接的板件间容易发生凸曲现象。

2）构造要求，栓距及线距不宜过大，否则构件接触面不够紧密，潮气易于侵入缝隙而发生锈蚀。

3）施工要求，要保证有一定的空间，便于转动螺栓扳手。

根据以上要求，规范规定钢板上螺栓的最大和最小间距，如图 10.32 及表 10.3 所示。角钢、普通工字钢、槽钢上螺栓的线距应满足图 10.32、图 10.33 及表 10.4 ~ 表 10.6 的要求。H 型钢腹板上的 c 值可参照普通工字钢，翼缘上 e 值或 e_1、e_2 值可根据外伸宽度参照角钢。在钢结构施工图上螺栓及栓孔的表示方法如表 10.7 所示。

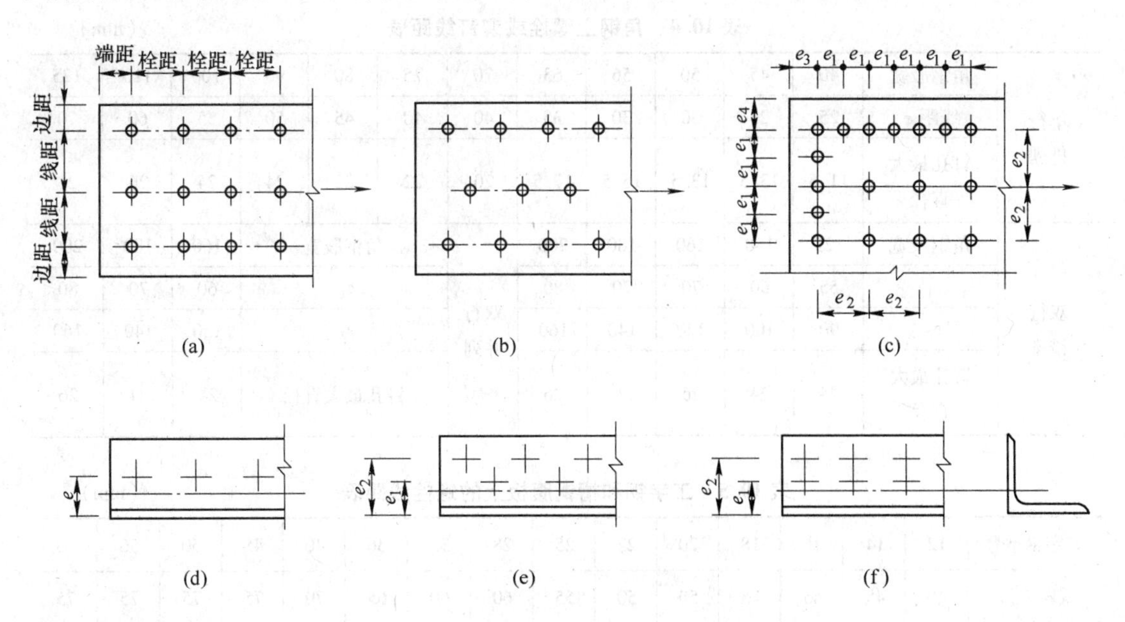

图 10.32　钢板和角钢上的螺栓排列

（a），（f）并列；（b），（e）错列；（c），（d）容许距离

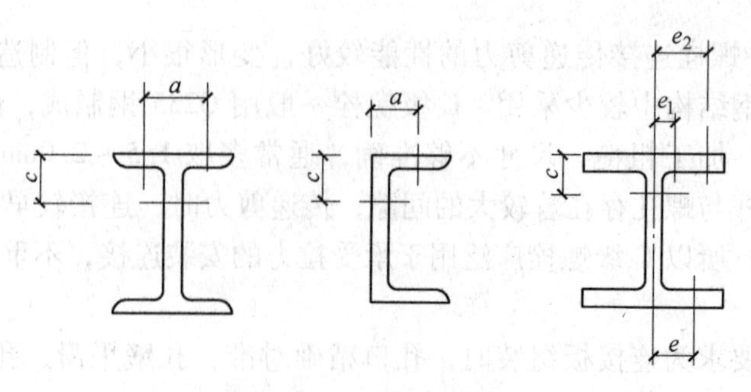

图 10.33 型钢的螺栓排列

表 10.3 螺栓和铆钉的最大、最小容许距离

名 称	位置和方向			最大容许距离（取两者的较小值）	最小容许距离
中心间距	任意方向	外排		$8d_0$ 或 $12t$	$3d_0$
		中间排	构件受压力	$12d_0$ 或 $18t$	
			构件受拉力	$16d_0$ 或 $24t$	
中心至构件边缘的距离	顺内力方向			$4d_0$ 或 $8t$	$2d_0$
	垂直内力方向	切割边			$1.5d_0$
		轧制边	高强度螺栓		
			其他螺栓或铆钉		$1.2d_0$

注：1. d_0 为螺栓孔或铆钉孔的直径，t 为外层较薄板件厚度；

2. 钢板边缘与刚性构件（如角钢、槽钢等）相连的螺栓或铆钉的最大间距，可按中间排的数值采用。

表 10.4 角钢上螺栓或铆钉线距表 (mm)

单行排列	角钢肢宽	40	45	50	56	63	70	75	80	90	100	110	125
	线距 e	25	25	30	30	35	40	40	45	50	55	60	70
	钉孔最大直径	11.5	13.5	13.5	15.5	17.5	20	22	22	24	24	26	26
双行错排	角钢肢宽	125	140	160	180	200	双行并列	角钢肢宽			160	180	200
	e_1	55	60	70	70	80		e_1			60	70	80
	e_2	90	100	120	140	160		e_2			130	140	160
	钉孔最大直径	24	24	26	26	26		钉孔最大直径			24	24	26

表 10.5 工字钢和槽钢腹板上的螺栓线距表 (mm)

工字钢型号	12	14	16	18	20	22	25	28	32	36	40	45	50	56	63
线距 C_{min}	40	45	45	45	50	50	55	60	60	65	70	75	75	75	75
槽钢型号	12	14	16	18	20	22	25	28	32	36	40	—	—	—	—
线距 C_{min}	40	45	50	50	55	55	55	60	65	70	75	—	—	—	—

表 10.6　工字钢和槽钢翼缘上的螺栓线距表　（mm）

工字钢型号	12	14	16	18	20	22	25	28	32	36	40	45	50	56	63
线距 C_{min}	40	40	50	55	60	65	65	70	75	80	80	85	90	95	95
槽钢型号	12	14	16	18	20	22	25	28	32	36	40	—	—	—	—
线距 C_{min}	30	35	35	40	40	45	45	45	50	56	60	—	—	—	—

表 10.7　孔、螺栓图例

序　号	名　称	图　例	说　明
1	永久螺栓	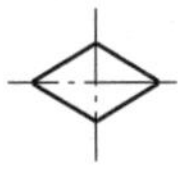	1. 细“+”线表示定位线； 2. 必须标注孔、螺栓直径
2	安装螺栓	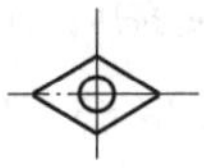	
3	高强度螺栓	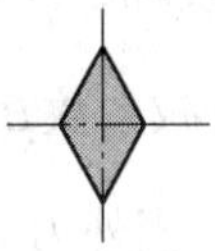	
4	螺栓圆孔		
5	长圆形螺栓孔	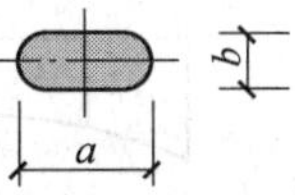 b a	

10.3.1.2　普通螺栓连接受剪、受拉时的工作性能

（1）抗剪螺栓连接。抗剪螺栓连接在受力以后，首先由构件间的摩擦力抵抗外力。不过摩擦力很小，构件间不久就出现滑移，螺栓杆和螺栓孔壁发生接触，使螺栓杆受剪，同时螺栓杆和孔壁间互相接触挤压。

图 10.34 表示螺栓连接有 5 种可能破坏情况。其中，对于螺栓杆被剪断、孔壁挤压以及板被拉断 3 种情况要进行计算。而对于钢板剪断和螺栓杆弯曲破坏两种形式，可以通过限制端距 $e_3 \geqslant 2d_0$，以避免钢板因受螺栓杆挤压而被剪断，如图 10.34（d）所示，限制板叠厚度不超过 $5d$，以避免螺杆弯曲过大［图 10.34（e）］而影响承载能力。

当连接处于弹性阶段时，螺栓群中各螺栓受力不相等，两端大而中间小［图 10.35

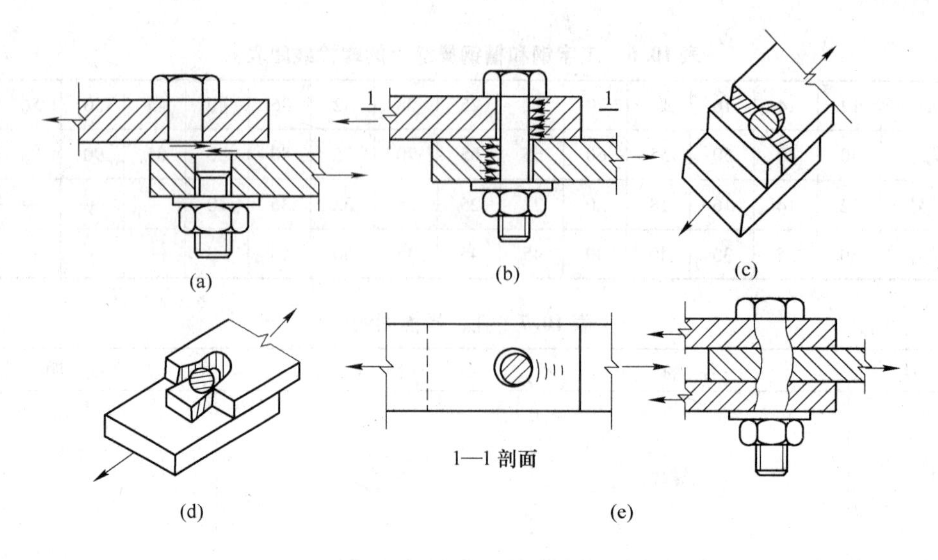

图 10.34 螺栓连接的破坏情况

（a）螺栓杆剪断；（b）孔壁挤压；（c）钢板被拉断；（d）钢板剪断；（e）螺栓弯曲

(b)]，超过弹性阶段出现塑性变形后，因内力重分布使各螺栓受力趋于均匀［图 10.35 (c)］。但当构件的节点处或拼接缝的一侧螺栓很多，且沿受力方向的连接长度 l_1 过大时，端部的螺栓会因受力过大而首先破坏，随后依次向内发展逐个破坏。因此规范规定当 $l_1 > 15d_0$ 时，应将螺栓的承载力乘以折减系数 $\beta = 1.1 - \frac{l_1}{150d_0}$，当 $l_1 > 60d_0$ 时，折减系数为 0.7，d_0 为螺栓孔径。这样，在设计时，当外力通过螺栓群中心时，可认为所有螺栓受力相同。

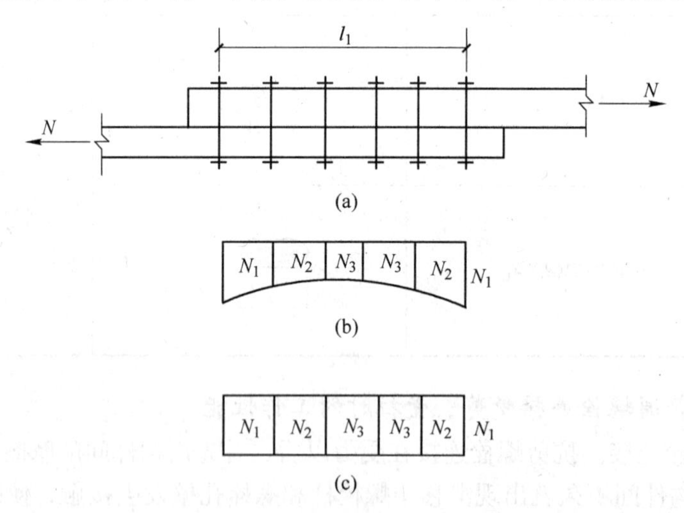

图 10.35 螺栓受剪力状态

（a）受剪螺栓；（b）弹性阶段受力状态；（c）塑性阶段受力状态

一个抗剪螺栓的设计承载能力按下面两式计算：

1）抗剪承载力设计值。

$$N_v^b = n_v \frac{\pi d^2}{4} f_v^b \tag{10.12}$$

2）承压承载力设计值。

$$N_c^b = d\sum t f_c^b \tag{10.13}$$

式中 n_v——螺栓受剪面数（图 10.36），单剪 $n_v=1$，双剪 $n_v=2$，四剪面 $n_v=4$ 等；

d——螺栓杆直径，对铆接取孔径 d_0；

$\sum t$——在同一方向承压的构件较小总厚度，对于四剪面 $\sum t$ 取 $(a+b+c)$ 或 $(b+d)$ 的较小值；

f_v^b，f_c^b——分别为螺栓的抗剪、承压强度设计值，对铆接取 f_v^r，f_c^r。

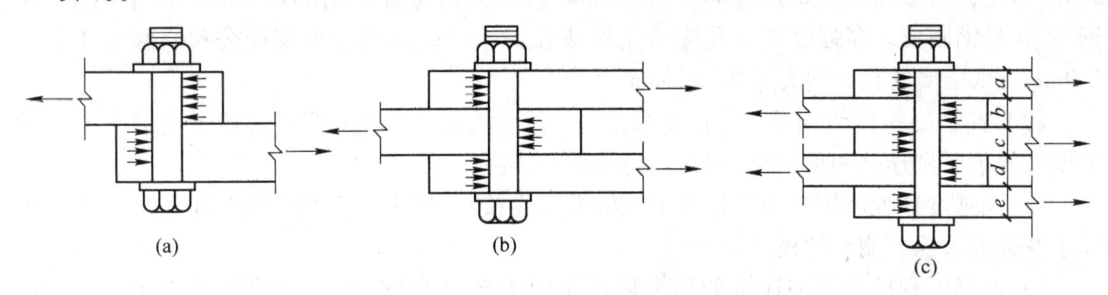

图 10.36 抗剪螺栓连接

（a）单剪；（b）双剪；（c）四剪面

抗剪螺栓的承载力设计值应该取 N_v^b 和 N_c^b 的较小值 N_{min}^b。

（2）抗拉螺栓连接。在抗拉螺栓连接中，如图 10.37 所示，外力趋向于将被连接构件拉开，而使螺栓受拉，最后螺栓杆会被拉断。一个抗拉螺栓的承载力设计值按下式计算：

$$N_t^b = \frac{\pi d_e^2}{4} f_t^b \tag{10.14}$$

式中 d_e——普通螺栓或锚栓螺纹处的有效直径，其取值见附表 7，对铆钉连接取孔径 d_0；

f_t^b——普通螺栓或锚栓的抗拉强度设计值。

在采用螺栓的 T 形连接中，必须借助附件（角钢）才能实现［图 10.37（a）］。通常角钢的刚度不大，受拉后，垂直于拉力作用方向的角钢肢会发生较大的变形，并起杠杆作用，在该肢外侧端部产生撬力 Q。因此，螺栓实际所受拉力为 $P_f = N + Q$，由于确定 Q 力比较复杂，在计算中对普通螺栓连接，一般不计 Q 力，而用降低螺栓强度设计值的方法解决，规范规定的普通螺栓抗拉强度设计值 f_t^b 是取同样钢号钢材抗拉强度设计值 f 的 0.8 倍（即 $f_t^b = 0.8f$），以考虑 Q 力的影响。

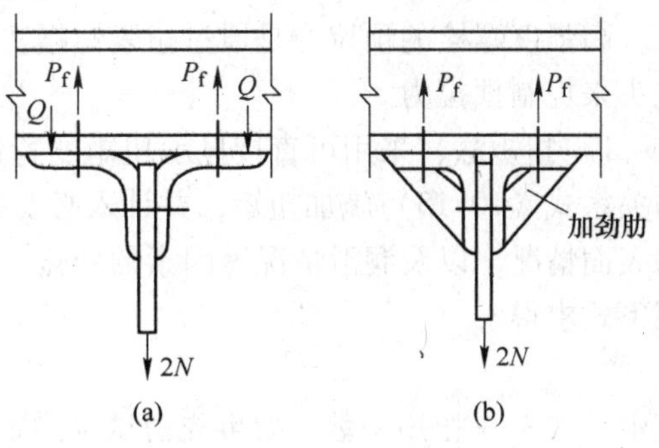

图 10.37 抗拉螺栓连接

如果在构造上采取一些措施加强角钢刚度，可使其不致产生 Q 力，或产生 Q 力甚小，例如在角钢两肢间设置加劲肋［图 10.37（b）］，就是增大刚度的一种有效办法。

对于螺栓群在轴心力作用下的抗剪计算，当外力通过螺栓群形心时，假定诸螺栓平均分担剪力，进行相应的计算。

10.3.2 高强度螺栓连接的构造和计算

（1）高强度螺栓连接的性能。高强度螺栓的性能等级有10.9级（20MnTiB钢和35VB钢）和8.8级（40B钢、45号钢和35号钢）。40B钢和45号钢已经使用多年，但二者的淬透性不够理想，且因含碳量高而抵抗应力腐蚀断裂的性能较差，只能用于直径不大于24mm的高强度螺栓。级别划分的小数点前数字是螺栓热处理后的最低抗拉强度，小数点后的数字是屈服强度f_y与抗拉强度f_u的比值，即屈强比，如8.8级钢材的最低抗拉强度是$800N/mm^2$，屈服强度是$0.8\times800=640N/mm^2$。高强度螺栓所用的螺帽和垫圈采用45号钢或35号钢制成。高强度螺栓孔应采用钻成孔，摩擦型的孔径比螺栓公称直径大1.5～2.0mm，承压型的孔径则大1.0～1.5mm。

（2）高强度螺栓的分类。高强度螺栓连接按受力特征分为高强度螺栓摩擦型连接、高强度螺栓承压型连接和承受拉力的高强度螺栓连接。

1）高强度螺栓摩擦型连接是指单纯依靠被连接构件间的摩擦阻力传递剪力，以剪力等于摩擦力为承载能力的极限状态。

2）高强度螺栓承压型连接的传力特征是剪力超过摩擦力时，构件间发生相互滑移，螺栓杆身与孔壁接触，开始受剪并孔壁承压。其摩擦力随外力继续增大而逐渐减弱，到连接接近破坏时，剪力全由杆身承担。高强度螺栓承压型连接以螺栓或钢板破坏为承载能力的极限状态，可能的破坏形式和普通螺栓相同。

3）承受拉力的高强度螺栓连接，由于预拉力作用，板件间在承受荷载前已经有较大的挤压力，拉力作用首先要抵消这种挤压力。在挤压力完全消失后，高强度螺栓的受拉力情况就和普通螺栓受拉相同。不过这种连接的变形要小得多。当拉力小于挤压力时，构件未被拉开，可以减少锈蚀危害，改善连接的疲劳性能。

（3）高强度螺栓的预拉力。高强度螺栓连接中板件间的挤压力和摩擦力对外力的传递有很大影响。栓杆预拉力，连接表面的抗滑移系数和钢材种类都直接影响到高强度螺栓连接的承载力。

高强度螺栓的预拉力是通过扭紧螺帽实现的。一般采用扭矩法、转角法或扭掉螺栓梅花头来控制预拉力。

1）扭矩法：采用可直接显示扭矩的特制扳手，根据事先测定的扭矩和螺栓拉力之间的关系式（10.15）施加扭矩，并计入必要的超张拉值。此法往往由于螺纹条件、螺帽下的表面情况，以及润滑情况等因素的变化，使扭矩和拉力间的关系变化幅度较大，扭矩T用下式求得

$$T = KdP \tag{10.15}$$

式中 K——扭矩系数，要事先由试验测定；

d——螺栓直径；

P——设计时规定的螺栓预拉力。

2）转角法：分初拧和终拧两步。初拧是先用普通扳手使被连接构件相互紧密贴合，终拧就是以初拧的贴紧位置为起点，根据按螺栓直径和板叠厚度所确定的终拧角度，用强有力的扳手旋转螺母，拧至预定角度值时，螺栓的拉力即达到了所需要的预拉力数值。

3）扭剪法：扭剪型高强度螺栓的受力特征与一般高强度螺栓相同，只是施加预拉力的方法为用拧断螺栓梅花头切口处截面来控制预拉力数值。这种螺栓施加预拉力简单、准确。高强度螺栓的设计预拉力由材料强度和螺栓有效截面确定，并且考虑以下要点：

①在扭紧螺栓时扭矩使螺栓产生的剪应力将降低螺栓的承拉能力，故对材料抗拉强度除以系数1.2；

②施工时为补偿预拉力的松弛要将螺栓超张拉5%~10%，故乘以系数0.9；

③材料抗力的变异等影响，乘以系数0.9。

由于以抗拉强度为准，再引进一个附加安全系数0.9。这样，预拉力设计值由下式计算。

$$P = 0.9 \times 0.9 \times 0.9 f_u A_e / 1.2 = 0.608 f_u A_e \tag{10.16}$$

式中 f_u ——高强度螺栓的抗拉强度；

A_e ——高强度螺栓的有效截面面积，见附表7。

根据热处理后螺栓的最低 f_u 值，对10.9级取1040N/mm²，8.8级取830N/mm²，按式（10.16）计算预拉力值 P，并且取5kN倍数，即得表10.8所示数值。

表10.8　高强度螺栓的设计预拉力 *P* 值　（kN）

螺栓的强度等级	螺栓的公称直径/mm					
	M16	M20	M22	M24	M27	M30
8.8级	80	125	150	175	230	280
10.9级	100	155	190	225	290	355

（4）高强度螺栓连接的摩擦面抗滑移系数。高强度螺栓摩擦型连接完全依靠被连接构件间的摩擦阻力传力，而摩擦阻力的大小除了螺栓的预拉力外，与被连构件材料及其接触面的表面处理所确定的摩擦面抗滑移系数 μ 有关。规范规定的摩擦面抗滑移系数 μ 值见表10.9。承压型连接的板件接触面只要求清除油污及浮锈。

表10.9　摩擦面的抗滑移系数 μ 值

在连接处构件接触面的处理方法	构件的钢号		
	Q235钢	Q345、Q390钢	Q420钢
喷砂	0.45	0.50	0.50
喷砂后涂无机富锌漆	0.35	0.40	0.40
喷砂后生赤锈	0.45	0.50	0.50
钢丝刷消除浮锈或未经处理的干净轧制表面	0.30	0.35	0.40

试验证明，构件摩擦面涂红丹后，抗滑移系数 μ 甚低（在0.14以下），经处理后仍然较低，故摩擦面应严格避免涂染红丹。另外连接在潮湿或淋雨状态下进行拼装，也会降低 μ 值，故应采取防潮措施并避免雨天施工，以保证连接处表面干燥。

（5）高强度螺栓的排列。高强度螺栓的排列和普通螺栓相同，它沿受力方向的连接长度 l_1，亦考虑 $l_1 > 15d_0$ 时对设计承载力的不利影响。

复习思考题

10-1　简述钢结构连接的类型及特点。

10-2　受剪普通螺栓有哪几种可能的破坏形式，如何防止？

10-3　简述普通螺栓连接与高强度螺栓摩擦型连接在弯矩作用下计算时的异同点。

10-4　为何要规定螺栓排列的最大和最小间距要求？

10-5　影响高强螺栓承载力的因素有哪些？

钢构件设计

11.1 轴心受力构件

轴心受力构件是指只受通过构件截面形心的轴向力作用的构件。当这种轴向力为拉力时，称为轴心受拉构件，或简称轴心拉杆；当轴向力为压力时，称为轴心受压构件或简称轴心压杆。轴心受力构件是钢结构的基本构件，广泛应用在桁架、塔架、网架和支承等结构中。这类结构的节点通常假设为铰接连接，当无节间荷载作用时，只受轴心力作用。

11.1.1 轴心受力构件的截面形式

轴心受力构件截面形式很多，一般可分为型钢截面和组合截面两类。型钢截面如图 11.1（a）所示，有圆钢、钢管、角钢、槽钢、工字钢、H 型钢、T 型钢等。它们只需经过少量加工就可用作构件。由于制造工作量少，省工省时，故使用型钢截面构件成本较低。型钢截面一般只用于受力较小的构件。组合截面是由型钢和钢板连接而成，其构造形式可分为实腹式截面［图 11.1（b）］和格构式截面［图 11.1（c）］两种。由于组合截面的形状和尺寸几乎不受限制，由此可根据轴心受力性质和力的大小选用合适的截面。如轴心受拉杆一般由强度条件决定，故只需选用满足强度要求的截面面积并使截面较开展以满足必要的刚度要求即可。但对轴心压杆除强度和刚度条件外，往往取决于整体稳定条件，故应使截面尽可能开展以提高其稳定承载能力。格构式截面由于材料集中于分肢，它与实腹式截面构件相比，在材料用量相等的条件下可增大截面惯性矩，实现两主轴方向等稳定性，刚度大，抗扭性能好。受力不大的较长构件，为提高其刚度可采用三肢或四肢组成较宽大

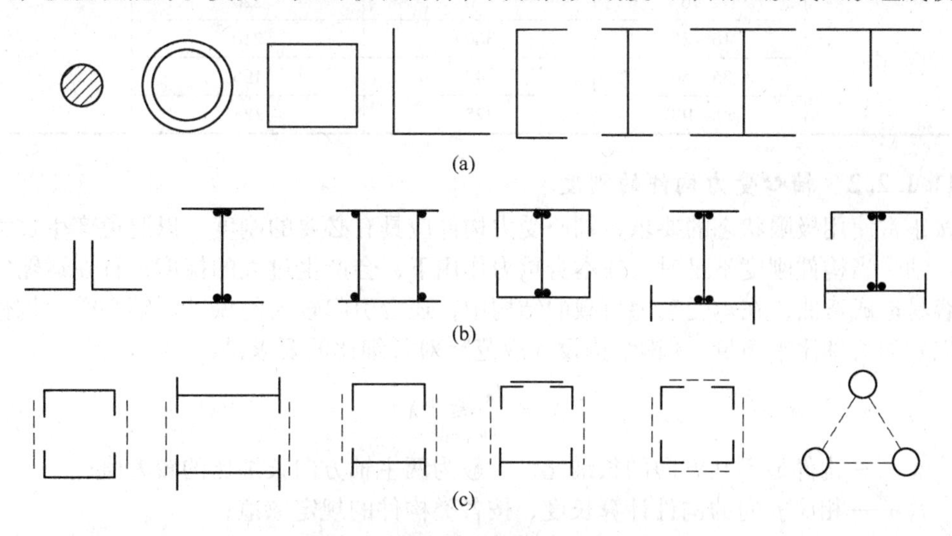

图 11.1 轴心受力构件的截面形式

（a）型钢截面；（b）实腹式截面；（c）格构式截面

的格构式截面。组合截面可以节约用钢，但制造比较费工。

11.1.2 轴心受力构件的强度和刚度

11.1.2.1 轴心受力构件的强度

轴心受拉和轴心受压构件的强度计算公式是：

$$\sigma = \frac{N}{A_n} \leqslant f \tag{11.1}$$

式中 N——轴心拉力或轴心压力设计值；

A_n——构件的净截面面积；

f——钢材的抗拉强度或抗压强度设计值，按表11.1采用。

表11.1 钢材的强度设计值 (N/mm^2)

钢材		抗拉、抗压和抗弯 f	抗剪 f_v	端面承压（刨平顶紧）f_{ce}
牌号	厚度或直径/mm			
Q235钢	≤16	215	125	325
	16~40	205	120	
	40~60	200	115	
	60~100	190	110	
Q345钢	≤16	310	180	400
	16~35	295	170	
	35~50	265	155	
	50~100	250	145	
Q390钢	≤16	350	205	415
	16~35	335	190	
	35~50	315	180	
	50~100	295	170	
Q420钢	≤16	380	220	440
	16~35	360	210	
	35~50	340	195	
	50~100	325	185	

11.1.2.2 轴心受力构件的刚度

按正常使用极限状态的要求，轴心受力构件应具有必要的刚度，以避免产生过大的变形和振动。当构件刚度不足时，在本身重力作用下，会产生过大的挠度；且在运输安装过程中容易造成弯曲，在承受动力荷载的结构中，还会引起较大的振动。轴心受力构件的刚度是以它的长细比来衡量。《钢结构设计规范》对长细比的要求是：

$$\lambda = \frac{l_0}{i} \leqslant [\lambda] \tag{11.2}$$

式中 λ——构件最不利方向的长细比，一般为两主轴方向长细比的较大值；

l_0——相应方向的构件计算长度，按各类构件的规定取值；

i——相应方向的截面回转半径；

$[\lambda]$——受拉构件或受压构件的容许长细比，按表11.2或表11.3采用。

表 11.2　受拉构件的容许长细比

项次	构件名称	承受静力荷载或间接承受动力荷载的结构		直接承受动力载荷的结构
		一般建筑结构	有重级工作制吊车的厂房	
1	桁架的杆件	350	250	250
2	吊车梁或吊车桁架以下的柱间支撑	300	200	—
3	其他拉杆、支撑（张紧的圆钢除外）	400	350	—

表 11.3　受压构件的容许长细比

项次	构件名称	长细比限度
1	柱、桁架和天窗架构件	150
	柱的缀条、吊车梁和吊车桁架以下的柱间支撑	
2	其他支撑（吊车梁或吊车桁架以下的柱间支撑除外）	200
	用以减少受压构件长细比的杆件	

11.1.3　实腹式轴心受压构件的整体稳定

设计轴心受压构件时，除应满足式（11.1）和式（11.2）的强度和刚度条件外，还必须满足整体稳定条件。轴心受压构件的稳定和强度是承载力完全不同的两个方面。强度承载力取决于所用钢材的屈服强度 f_y，而稳定承载力则取决于构件的临界应力。后者和截面形状、尺寸、构件长度及构件两端的支承状况有关。

当构件轴心受压时，可能以三种不同的丧失稳定形式而破坏；第一种是弯曲屈曲，只发生弯曲变形，杆件的截面只绕一个主轴旋转，杆的纵轴线由直线变为曲线；第二种是扭转屈曲，杆件除支承端外的各截面均绕纵轴扭转；第三种是弯扭屈曲，杆件在发生弯曲变形的同时伴随着扭转，如图 11.2 所示，其中纯扭转屈曲很少单独发生。

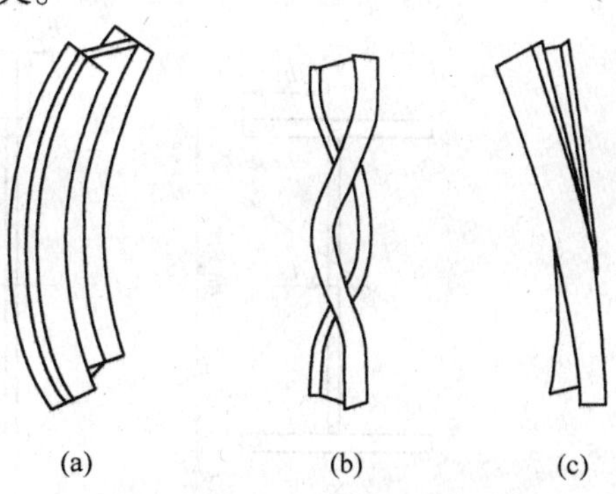

图 11.2　轴心受压构件的屈曲形式

（a）弯曲屈曲；（b）扭转屈曲；（c）弯扭屈曲

我国《钢结构设计规范》考虑到轴心受压构件的实际情况，按照具有初始缺陷和残余应力的小偏心受压构件来确定其稳定承载力。

《钢结构设计规范》规定的计算轴心受压构件稳定性的公式：

$$\sigma = \frac{N}{A} \leqslant \varphi f$$

$$\frac{N}{\varphi A} \leqslant f \tag{11.3}$$

式中　N——构件承受的轴心压力；

A——构件毛截面面积；

f——钢材的抗压强度设计值；

φ——轴心受压构件稳定系数。

轴心受压构件整体稳定系数主要与三个因素有关：构件截面种类、钢材品种和构件长细比 λ 。为便于设计应用，《钢结构设计规范》将不同钢材的 a、b、c、d 四条曲线分别规定并编成4个表格，见附表8～附表11。φ 值可按截面种类及 $\lambda\sqrt{\frac{f_y}{235}}$ 查表求得。

11.1.4 实腹式轴心受压构件的局部稳定

实腹式轴心受压构件都是由一些板件组成的，一般板件的厚度与板的宽度相比都较小，因主要受轴心压力作用，故应按均匀受压板计算其板件的局部稳定。对轴心压杆的局部稳定问题我国钢结构设计规范采用以板件屈曲作为失稳准则，结合杆件的整体稳定考虑，即按板的局部失稳不先于杆件的整体失稳的原则和稳定准则决定板件宽厚比限值。

对工字形截面［图11.3（a）］，规范规定：

工字形翼缘板自由外伸宽厚比的限值为：

$$\frac{b_1}{t} \leqslant (10 + 0.1\lambda)\sqrt{\frac{235}{f_y}} \tag{11.4}$$

工字形截面腹板的高厚比限值为：

$$\frac{h_0}{t_w} \leqslant (25 + 0.5\lambda)\sqrt{\frac{235}{f_y}} \tag{11.5}$$

式中 λ——构件两方向长细比的较大值，当 $\lambda < 30$ 时，取 $\lambda = 30$ ；当 $\lambda > 100$ 时，取 $\lambda = 100$ 。

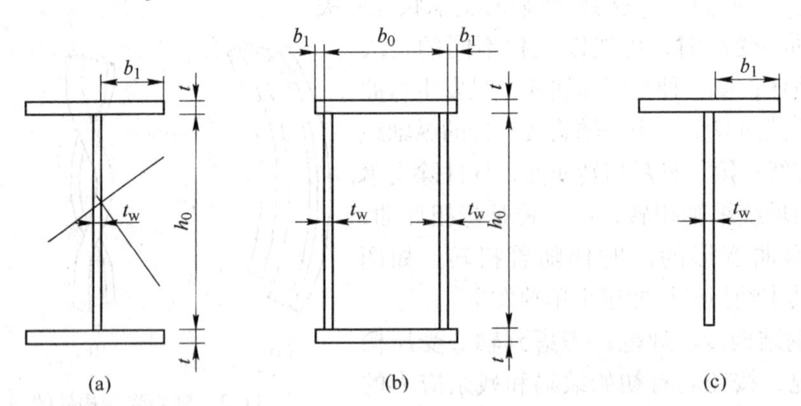

图11.3 工字形、箱形和T形截面板件尺寸

（a）工字形；（b）箱形；（c）T形

箱形截面轴心压杆的翼缘和腹板，如图11.3（b）所示，都是均匀受压的四边支撑板。由于板件之间一般用单侧焊缝连接，嵌固程度较低，虽然同样可以采用类似于式（11.4）、式（11.5）计算其宽厚比和高厚比 $\left(\frac{b_0}{t}和\frac{h_0}{t_w}\right)$ 限值，但为了便于计算，规范规定偏于安全地按下列近似式计算，即取为不和长细比联系的定值：

$$\frac{b_0}{t}或\frac{h_0}{t_w} \leqslant 40\sqrt{\frac{235}{f_y}} \tag{11.6}$$

T形截面腹板宽（厚）比的限值为：

热轧 T 型钢：

$$\frac{h_0}{t_w} \leqslant (15 + 0.2\lambda)\sqrt{\frac{235}{f_y}} \tag{11.7}$$

焊接 T 型钢：

$$\frac{h_0}{t_w} \leqslant (13 + 0.17\lambda)\sqrt{\frac{235}{f_y}} \tag{11.8}$$

在承受较大荷载的实腹柱中，如不能满足上述局部稳定的要求时，要设置纵向加劲肋，如图 11.4 所示。这时腹板的计算高度就减小一半。纵向加劲肋的厚度不宜小于 $0.75t_w$，伸出宽度亦不小于 $10\,t_w$。

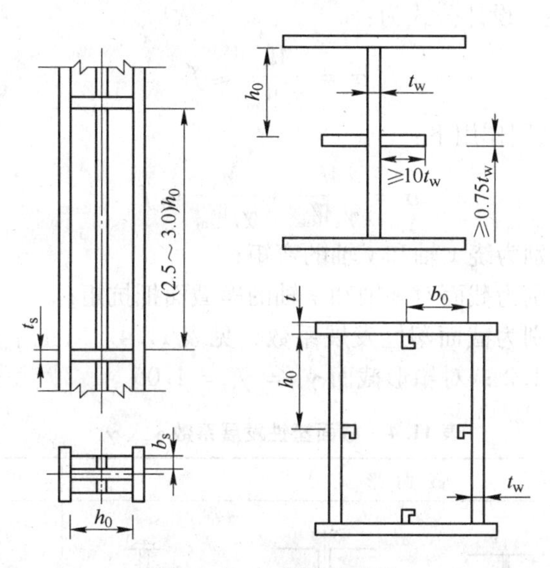

图 11.4 加劲肋的设置

当实腹柱的腹板高厚比 $h_0/t_w > 80$ 时，为防止腹板在施工和运输过程中发生变形、提高柱的抗扭刚度，应设置横向加劲肋。横向加劲肋的间距通常取为 $(2.5\sim3.0)\,h_0$，其截面尺寸要求，双侧加劲肋的外伸宽度 b_s 应不小于 $h_0/30+40$，厚度 t_s 应大于外伸宽度的 1/15，并至少设置两道。对大型实腹式柱在受有较大水平力处和运输单元的端部应设置横隔（加宽的横向加劲肋），横隔的间距不得大于柱截面较大宽度的 9 倍或 8m。

11.2 受弯构件

11.2.1 梁的类型

主要用来承受横向荷载的受弯实腹式构件叫做梁。钢梁按截面形式可分为型钢梁和组合梁两类。型钢梁构造简单、制造省工、成本较低，应优先采用。但在荷载较大或跨度较大时，由于轧制条件的限制，型钢的尺寸、规格不能满足梁承载力和刚度要求时，必须采用组合梁。当跨度和荷载较小时，可直接选用型钢梁。常用的型钢梁有热轧工字钢、热轧 H 型钢和槽钢，其中以 H 型钢的截面分布最合理，翼缘的外边缘平行，与其他构件连接方便，应优先采用。用于梁的 H 型钢宜为窄翼缘型（HN 型）。槽钢的剪力轴不在腹板平面内，弯曲时将同时伴随有扭转，如果能在结构上保证截面不发生扭转，或扭矩很小的情况下，才可采用单槽钢。当跨度和荷载较大时，可采用组合梁。当荷载很大，梁高受到限制或抗扭要求较高时，可采用箱形截面。组合梁的截面组成比较灵活，可使材料在截面上的分布更为合理，节省钢材。

11.2.2　梁的强度和刚度

11.2.2.1　梁的强度

梁的强度分抗弯强度、抗剪强度、局部承压强度、在复杂应力作用下的强度。

（1）梁的抗弯强度。在计算梁的抗弯强度时，考虑截面塑性发展比不考虑截面塑性发展要节省钢材，但塑性铰的形成将导致梁的挠度过大，影响梁的正常使用，因此设计时只考虑部分截面发展塑性。设计公式为：

$$\sigma = \frac{M_x}{\gamma_x W_{nx}} \leqslant f \tag{11.9}$$

在弯矩 M_x 和 M_y 共同作用下：

$$\sigma = \frac{M_x}{\gamma_x W_{nx}} + \frac{M_y}{\gamma_y W_{ny}} \leqslant f \tag{11.10}$$

式中　M_x，M_y——分别为绕 x 轴和 y 轴的弯矩；

W_{nx}，W_{ny}——分别为截面对 x 轴和 y 轴的净截面抵抗矩；

γ_x，γ_y——分别为截面塑性发展系数，见表11.4。对工字形截面 $\gamma_x = 1.05$，$\gamma_y = 1.2$；对箱形截面 $\gamma_x = \gamma_y = 1.05$。

表11.4　截面塑性发展系数 γ_x、γ_y

项次	截面形式	γ_x	γ_y
1	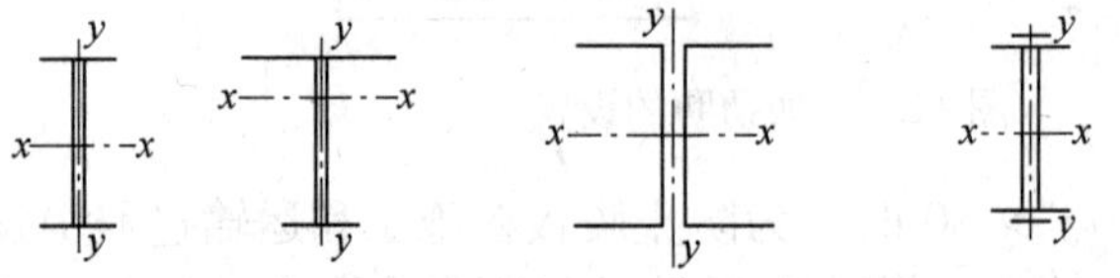	1.05	1.2
2	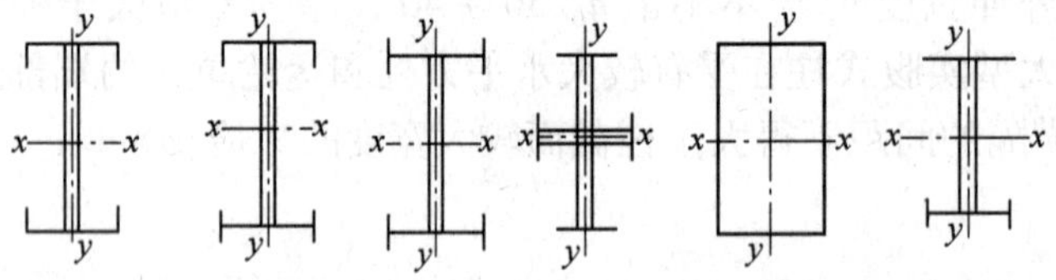		1.05
3	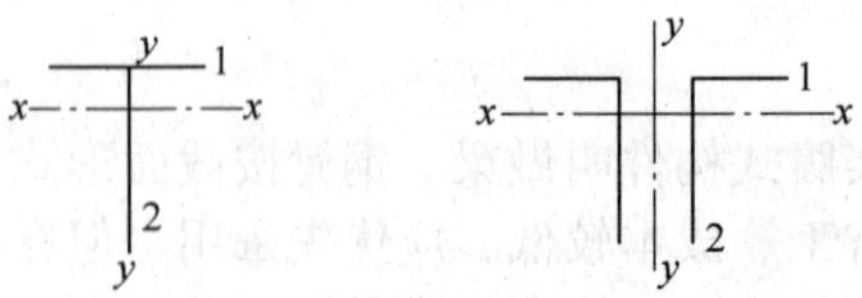	$\gamma_{x1} = 1.05$ $\gamma_{x2} = 1.2$	1.2
4	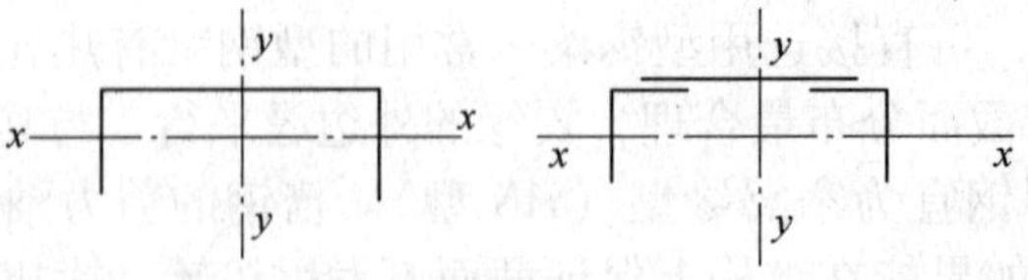		1.05

续表 11.4

项 次	截 面 形 式	γ_x	γ_y
5	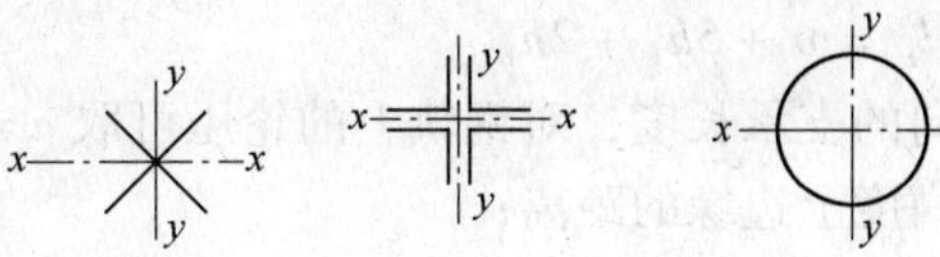	1.2	1.2
6	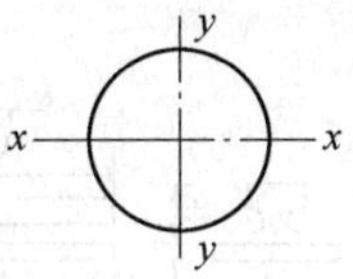	1.15	1.15
7	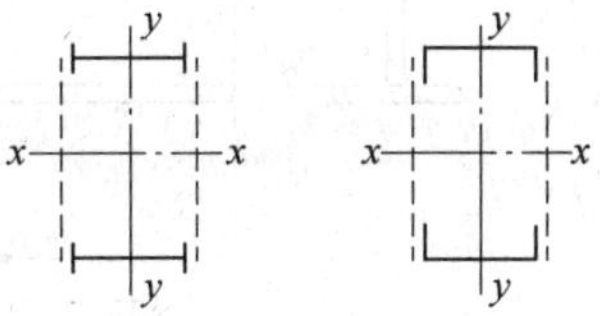	1.0	1.05
8	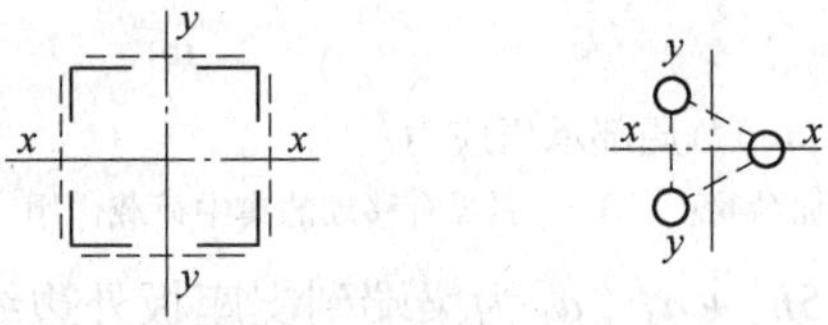		1.0

（2）梁的抗剪强度。梁满足正应力强度要求时，还应验算剪应力，其计算公式为：

$$\tau = \frac{VS}{It_w} \leqslant f_v \tag{11.11}$$

式中　V——计算截面上沿腹板平面作用的剪力；

I——毛截面惯性矩；

S——计算剪应力处以上截面对中和轴的面积矩；

t_w——腹板厚度；

f_v——钢材的抗剪强度设计值，见表 11.1。

当梁的抗剪强度不足时，最有效的办法是增大腹板的厚度。轧制工字钢和槽钢腹板厚度 t_w 相对较大，当无较大截面削弱（切割或开孔）时，一般不计算剪应力。

（3）梁的局部承压强度。当梁在固定集中荷载处无支承加劲肋时［图 11.5（a）］，或当上翼缘有移动的集中荷载作用时［图 11.5（b）］，应计算腹板计算高度边缘处的局部压应力。计算式如下：

$$\sigma_c = \frac{\psi F}{t_w l_z} \leqslant f \tag{11.12}$$

式中　F——集中荷载，对动荷载应考虑动力系数；

ψ——集中荷载增大系数（考虑吊车轮压分配不均匀），重级工作制吊车轨压 ψ = 1.35；其他荷载 ψ = 1.0；

l_z——集中荷载在腹板计算高度上边缘的假定分布长度，按下式计算：

$$l_z = a + 5h_y + 2h_R \tag{11.13}$$

a——集中荷载沿梁跨度方向的支承长度，对钢轨上的轮压可取 a = 50mm；

h_y——自梁顶面至腹板计算高度上边缘的距离；

h_R——轨道的高度，对梁顶无轨道的梁 h_R = 0；

t_w——腹板的厚度；

f——钢材的抗压强度设计值。

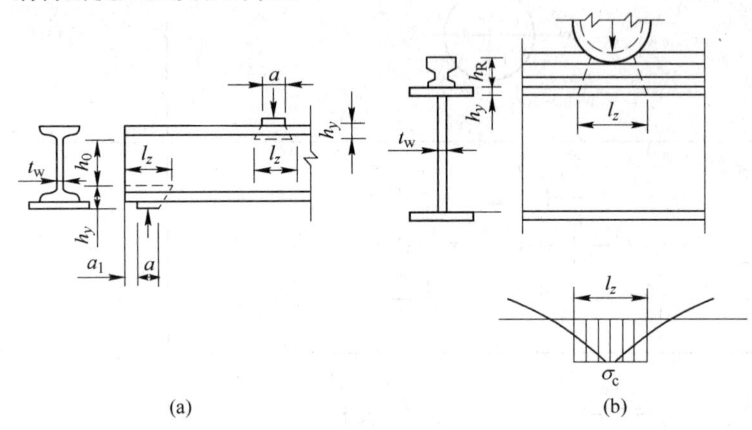

图 11.5 局部承压应力

（a）集中荷载处无支撑加劲肋；（b）上翼缘有移动的集中荷载作用

梁端支承计算长度为：$l_z = a + 2.5h_y + a_1$，a_1 为梁端到支座板外边缘的距离，按实取，但不得大于 $2.5h_y$。

腹板的计算高度规定如下：

（1）对于型钢梁为腹板与翼缘相接处两内弧起点间的距离；

（2）对于焊接组合梁则为腹板高度。

在梁的支座处，当不设支承加劲肋时，也应按式（11.12）计算腹板计算高度下边缘的局部压应力，但 ψ 取 1.0。当局部承压验算不满足要求时，对于固定集中荷载作用处可设置支承加劲肋；对移动集中荷载，则应增加腹板厚度或采取各种措施使 l_z 增加，加大荷载扩散长度。

11.2.2.2 梁的刚度

梁的刚度按正常使用状态下，荷载标准值作用下引起的挠度来度量。在荷载作用下，梁出现过大变形时，会影响到梁的正常使用。如楼盖梁的挠度太大，给人一种不舒服和不安全的感觉，可使其上部的楼面及下部的抹灰开裂影响结构的功能。因此梁必须具有足够的刚度，以保证其变形不超过正常使用的极限状态。梁的刚度要求，就是限制使用时梁的最大变形，即挠度应符合下式要求：

$$v \leqslant [v_T] \text{ 或 } [v_Q] \tag{11.14}$$

式中 v——根据表 11.5 中所对应的荷载（全部荷载或可变荷载）的标准值产生的梁最大挠度；

$[v_T]$——永久和可变荷载标准值产生的挠度容许值，按表 11.5 采用；

$[v_Q]$——可变荷载标准值产生的挠度容许值，按表 11.5 采用。

表 11.5 受弯构件挠度容许值

项次	构件类别	挠度容许值	
		$[v_T]$	$[v_Q]$
1	吊车梁和吊车桁架（按自重和起重量最大的一台吊车计算挠度）		
	（1）手动吊车和单梁吊车（含悬挂吊车）	$l/500$	
	（2）轻级工作制桥式吊车	$l/800$	
	（3）中级工作制桥式吊车	$l/1000$	
	（4）重级工作制桥式吊车	$l/1200$	
2	手动或电动葫芦的轨道梁	$l/400$	
3	有重轨（重量等于或大于 38kg/m）轨道的工作平台梁	$l/600$	
	有轻轨（重量等于或大于 24kg/m）轨道的工作平台梁	$l/400$	
4	楼（屋）盖梁或桁架、工作平台梁（第三项除外）和平板		
	（1）主梁和桁架（包括设有悬挂起重设备的梁和桁架）	$l/400$	$l/500$
	（2）抹灰顶棚的次梁	$l/250$	$l/350$
	（3）除（1）、（2）款外的其他梁（包括楼梯梁）	$l/250$	$l/300$
	（4）屋盖檩条		
	支承无积灰的瓦楞铁和石棉瓦屋面者	$l/150$	
	支承压型金属板、有积灰的瓦楞铁和石棉瓦等屋面者	$l/200$	
	支承其他屋面材料者	$l/200$	
	（5）平台板	$l/150$	
5	墙架构件（风荷载不考虑阵风系数）	$l/200$	
	（1）支柱		$l/400$
	（2）抗风桁架（作为连续支柱的支承时）		$l/1000$
	（3）砌体墙横梁（水平方向）		$l/300$
	（4）支承压型金属板、瓦楞铁和石棉瓦墙面的横梁（水平方向）		$l/200$
	（5）带有玻璃窗的横梁（竖直和水平方向）		$l/200$

11.2.3 梁的整体稳定

在梁的强度设计时，为了有效地发挥材料的作用，梁的截面常设计成窄而高。当梁上有荷载作用在最大刚度平面内，而荷载较小时，梁只在弯矩作用平面内弯曲。虽然外界各种因素会使梁产生微小的侧向弯曲和扭转变形，但外界的影响消失后，梁便能恢复到原来的稳定平衡状态。当荷载逐渐增加到某一数值时，梁突然发生侧向弯曲和扭转，失去继续承受荷载的能力，这种现象称为梁丧失了整体稳定。使梁丧失整体稳定的弯矩或弯曲正应力称为临界弯矩或临界应力。如果临界应力低于钢材屈服点，梁将在强度破坏之前发生整体失稳。梁的整体失稳是突然发生的，事先并无明显征兆，因此必须特别注意。设计梁时必须验算整体稳定性。

临界弯矩或临界应力与荷载在截面上的作用位置有关。当荷载作用在上翼缘时［图11.6（a）］，在梁产生微小侧向位移和扭转时，荷载P产生的附加扭矩$P \cdot e$促进了梁的扭转。当荷载P作用在梁的下翼缘时［图11.6（b）］，它将产生与截面扭转方向相反的扭矩，对截面的继续扭转能起到阻碍作用。显然，荷载作用于上翼缘时的临界应力较低，作用于下翼缘时临界应力则较高。为保证梁不丧失整体稳定，应使最大弯矩截面上的实际应力不超过临界应力。验算梁整体稳定性的公式为：

$$\sigma = \frac{M_{max}}{W_x} \leqslant \frac{\sigma_{cr}}{\gamma_R} = \frac{\sigma_{cr}}{f_y}\frac{f_y}{\gamma_R} = \varphi_b f \tag{11.15}$$

或

$$\frac{M_{max}}{\varphi_b W_x} \leqslant f \tag{11.16}$$

式中 φ_b——梁的整体稳定系数，$\varphi_b = \frac{\sigma_{cr}}{f_y}$；

M_{max}——最大刚度主平面内的最大弯矩；

γ_R——钢材的抗力分项系数；

W_x——梁按受压翼缘确定的毛截面抵抗矩。

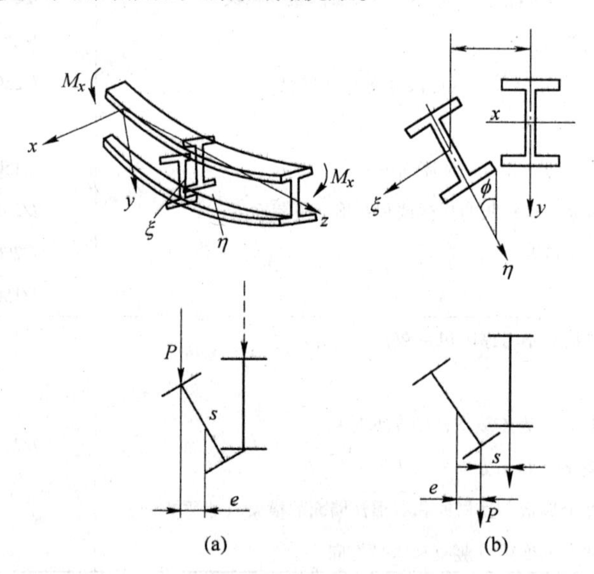

图11.6 梁丧失整体稳定现象

（a）荷载作用在上翼缘时；（b）荷载作用在下翼缘时

11.2.3.1 整体稳定性系数的确定

（1）焊接工字形和轧制H型钢等截面简支梁。根据理论推导，其整体稳定系数φ_b应按式（11.17）计算：

$$\varphi_b = \beta_b \frac{4320}{\lambda_y^2}\frac{Ah}{W_x}\left[\sqrt{1 + \left(\frac{\lambda_y t_1}{4.4h}\right)^2} + \eta_b\right]\frac{235}{f_y} \tag{11.17}$$

式中 A——梁的毛截面面积；

t_1——梁受压翼缘板的厚度；

h ——梁截面的全部高度；

f_y ——钢材的屈服点，Q235 钢，$f_y = 235\text{MPa}$；

λ_y ——梁在侧向支承点间对截面弱轴 $y-y$ 的长细比，$\lambda_y = \dfrac{l_1}{i_y}$；$i_y$ 为梁的毛截面对 y 轴的回转半径，l_1 为梁受压翼缘的侧向自由长度；

W_x ——梁按受压纤维确定的毛截面抵抗矩；

β_b ——梁整体稳定的等效临界弯矩系数，按表 11.6 采用；

η_b ——截面不对称影响系数。对双轴对称工字形截面［图 11.7(a)］，$\eta_b = 0$；对单轴对称工字形截面，加强受压翼缘时［图 11.7(b)］，$\eta_b = 0.8(2\alpha_b - 1)$；加强受拉翼缘时［图 11.7(c)］，$\eta_b = 2\alpha_b - 1$；$\alpha_b = \dfrac{I_1}{I_1 + I_2}$；$I_1$ 和 I_2 分别为受压翼缘和受拉翼缘对 y 轴的惯性矩。

表 11.6　焊接工字形和 H 型钢等截面简支梁的受弯系数 β_b

项次	侧向支撑	荷　载		$\xi = l_1t_1/b_1h$		适用范围
				$\xi \leqslant 2.0$	$\xi > 2.0$	
1	跨中无侧向支撑	均布荷载作用在	上翼缘	$0.69 + 0.13\xi$	0.95	对称截面及上翼缘加强的截面
2			下翼缘	$1.73 - 0.20\xi$	1.33	
3		集中荷载作用在	上翼缘	$0.73 + 0.18\xi$	1.09	
4			下翼缘	$2.23 - 0.28\xi$	1.67	
5	跨度中点有一个侧向支撑	均布荷载作用在	上翼缘	1.15		对称截面，上翼缘加强及下翼缘加强的截面
6			下翼缘	1.40		
7		集中荷载作用在截面任意处		1.75		
8	跨中有不少于两个等距离侧向支点	任意荷载作用下	上翼缘	1.20		
9			下翼缘	1.40		
10	梁端有弯矩，跨中无荷载作用			$1.75 - 1.05(M_2/M_1) + 0.3(M_2/M_1)^2$，但 $\leqslant 2.3$		

注：1. ξ 为参数，l_1、t_1 和 b_1，分别是受压翼缘的自由长度，厚度和宽度。

2. M_1 和 M_2 为梁的端弯矩，使梁产生同向曲率时二者取同号，产生反向曲率时取异号。$|M_1| \geqslant |M_2|$。

3. 项次 3、4、7 指一个或少数几个集中荷载位于跨中附近，梁的弯矩图接近等腰三角形的情况；对其他情况的集中荷载，应按项次 1、2、5、6 的数值采用。

4. 当 $\alpha_b > 0.8$ 时，下列情况的 β_0 值应乘以下系数：（1）项次 1，当 $\xi \leqslant 1.0$ 时，0.95；（2）项次 3，当 $\xi \leqslant 0.5$ 时，0.90；当 $0.5 < \xi \leqslant 1.0$ 时，0.95。

5. 表中项次 8、9，当集中荷载作用在侧向支承点处时，取 $\beta_0 = 1.2$。

6. 荷载作用在上翼缘系指荷载作用点在翼缘表面，方向指向截面形心；荷载作用在下翼缘系指荷载作用点在翼缘表面，方向背向截面形心。

上述梁整体稳定的临界应力是按弹性稳定理论确定的，因此，整体稳定系数只适用于梁的弹性工作阶段。而在实际工程结构中，有些梁在失稳时常处于弹塑性工作阶段，因此应对 φ_b 值加以修正。梁的弹性工作与弹塑性工作的分界点是 $\varphi_b = 0.6$，当 $\varphi_b > 0.6$ 时，梁进入弹塑性阶段工作，整体稳定临界应力有明显的降低，必须对 φ_b 进行修正。

规范规定应用下式计算的 φ_b' 代替 φ_b 值：

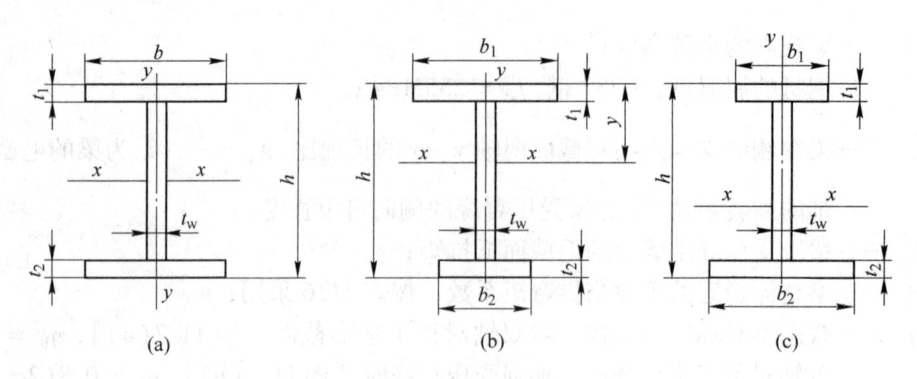

图 11.7　工字形截面

（a）双轴对称截面；（b）单轴对称加强受压翼缘；（c）单轴对称加强受拉翼缘

$$\varphi_b' = 1.07 - \frac{0.282}{\varphi_b} \leqslant 1.0 \tag{11.18}$$

（2）轧制普通工字钢简支梁。由于轧制普通工字钢截面几何尺寸有一定的比例关系，可将 φ_b 值按工字钢型号和受压翼缘的自由长度 l_1，从表 11.7 中查得。

表 11.7　轧制普通工字钢简支梁的 φ_b 值

项次	荷载情况			工字钢型号	自由长度								
					2	3	4	5	6	7	8	9	10
1	跨中无侧向支撑点的梁	集中荷载作用于	上翼缘	10 ~ 20	2.0	1.3	0.99	0.80	0.68	0.58	0.53	0.48	0.43
				22 ~ 32	2.4	1.48	1.07	0.86	0.72	0.62	0.54	0.49	0.45
				36 ~ 63	2.8	1.60	1.09	0.83	0.68	0.56	0.50	0.45	0.40
2			下翼缘	10 ~ 20	3.1	1.95	1.34	1.01	0.82	0.69	0.63	0.57	0.52
				22 ~ 40	5.5	2.80	1.84	1.37	1.07	0.86	0.73	0.64	0.56
				45 ~ 63	7.3	3.6	1.30	1.62	1.20	0.96	0.80	0.69	0.60
3		均布荷载作用于	上翼缘	10 ~ 20	1.7	1.12	0.84	0.68	0.57	0.50	0.45	0.41	0.37
				22 ~ 40	2.1	1.3	0.93	0.73	0.60	0.51	0.45	0.40	0.36
				45 ~ 63	2.6	1.45	0.97	0.73	0.59	0.50	0.44	0.38	0.35
4			下翼缘	10 ~ 20	2.5	1.55	1.05	0.83	0.68	0.56	0.52	0.47	0.42
				22 ~ 40	4.0	2.20	1.45	1.10	0.85	0.70	0.60	0.52	0.46
				45 ~ 63	5.6	2.80	1.80	1.25	0.95	0.78	0.65	0.55	0.49
5	跨中有侧向支撑点的梁			10 ~ 20	2.2	1.39	1.04	0.79	0.66	0.57	0.52	0.47	0.42
				22 ~ 40	3.0	1.80	1.24	0.96	0.76	0.65	0.56	0.49	0.43
				45 ~ 63	4.0	2.20	1.38	1.01	0.80	0.66	0.56	0.49	0.43

注：1. 项次 1、2 两栏的数值，主要用于少数几个集中荷载位于跨度中间 1/3 范围内的情况，其他情况的集中荷载，应按项次 3、4 栏内的数值采用。

2. 表中的 φ_b 适用于 Q235 钢，对其他钢号，表中数值应乘以 $235/f_y$。

由表 11.7 查得的整体稳定系数 $\varphi_b > 0.6$ 时，也应按式（11.18）算得相应的 φ'_b 代替 φ_b 值。

（3）轧制槽钢简支梁。轧制槽钢简支梁的整体稳定系数，不论荷载形式以及荷载在截面上的作用位置如何，均应按式（11.19）计算。

$$\varphi_b = \frac{570bt}{l_1 h}\frac{235}{f_y} \tag{11.19}$$

式中 h,b,t——分别为槽钢截面高度、翼缘宽度和厚度。

按式（11.19）算得的 φ_b 值大于0.6时，应按式（11.18）算得相应的 φ_b' 值代替 φ_b 值。

（4）受弯构件稳定系数的近似计算。均匀弯曲的受弯构件，当 $\lambda_y \leqslant 120\sqrt{f_y/235}$ 时，其整体稳定系数可按下列近似公式计算：

1）I字形截面（含H型钢）。

双轴对称时

$$\varphi_b = 1.07 - \frac{\lambda_y^2}{4400}\frac{f_y}{235} \tag{11.20}$$

单轴对称时

$$\varphi_b = 1.07 - \frac{W_x}{(2\alpha_b + 0.1)Ah}\frac{\lambda_y^2}{14000}\frac{f_y}{235} \tag{11.21}$$

2）T形截面（弯矩作用在对称轴平面，绕轴）。

①弯矩使翼缘受压时：

双角钢T形截面：$\varphi_b = 1 - 0.0017\lambda_y\sqrt{f_y/235}$ （11.22）

部分T型钢和两板组合T形截面：$\varphi_b = 1 - 0.0022\lambda_y\sqrt{f_y/235}$ （11.23）

②弯矩使翼缘受拉且腹板宽厚比不大于 $18\sqrt{f_y/235}$ 时：

$$\varphi_b = 1 - 0.0005\lambda_y\sqrt{f_y/235} \tag{11.24}$$

按式（11.20）~式（11.24）算得的 φ_b 值大于0.6时，不需按式（11.18）换算成 φ'_b 值；当按式（11.20）和式（11.21）算的 φ_b 值大于1.0时，取 $\varphi_b = 1.0$。

11.2.3.2 不需计算梁整体稳定的情况

在实际工程中，梁常与其他构件相互连接，对梁丧失整体稳定性有阻碍作用，使梁的整体稳定性有可靠的保证。因此，符合下列情况之一时，可不计算梁的整体稳定：

（1）有铺板（各种钢筋混凝土板和钢板）密铺在梁的受压翼缘上并与其牢固相连，能阻止梁受压翼缘的侧向位移时。

（2）H型钢或等截面工字形简支梁，受压翼缘的自由长度 l_1（梁侧向支承点间的距离）与其宽 b_1 之比，不超过表11.8所规定的数值时。

表11.8 H型钢或等截面工字形简支梁不需计算整体稳定性的最大 l_1/b_1 值

钢号	跨中无侧向支承点的梁		跨中受压翼缘有侧向支承点的梁，不论荷载作用于何处
	荷载作用在上翼缘	荷载作用在下翼缘	
Q235	13.0	20.0	16.0
Q345	10.5	16.5	13.0
Q390	10.0	15.5	12.5
Q420	9.5	15.0	12.0

注：1. 其他钢号的梁不需计算整体稳定性的最大 l_1/b_1 值，应取Q235钢的数值乘以 $\sqrt{235/f_y}$。

2. 梁的支座处，应采取构造措施以防止梁端截面的扭转。

（3）箱形截面简支梁，其截面尺寸满足 $h/b_0 \leqslant 6$，且 l_1/b_0 不超过 95（$235/f_y$）时，对于不符合上述任一条件的梁，则应进行整体稳定性的计算。

在最大刚度主平面内弯曲的构件，按式（11.16）验算整体稳定性，即 $\dfrac{M_x}{\varphi_b W_x} \leqslant f$。

在两个主平面受弯的工字形截面构件，应按下式验算整体稳定性：

$$\frac{M_x}{\varphi_b W_x} + \frac{M_y}{\gamma_y W_y} \leqslant f \tag{11.25}$$

式中 W_x, W_y ——分别为按受压纤维确定的对 x 轴和 y 轴的毛截面抵抗矩；

φ_b ——绕强轴弯曲所确定的整体稳定系数；

γ_y ——截面塑性发展系数。

11.2.4 梁的局部稳定

设计梁的截面时，为了提高梁的强度和刚度，并从经济效果出发，总希望采用宽而薄的翼缘板和高而薄的腹板。但是当钢板过薄时，腹板和受压翼缘在尚未达到强度和整体稳定性限值之前，就可能发生波浪变形的屈曲（图 11.8）。这种现象称为梁失去局部稳定。梁的翼缘或腹板出现了局部失稳，说明已有局部截面退出工作，这样就可能导致整个梁的提前破坏，设计时必须注意。为了避免出现局部失稳，可以采用以下措施：

（1）限制板件的宽厚比或高厚比。

（2）在垂直于钢板平面的方向，设置具有一定刚度的加劲肋，以防止局部失稳。

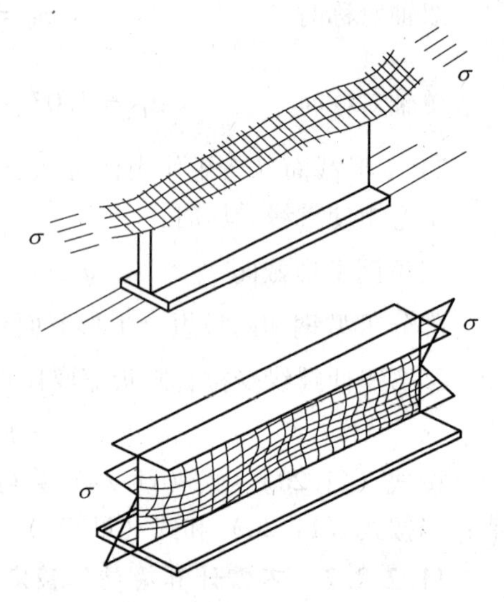

图 11.8 梁丧失局部稳定现象

轧制型钢梁，其翼缘和腹板相对较厚，不必计算局部失稳，也不必采取措施。

11.2.4.1 翼缘板的局部稳定

翼缘板远离截面的形心，强度一般能够得到比较充分的利用，因此规范采用限制宽厚比的办法，来防止翼缘板发生局部屈曲，保证其局部稳定。

工字形和箱形截面翼缘的自由外伸宽度 b_1（对焊接构件，取腹板边至翼缘板边缘的距离；对轧制构件，取内圆弧起点至翼缘板边缘的距离）与其厚度 t 之比如图 11.9 所示。

应满足：

$$\frac{b_1}{t} \leqslant 13\sqrt{\frac{235}{f_y}} \tag{11.26}$$

当计算梁抗弯强度取 $\gamma_x = 1$ 时（不考虑截面发展部分塑性），即直接承受动荷载按弹性设计时，宽厚比可以放宽为：

$$\frac{b_1}{t} \leqslant 15\sqrt{\frac{235}{f_y}} \tag{11.27}$$

箱形截面梁两腹板中间受压翼缘板保证局部稳定的条件是：

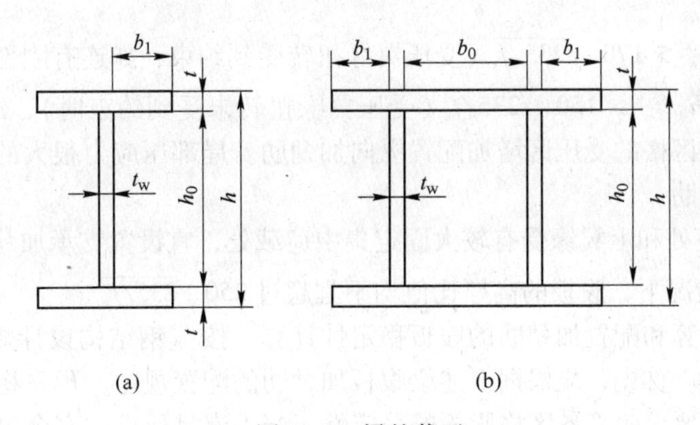

图 11.9　梁的截面

（a）工字形截面；（b）箱形截面

$$\frac{b_0}{t} \leqslant 40\sqrt{\frac{235}{f_y}} \tag{11.28}$$

11.2.4.2　腹板的局部稳定

承受静力荷载和间接承受动力荷载的组合梁，宜考虑腹板屈曲后的强度（组合梁腹板考虑屈曲后强度的计算见钢结构设计规范）。

直接承受动力荷载的组合梁不考虑腹板屈曲后的强度。组合梁的腹板主要通过配置加劲肋的办法来防止局部失稳（详见钢结构设计规范）。

加劲肋有横向、纵向、短加劲肋和支承加劲肋几种，如图 11.10 所示，与梁跨度方向垂直的叫横向加劲肋，主要作用是用来防止因剪切使腹板产生的屈曲；在梁的受压区，顺梁跨度方向设置的，叫纵向加劲肋，主要作用是用来防止因弯曲而使腹板产生的屈曲。

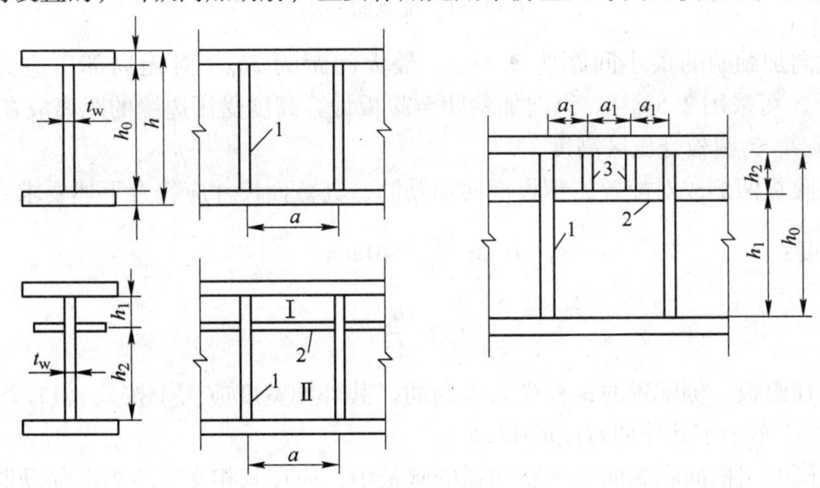

图 11.10　加劲肋的布置

1—横向加劲肋；2—纵向加劲肋；3—短加劲肋

组合梁腹板配置加劲肋应符合下列规定：

（1）当 $h_0/t_w \leqslant 80\sqrt{235/f_y}$ 时，对无局部压应力（$\sigma_c = 0$）的梁，可不配置加劲肋；但对有局部压应力（$\sigma_c \neq 0$）的梁，应按构造配置横向加劲肋，其间距不大于 $2h_0$。

（2）当 $h_0/t_w > 80\sqrt{235/f_y}$ 时，应配置横向加劲肋。

其中，当 $h_0/t_w > 170\sqrt{235/f_y}$（受压翼缘扭转受到约束，如连有刚性铺板、制动板或焊有钢轨时），或 $h_0/t_w > 150\sqrt{235/f_y}$（受压翼缘扭转未受到约束时），或按计算需要时，应在弯曲应力较大区格的受压区增加配置纵向加劲肋。局部压应力很大的梁，必要时应在受压区配置短加劲肋。

（3）梁的支座处和上翼缘受有较大固定集中荷载处，宜设置支承加劲肋。

（4）在任何情况下，腹板的高厚比值均不宜超过 $250\sqrt{235/f_y}$。

对加劲肋的计算和配置加劲肋的腹板稳定性计算，按《钢结构设计规范》(GB 50017)中的有关公式计算。首先，应根据上述梁腹板加劲肋的配置规定，预先将加劲肋按适当间距布置好。然后按要求验算各区格腹板的稳定性。当不满足要求或富余过多时，则须调整间距重新计算。

11.2.4.3 加劲肋的截面选择和构造要求

（1）加劲肋常在腹板两侧成对配置。对仅承受静荷载作用或受动荷载作用较小的梁腹板，为了节省钢材、减轻质量和减轻制造工作量，其横向和纵向加劲肋也可考虑单侧配置。

（2）加劲肋可以用钢板或型钢做成（图 11.11），焊接梁常用钢板。

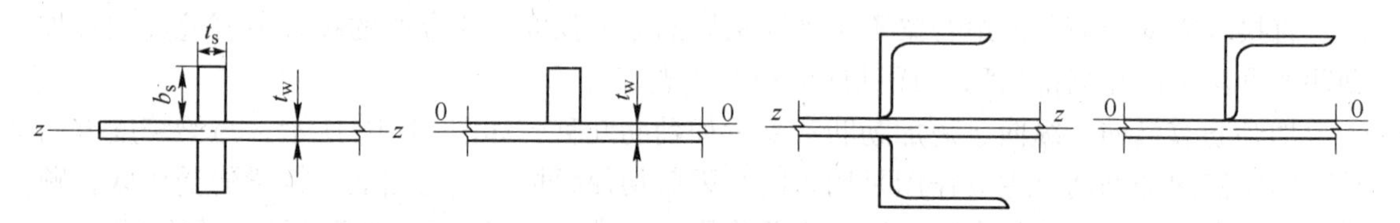

图 11.11 加劲肋形式

（3）横向加劲肋的最小间距为 $0.5h_0$，最大间距为 $2h_0$（对无局部压应力的梁，当 $h_0/t_w \leqslant 100$，可采用 $2.5h_0$）。纵向加劲肋至腹板计算高度受压边缘的距离应在 $h_c/2.5 \sim h_c/2$ 范围内，h_c 为腹板受压区高度。

（4）在腹板两侧成对配置的钢板横向加劲肋，其截面尺寸应符合下述要求：

外伸宽度：
$$b_s \geqslant \frac{h_0}{30} + 40\text{mm} \tag{11.29}$$

厚度：
$$t_s \geqslant \frac{b_s}{15} \tag{11.30}$$

（5）仅在腹板一侧配置的钢板横向加劲肋，其外伸宽度应大于按式（11.29）算得的 1.2 倍，厚度应不小于其外伸宽度的 1/15。

（6）在同时用横向和纵向加劲肋加强的腹板中，应在其相交处将纵向加劲肋断开，横向加劲肋保持连续（图 11.12）。其横向加劲肋的截面尺寸除应满足上述要求外，其加劲肋截面绕 z 轴的惯性矩还应满足：

$$I_z \geqslant 3h_0 t_w^3 \tag{11.31}$$

纵向加劲肋截面绕 y 轴的惯性矩应满足下列公式的要求：

当 $\dfrac{a}{h_0} \leqslant 0.85$ 时
$$I_y \geqslant 1.5h_0 t_w^3 \tag{11.32}$$

当 $\frac{a}{h_0} > 0.85$ 时　　$I_y \geqslant \left(2.5 - 0.45\frac{a}{h_0}\right)\left(\frac{a}{h_0}\right)^2 h_0 t_w^3$　　(11.33)

（7）当配置有短加劲肋时，短加劲肋的最小间距为 $0.75h_1$，其外伸宽度应取为横向加劲肋外伸宽度的 0.7～1.0 倍，厚度不应小于短加劲肋外伸宽度的 1/15。

（8）用型钢（H 型钢、工字钢、槽钢、肢尖焊于腹板的角钢）做成的加劲肋，其截面的相应惯性矩不得小于上述对于钢板加劲肋的惯性矩。

（9）为了减小焊接应力，避免焊缝的过分集中，横向加劲肋的端部应切去宽约 $b_s/3$（但不大于 40mm），高约 $b_s/2$（但不大于 60mm）的斜角（图 11.12），以使梁的翼缘焊缝连续通过。在纵向和横向加劲肋相交处，应将纵向加劲肋两端切去相应的斜角，从而使横向加劲肋与腹板连接的焊缝连续通过。

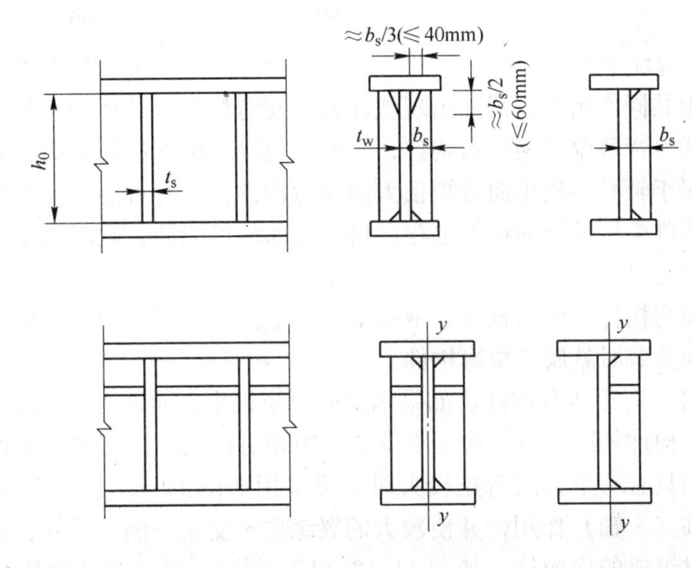

图 11.12　加劲肋构造

（10）在腹板两侧成对配置的加劲肋，其截面惯性矩应按梁腹板中心线为轴线进行计算。在腹板一侧配置的加劲肋，其截面惯性矩应按与加劲肋相连的腹板边缘为轴线进行计算。配置加劲肋的腹板各区格稳定性验算，见《钢结构设计规范》。

11.3　拉弯和压弯构件

11.3.1　拉弯和压弯构件的特点

同时承受轴向力和弯矩的构件称为压弯（或拉弯）构件，如图 11.13、图 11.14 所示。弯矩可能由轴向力的偏心作用、端弯矩作用或横向荷载作用等 3 种因素形成。当弯矩作用在截面的一个主轴平面时称为单向压弯（或拉弯）构件，弯矩作用在两主轴平面的称为双向压弯（或拉弯）构件。

（1）拉弯构件。如果拉弯构件所承受的弯矩较小而轴心拉力较大时，其截面形式和一般的轴心拉杆是一样的。但当拉弯构件承受的弯矩很大时，应采用在弯矩作用平面内有较大抗弯刚度的截面。

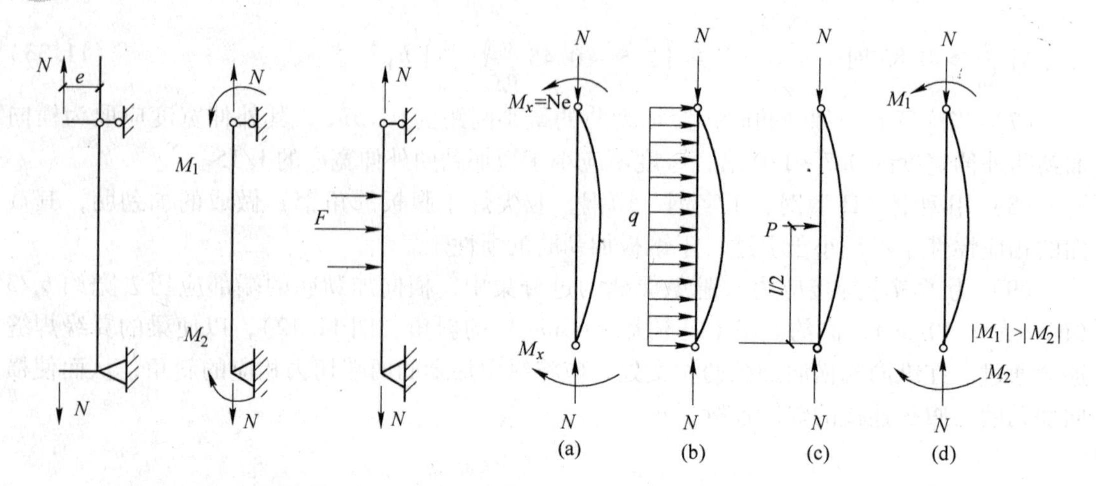

图 11.13 拉弯构件　　　　图 11.14 压弯构件

在拉力和弯矩共同作用下，截面出现塑性铰是拉弯构件承载能力的极限状态。但对于格构式拉弯构件或冷弯薄壁型钢拉弯构件，当截面边缘纤维开始屈服时，就基本上达到了承载力的极限。对于轴心力较小而弯矩很大的拉弯构件，也有可能和受弯构件一样会出现弯扭屈曲。拉弯构件受压部分的板件也存在局部屈曲的可能性，此时应按受弯构件要求核算其整体和局部稳定。

在钢结构中拉弯构件的应用较少，钢屋架中下弦杆一般属于轴心拉杆，但在下弦杆的节点间作用有横向荷载时就属于拉弯构件。

（2）压弯构件。对于压弯构件，如果承受的弯矩很小，而轴心压力却很大，其截面形式和一般轴心受压构件相同。但当构件承受的弯矩相对很大时，可采用截面高度较大的双轴对称截面。而当只有一个方向弯矩较大时，可采用如图 11.15（a）所示的单轴对称截面，使弯矩绕强轴（x 轴）作用，并使较大的翼缘位于受压一侧。此外，压弯构件也可以采用由型钢和缀材组成的格构柱，如图 11.15（b）所示。以便充分利用材料，获得较好的经济效果。

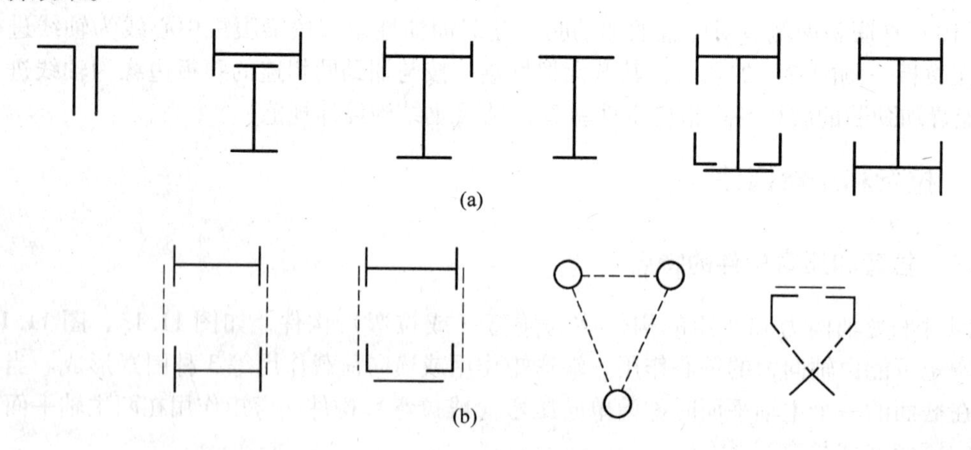

图 11.15 压弯杆件单轴对称截面

压弯构件的破坏形式有：（1）强度破坏。主要原因是因为杆端弯矩很大或杆件截面局部有严重的削弱；（2）在弯矩作用平面内发生弯曲失稳破坏。发生这种破坏的构件变形形式没有改变，仍为弯矩作用平面内的弯曲变形；（3）弯矩作用平面外失稳破坏。这种破坏除了在弯矩作用方向存在弯曲变形外，垂直于弯矩作用的方向也会突然产生弯曲变形，同时截面还会绕杆轴发生扭转；（4）局部失稳破坏。如果构件的局部出现失稳现象，也会导致压弯构件提前发生整体失稳破坏。

与轴心受力构件一样，拉弯构件和压弯构件除应满足承载力极限状态要求外，还应满足正常使用极限状态要求，即刚度要求。刚度要求是通过限制构件的长细比来实现的。

11.3.2 拉弯和压弯构件的强度和刚度

11.3.2.1 拉弯、压弯构件的强度

实腹式拉弯或压弯构件承受静力荷载作用时，截面上的应力分布是不均匀的，其最不利截面，即最大弯矩截面或有严重削弱的截面，最终以出现塑性铰时达到其强度极限状态而破坏。

当构件截面形成塑性铰时，该截面就能自由转动，从而产生很大变形，导致结构不能正常使用。因此《钢结构设计规范》不以这种截面塑性得到完全发展的状态（形成塑性铰）作为设计极限，而是以限制塑性发展到一定程度来作为设计极限，制定设计公式如下：

$$\frac{N}{A_n} \pm \frac{M_x}{\gamma_x W_{nx}} \leqslant f \qquad (11.34)$$

式（11.34）也适用于单轴对称截面，因此在弯曲正应力一项带正负号，W_{nx} 取值亦应与正负号相适应。

对于双向拉弯或压弯构件，可采用式（11.35）计算：

$$\frac{N}{A_n} \pm \frac{M_x}{\gamma_x W_{nx}} \pm \frac{M_y}{\gamma_y W_{ny}} \leqslant f \qquad (11.35)$$

式中 A_n ——净截面积；

M_x, M_y ——分别为对 x 轴和 y 轴的计算弯矩；

W_{nx}, W_{ny} ——分别为对 x 轴和 y 轴的净截面抵抗矩，取值应与正负弯曲应力相适应；

γ_x, γ_y ——截面塑性发展系数，查表 11.4。

对于直接承受动力荷载作用且需计算疲劳的实腹式拉弯（或压弯）构件或格构式拉弯、压弯构件，当弯矩绕虚轴作用时，由于不宜考虑截面发展塑性，因此《钢结构设计规范》规定以截面边缘纤维屈服的弹性工作状态作为强度承载能力的极限状态。即式（11.34）和式（11.35）中截面塑性发展系数 $\gamma_x = \gamma_y = 1.0$。

在确定 γ 值时，为了保证压弯构件受压翼缘在截面发展塑性时不发生局部失稳，对压应力较大翼缘的自由外伸宽度 b_1，与其厚度 t 之比应偏严限制，即应使 $b_1/t \leqslant 13\sqrt{235/f_y}$，当 $15\sqrt{235/f_y} \geqslant b_1/t > 13\sqrt{235/f_y}$ 时，不应考虑塑性发展，取 $\gamma_x = 1.0$。

11.3.2.2 拉弯、压弯构件的刚度

拉弯、压弯构件的刚度也是以长细比 λ 来控制。《钢结构设计规范》要求：

$$\lambda_{max} \leqslant [\lambda] \qquad (11.36)$$

式中 $[\lambda]$ ——容许长细比，见表 11.2、表 11.3。

当弯矩很大，或有其他需要时，还应同受弯构件一样验算其挠度或变形，使其不超过容许值。

11.3.3 实腹式压弯构件的稳定

压弯构件的截面尺寸通常由稳定承载力确定。对于双轴对称截面一般将弯矩绕强轴作用。而对于单轴对称截面则将弯矩作用在对称轴平面内，故构件可能在弯矩作用平面内弯曲屈曲。也可能因构件在垂直于弯矩作用平面的刚度较小，而侧向弯曲和扭转使构件产生弯扭屈曲，即弯矩作用平面外失稳。因此，对压弯构件须分别对其两方向的稳定进行计算。

11.3.3.1 实腹式压弯构件在弯矩作用下的平面内稳定

我国《钢结构设计规范》采用如下的相关公式，作为实腹式压弯构件在弯矩平面内稳定性的计算公式。

$$\frac{N}{\varphi_x A}+\frac{\beta_{mx}M_x}{\gamma_{1x}W_{1x}\left(1-0.8\dfrac{N}{N'_{Ex}}\right)}\leqslant f \tag{11.37}$$

式中 N——压弯构件的轴心压力设计值；

φ_x——在弯矩作用平面内，不计弯矩作用时，轴心受压构件的稳定系数；

A——构件截面面积；

M_x——所计算构件段范围内的最大弯矩设计值；

N'_{Ex}——参数，$N'_{Ex}=\dfrac{\pi^2 EA}{1.1\lambda_x^2}$，欧拉临界力除以抗力分项系数平均值；

W_{1x}——弯矩作用平面内较大受压纤维的毛截面模量；

γ_{1x}——与 W_{1x} 相应的截面塑性发展系数，查表11.4；

β_{mx}——弯矩作用平面内等效弯矩系数，《钢结构设计规范》规定按下列情况取值。

（1）框架柱和两端有支承的构件。

$\beta_{mx}=0.65+0.35M_2/M_1$，$M_1$ 和 M_2 为端弯矩，使构件产生同向曲率（无反弯点）时取同号，使构件产生反向曲率（有反弯点）时取异号，$|M_1|\geqslant|M_2|$。

1）有端弯矩和横向荷载同时作用时：使构件产生同向曲率时，$\beta_{mx}=1.0$；使构件产生反向曲率时，$\beta_{mx}=0.85$。

2）无端弯矩但有横向荷载作用时：$\beta_{mx}=1.0$。

（2）悬臂构件和分析内力未考虑二阶效应的无支撑纯框架和弱支撑框架柱，$\beta_{mx}=1.0$。

对于单轴对称截面（如T形、槽形截面）的压弯构件，当弯矩绕非对称轴作用（即弯矩作用在对称轴平面内），并且使较大翼缘受压时，可能在较小翼缘一侧因受拉区塑性发展过大而导致构件破坏。对于这类构件，除应按式（11.37）计算弯矩平面内稳定性外，还应作下列补充计算

$$\left|\frac{N}{A}-\frac{\beta_{mx}M_x}{\gamma_{2x}W_{2x}\left(1-1.25\dfrac{N}{N'_{Ex}}\right)}\right|\leqslant f \tag{11.38}$$

式中 W_{2x}——对较小翼缘的毛截面模量；

γ_{2x} ——与 W_{2x} 相应的截面塑性发展系数，查表 11.4。

11.3.3.2 实腹式压弯构件在弯矩作用下的平面外稳定

当弯矩作用在压弯构件截面刚度较大的平面内（即绕强轴弯曲）时，由于弯矩作用平面外截面的刚度较小，构件就有可能向弯矩作用平面外发生侧向弯扭屈曲而破坏（图 11.16），我国《钢结构设计规范》采用的公式为：

$$\frac{N}{\varphi_y A} + \eta \frac{\beta_{tx} M_x}{\varphi_b W_{1x}} \leqslant f \tag{11.39}$$

式中 M_x ——所计算构件段范围内（构件侧向支撑点之间）的最大弯矩设计值；

φ_y ——弯矩作用平面外的轴心受压构件的稳定系数；

η ——截面影响系数，闭口（箱形）截面 $\eta = 0.7$，其他截面 $\eta = 1.0$；

φ_b ——均匀弯曲的受弯构件整体稳定系数；

β_{tx} ——弯矩作用平面外等效弯矩系数，应根据下列规定采用。

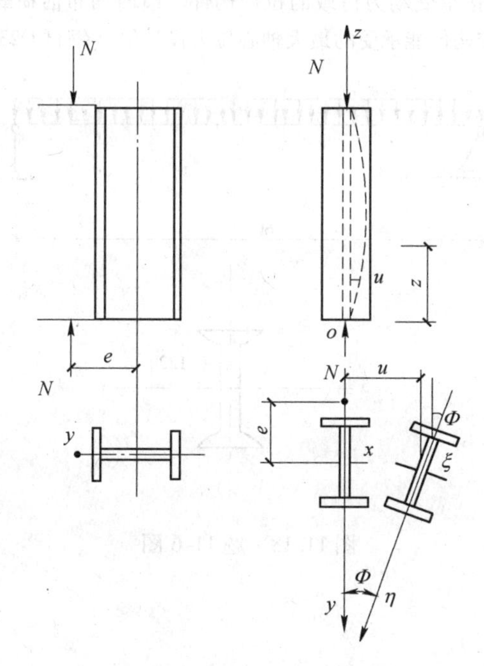

图 11.16 弯矩作用平面外的弯扭屈曲

（1）在弯矩作用平面外有支承的构件，应根据两相邻支承点间构件段内的荷载和内力情况确定：

1）所考虑构件段无横向荷载作用时：$\beta_{tx} = 0.65 + 0.35 M_2/M_1$，$M_1$ 和 M_2 是在弯矩作用平面内的端弯矩，使构件产生同向曲率（无反弯点）时取同号，使构件产生反向曲率（有反弯点）时取异号，$|M_1| \geqslant |M_2|$。

2）所考虑构件段内有端弯矩和横向荷载同时作用时：使构件产生同向曲率时，$\beta_{tx} = 1.0$；使构件产生反向曲率时，$\beta_{tx} = 0.85$。

3）所考虑构件段内无端弯矩但有横向荷载作用时：$\beta_{tx} = 1.0$。

（2）弯矩作用平面外为悬臂的构件：$\beta_{tx} = 1.0$。

$$\frac{b_1}{t} \leqslant 40\sqrt{\frac{235}{f_y}} \tag{11.50}$$

复习思考题

11-1　拉弯构件和压弯构件是以什么样的极限状态为设计依据？

11-2　在计算实腹式压弯构件的强度和整体稳定性时，在哪些情况应取计算公式中的 $\gamma_x = 1.0$？

11-3　拉弯构件和压弯构件采用什么样的截面形式比较合理？

11-4　对实腹式单轴对称截面的压弯构件，当弯矩作用在对称轴平面内且使较大翼缘受压时，其整体稳定性应如何计算？

11-5　压弯构件的计算长度和轴心受压构件的是否一样计算？它们都受哪些因素的影响？

11-6　如图11.18所示为一间接承受动力荷载的拉弯构件。横向均布活荷载设计值 $q = 9\text{kN/m}$。截面为Ⅰ22a，无削弱。试确定构件能承受的最大轴心拉力设计值（钢材Q235）。

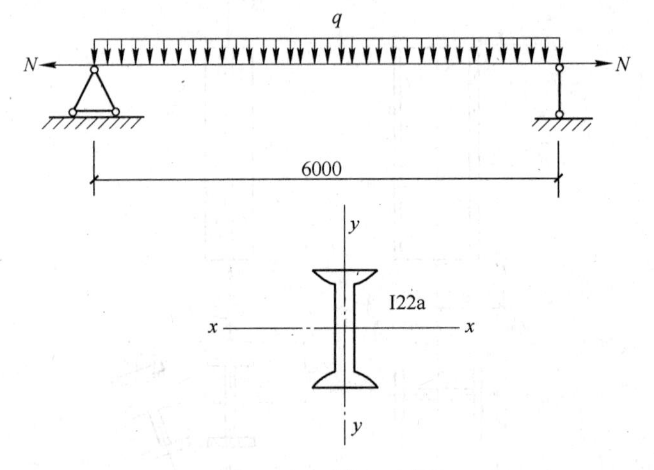

图11.18　题11-6图

当 $1.6 < \alpha_0 \leqslant 2.0$ 时

$$\frac{h_0}{t_w} \leqslant (48\alpha_0 + 0.5\lambda - 26.2)\sqrt{\frac{235}{f_y}} \tag{11.43}$$

式中 α_0 ——应力梯度，$\alpha_0 = \frac{\sigma_{max} - \sigma_{min}}{\sigma_{max}}$；

σ_{max} ——腹板计算高度边缘的最大压应力（即图 11.17 中 σ_1），计算时不考虑构件的稳定系数和截面塑性发展系数；

σ_{min} ——腹板计算高度另一边缘相应的应力（即图 11.17 中 σ_2），压应力取正值，拉应力取负值；

λ ——构件在弯矩作用平面内的长细比，当 $\lambda < 30$ 时，取 $\lambda = 30$；当 $\lambda > 100$ 时，取 $\lambda = 100$。

对于箱形截面因为腹板高厚比 $\frac{h_0}{t_w}$，不得大于式（11.42）等号右侧值，或式（11.43）等号右侧值乘以 0.8，但当此值小于 $40\sqrt{\frac{235}{f_y}}$ 时，则取 $40\sqrt{\frac{235}{f_y}}$。

对于 T 形截面，当弯矩使腹板自由边受压时，腹板宽厚比的限值如下：

当 $\alpha_0 \leqslant 1.0$ 时

$$\frac{h_0}{t_w} \leqslant 15\sqrt{\frac{235}{f_y}} \tag{11.44}$$

当 $\alpha_0 > 1.0$ 时

$$\frac{h_0}{t_w} \leqslant 18\sqrt{\frac{235}{f_y}} \tag{11.45}$$

如果 T 形截面，当弯矩使腹板自由边受拉，腹板宽厚比的限值与轴心压杆情况相同时，即为：

对于热轧 T 型钢

$$\frac{h_0}{t_w} \leqslant (15 + 0.2\lambda)\sqrt{\frac{235}{f_y}} \tag{11.46}$$

对于焊接 T 型钢

$$\frac{h_0}{t_w} \leqslant (13 + 0.17\lambda)\sqrt{\frac{235}{f_y}} \tag{11.47}$$

对于十分宽大的工字形、H 形或箱形压弯构件，当腹板宽厚比不满足上述要求时，也可以像中心受压柱那样，设置纵向加劲肋或按截面有效宽度计算。

（2）翼缘的局部稳定。压弯构件的受压翼缘基本上受均匀压应力作用，自由外伸部分属三边简支一边自由的支撑条件，这和受弯构件受压翼缘相似，因此其翼缘宽厚比的规定与受弯构件相同。其翼缘自由外伸宽度限制为：

按弹性计算时（$\gamma_x = 1$）

$$\frac{b_1}{t} \leqslant 15\sqrt{\frac{235}{f_y}} \tag{11.48}$$

允许截面发展部分塑性时（$\gamma_x > 1$）

$$\frac{b_1}{t} \leqslant 13\sqrt{\frac{235}{f_y}} \tag{11.49}$$

对于箱形截面压弯构件的两腹板之间的受压翼缘部分的宽厚比限制为：

11.3.3.3 双向受弯实腹式压弯构件的整体稳定

前面所述压弯构件，弯矩仅作用在构件的一个对称轴平面内，为单向弯曲压弯构件。弯矩作用在两个主轴平面内为双向弯曲压弯构件，在实际工程中较为少见。规范仅规定了双轴对称截面柱的计算方法。

双轴对称的工字形截面（含H型钢）和箱形截面的压弯构件，当弯矩作用在两个主平面内时，可用下列与式（11.37）和式（11.39）相衔接的线性公式计算其稳定性：

当 $\varphi_x < \varphi_y$ 时

$$\frac{N}{\varphi_x A} + \frac{\beta_{mx} M_x}{\gamma_x W_{1x}\left(1 - 0.8\dfrac{N}{N'_{Ex}}\right)} + \eta\frac{\beta_{ty} M_y}{\varphi_{by} W_{1y}} \leqslant f \tag{11.40}$$

当 $\varphi_x > \varphi_y$ 时

$$\frac{N}{\varphi_y A} + \eta\frac{\beta_{tx} M_x}{\varphi_{bx} W_{1x}} + \frac{\beta_{my} M_y}{\gamma_y W_{1y}\left(1 - 0.8\dfrac{N}{N'_{Ey}}\right)} \leqslant f \tag{11.41}$$

式中 M_x，M_y ——分别为对 x 轴（工字形截面和H型钢二轴为强轴）和 y 轴的弯矩；

φ_x，φ_y ——分别为对 x 轴和 y 轴的轴心受压构件稳定系数；

φ_{bx}，φ_{by} ——分别为梁的整体稳定系数，对双轴对称工字形截面和H型钢，φ_{bx} 按式（11.39）中有关弯矩作用平面外的规定计算；箱形截面，$\varphi_{bx} = \varphi_{by} = 1.0$。

等效弯矩系数 β_{mx} 和 β_{my}，应按式（11.37）中有关弯矩作用平面内的规定采用；β_{tx}、β_{ty} 和 η 应按式（11.39）中有关弯矩作用平面外的规定采用。

11.3.3.4 实腹式压弯构件的局部稳定

实腹式压弯构件常用工字形、箱形和T形截面，这些截面由较宽较薄的板件组成时，可能会丧失局部稳定，因此设计应保证其局部稳定。实腹式压弯构件的局部稳定与轴心受压构件和受弯构件一样，也是以受压翼缘和腹板宽厚比限值来保证的。

（1）腹板的局部稳定。实腹式压弯构件的腹板上有不均匀的正应力和剪应力共同作用，腹板上边缘是压应力，下边缘则根据弯矩和轴力的不同可能是压应力，也可能是拉应力，如图11.17所示。为保证局部稳定，根据其应力情况，经理论分析，《钢结构设计规范》对压弯构件的腹板高厚比做出如下规定。

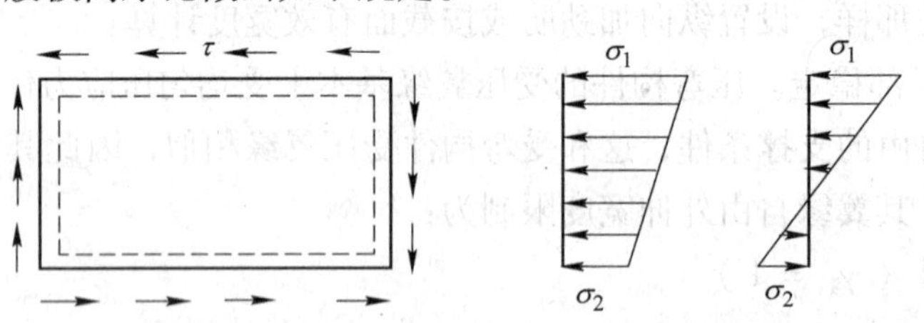

图11.17 压弯构件的腹板受力状况

对于工字形和H形截面：

当 $0 \leqslant \alpha_0 \leqslant 1.6$ 时

$$\frac{h_0}{t_w} \leqslant (16\alpha_0 + 0.5\lambda + 25)\sqrt{\frac{235}{f_y}} \tag{11.42}$$

12　钢结构的制作、安装、防腐与防火

12.1　钢结构的制作、运输及安装

由于钢材的强度高、硬度大和钢结构的制作精度要求高，因此钢结构的制作一般是在专业化的钢结构制造厂进行。在工厂，不但可集中使用高效能的专用机械设备、精度高的工装夹具和平整的钢平台，实现高度机械化、自动化的流水作业，提高劳动生产率，降低生产成本，满足质量要求，而且还可节省施工现场场地和工期，缩短工程整体建设时间。

12.1.1　钢结构的制作工艺流程

钢结构制造厂一般由钢材仓库、放样车间、零件加工车间、半成品仓库、装配车间、涂装车间和成品仓库组成。钢结构的制作工艺流程通常如图 12.1 所示。

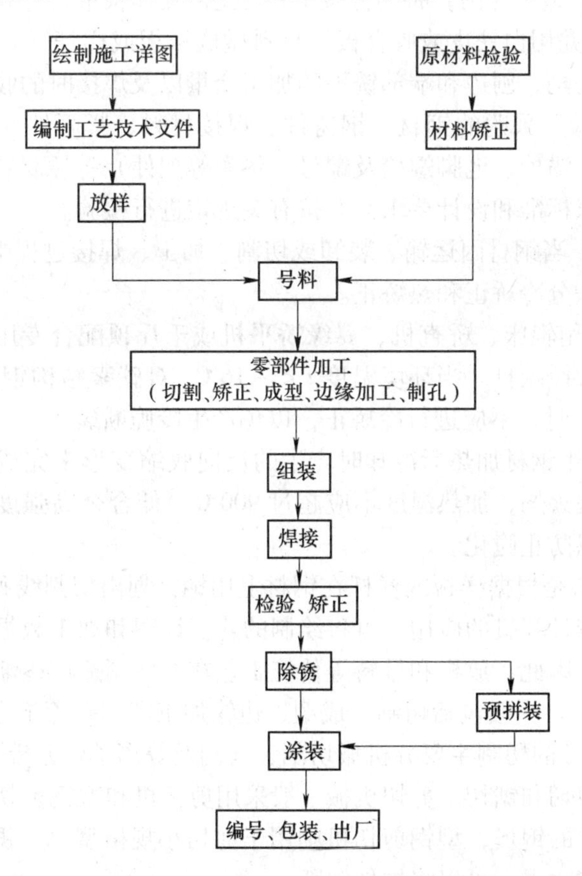

图 12.1　钢结构的制作工艺流程

（1）施工详图绘制。钢结构的初步设计、技术设计通常在设计单位完成，而进一步深化绘制的施工详图则宜在制造厂进行。厂方根据其加工条件，结合其常用的操作方式，利用相应专项计算机辅助设计软件，如专门对框架、门式刚架、网架、桁架等的设计软件，可将施工详图绘制得更具有操作性，便于保证质量和提高生产效率。单项工程施工详图的内容应包括：

1）图纸目录。

2）设计总说明。

3）供现场安装用的布置图，一般应按构件系统分别绘制平面和剖面布置图，如屋盖、钢架、吊车梁、桅杆等。

4）构件详图，按设计图及布置图中的构件编制材料明细表。

5）安装节点图。

（2）编制工艺技术文件。根据施工详图和有关规范、规程和标准的要求，制造厂技术管理部门应结合本厂设备、技术等条件，编制工艺技术文件，下达车间，以指导生产。一般工艺技术文件为工艺卡或制作要领书。其内容应包括：工程内容、加工设备、工艺措施、工艺流程、焊接要点、采用规范和标准、允许偏差、施工组织等。另外，还应对质量保证体系制定必要的文件。

（3）放样。根据施工详图，将构件按1:1的比例在样板平台上画出实体大样（包括切割线和孔眼位置），并用白铁皮或胶合板等材料做成样板或样杆（用于型钢制作的杆件）。放样的尺寸应预留切割、刨边和端部铣平的加工余量以及焊接时的收缩余量。

（4）原材料检验。采购的钢材、钢铸件、焊接材料、紧固件（普通螺栓、高强度螺栓、自攻钉、铆钉、锚栓、地脚螺栓及螺母、垫圈等配件）等原材料的品种、规格、性能等均应符合现行国家标准和设计要求，并按有关规定进行检验。

（5）材料矫正。当钢材因运输、装卸或切割、加工、焊接过程中产生变形时，应及时进行矫正。矫正方法分冷矫正和热矫正。

1）冷矫正是利用辊床、矫直机、翼缘矫平机或千斤顶配合专用胎具进行。对小型工件的轻微变形可用大锤敲打。当环境温度 $t < -16℃$（对碳素结构钢）或 $t < -12℃$（对低合金高强度结构钢）时，不应进行冷矫正，以免产生冷脆断裂。

2）热矫正是利用钢材加热后冷却时产生的反向收缩变形来完成的。加热方法一般使用氧-乙炔或氧-丙烷火焰，加热温度不应超过900℃。低合金高强度结构钢在加热矫正后应自然缓慢冷却，以防止脆化。

（6）号料。号料是根据样板或样杆在钢材上用钢针划出切割线和用冲钉打上孔眼等的位置。近年来，随着计算机的应用，可将绘制的施工详图和加工数据直接输入数控切割机械，一次加工成型。因此，放样和号料等传统工艺在一些制造厂逐渐减少。

（7）零部件加工。一般包括切割、成型、边缘加工和制孔等工序。

1）切割。钢构件的切割主要分机械切割、气割及等离子切割等方法。

①机械切割分剪切和锯切。剪切机械一般采用剪板机和型钢剪切机。剪板机通常可剪切厚度为12～25mm的钢板，型钢剪切机则用于剪切小规格型钢。锯切机械一般采用圆盘锯或带锯，其切割能力强，可以将构件锯断。

②气割是用氧-乙炔或丙烷、液化石油气等火焰加热，使切割处钢材熔化并吹走。气

割设备除手工割具外，还有半自动和自动气割机、多头气割机等。现代化加工多采用数控切割机械，自动化程度高，切割程度可与机床加工件媲美，不仅能切割直线、厚板，还能切割各种曲线和焊缝坡口（V形、X形）。

③等离子切割是利用高温高速的等离子弧进行切割。其切割速度快，割缝窄，热影响面小，适合于不锈钢等难熔金属的切割。

2）成型。按构件的形状和厚度的不同，成型可采用弯曲、弯折、模压等机械。厚钢板和型钢的弯曲成型一般在三辊或四辊辊床上辊压成型或借助加压机械或模具进行。钢板的弯折和模压成型，一般采用弯折机或压型机。成型时，按是否加热，又分为热加工和冷加工两类。

①冷加工成型是指在常温下的加力成型，即使钢材超过其屈服点产生永久变形，故其弯曲或弯折厚度受机械能力的限制，尤其是弯折冷弯型钢时的壁厚不能太厚。但近年来由于设备能力的提高，已可加工厚度达20mm的钢板。

②热加工成型是在冷加工成型不易时，采用加热后施压成型，一般用于较厚钢板和大规格型钢，以及弯曲角度较大或曲率半径较小的工件。热加工成型的加热温度应控制在900～1030℃。当温度下降至700℃（对碳素结构钢）或800℃（对低合金高强度结构钢）之前，应结束加工，因为当温度低于700℃时，不但加工困难，而且钢材还可能会产生蓝脆现象。

3）边缘加工。钢构件的边缘加工按其目的可分为消除硬化边缘或有缺陷边缘、加工焊缝坡口和板边刨平取直等三类。

①消除硬化边缘或有缺陷边缘。当钢板用剪板机剪断时，边缘材料会产生硬化；当用手工气割时，边缘不平直且有缺陷。它们都会对动力荷载作用下的构件疲劳问题产生不利影响。因此，对重级工作制吊车梁的受拉翼缘板，或吊车桁架的受拉弦杆，在需要时应用刨边机或铣边机沿全长刨（铣）边，以消除不利影响，且刨削量不应小于2mm。

②加工焊缝坡口。为了保证对接焊缝或对接与角接组合焊缝的质量，需在焊件边缘按接头形状和焊件厚度加工成不同类型的坡口。V形或X形等斜面坡口，一般可用数控气割机一次完成，也可用刨边机加工。J形或U形坡口可采用碳弧气刨加工，它是用碳棒与电焊机直流反接，在引弧后使金属熔化，同时用压缩空气吹走，然后用砂轮磨光。

③刨平取直零件边缘。对精度要求较高的构件，为了保证零件装配尺寸的准确，或为了保证传递压力的板件端部的平整，均须对其边缘用刨床或铣床刨平取直。

4）制孔。钢构件的制孔方法有冲孔和钻孔两种，分别用冲床和钻床加工。

①冲孔一般只能用于较薄钢板，且孔径宜不小于钢板厚度。冲孔速度快，效率高，但孔壁不规整，且产生冷作硬化，故常用于次要连接。

②钻孔适用于各种厚度钢材，其孔壁精度高。除手持钻外，制造厂多采用摇臂钻床和可同时三向钻多个孔的三维多轴钻床。三维多轴钻床如果和数控相结合，还可和切割等工序组成自动流水线。

（8）组装。组装是将经矫正、检查合格的零、部件按照施工图的要求组合成构件。组装前应采用刮具、钢刷、打磨机和喷砂等装置将零件上的铁锈、毛刺和油污等清除干净。组装一般采用胎架法或复制法。胎架法是将零、部件定位于专用胎架上进行组装。适用于批量生产且精度要求高的构件，如焊接工字形截面构件等的组装。组装平台的模胎（或模架）应测平，并加以固定，以保证构件组装的精确度。复制法多用于双角钢桁架类的组装。操作方法是先在装配平台上用1:1比例放出构件实样，并按位置放上节点板和填板，然后在其上放置弦杆和腹杆的一个角钢，用点焊定位后翻身，即可作为临时胎模。以后其他屋架均可先在其上组装半片屋架，然后翻身再组装另外半片成为整个屋架。焊接结构组装时，要求用螺丝夹和卡具等夹紧固定，然后点焊。点焊部位应在焊缝部位之内，点焊焊缝的焊脚尺寸一般不宜超过设计焊缝焊脚尺寸的2/3，所用焊条应与正式焊接用的焊条相同。

（9）焊接。钢结构制造的焊接多数采用埋弧自动焊，部分焊缝采用气体保护焊或电渣焊，只有短焊缝或不规则焊缝采用手工焊。焊接完的构件若检验变形超过规定，应予矫正。如焊接H型钢翼缘一般在焊后会产生向内弯曲。

（10）预拼装。因受运输或吊装等条件限制，有些构件需分段制作出厂。为了检验构件的整体质量，故宜在工厂先进行预拼装。预拼装除壳体结构采用立装，其他构件一般均采用在经测量找平的支凳或平台上卧装。卧装时，各构件段应处于自由状态，不得强行固定，不应使用大锤锤击。检查时，应着重整体尺寸、接口部位尺寸和板叠安装孔等的允许偏差是否符合《钢结施工规范》（GB 50755）的要求。

对一些精度要求高的构件，如靠端面承压的承重柱接头，需保证其端面的平整，因此需用端部铣床对其铣端。铣端不仅可准确保证构件的长度和铣平面的平面度，而且可保证铣平面对构件轴线的垂直度要求。

对构件上的安装孔，宜在构件焊好或预拼装后制孔，并以受力支托（牛腿）的表面或以多节柱的铣平面至第一个安装孔的距离作为主控尺寸，以保证安装尺寸的准确。

（11）除锈和涂装。钢结构的防腐蚀除一些需要长效防腐的结构，如输电塔、桅杆、闸门等采用热浸锌、热喷铝（锌）防腐外，建筑钢结构一般均采用涂装，如彩涂钢板是热浸锌加涂层的长效防腐钢板。

涂装分防腐涂料（油漆类）涂装和防火涂料涂装两种。前者应在构件组装、预拼装或安装完成并经施工质量验收合格后进行，而后者则是在安装完经验收合格后进行。涂装前钢材表面应先进行除锈。在影响钢结构的涂层保护寿命的因素中，主要取决于除锈的质量，因此需给予足够重视。

（12）编号、包装、出厂。涂装完的钢构件应按施工详图在构件上作出明显标志、标记和编号。预拼装钢构件还应标出分段编号、方向、中心线和标高等信息。对于重大构件应标出外形尺寸、重量和起吊位置等信息，以便于运输和安装。对于刚度较小易于变形的构件应采取临时加固和保护措施，如大直径钢管的两端宜加焊撑杆、接头的坡口突缘和螺纹等部位应加包装，以防变形和碰伤。对零散部件应加以包装和绑扎，并填写包装清单。

12.1.2 钢结构的运输与安装

（1）钢结构运输。运输装车应绑扎牢靠，垫木位置应放置正确平稳，且不得超高、超宽和超长。结构构件的最大轮廓尺寸应不超过铁路或公路运输许可的限界尺寸。构件的重量应根据起重及运输设备所能承担的能力确定。构件需要利用铁路运输时，其外形尺寸应不超过《标准轨距铁路机车车辆限界》（GB 146.1）中规定的限界尺寸。构件需要利用公路运输时，其外形尺寸对二级公路以上应考虑公路沿线的5.0m；对三、四级公路考虑4.5m。

（2）钢结构安装。安装钢结构时应注意下列要点：

1）钢结构安装前应对钢构件进行全面检查，如构件的数量、长度、垂直度、安装接头处螺栓孔之间的尺寸等是否符合设计要求；对制造中遗留下的缺陷及运输中产生的变形，应在地面预先矫正，妥善解决。

2）钢柱与基础一般采用柱脚锚栓连接，在安装钢柱前应检查柱脚螺栓之间的尺寸、露出基础顶面的尺寸、基础顶面的标高是否符合设计要求，以及柱脚锚栓的螺纹是否有损坏等。

3）结构吊装时，应采取适当措施，防止产生过大的弯扭变形，同时应将绳扣与构件的接触部位加垫块，以防刻伤构件。吊装就位后，应及时系牢支撑及其他连系构件，以保证结构稳定性。所有上部结构的吊装，必须在下部结构就位、校正并系牢支撑构件以后才能进行。

4）根据工地安装机械的起重能力，在地面上组装成较大的安装单元，以减少高空安全作业的工作量。

12.2 钢结构的大气腐蚀与防腐

12.2.1 钢结构的大气腐蚀

（1）大气腐蚀的机理。钢结构的腐蚀环境主要为大气腐蚀，它是金属处于表面水膜层下的电化学腐蚀过程。这种水膜实质上是电解质水膜，它是由于空气中相对湿度大于一定数值时，空气中的水汽在金属表面吸附凝聚及溶有空气中的污染物而形成的，电化学腐蚀的阴极是氧去极化作用过程，阳极是金属腐蚀过程。

在大气环境下的金属腐蚀（表 12.1），由于表面水膜很薄，氧气很容易达到阴极表面，氧的平衡电位较低，金属在大气中腐蚀的阴极反应为氧去极化作用过程。

表 12.1 金属在大气中的腐蚀

阳极反应	在中性和碱性水膜中	$O_2 + 2H_2O + 4e \rightarrow 4OH^-$
	在弱酸水膜（酸雨）中	$O_2 + 2H^- + 4e \rightarrow 2H_2O$
阳极反应	$M + xH_2O \rightarrow M^{n+} \cdot xH_2O + ne$ M 代表腐蚀的金属 M^{n+} 为 n 价金属离子 $M^{n+} \cdot xH_2O$ 为金属离子水化合物	

在大气中腐蚀的阳极过程随水膜变薄会受到较大阻碍，此时阳极易发生钝化，金属离子水化作用会受阻。

可以看出，在潮湿环境中，大气腐蚀速度主要由阴极极化过程控制；当金属表面水膜很薄或气候干燥时，金属腐蚀速率变慢，其腐蚀速度主要受阳极极化过程控制。

（2）大气腐蚀的影响因素。

1）空气中的污染源。大气的主要成分是不变的，但是污染的大气中含有的硫化物、氮化物、碳化物，以及尘埃等污染物，对金属在大气中的腐蚀影响很大。

①二氧化硫（SO_2）吸附在钢铁表面，极易形成硫酸而对钢铁进行腐蚀。这种自催化

式的反应不断进行就会使钢铁不断受到腐蚀。与干净大气的冷凝水相比，被0.1%的二氧化硫所污染的空气能使钢铁的腐蚀速度增加5倍。

②来自于沿海或海上的盐雾环境或者是含有氯化钠颗粒尘埃的大气是氯离子的主要来源，它们溶于钢铁的液膜中，而氯离子本身又有着极强的吸湿性，对钢铁会造成极大的腐蚀危害。

③有些尘埃本身虽然没有腐蚀性，但是它会吸附腐蚀性介质和水汽，冷凝后就会形成电解质溶液。砂粒等固体尘埃虽然没有腐蚀性，也没有吸附性，但是，一旦沉降在钢铁表面会形成缝隙而凝聚水分，从而形成氧浓差腐蚀条件，引起缝隙腐蚀。

2）相对湿度。空气中的水分在金属表面凝聚而生成的水膜和空气中的氧气，通过水膜进入金属表面是发生大气腐蚀的最基本的条件。相对湿度达到某一临界点时，水分在金属表面形成水膜，从而促进了电化学过程的发展，表现出腐蚀速度迅速增加。这个临界点与钢材表面状态和表面上有无吸湿物有很大关系（表12.2）。

表12.2 钢材表面形成水膜的空气相对湿度临界值

表面状态	临界湿度/%	表面状态	临界湿度/%
干净表面在干净的空气中	接近100	干净表面在含氧化硫0.01%的空气中	70
二氧化硫处理过的表面	80	在3%氯化钠溶液中浸泡过的表面	55

从表12.2可以看出，当空气被污染或者在沿海地区，空气中盐分、临界湿度都很低，钢铁表面很容易形成水膜。

3）温度。环境温度的变化会影响金属表面水汽的凝聚，也会影响水膜中各种腐蚀气体和盐类的浓度、水膜的电阻等。当相对湿度低于金属临界相对湿度时，温度对大气的腐蚀影响较小；而当相对湿度达到金属临界相对湿度时，温度的影响就会十分明显。湿热带或雨季气温高，则腐蚀严重。温度的变化还会引起结露。比如，白天温度高，空气中相对湿度较低，夜晚和清晨温度下降后，大气的水分就会在金属表面引起结露。

（3）大气腐蚀的破坏形式。大气腐蚀的主要破坏形式可以分为两大类，即全面腐蚀和局部腐蚀，全面腐蚀又称为均匀腐蚀，局部腐蚀则又可分为点蚀、缝隙腐蚀、电偶腐蚀、晶间腐蚀、选择性腐蚀、应力腐蚀和腐蚀疲劳等。

（4）锈蚀验算与检查。如发现有严重的锈蚀现象，应及时测定构件的欠损值，并按式（12.1）计算抗力下降系数，对构件或整体结构进行校核。

$$\text{抗力下降系数} = \left(1 - \frac{\text{现存端面抗力}}{\text{原设计端面抗力}}\right) \times 100\% \tag{12.1}$$

如果有下列情况出现，应该重点检查结构强度：

1）空气中相对湿度大于70%的地方；

2）高温而又潮湿的车间；

3）大气中二氧化硫、氧化氮、一氧化碳等较浓的地区及有酸雨地区；

4）沿海地区特别是盐雾较浓地区；

5）由于温差较大，结构上出现结露（冷凝水）地方；

6）结构上积有灰尘、微粒的部位；

7）热处理过的部件；

8）防锈材料发生腐蚀变质现象的部位。

12.2.2 钢结构的防腐

钢结构的防腐方法一般有两种：一是改变钢材的组织结构，在钢材冶炼过程中加入铜、镍、铬、锡等元素，提高钢材的抗腐蚀能力；二是在钢材表面覆盖各种保护层，把钢材与腐蚀介质隔离。第一种方法造价较高，使用范围较小，例如不锈钢；第二种方法造价较低，效果较好，应用范围广。

覆盖层防腐要求保护层致密无孔，不透过介质，同时与基体钢材结合强度高，附着粘结力强，硬度高、耐磨性好，且能均匀分布。覆盖的保护层分为金属保护层和非金属保护层两种，可以通过化学方法、电化学方法和物理方法实现。对于金属保护层，可采用电镀、热浸、扩散、喷镀和复合金属等方法实现，如常用的镀锌檩条、彩色压型钢板等。对于非金属覆盖层，又可分为有机和无机两种，工程中常用有机涂料进行涂装。其施工过程包括表面除锈和涂料两道工序。除锈、涂料等级以及防腐蚀构造要求，应符合现行国家标准《工业建设防腐蚀设计规范》（GB 50046）和《涂装前钢材表面锈蚀和除锈等级》（GB 8923）的规定。

（1）除锈方法。钢材的除锈好坏是关系到涂料能否获得良好防护效果的主要因素之一，如果除锈不彻底，将严重影响涂料的附着力，并使漆膜下的金属继续生锈扩展，使涂层破坏失效。因此，必须彻底清除金属表面的铁锈、油污和灰尘等，以增强漆膜与构件的粘结力。目前除锈的方法主要有以下四种。

1）手工和动力工具除锈。手工和动力工具除锈用 St 表示。这种方式工效低，除锈不彻底，影响油漆的附着力，使结构容易透锈。这种除锈方法仅在条件有限时采用，要求认真细致，直到露出金属表面为止。手工除锈分两个等级，应满足表 12.3 的质量标准。

表 12.3 手工和动力工具除锈质量分级表

级　别	钢材除锈表面状态
St2	彻底地手工和动力工具除锈。用铲刀铲刮，用钢丝刷擦，用机械刷子刷擦和砂轮研磨等。除去疏松的氧化皮、锈和污物，最后用清洁干燥的压缩空气或干净的刷子清理表面，表面应具有淡淡的金属光泽
St3	非常彻底地手工和动力工具除锈。用铲刀铲刮，用钢丝刷擦或用机械刷子擦和砂轮研磨等。表面除锈要求与 St2 相同，但更为彻底，除去灰尘后，该表面应具有明显的金属光泽

2）喷射或抛射除锈。喷射或抛射除锈用 Sa 表示。这种方式将钢材或构件通过喷砂机将其表面的铁锈清除干净，露出金属本色，除锈效率较高，目前已经普遍采用。喷射除锈分四个等级，分别应满足表 12.4 的质量标准。

表12.4 喷射除锈质量分级表

级别	钢材除锈表面状态
Sa1	轻度的喷射或抛射除锈。应除去疏松的氧化皮、锈和污物，表面应无可见的油脂和污垢
Sa2	彻底地喷射或抛射除锈。应除去几乎所有的氧化皮、锈和污物，最后用清洁干燥的压缩空气或干净的刷子清理表面，表面应无可见的油脂和污垢，表面应稍呈灰色
Sa2 $\frac{1}{2}$	非常彻底地喷射或抛射除锈。达到氧化皮、锈和污物仅剩轻微点状或条状痕迹的程度，除去灰尘后，该表面应具有明显的金属光泽，最后用清洁干燥的压缩空气或干净的刷子清理表面
Sa3	使钢材表面洁净的喷射或抛射除锈。应完全除去氧化皮、锈和污物，最后表面用清洁干燥的压缩空气或干净的刷子清理，该表面应具有均匀的金属光泽

3）酸洗除锈。酸洗除锈亦称化学除锈，是利用酸洗液中的酸与金属氧化物进行反应，使金属氧化物溶解从而除去。将构件放入酸洗槽内，除去油污和铁锈，使其表面全部呈铁灰色。酸洗后必须清洗干净，保证钢材表面无残余酸液存在。为防止构件酸洗后再度生锈，可采用压缩空气吹干后立即涂一层硼钡底漆。

4）酸洗磷化处理。钢构件酸洗后，再用浓度为2%左右的磷酸作磷化处理。处理后的钢材表面有一层磷化膜，可防止钢材表面过早返锈，同时能与防腐涂料结合紧密，提高涂料的附着力，从而提高其防腐性能。其工艺过程为：去油、酸洗、清洗、中和、清洗、磷化、热水清洗、涂油漆。

综合来看，除锈效果以酸洗磷化处理效果最好，喷砂除锈、酸洗除锈次之，人工除锈最差。

（2）防锈涂料的选取。涂料（俗称油漆）是一种含油或不含油的胶体溶液，涂在钢构件表面上，可以结成一层薄膜来保护钢结构。防腐涂料一般由底漆和面漆组成，底漆主要起防锈作用，故称防锈底漆，它的漆膜粗糙，与钢材表面附着力强，并与面漆结合良好。面漆主要是保护下面的底漆，对大气和湿气有抗气候性和不透水性，它的漆膜光泽，不仅有一定的防锈性能，而且增加建筑物的美观，并增强对紫外线的防护。涂料选取时应注意以下问题：

1）根据结构所处的环境，选择合适的涂料，即根据室内外的温度和湿度、侵蚀介质的种类和浓度，选用涂料的品种。对于酸性介质，可采用耐酸性好的酚醛树脂漆；对于碱性介质，则应选用耐碱性好的环氧树脂漆。

2）注意涂料的正确配套，使底漆和面漆之间有良好的粘结力。

3）根据结构构件的重要性分别选用不同品种的涂料，或用相同品种的涂料调整涂覆层数。

4）考虑施工条件，采用相应的刷涂或喷涂方法。

5）选择涂料时，除考虑结构使用性能、经济性和耐久性外，尚应考虑施工过程中的稳定性、毒性以及需要的温度条件等。此外，对涂料的色泽也应予以注意。

（3）涂料施工方法及涂层厚度。涂料施工气温应在15～35℃之间，且宜在天气晴朗、通风良好、干净的室内进行。钢结构的底漆一般在工厂里进行，待安装结束后再进行面漆施工。涂料施工一般可以分为涂刷法和喷涂法两种。

1）涂刷法是用漆刷将涂料均匀地涂刷在结构表面，涂刷时应达到漆膜均匀、色泽一致、无皱皮、无流坠、分色线清楚整齐的要求。这是最常用的施工方法之一。

2）喷涂法是将涂料灌入高压空气喷枪内，利用喷枪将涂料喷涂在构件的表面上，这种方法效率高、速度快、施工方便。涂装的厚度按结构使用要求取用，无特殊要求时可按表12.5选用。

表12.5 涂装厚度表

涂层等级	控制厚度/μm	涂层等级	控制厚度/μm
一般性涂层	80～100	装饰性涂层	100～150

（4）防腐的构造要求。

1）钢结构除必须采取防锈措施外，尚应在构造上尽量避免出现难于检查和不便清刷油漆之处，并尽量避免出现能积留湿气和大量灰尘的死角或凹槽。

2）腐蚀性等级为强或中时，桁架、柱、主梁等重要受力构件不应采用格构式和冷弯薄壁型钢。

3）钢结构杆件截面的选择应符合以下规定：

①杆件应采用实腹式或闭口截面。对于闭口截面端部应进行封闭；对封闭截面进行热镀浸锌时，应采取开孔防爆措施。

②腐蚀性等级为强或中时，不应采用由双角钢组成的T形截面或由双槽钢组成的I形截面。

③当采用型钢组合的杆件时，型钢之间的间隙宽度应满足防护层施工和维修的要求。

4）钢结构杆件截面厚度应符合下列规定：

①钢板组合的杆件不小于6mm。

②闭口截面杆件不小于4mm。

③角钢截面的厚度不小于5mm。

5）门式刚架构件宜采用热轧H型钢，当采用T型钢或钢板组合时，应采用双面连续焊缝。

6）网架结构宜采用管形截面和球形节点，并应符合下列规定：

①腐蚀性等级为强或中时，应采用焊接连接的空心球节点。

②当采用螺栓节点时杆件与螺栓球的接缝应采用密封材料填嵌严密，多余螺栓孔应封堵。

7）桁架、柱、主梁等重要钢构件和闭口截面杆件的焊缝，应采用连续施焊。角焊缝的焊脚尺寸不应小于杆件厚度。加劲肋应切角，切角尺寸应满足排水和施工维修要求。

8）焊条、螺栓、垫圈、节点板等连接构件的耐腐蚀性能，不应低于主体材料。螺栓直径不应小于12mm。垫圈不应采用弹簧垫圈。螺栓、螺母和垫圈应采用热镀浸锌防护，安装后再采用与主体结构相同的防腐蚀措施。

9）设计使用年限大于或等于25年的建筑物或构筑物，对使用期间不能重新油漆的结构部位应采取特殊的防锈措施。

10）柱脚在地面以下的部分应采用混凝土包裹，并应使包裹的混凝土高出地面不小于150mm。当柱脚底面在地面以上时，则柱脚底面应高出地面不小于300mm。

11）当腐蚀等级为强时，重要构件宜采用耐候钢制作。

12.3 钢结构的防火

由于钢结构耐火性能差，发生火灾时，在高温作用下会很快失效倒塌，耐火极限仅为15min。若采取措施，对钢结构进行保护，使其在火灾时的温度升高不超过其临界温度，钢结构在火灾中就能保持稳定性。目前，钢结构的防火保护有多种方法，从原理上来讲，主要可划分为两种：截流法和疏导法，见表12.6。选择钢结构的防火措施时，主要考虑以下因素：

（1）钢结构所处部位，需防护的构件性质等。

（2）钢结构采取防护措施后结构增加的重量及占用的空间。

（3）施工难易程度和经济性。

表12.6 截流法和疏导法的特点比较

防火方法		原理	保护用材料	适用范围
截流法	喷涂法	用喷涂机具将防火涂料直接喷涂到构件的表面	各种防火涂料	任何钢结构
	包封法	用耐火材料把构件包裹起来	防火板材、混凝土、砖、砂浆	钢柱、钢梁
	屏蔽法	把钢构件包藏在耐火材料组成的墙体或吊顶内	防火板材	钢屋盖
	水喷淋	设喷淋管网，在构件表面形成	水	大空间
疏导法	充水冷却法	蒸发消耗热量或通过循环把热量导走	充水循环	钢柱

12.3.1 截流法

截流法的原理是截断或阻滞火灾产生的热流量向构件的传输，从而使构件在规定的时间内升温不超过其临界温度。其做法是在构件表面设置一层保护材料，火灾时的高温首先传给这些保护材料，再由保护材料传给构件。由于所选保护材料的导热系数较小，而热容较大，所以能很好地阻滞热流向构件的传输，从而起到保护作用。截流法又可分为喷涂法、包封法、屏蔽法和水喷淋法。由上述可知，这些方法的共同特点是设法减少传到构件的热流量，因而称之为截流法。

（1）喷涂法。喷涂法是用喷涂机具将防火涂料直接喷在构件表面，形成保护层。喷涂法适用范围最为广泛，可用于任何一种钢构件的耐火保护。钢结构防火涂料在90%的钢结构防火工程中发挥着重要的保护作用。将防火涂料涂敷于材料表面，除具有装饰和保护作用外，由于涂料本身的不燃性和难燃性，能阻止火灾发生时火焰的蔓延和延缓火势的扩展，较好地保护了基材。钢结构防火涂料按所使用的基料的不同可分为有机防火涂料和无机防火涂料两类，按涂层厚度分为超薄型、薄涂型和厚涂型三类。薄涂型钢结构涂料涂层厚度一般为2～7mm，又称钢结构膨胀防火涂料，有一定装饰效果，高温时涂层膨胀增厚，具有耐火隔热作用，耐火极限可达0.5～1.5h。厚涂型钢结构防火涂料厚度一般为8～20mm，又称钢结构防火隔热涂料，具有粒状表面，密度较小，导热系数低，耐火极限可达0.5～3.0h。

在喷涂钢结构防火涂料时，喷涂的厚度必须达到设计值，节点部位宜适当加厚，当遇有下列情况之一时，涂层内应设置与钢结构相连的钢丝网，以确保涂层牢固。

1）承受冲击振动的梁。

2）设计层厚度大于40mm。

3）粘贴强度小于0.05MPa的涂料。

4）腹板高度大于1.5m的梁。

（2）包封法。包封法就是在钢结构表面做耐火保护层，将构件包封起来，其具体做法如下。

1）用现浇混凝土做耐火保护层。所使用的材料有普通混凝土、轻质混凝土及加气混凝土等。这些材料既有不燃性，又有较大的热容量，用作耐火保护层能使构件的升温减缓。由于混凝土的表层在发生火灾时的高温下易于剥落，可在钢材表面加敷钢丝网，提高两者粘结性。

2）用砂浆或灰胶泥作耐火保护层。所使用的材料一般有砂浆、轻质岩浆、珍珠岩砂浆或灰胶泥、蛭石砂浆或石灰胶泥等。上述材料均有良好的耐火性能，其施工方法常为金属网上涂抹上述材料。

3）用矿物纤维。其材料有石棉、岩棉及矿渣棉等。具体施工方法是将矿物纤维与水泥混合，再用特殊喷枪与水的喷雾同时向底部喷涂，构成海绵状的覆盖层。上述方式可直接喷在钢构件上，也可以向其上的金属网喷涂，效果更好。

4）用轻质预制板作耐火保护层。所用材料有轻质混凝土板、泡沫混凝土板、硅酸钙成型板及石棉成型板等，其做法是以上述预制板包覆构件，板间连接可采用钉合及粘合。这种构造方式施工简便而工期较短，并有利工业化。同时，承重钢结构与防火的预制板的功能划分明确，火灾后修复简便，且不影响主体结构的功能，因而具有良好的复原性。

（3）屏蔽法。屏蔽法是把钢结构包藏在耐火材料组成的墙体或吊顶内，在钢梁、钢屋架下作耐火吊顶，火灾时可以使钢梁、钢屋架的升温大为延缓，大大提高钢结构的耐火能力，而且这种方法还能增加室内的美观，但要注意吊顶的接缝、孔洞处应严密，防止窜火。

（4）水喷淋法。水喷淋法是在结构顶部设喷淋供水管网，火灾时，会自动启动或手动开始喷水，在构件表面形成一层连续流动的水膜，从而起到保护作用。

12.3.2　疏导法

与截流法不同，疏导法允许热量传到构件上，然后设法把热量导走或消耗掉，同样可使构件温度升高不超过其临界温度，从而起到保护作用。

疏导法目前主要是充水冷却保护这一种方法，典型的案例是在美国匹兹堡64层的美国钢铁公司大厦上的应用，它的空心封闭截面中（主要是柱）充满水，发生火灾时构件把从火场中吸收的热量传给水，依靠水的蒸发消耗热量或通过循环把热量导走，构件温度便可保持在100℃左右。从理论上讲，这是钢结构保护最有效的方法。该系统工作时，构件相当于盛满水被加热的容器，像烧水锅炉一样工作。只要补充水源，维持足够水位，而水的比热和汽化热又较大，构件吸收的热量将源源不断地被耗掉或导走。冷却水可由高位水箱或供水管网或消防车来补充，水蒸气由排气口排出。当柱高度过高时，可分为几个循环系统，以防止柱底水压过大。为防止锈蚀或水的结冰，水中应掺加阻锈剂和防冻剂。水冷却法既可单根柱自成系统，又可多根柱联通。前者仅依靠水的蒸发耗热，后者既能蒸发散热，还能借水的温差形成循环，把热量导向非火灾区温度较低的柱。由于这种方法对于结构设计有专门要求，目前实际应用较少。

复习思考题

12-1 钢结构为什么要进行防腐、防火处理?

12-2 大气腐蚀的影响因素有哪些?

12-3 常用的除锈方法有哪些?

12-4 钢结构防火涂料的防火原理是什么?

12-5 钢结构常用的防火措施有哪些?

附　表

附表 1　纵向受力钢筋的最小配筋百分率 ρ_{min}　　　（%）

受力类型			最小配筋百分率
受压构件	全部纵向钢筋	强度等级 500MPa	0.50
		强度等级 400MPa	0.55
		强度等级 300MPa、335MPa	0.60
	一侧纵向钢筋		0.20
受弯构件、偏心受拉、轴心受拉构件一侧的受拉钢筋			0.20 和 $45f_t/f_y$ 中的较大值

注：1. 受压构件全部纵向钢筋最小配筋百分率，当采用 C60 以上强度等级的混凝土时，应按表中规定增加 0.10。

2. 板类受弯构件（不包括悬臂板）的受拉钢筋，当采用强度等级 400MPa、500MPa 的钢筋时，其最小配筋百分率应允许采用 0.15 和 $45f_t/f_y$ 中的较大值。

3. 偏心受拉构件中的受压钢筋，应按受压构件一侧纵向钢筋考虑。

4. 受压构件的全部纵向钢筋和一侧纵向钢筋的配筋率，以及轴心受拉构件的小偏心受拉构件一侧受拉钢筋的配筋率，应按构件的全截面面积计算。

5. 受弯构件、大偏心受拉构件一侧受拉钢筋的配筋率应按全截面面积扣除受压翼缘面积 $(b_f'-b)h_f'$ 后的截面面积计算。

6. 当钢筋沿构件截面周边布置时，“一侧纵向钢筋”系指沿受力方向两个对边中一边布置的纵向钢筋。

附表 2　钢筋的公称直径、公称截面面积及理论重量

公称直径 /mm	不同根数钢筋的公称截面面积/mm^2									单根钢筋理论重量 /$kg \cdot m^{-1}$
	1	2	3	4	5	6	7	8	9	
6	28.3	57	85	113	142	170	198	226	255	0.222
8	50.3	101	151	201	252	302	352	402	453	0.395
10	78.5	157	236	314	393	471	550	628	707	0.617
12	113.1	226	339	452	565	678	791	904	1017	0.888
14	153.9	308	461	615	769	923	1077	1231	1385	1.21
16	201.1	402	603	804	1005	1206	1407	1608	1809	1.58
18	254.5	509	763	1017	1272	1527	1781	2036	2290	2.00（2.11）
20	314.2	628	942	1256	1570	1884	2199	2513	2827	2.47
22	380.1	760	1140	1520	1900	2281	2661	3041	3421	2.98
25	490.9	982	1473	1964	2454	2945	3436	3927	4418	3.85（4.10）
28	615.8	1232	1847	2463	3079	3695	4310	4926	5542	4.83
32	804.2	1609	2413	3217	4021	4826	5630	6434	7238	6.31（6.65）
36	1017.9	2036	3054	4072	5089	6107	7125	8143	9161	7.99
40	1256.6	2513	3770	5027	6283	7540	8796	10053	11310	9.87（10.34）
50	1963.5	3928	5892	7856	9820	11784	13748	15712	17676	15.42（16.28）

注：括号内为预应力螺纹钢筋的数值。钢筋密度按 7.85g/cm^3 计算。

附表 3 规则框架承受均布水平力作用时标准反弯点的高度比 y_0 值

m	n \ $\overline{K}$	0.1	0.2	0.3	0.4	0.5	0.6	0.7	0.8	0.9	1.0	2.0	3.0	4.0	5.0
1	1	0.80	0.75	0.70	0.65	0.65	0.60	0.60	0.60	0.60	0.55	0.55	0.55	0.55	0.55
2	2	0.45	0.40	0.35	0.35	0.35	0.35	0.40	0.40	0.40	0.40	0.45	0.45	0.45	0.45
	1	0.95	0.80	0.75	0.70	0.65	0.65	0.65	0.60	0.60	0.60	0.55	0.55	0.55	0.50
3	3	0.15	0.20	0.20	0.25	0.30	0.30	0.30	0.35	0.35	0.35	0.40	0.45	0.45	0.45
	2	0.55	0.50	0.45	0.45	0.45	0.45	0.45	0.45	0.45	0.45	0.45	0.50	0.50	0.50
	1	1.00	0.85	0.80	0.75	0.70	0.70	0.65	0.65	0.65	0.60	0.55	0.55	0.55	0.55
4	4	−0.05	0.05	0.15	0.20	0.25	0.30	0.30	0.35	0.35	0.35	0.40	0.45	0.45	0.45
	3	0.25	0.30	0.30	0.35	0.35	0.40	0.40	0.40	0.40	0.45	0.45	0.50	0.50	0.50
	2	0.65	0.55	0.50	0.50	0.45	0.45	0.45	0.45	0.45	0.45	0.50	0.50	0.50	0.50
	1	1.10	0.90	0.80	0.75	0.70	0.70	0.65	0.65	0.65	0.60	0.55	0.55	0.55	0.55
5	5	−0.20	0.00	0.15	0.20	0.25	0.30	0.30	0.30	0.35	0.35	0.40	0.45	0.45	0.45
	4	0.10	0.20	0.25	0.30	0.35	0.35	0.40	0.40	0.40	0.40	0.45	0.45	0.50	0.50
	3	0.40	0.40	0.40	0.40	0.40	0.45	0.45	0.45	0.45	0.45	0.50	0.50	0.50	0.50
	2	0.65	0.55	0.50	0.50	0.50	0.50	0.50	0.50	0.50	0.50	0.50	0.50	0.50	0.50
	1	1.20	0.95	0.80	0.75	0.75	0.70	0.70	0.65	0.65	0.65	0.55	0.55	0.55	0.55
6	6	−0.30	0.00	0.10	0.20	0.25	0.25	0.30	0.30	0.35	0.35	0.40	0.45	0.45	0.45
	5	0.00	0.20	0.25	0.30	0.35	0.35	0.40	0.40	0.40	0.40	0.45	0.45	0.50	0.50
	4	0.20	0.30	0.35	0.35	0.40	0.40	0.40	0.45	0.45	0.45	0.45	0.50	0.50	0.50
	3	0.40	0.40	0.40	0.45	0.45	0.45	0.45	0.45	0.45	0.45	0.50	0.50	0.50	0.50
	2	0.70	0.60	0.55	0.50	0.50	0.50	0.50	0.50	0.50	0.50	0.50	0.50	0.50	0.50
	1	1.20	0.95	0.85	0.80	0.75	0.70	0.70	0.65	0.65	0.65	0.55	0.55	0.55	0.55
7	7	−0.35	−0.05	0.10	0.20	0.20	0.25	0.30	0.30	0.35	0.35	0.40	0.45	0.45	0.45
	6	−0.10	0.15	0.25	0.30	0.35	0.35	0.35	0.40	0.40	0.40	0.45	0.45	0.50	0.50
	5	0.10	0.25	0.30	0.35	0.40	0.40	0.40	0.45	0.45	0.45	0.45	0.50	0.50	0.50
	4	0.30	0.35	0.40	0.40	0.40	0.45	0.45	0.45	0.45	0.45	0.50	0.50	0.50	0.50
	3	0.50	0.45	0.45	0.45	0.45	0.45	0.45	0.45	0.45	0.45	0.45	0.50	0.50	0.50
	2	0.75	0.60	0.55	0.50	0.50	0.50	0.50	0.50	0.50	0.50	0.50	0.50	0.50	0.50
	1	1.20	0.95	0.85	0.80	0.75	0.70	0.70	0.65	0.65	0.65	0.55	0.55	0.55	0.55
8	8	−0.35	−0.15	0.10	0.15	0.25	0.25	0.30	0.30	0.35	0.35	0.40	0.45	0.45	0.45
	7	−0.10	0.15	0.25	0.30	0.35	0.35	0.40	0.40	0.40	0.40	0.45	0.50	0.50	0.50
	6	0.05	0.25	0.30	0.35	0.40	0.40	0.40	0.45	0.45	0.45	0.45	0.50	0.50	0.50
	5	0.20	0.30	0.35	0.40	0.40	0.45	0.45	0.45	0.45	0.45	0.50	0.50	0.50	0.50
	4	0.35	0.40	0.40	0.45	0.45	0.45	0.45	0.45	0.45	0.45	0.50	0.50	0.50	0.50
	3	0.50	0.45	0.45	0.45	0.45	0.45	0.45	0.45	0.50	0.50	0.50	0.50	0.50	0.50
	2	0.75	0.60	0.55	0.55	0.50	0.50	0.50	0.50	0.50	0.50	0.50	0.50	0.50	0.50
	1	1.20	1.00	0.85	0.80	0.75	0.70	0.70	0.65	0.65	0.65	0.55	0.55	0.55	0.55

续附表 3

m	n \ $\overline{K}$	0.1	0.2	0.3	0.4	0.5	0.6	0.7	0.8	0.9	1.0	2.0	3.0	4.0	5.0
9	9	-0.40	-0.05	0.10	0.20	0.25	0.25	0.30	0.30	0.35	0.35	0.45	0.45	0.45	0.45
	8	-0.15	0.15	0.25	0.30	0.35	0.35	0.35	0.40	0.40	0.40	0.45	0.45	0.50	0.50
	7	0.05	0.25	0.30	0.35	0.40	0.40	0.40	0.45	0.45	0.45	0.45	0.50	0.50	0.50
	6	0.15	0.30	0.35	0.40	0.40	0.45	0.45	0.45	0.45	0.45	0.50	0.50	0.50	0.50
	5	0.25	0.35	0.40	0.40	0.45	0.45	0.45	0.45	0.45	0.45	0.50	0.50	0.50	0.50
	4	0.40	0.40	0.40	0.45	0.45	0.45	0.45	0.45	0.45	0.45	0.50	0.50	0.50	0.50
	3	0.55	0.45	0.45	0.45	0.45	0.45	0.45	0.45	0.50	0.50	0.50	0.50	0.50	0.50
	2	0.80	0.65	0.55	0.55	0.50	0.50	0.50	0.50	0.50	0.50	0.50	0.50	0.50	0.50
	1	1.20	1.00	0.85	0.80	0.75	0.70	0.70	0.65	0.65	0.65	0.55	0.55	0.55	0.55
10	10	-0.40	-0.05	0.10	0.20	0.25	0.30	0.30	0.30	0.35	0.35	0.40	0.45	0.45	0.45
	9	-0.15	0.15	0.25	0.30	0.35	0.35	0.40	0.40	0.40	0.40	0.45	0.45	0.50	0.50
	8	0.00	0.25	0.30	0.35	0.40	0.40	0.40	0.45	0.45	0.45	0.45	0.50	0.50	0.50
	7	0.10	0.30	0.35	0.40	0.40	0.45	0.45	0.45	0.45	0.45	0.50	0.50	0.50	0.50
	6	0.20	0.35	0.40	0.40	0.45	0.45	0.45	0.45	0.45	0.45	0.50	0.50	0.50	0.50
	5	0.30	0.40	0.40	0.45	0.45	0.45	0.45	0.45	0.45	0.50	0.50	0.50	0.50	0.50
	4	0.40	0.40	0.45	0.45	0.45	0.45	0.45	0.45	0.45	0.50	0.50	0.50	0.50	0.50
	3	0.55	0.50	0.45	0.45	0.45	0.45	0.50	0.50	0.50	0.50	0.50	0.50	0.50	0.50
	2	0.80	0.65	0.55	0.55	0.55	0.50	0.50	0.50	0.50	0.50	0.50	0.50	0.50	0.50
	1	1.35	1.00	0.85	0.80	0.75	0.70	0.70	0.65	0.65	0.65	0.60	0.55	0.55	0.55
11	11	-0.40	0.05	0.10	0.20	0.25	0.30	0.30	0.30	0.35	0.35	0.40	0.45	0.45	0.45
	10	-0.15	0.15	0.25	0.30	0.35	0.35	0.40	0.40	0.40	0.40	0.45	0.45	0.50	0.50
	9	0.00	0.25	0.30	0.35	0.40	0.40	0.40	0.45	0.45	0.45	0.45	0.50	0.50	0.50
	8	0.10	0.30	0.35	0.40	0.40	0.45	0.45	0.45	0.45	0.45	0.50	0.50	0.50	0.50
	7	0.20	0.35	0.40	0.45	0.45	0.45	0.45	0.45	0.45	0.45	0.50	0.50	0.50	0.50
	6	0.25	0.35	0.40	0.45	0.45	0.45	0.45	0.45	0.45	0.45	0.50	0.50	0.50	0.50
	5	0.35	0.40	0.40	0.45	0.45	0.45	0.45	0.45	0.45	0.50	0.50	0.50	0.50	0.50
	4	0.40	0.45	0.45	0.45	0.45	0.45	0.45	0.50	0.50	0.50	0.50	0.50	0.50	0.50
	3	0.55	0.50	0.50	0.50	0.50	0.50	0.50	0.50	0.50	0.50	0.50	0.50	0.50	0.50
	2	0.80	0.65	0.60	0.55	0.55	0.50	0.50	0.50	0.50	0.50	0.50	0.50	0.50	0.50
	1	1.30	1.00	0.85	0.80	0.75	0.70	0.70	0.65	0.65	0.65	0.60	0.55	0.55	0.55
12以上	1 ↓	-0.40	-0.05	0.10	0.20	0.25	0.30	0.30	0.30	0.35	0.35	0.40	0.45	0.45	0.45
	2	-0.15	0.15	0.25	0.30	0.35	0.35	0.40	0.40	0.40	0.40	0.45	0.45	0.50	0.50
	3	0.00	0.25	0.30	0.35	0.40	0.40	0.40	0.45	0.45	0.45	0.50	0.50	0.50	0.50
	4	0.10	0.30	0.35	0.40	0.40	0.45	0.45	0.45	0.45	0.45	0.50	0.50	0.50	0.50
	5	0.20	0.35	0.40	0.40	0.45	0.45	0.45	0.45	0.45	0.45	0.50	0.50	0.50	0.50

续附表 3

m	n \ $\overline{K}$	0.1	0.2	0.3	0.4	0.5	0.6	0.7	0.8	0.9	1.0	2.0	3.0	4.0	5.0
12以上	6	0.25	0.35	0.40	0.45	0.45	0.45	0.45	0.45	0.45	0.45	0.50	0.50	0.50	0.50
	7	0.30	0.40	0.40	0.45	0.45	0.45	0.45	0.45	0.50	0.50	0.50	0.50	0.50	0.50
	8	0.35	0.40	0.45	0.45	0.45	0.45	0.45	0.50	0.50	0.50	0.50	0.50	0.50	0.50
	中间	0.40	0.40	0.45	0.45	0.45	0.45	0.50	0.50	0.50	0.50	0.50	0.50	0.50	0.50
	4	0.45	0.45	0.45	0.45	0.50	0.50	0.50	0.50	0.50	0.50	0.50	0.50	0.50	0.50
	3	0.60	0.50	0.50	0.50	0.50	0.50	0.50	0.50	0.50	0.50	0.50	0.50	0.50	0.50
	2	0.80	0.65	0.60	0.55	0.55	0.50	0.50	0.50	0.50	0.50	0.50	0.50	0.50	0.50
	1	1.30	1.00	0.85	0.80	0.75	0.70	0.70	0.65	0.65	0.65	0.55	0.55	0.55	0.55

注：

i_1	i_2
i_3	i_4

$\overline{K}=\dfrac{i_1+i_2+i_3+i_4}{2i}$。

附表 4　规则框架承受倒三角形分布水平作用时标准反弯点的高度比 y_0 值

m	n \ $\overline{K}$	0.1	0.2	0.3	0.4	0.5	0.6	0.7	0.8	0.9	1.0	2.0	3.0	4.0	5.0
1	1	0.80	0.75	0.70	0.65	0.65	0.60	0.60	0.60	0.60	0.55	0.55	0.55	0.55	0.55
2	2	0.50	0.45	0.40	0.40	0.40	0.40	0.40	0.40	0.40	0.45	0.45	0.45	0.45	0.50
	1	1.00	0.85	0.75	0.70	0.70	0.65	0.65	0.65	0.60	0.60	0.55	0.55	0.55	0.55
3	3	0.25	0.25	0.25	0.30	0.30	0.35	0.35	0.35	0.40	0.40	0.45	0.45	0.45	0.50
	2	0.60	0.50	0.50	0.50	0.50	0.45	0.45	0.45	0.45	0.45	0.50	0.50	0.50	0.50
	1	1.15	0.90	0.80	0.75	0.75	0.70	0.70	0.65	0.65	0.65	0.60	0.55	0.55	0.55
4	4	0.10	0.15	0.20	0.25	0.30	0.30	0.35	0.35	0.35	0.40	0.45	0.45	0.45	0.45
	3	0.35	0.35	0.35	0.40	0.40	0.40	0.40	0.45	0.45	0.45	0.45	0.50	0.50	0.50
	2	0.70	0.60	0.55	0.50	0.50	0.50	0.50	0.50	0.50	0.50	0.50	0.50	0.50	0.50
	1	1.20	0.95	0.85	0.80	0.75	0.70	0.70	0.70	0.65	0.65	0.55	0.55	0.55	0.55
5	5	-0.05	0.10	0.20	0.25	0.30	0.30	0.35	0.35	0.35	0.35	0.40	0.45	0.45	0.45
	4	0.20	0.25	0.35	0.35	0.40	0.40	0.40	0.40	0.40	0.45	0.45	0.50	0.50	0.50
	3	0.45	0.40	0.45	0.45	0.45	0.45	0.45	0.45	0.45	0.45	0.50	0.50	0.50	0.50
	2	0.75	0.60	0.55	0.55	0.50	0.50	0.50	0.50	0.50	0.50	0.50	0.50	0.50	0.50
	1	1.30	1.00	0.85	0.80	0.75	0.70	0.70	0.65	0.65	0.65	0.65	0.55	0.55	0.55
6	6	-0.15	0.05	0.15	0.20	0.25	0.30	0.30	0.35	0.35	0.35	0.40	0.45	0.45	0.45
	5	0.10	0.25	0.30	0.35	0.35	0.40	0.40	0.40	0.45	0.45	0.45	0.50	0.50	0.50
	4	0.30	0.35	0.40	0.40	0.45	0.45	0.45	0.45	0.45	0.45	0.50	0.50	0.50	0.50
	3	0.50	0.45	0.45	0.45	0.45	0.45	0.45	0.45	0.45	0.50	0.50	0.50	0.50	0.50

续附表4

m	n \ $\bar{K}$	0.1	0.2	0.3	0.4	0.5	0.6	0.7	0.8	0.9	1.0	2.0	3.0	4.0	5.0
6	2	0.80	0.65	0.55	0.55	0.55	0.55	0.50	0.50	0.50	0.50	0.50	0.50	0.50	0.50
	1	1.30	1.00	0.85	0.80	0.75	0.70	0.70	0.65	0.65	0.65	0.60	0.55	0.55	0.55
7	7	−0.20	0.05	0.15	0.20	0.25	0.30	0.30	0.35	0.35	0.35	0.45	0.45	0.45	0.45
	6	0.05	0.20	0.30	0.35	0.35	0.40	0.40	0.40	0.40	0.45	0.45	0.50	0.50	0.50
	5	0.20	0.30	0.35	0.40	0.40	0.45	0.45	0.45	0.45	0.45	0.50	0.50	0.50	0.50
	4	0.35	0.40	0.40	0.45	0.45	0.45	0.45	0.45	0.45	0.45	0.50	0.50	0.50	0.50
	3	0.55	0.50	0.50	0.50	0.50	0.50	0.50	0.50	0.50	0.50	0.50	0.50	0.50	0.50
	2	0.80	0.65	0.60	0.55	0.55	0.55	0.50	0.50	0.50	0.50	0.50	0.50	0.50	0.50
	1	1.30	1.00	0.90	0.80	0.75	0.70	0.70	0.70	0.65	0.65	0.60	0.55	0.55	0.55
8	8	−0.20	0.05	0.15	0.20	0.25	0.30	0.30	0.35	0.35	0.35	0.45	0.45	0.45	0.45
	7	0.00	0.20	0.30	0.35	0.35	0.40	0.40	0.40	0.40	0.45	0.45	0.50	0.50	0.50
	6	0.15	0.30	0.35	0.40	0.40	0.45	0.45	0.45	0.45	0.45	0.50	0.50	0.50	0.50
	5	0.30	0.45	0.40	0.45	0.45	0.45	0.45	0.45	0.45	0.45	0.50	0.50	0.50	0.50
	4	0.40	0.45	0.45	0.45	0.45	0.45	0.45	0.45	0.50	0.50	0.50	0.50	0.50	0.50
	3	0.60	0.50	0.50	0.50	0.50	0.50	0.50	0.50	0.50	0.50	0.50	0.50	0.50	0.50
	2	0.85	0.65	0.60	0.55	0.55	0.55	0.50	0.50	0.50	0.50	0.50	0.50	0.50	0.50
	1	1.30	1.00	0.90	0.80	0.75	0.70	0.70	0.70	0.65	0.65	0.60	0.55	0.55	0.55
9	9	−0.25	0.00	0.15	0.20	0.25	0.30	0.30	0.35	0.35	0.40	0.45	0.45	0.45	0.45
	8	−0.00	0.20	0.30	0.35	0.35	0.40	0.40	0.40	0.40	0.45	0.45	0.50	0.50	0.50
	7	0.15	0.30	0.35	0.40	0.40	0.45	0.45	0.45	0.45	0.45	0.50	0.50	0.50	0.50
	6	0.25	0.35	0.40	0.40	0.45	0.45	0.45	0.45	0.45	0.50	0.50	0.50	0.50	0.50
	5	0.35	0.40	0.45	0.45	0.45	0.45	0.45	0.45	0.50	0.50	0.50	0.50	0.50	0.50
	4	0.45	0.45	0.45	0.45	0.45	0.50	0.50	0.50	0.50	0.50	0.50	0.50	0.50	0.50
	3	0.60	0.50	0.50	0.50	0.50	0.50	0.50	0.50	0.50	0.50	0.50	0.50	0.50	0.50
	2	0.85	0.65	0.60	0.55	0.55	0.55	0.55	0.50	0.50	0.50	0.50	0.50	0.50	0.50
	1	1.35	1.00	0.90	0.80	0.75	0.75	0.70	0.70	0.65	0.65	0.60	0.55	0.55	0.55
10	10	−0.25	0.00	0.15	0.20	0.25	0.30	0.30	0.35	0.35	0.40	0.45	0.45	0.45	0.45
	9	−0.05	0.20	0.30	0.35	0.35	0.40	0.40	0.40	0.40	0.45	0.45	0.50	0.50	0.50
	8	0.10	0.30	0.35	0.40	0.40	0.40	0.45	0.45	0.45	0.45	0.50	0.50	0.50	0.50
	7	0.20	0.35	0.40	0.40	0.45	0.45	0.45	0.45	0.45	0.50	0.50	0.50	0.50	0.50
	6	0.30	0.40	0.40	0.45	0.45	0.45	0.45	0.45	0.45	0.50	0.50	0.50	0.50	0.50
	5	0.40	0.45	0.45	0.45	0.45	0.45	0.45	0.50	0.50	0.50	0.50	0.50	0.50	0.50
	4	0.50	0.45	0.45	0.45	0.50	0.50	0.50	0.50	0.50	0.50	0.50	0.50	0.50	0.50
	3	0.60	0.55	0.50	0.50	0.50	0.50	0.50	0.50	0.50	0.50	0.50	0.50	0.50	0.50
	2	0.85	0.65	0.60	0.55	0.55	0.55	0.55	0.50	0.50	0.50	0.50	0.50	0.50	0.50
	1	1.35	1.00	0.90	0.80	0.75	0.75	0.70	0.70	0.65	0.65	0.60	0.55	0.55	0.55

续附表 4

m	n \ $\overline{K}$	0.1	0.2	0.3	0.4	0.5	0.6	0.7	0.8	0.9	1.0	2.0	3.0	4.0	5.0
11	11	-0.25	0.00	0.15	0.20	0.25	0.30	0.30	0.30	0.35	0.35	0.45	0.45	0.45	0.45
	10	-0.05	0.20	0.25	0.30	0.35	0.40	0.40	0.40	0.40	0.45	0.45	0.50	0.50	0.50
	9	0.10	0.30	0.35	0.40	0.40	0.40	0.45	0.45	0.45	0.45	0.50	0.50	0.50	0.50
	8	0.20	0.35	0.40	0.40	0.45	0.45	0.45	0.45	0.45	0.45	0.50	0.50	0.50	0.50
	7	0.25	0.40	0.40	0.45	0.45	0.45	0.45	0.45	0.45	0.50	0.50	0.50	0.50	0.50
	6	0.35	0.40	0.45	0.45	0.45	0.45	0.45	0.50	0.50	0.50	0.50	0.50	0.50	0.50
	5	0.40	0.45	0.45	0.45	0.45	0.50	0.50	0.50	0.50	0.50	0.50	0.50	0.50	0.50
	4	0.50	0.50	0.50	0.50	0.50	0.50	0.50	0.50	0.50	0.50	0.50	0.50	0.50	0.50
	3	0.65	0.55	0.50	0.50	0.50	0.50	0.50	0.50	0.50	0.50	0.50	0.50	0.50	0.50
	2	0.85	0.65	0.60	0.55	0.55	0.55	0.55	0.50	0.50	0.50	0.50	0.50	0.50	0.50
	1	1.35	1.05	0.90	0.80	0.75	0.75	0.70	0.70	0.65	0.65	0.60	0.55	0.55	0.55
12以上	1 ↓	-0.30	0.00	0.15	0.20	0.25	0.30	0.30	0.30	0.35	0.35	0.40	0.45	0.45	0.45
	2	-0.10	0.20	0.25	0.30	0.35	0.40	0.40	0.40	0.40	0.40	0.45	0.45	0.45	0.50
	3	0.05	0.25	0.35	0.40	0.40	0.40	0.45	0.45	0.45	0.45	0.45	0.50	0.50	0.50
	4	0.15	0.30	0.40	0.40	0.45	0.45	0.45	0.45	0.45	0.45	0.45	0.50	0.50	0.50
	5	0.25	0.35	0.50	0.45	0.45	0.45	0.45	0.45	0.45	0.45	0.50	0.50	0.50	0.50
	6	0.30	0.40	0.50	0.45	0.45	0.45	0.45	0.50	0.50	0.50	0.50	0.50	0.50	0.50
	7	0.35	0.40	0.55	0.45	0.50	0.50	0.50	0.50	0.50	0.50	0.50	0.50	0.50	0.50
	8	0.35	0.45	0.55	0.45	0.50	0.50	0.50	0.50	0.50	0.50	0.50	0.50	0.50	0.50
	中间	0.40	0.45	0.55	0.45	0.50	0.50	0.50	0.50	0.50	0.50	0.50	0.50	0.50	0.50
	4	0.55	0.50	0.50	0.50	0.50	0.50	0.50	0.50	0.50	0.50	0.50	0.50	0.50	0.50
	3	0.65	0.55	0.50	0.50	0.50	0.50	0.50	0.50	0.50	0.50	0.50	0.50	0.50	0.50
	2 ↑	0.70	0.70	0.60	0.55	0.55	0.55	0.55	0.50	0.50	0.50	0.50	0.50	0.50	0.50
	1	1.35	1.05	0.90	0.80	0.75	0.70	0.70	0.70	0.65	0.65	0.60	0.55	0.55	0.55

附表 5.1　上下层横梁线刚度比对 y_0 的修正值 y_1

α_1 \ $\overline{K}$	0.1	0.2	0.3	0.4	0.5	0.6	0.7	0.8	0.9	1.0	2.0	3.0	4.0	5.0
0.4	0.55	0.40	0.30	0.25	0.20	0.20	0.20	0.15	0.15	0.15	0.05	0.05	0.05	0.05
0.5	0.45	0.30	0.20	0.20	0.15	0.15	0.15	0.10	0.10	0.10	0.05	0.05	0.05	0.05
0.6	0.30	0.20	0.15	0.15	0.10	0.10	0.10	0.10	0.05	0.05	0.05	0.05	0	0
0.7	0.20	0.15	0.10	0.10	0.10	0.10	0.05	0.05	0.05	0.05	0.05	0	0	0
0.8	0.15	0.10	0.05	0.05	0.05	0.05	0.05	0.05	0.05	0	0	0	0	0
0.9	0.05	0.05	0.05	0.05	0	0	0	0	0	0	0	0	0	0

注：

i_1	i_2
i_3	i_4

$\alpha_1 = \dfrac{i_1 + i_2}{i_3 + i_4}$，当 $i_1 + i_2 > i_3 + i_4$ 时，则 α_1 取倒数，并且 y_1 取值负号“-”；

$\overline{K} = \dfrac{i_1 + i_2 + i_3 + i_4}{2i}$。

附表 5.2　上下层高变化对 y_0 的修正值 y_2 和 y_3

α_2	$\bar{K}$ / α_3	0.1	0.2	0.3	0.4	0.5	0.6	0.7	0.8	0.9	1.0	2.0	3.0	4.0	5.0
2.0		0.25	0.15	0.15	0.10	0.10	0.10	0.10	0.10	0.05	0.05	0.05	0.05	0.0	0.0
1.8		0.20	0.15	0.10	0.10	0.10	0.05	0.05	0.05	0.05	0.05	0.05	0.0	0.0	0.0
1.6	0.4	0.15	0.10	0.10	0.05	0.05	0.05	0.05	0.05	0.05	0.05	0.05	0.0	0.0	0.0
1.4	0.6	0.10	0.05	0.05	0.05	0.05	0.05	0.05	0.05	0.05	0.0	0.0	0.0	0.0	0.0
1.2	0.8	0.05	0.05	0.05	0.0	0.0	0.0	0.0	0.0	0.0	0.0	0.0	0.0	0.0	0.0
1.0	1.0	0.0	0.0	0.0	0.0	0.0	0.0	0.0	0.0	0.0	0.0	0.0	0.0	0.0	0.0
0.8	1.2	−0.05	−0.05	−0.05	0.0	0.0	0.0	0.0	0.0	0.0	0.0	0.0	0.0	0.0	0.0
0.6	1.4	−0.10	−0.05	−0.05	−0.05	−0.05	−0.05	−0.05	−0.05	−0.05	0.0	0.0	0.0	0.0	0.0
0.4	1.6	−0.15	−0.05	−0.05	−0.05	−0.05	−0.05	−0.05	−0.05	−0.05	−0.05	0.0	0.0	0.0	0.0
	1.8	−0.20	−0.15	−0.10	−0.10	−0.10	−0.05	−0.05	−0.05	−0.05	−0.05	−0.05	0.0	0.0	0.0
	2.0	−0.25	−0.15	−0.15	−0.10	−0.10	−0.10	−0.10	−0.10	−0.05	−0.05	−0.05	−0.05	0.0	0.0

注：

	$\alpha_3 h$
	h
	$\alpha_3 h$

y_2——按照 $\bar{K}$ 及 α_2 求得，上层较高时为正值；

y_3——按照 $\bar{K}$ 及 α_3 求得。

附表 6　焊缝的强度设计值　（N/mm²）

焊接方法和焊条型号	构件钢材		对接焊缝				角焊缝
	牌号	厚度或直径/mm	抗压 f_c^w	焊缝质量为下列等级时		抗剪 f_v^w	抗拉、抗压和抗剪 f_f^w
				一级、二级	三级		
自动焊、半自动焊和E43 型焊条的手工焊	Q235 钢	≤16	215	215	185	125	160
		16～40	205	205	175	120	
		40～60	200	200	170	115	
		60～100	190	190	160	110	
自动焊、半自动焊和E50 型焊条的手工焊	Q345 钢	≤16	310	310	265	180	200
		16～35	295	295	250	170	
		35～50	265	265	225	155	
		50～100	250	250	210	145	
自动焊、半自动焊和E55 型焊条的手工焊	Q390 钢	≤16	350	350	300	205	220
		16～35	335	335	285	190	
		35～50	315	315	270	180	
		50～100	295	295	250	170	

续附表 6

焊接方法和焊条型号	构件钢材		对接焊缝				角焊缝
	牌号	厚度或直径/mm	抗压f_c^w	焊缝质量为下列等级时		抗剪f_v^w	抗拉、抗压和抗剪f_f^w
				一级、二级	三级		
自动焊、半自动焊和E55 型焊条的手工焊	Q420 钢	≤16	380	380	320	220	220
		16 ~ 35	360	360	305	210	
		35 ~ 50	340	340	290	195	
		50 ~ 100	325	325	275	185	

注：1. 自动焊和半自动焊所采用的焊丝和焊剂，应保证其熔敷金属的力学性能不低于埋弧焊用焊剂国家标准中的有关规定。

2. 焊缝质量等级应符合现行国家标准《钢结构工程施工质量验收规范》GB 50205 的要求。

3. 对接焊缝抗弯受压区强度设计值取f_c^w，抗弯受拉区强度设计值取f_t^w。

附表 7 普通螺栓规格

螺栓直径 d/mm	螺距 p/mm	螺栓有效直径 d_e/mm	螺栓有效面积 A_e/mm^2	备 注
16	2	14. 12	156. 7	螺栓有效面积 A_e 按下式计算得：$A_e = \frac{\pi}{4}(d - 0.9382p)^2$
18	2. 5	15. 65	192. 5	
20	2. 5	17. 65	244. 8	
22	2. 5	19. 65	303. 4	
24	3	21. 19	352. 5	
27	3	24. 19	459. 4	
30	3. 5	26. 72	560. 6	
33	3. 5	29. 72	693. 6	
36	4	32. 25	816. 7	
39	4	35. 25	975. 8	
42	4. 5	37. 78	1121. 0	
45	4. 5	40. 78	1306. 0	
48	5	43. 31	1473. 0	
52	5	47. 31	1758. 0	
56	5. 5	50. 84	2030. 0	
60	5. 5	54. 84	2362. 0	

附表 8 a 类截面轴心受压构件的稳定系数 φ

$\lambda\sqrt{\frac{f_y}{235}}$	0	1	2	3	4	5	6	7	8	9
0	1. 000	1. 000	1. 000	1. 000	0. 999	0. 999	0. 998	0. 998	0. 997	0. 996
10	0. 995	0. 994	0. 993	0. 992	0. 991	0. 989	0. 988	0. 986	0. 985	0. 983
20	0. 981	0. 979	0. 977	0. 976	0. 974	0. 972	0. 970	0. 968	0. 966	0. 964
30	0. 963	0. 961	0. 959	0. 957	0. 955	0. 952	0. 950	0. 948	0. 946	0. 944

续附表 8

$\lambda\sqrt{\frac{f_y}{235}}$	0	1	2	3	4	5	6	7	8	9
40	0.941	0.939	0.937	0.934	0.932	0.929	0.927	0.924	0.921	0.919
50	0.916	0.913	0.910	0.907	0.904	0.900	0.897	0.894	0.890	0.886
60	0.883	0.879	0.875	0.871	0.867	0.863	0.858	0.854	0.849	0.844
70	0.839	0.834	0.829	0.824	0.818	0.813	0.807	0.801	0.795	0.789
80	0.783	0.776	0.770	0.763	0.757	0.750	0.743	0.736	0.728	0.721
90	0.714	0.706	0.699	0.691	0.684	0.676	0.668	0.661	0.653	0.645
100	0.638	0.630	0.622	0.615	0.607	0.600	0.592	0.585	0.577	0.570
110	0.563	0.555	0.548	0.541	0.534	0.527	0.520	0.514	0.507	0.500
120	0.494	0.488	0.481	0.475	0.469	0.463	0.457	0.451	0.445	0.440
130	0.434	0.429	0.423	0.418	0.412	0.407	0.402	0.397	0.392	0.387
140	0.383	0.378	0.373	0.369	0.364	0.360	0.356	0.351	0.347	0.343
150	0.339	0.335	0.331	0.327	0.323	0.320	0.316	0.312	0.309	0.305
160	0.302	0.298	0.295	0.292	0.289	0.285	0.282	0.279	0.276	0.273
170	0.270	0.267	0.264	0.262	0.259	0.256	0.253	0.251	0.248	0.246
180	0.243	0.241	0.238	0.236	0.233	0.231	0.229	0.226	0.224	0.222
190	0.220	0.218	0.215	0.213	0.211	0.209	0.207	0.205	0.203	0.201
200	0.199	0.198	0.196	0.194	0.192	0.190	0.189	0.187	0.185	0.183
210	0.182	0.180	0.179	0.177	0.175	0.174	0.172	0.171	0.169	0.168
220	0.166	0.165	0.164	0.162	0.161	0.159	0.158	0.157	0.155	0.154
230	0.153	0.152	0.150	0.149	0.148	0.147	0.146	0.144	0.143	0.142
240	0.141	0.140	0.139	0.138	0.136	0.135	0.134	0.133	0.132	0.131
250	0.130									

附表 9　b 类截面轴心受压构件的稳定系数 φ

$\lambda\sqrt{\frac{f_y}{235}}$	0	1	2	3	4	5	6	7	8	9
0	1.000	1.000	1.000	0.999	0.999	0.998	0.997	0.996	0.995	0.994
10	0.992	0.991	0.989	0.987	0.985	0.983	0.981	0.978	0.976	0.973
20	0.970	0.967	0.963	0.960	0.957	0.953	0.950	0.946	0.943	0.939
30	0.936	0.932	0.929	0.925	0.922	0.918	0.914	0.910	0.906	0.903
40	0.899	0.895	0.891	0.887	0.882	0.878	0.874	0.870	0.865	0.861
50	0.856	0.852	0.847	0.842	0.838	0.833	0.828	0.823	0.818	0.813
60	0.807	0.802	0.797	0.791	0.786	0.780	0.774	0.769	0.763	0.757
70	0.751	0.745	0.739	0.732	0.726	0.720	0.714	0.707	0.701	0.694
80	0.688	0.681	0.675	0.668	0.661	0.655	0.648	0.641	0.635	0.628
90	0.621	0.614	0.608	0.601	0.594	0.588	0.581	0.575	0.568	0.561
100	0.555	0.549	0.542	0.536	0.529	0.523	0.517	0.511	0.505	0.499
110	0.493	0.487	0.481	0.475	0.470	0.464	0.458	0.453	0.447	0.442
120	0.437	0.432	0.426	0.421	0.416	0.411	0.406	0.402	0.397	0.392
130	0.387	0.383	0.378	0.374	0.370	0.365	0.361	0.357	0.353	0.349
140	0.345	0.341	0.337	0.333	0.329	0.326	0.322	0.318	0.315	0.311

续附表 9

$\lambda\sqrt{\frac{f_y}{235}}$	0	1	2	3	4	5	6	7	8	9
150	0.308	0.304	0.301	0.298	0.295	0.291	0.288	0.285	0.282	0.279
160	0.276	0.273	0.270	0.267	0.265	0.262	0.259	0.256	0.254	0.251
170	0.249	0.246	0.244	0.241	0.239	0.236	0.234	0.232	0.229	0.227
180	0.225	0.223	0.220	0.218	0.216	0.214	0.212	0.210	0.208	0.206
190	0.204	0.202	0.200	0.198	0.197	0.195	0.193	0.191	0.190	0.188
200	0.186	0.184	0.183	0.181	0.180	0.178	0.176	0.175	0.173	0.172
210	0.170	0.169	0.167	0.166	0.165	0.163	0.162	0.160	0.159	0.158
220	0.156	0.155	0.154	0.153	0.151	0.150	0.149	0.148	0.146	0.145
230	0.144	0.143	0.142	0.141	0.140	0.138	0.137	0.136	0.135	0.134
240	0.133	0.132	0.131	0.130	0.129	0.128	0.127	0.126	0.125	0.124
250	0.123									

附表 10　c 类截面轴心受压构件的稳定系数 φ

$\lambda\sqrt{\frac{f_y}{235}}$	0	1	2	3	4	5	6	7	8	9
0	1.000	1.000	1.000	0.999	0.999	0.998	0.997	0.996	0.995	0.993
10	0.992	0.990	0.988	0.986	0.983	0.981	0.978	0.976	0.973	0.970
20	0.966	0.959	0.953	0.947	0.940	0.934	0.928	0.921	0.915	0.909
30	0.902	0.896	0.890	0.884	0.877	0.871	0.865	0.858	0.852	0.846
40	0.839	0.833	0.826	0.820	0.814	0.807	0.801	0.794	0.788	0.781
50	0.775	0.768	0.762	0.755	0.748	0.742	0.735	0.729	0.722	0.715
60	0.709	0.702	0.695	0.689	0.682	0.676	0.669	0.662	0.656	0.649
70	0.643	0.636	0.629	0.623	0.616	0.610	0.604	0.597	0.591	0.584
80	0.578	0.572	0.566	0.559	0.553	0.547	0.541	0.535	0.529	0.523
90	0.517	0.511	0.505	0.500	0.494	0.488	0.483	0.477	0.472	0.467
100	0.463	0.458	0.454	0.449	0.445	0.441	0.436	0.432	0.428	0.423
110	0.419	0.415	0.411	0.407	0.403	0.399	0.395	0.391	0.287	0.383
120	0.379	0.375	0.371	0.367	0.364	0.360	0.356	0.353	0.349	0.346
130	0.342	0.339	0.335	0.332	0.328	0.325	0.322	0.319	0.315	0.312
140	0.309	0.306	0.303	0.300	0.297	0.294	0.291	0.288	0.285	0.282
150	0.280	0.277	0.274	0.271	0.269	0.266	0.264	0.261	0.258	0.256
160	0.254	0.251	0.249	0.246	0.244	0.242	0.239	0.237	0.235	0.233
170	0.230	0.228	0.226	0.224	0.222	0.220	0.218	0.216	0.214	0.212
180	0.210	0.208	0.206	0.205	0.203	0.201	0.199	0.197	0.196	0.194
190	0.192	0.190	0.189	0.187	0.186	0.184	0.182	0.181	0.179	0.178
200	0.176	0.175	0.173	0.172	0.170	0.169	0.168	0.166	0.165	0.163
210	0.162	0.161	0.159	0.158	0.157	0.156	0.154	0.153	0.152	0.151
220	0.150	0.148	0.147	0.146	0.145	0.144	0.143	0.142	0.140	0.139
230	0.138	0.137	0.136	0.135	0.134	0.133	0.132	0.131	0.130	0.129
240	0.128	0.127	0.126	0.125	0.124	0.124	0.123	0.122	0.121	0.120
250	0.119									

附表 11　d 类截面轴心受压构件的稳定系数 φ

$\lambda\sqrt{\frac{f_y}{235}}$	0	1	2	3	4	5	6	7	8	9
0	1.000	1.000	0.999	0.999	0.998	0.996	0.994	0.992	0.990	0.987
10	0.984	0.981	0.978	0.974	0.969	0.965	0.960	0.955	0.949	0.944
20	0.937	0.927	0.918	0.909	0.900	0.891	0.883	0.874	0.865	0.857
30	0.848	0.840	0.831	0.823	0.815	0.807	0.799	0.790	0.782	0.774
40	0.766	0.759	0.751	0.743	0.135	0.728	0.720	0.712	0.705	0.697
50	0.690	0.683	0.675	0.668	0.661	0.654	0.646	0.639	0.632	0.625
60	0.618	0.612	0.605	0.598	0.591	0.585	0.578	0.572	0.565	0.559
70	0.552	0.546	0.540	0.534	0.528	0.522	0.516	0.510	0.504	0.498
80	0.493	0.487	0.481	0.476	0.470	0.465	0.460	0.454	0.449	0.444
90	0.439	0.434	0.429	0.424	0.419	0.414	0.410	0.405	0.401	0.397
100	0.394	0.390	0.387	0.383	0.380	0.376	0.373	0.370	0.366	0.363
110	0.359	0.356	0.353	0.350	0.346	0.343	0.340	0.337	0.334	0.331
120	0.328	0.325	0.322	0.319	0.316	0.313	0.310	0.307	0.304	0.301
130	0.299	0.296	0.293	0.290	0.288	0.285	0.282	0.280	0.277	0.275
140	0.272	0.270	0.267	0.265	0.262	0.260	0.258	0.255	0.253	0.251
150	0.248	0.246	0.244	0.242	0.240	0.237	0.235	0.233	0.231	0.229
160	0.227	0.225	0.223	0.221	0.219	0.217	0.215	0.213	0.212	0.210
170	0.208	0.206	0.204	0.203	0.201	0.199	0.197	0.196	0.194	0.192
180	0.191	0.189	0.188	0.186	0.184	0.183	0.181	0.180	0.178	0.177
190	0.176	0.174	0.173	0.171	0.170	0.168	0.167	0.166	0.164	0.163
200	0.162									

参考文献

[1] 中华人民共和国国家标准. GB 50068—2001 建筑结构可靠性设计统一标准 [S]. 北京：中国建筑工业出版社，2001.
[2] 中华人民共和国国家标准. GB 50009—2012 建筑结构荷载设计规范 [S]. 北京：中国建筑工业出版社，2012.
[3] 中华人民共和国国家标准. GB 50010—2010 混凝土结构设计规范 [S]. 北京：中国建筑工业出版社，2010.
[4] 程文洋，为中用，等. 混凝土结构设计原理 [M]. 北京：中国建筑工业出版社，2013.
[5] 熊峰，李章政，等. 结构设计原理 [M]. 北京：中国建筑工业出版社，2013.
[6] 夏军武，贾福萍，等. 结构设计原理 [M]. 北京：中国矿业大学出版社，2009.
[7] 惠荣炎，等. 混凝土的徐变 [M]. 北京：中国铁道出版社，1988.
[8] 中华人民共和国国家标准. GBJ 50478—2008 普通混凝土力学性能试验方法标准 [S]. 北京：中国建筑工业出版社，2008.
[9] 赵玉霞. 混凝土结构设计原理 [M]. 北京：冶金工业出版社，2014.
[10] 梁兴文，史庆轩. 混凝土结构设计 [M]. 北京：科学出版社，2004.
[11] 李汝康，张季超. 混凝土结构设计 [M]. 北京：中国环境科学出版社，2003.
[12] 东南大学，天津大学，同济大学合编. 混凝土结构（上、中册）[M]. 5 版. 北京：中国建筑工业出版社，2012.
[13] 梁兴文、王社良、李晓文，等. 混凝土结构设计原理 [M]. 2 版. 北京：科学出版社，2007.
[14] 沈蒲生、梁兴文. 混凝土结构设计原理 [M]. 4 版. 北京：高等教育出版社，2012.
[15] 周新刚、刘建平、逯静洲，等. 混凝土结构设计原理 [M]. 北京：机械工业出版社，2011.
[16] 赵亮、熊海滢. 混凝土结构原理与设计 [M]. 2 版. 武汉：武汉理工大学出版社，2013.
[17] 李晓文. 混凝土结构设计原理 [M]. 2 版. 武汉：华中科技大学出版社，2013.
[18] 梁兴文，史庆轩. 混凝土结构设计原理 [M]. 2 版. 北京：中国建筑工业出版社，2011.
[19] 蓝宗建. 混凝土结构（上、下）[M]. 南京：东南大学出版社，1998.
[20] 王黎怡. 建筑结构 [M]. 北京：北京大学出版社，2007.
[21] 李国强，李杰，苏小卒. 建筑结构抗震设计 [M]. 北京：中国建筑工业出版社，2002.
[22] 童岳生，梁兴文. 钢筋混凝土构建设计 [M]. 北京：科学技术文献出版社，1995.
[23] 方鄂华，钱稼茹，叶列平. 高层建筑结构设计 [M]. 北京：中国建筑工业出版社，2003.
[24] 丰定国，王清敏，钱国芳. 工程结构抗震 [M]. 北京：地震出版社，1994.
[25] 王肇民. 建筑钢结构设计 [M]. 上海：同济大学出版社，2001.
[26] 中华人民共和国国家标准. GB 50017—2003 钢结构设计规范 [S]. 北京：中国建筑工业出版社，2002.

冶金工业出版社部分图书推荐

书　名	作　者	定价（元）
冶金建设工程	李慧民　主编	35.00
建筑工程经济与项目管理	李慧民　主编	28.00
土木工程安全管理教程（本科教材）	李慧民　主编	33.00
土木工程安全生产与事故案例分析（本科教材）	李慧民　主编	30.00
土木工程安全检测与鉴定（本科教材）	李慧民　主编	31.00
土木工程材料（本科教材）	廖国胜　主编	40.00
混凝土及砌体结构（本科教材）	赵歆冬　主编	38.00
岩土工程测试技术（本科教材）	沈　扬　主编	33.00
地下建筑工程（本科教材）	门玉明　主编	45.00
建筑工程安全管理（本科教材）	蒋臻蔚　主编	30.00
工程经济学（本科教材）	徐　蓉　主编	30.00
工程地质学（本科教材）	张　荫　主编	32.00
工程造价管理（本科教材）	虞晓芬　主编	39.00
居住建筑设计（本科教材）	赵小龙　主编	29.00
建筑施工技术（第2版）（国规教材）	王士川　主编	42.00
建筑结构（本科教材）	高向玲　编著	39.00
建设工程监理概论（本科教材）	杨会东　主编	33.00
土木工程施工组织（本科教材）	蒋红妍　主编	26.00
建筑安装工程造价（本科教材）	肖作义　主编	45.00
高层建筑结构设计（第2版）（本科教材）	谭文辉　主编	39.00
现代建筑设备工程（第2版）（本科教材）	郑庆红　等编	59.00
土木工程概论（第2版）（本科教材）	胡长明　主编	32.00
施工企业会计（第2版）（国规教材）	朱宾梅　主编	46.00
工程荷载与可靠度设计原理（本科教材）	郝圣旺　主编	28.00
地基处理（本科教材）	武崇福　主编	29.00
流体力学及输配管网（本科教材）	马庆元　主编	49.00
土力学与基础工程（本科教材）	冯志焱　主编	28.00
建筑装饰工程概预算（本科教材）	卢成江　主编	32.00
支挡结构设计（本科教材）	汪班桥　主编	30.00
建筑概论（本科教材）	张　亮　主编	35.00
SAP2000结构工程案例分析	陈昌宏　主编	25.00
理论力学（本科教材）	刘俊卿　主编	35.00
岩石力学（高职高专教材）	杨建中　主编	26.00
建筑设备（高职高专教材）	郑敏丽　主编	25.00